실리콘 솔라시스템 구조 해석을 위한

유한요소법

이상순 지음

홍릉과학출판사

머리말

오늘날 유한요소법은 설계 분야에서 기본적이고 필수적인 도구로 인정되고 있다. 유한요소법은 경계 값 문제에 대한 해를 근사적으로 구하는 과정이다. 방법의 기초가 되는 아이디어가 보편성을 띠고 있어서, 사실상 공학과 수학의 모든 분야에서 다양한 종류의 문제의 해를 구하는데 괄목할 만한 성공을 거두고 있다. 유한요소법의 기본 개념은 해를 구하고자 하는 영역을 유한요소라고 알려진 여러 개의 단순한 형태의 작은 영역으로 나누는 것이다. 각 유한요소에서 단순한 형태로 해를 가정하면 전체 영역에 대한 문제의 근사해가 구해진다.

현재 유한요소법에 관한 서적은 많이 출판되어 있으나, 이들 대부분의 서적은 유한요소법에 대하여 어느 정도 지식이 있는 분들을 위해 쓰여 있기 때문에 학부학생들이나 초보적인 학습자가 접근할 수 있는 교재는 매우 제한적이다. 따라서 이 실습교재는 그러한 어려움을 고려하여 초보자를 대상으로 유한요소법을 매우 쉽게 접근할 수 있도록 하기 위하여, 국내에 가장 많이 보급되어 있는 상용 유한요소 프로그램인 ANSYS를 이용하여 실습을 통하여 활용 능력을 키우도록 기술되었다. 지난 10년간 학부 과정에서 유한요소법을 가르쳐온 경험에 비추어 볼 때, 이론적인 접근보다는 실제 공학 문제의 해를 구해보고 토의를 통해서 수업이 진행될 때 학생들이 공학에 대한 흥미를 깊이 느끼게 되고 훨씬 많은 진전이 있음을 목격해 왔다.

본 교재는 그러한 경험을 바탕으로 일주일 4시간, 15주 수업을 염두에 두고 쓰여졌다. 4시간 수업 중 2시간은 실습을 통하여 공학 문제를 함께 풀어보고, 다른 2시간은 각 조별로 실제 공학 문제를 해석해 온 결과를 발표하고 토론하는 것을 전제로 하고 있다. 이번에 쓰인 교재에서는 일반적인 공학 문제뿐만 아니라 요즘 많이 실용화되고 있는 태양광 발전시스템 또는 태양열 발전시스템의 구조 해석에 관심을 갖도록 프로젝트 문제를 준비하고 있다. 처음 준비한 관계로 내용이 미약하고 부족한 점이 많으나 향후 계속적인 연구를 통해서 보완해 나갈 예정이다.

본 교재를 준비하는데 있어서 한국기술교육대학교 메카트로닉스공학부 학생들의 도움이 컸다. 실습시간이나 토론을 통해 많은 학생들이 좋은 아이디어를 제공해 주었고, 여기에 실린 내용 중 일부분은 학생들의 도움으로 이루어졌음을 밝힌다.

2010년

이 상 순

목차

CHAPTER 01 **개요** ········· 1

1.1 서론 ········· 1
1.2 유한요소법의 역사적 배경 ········· 3

CHAPTER 02 **ANSYS 프로그램** ········· 5

2.1 ANSYS 그래픽 사용자 인터페이스(GUI) ········· 5
2.2 해석 과정 ········· 8
2.3 ANSYS의 파일 형태 및 포맷 ········· 12
2.4 ANSYS를 활용한 해석 예제 ········· 13

CHAPTER 03 **유한요소 해석** ········· 19

3.1 트러스 문제 ········· 20
3.2 보(Beam) 문제 ········· 47
3.3 프레임 문제 ········· 76
3.4 평면 응력, 평면 변형률 문제의 해석 ········· 108
3.5 3차원 응력 해석 ········· 138
3.6 축 대칭(Axisymmetric) 문제의 해석 ········· 153
3.7 열 응력(Thermal Stress) 문제 ········· 158
3.8 열전달 문제 ········· 165
3.9 진동 해석 문제 ········· 177

CHAPTER 04 3D CAD와 연계한 해석 ········· 205

CHAPTER 05 HyperMesh를 활용한 해석 예제 ········· 245

부록 A 유한요소 응력 해석 과정에 대한 이론적 배경 ········· 321

부록 B 진동학 복습 ········· 333

부록 C 선형 대수 ········· 357

참고문헌 ········· 370

찾아보기 ········· 371

CHAPTER 01

개요

1.1 서론

태양광 발전이란 태양에너지(빛)를 반도체 화합물로 구성된 태양전지를 이용해 전기에너지로 변환하는 것을 말하는데, 태양광 발전의 주요 소자는 태양전지(solar cell : 실리콘이 가장 많이 활용) 모듈과 인버터(inverter) 그리고 구조물로 구성된다. 태양광 발전시스템은 태양전지로 구성된 모듈(module)이 빛을 흡수하면 표면에서 전자(electron)가 생겨 전기가 발생하도록 하는 광전자 효과를 기본 원리로 하고 있다. 즉, P형 반도체와 N형 반도체를 접합시킨 태양전지가 태양빛을 흡수하면 태양빛이 가지고 있는 에너지에 의해 태양전지에 정공(hole)과 전자가 발생한다. 이때 정공은 P형 반도체 쪽으로 모이고, 전자는 N형 반도체 쪽으로 모이게 되어 전위차가 발생하면서 전류가 흐르게 된다. 이때 발생한 전류는 직류이며 인버터를 사용하면 교류로 변환된다.

태양전지(cell)는 모듈의 최소 단위로 폴리실리콘으로부터 잉곳과 웨이퍼로 가공한 후 생성되는데, 이를 모듈화한 것이 태양광 모듈이고, 이 모듈을 다수 이어서 용도에 맞게 만든 것을 어레이(array)라 한다. 인버터는 태양전지 어레이로부터 발생한 직류전류를 상용주파수, 전압의 교류로 변환하여 전력 계통에 연계함과 동시에 시스템의 직류, 교류 측의 전기적인 감시 보호를 하는 부분이다. 구조물은 어레이를 지지하거나 태양의 위치에 따라 움직이면서 효율을 극대화하는 부분이다(그림 1.1).

이러한 구조물이나 부품의 설계는 컴퓨터를 활용한 해석을 통하여 효율적으로 접근할 수 있다. 특히 유한 요소법은 태양광 발전시스템에서의 구조물의 응력 및 변형해석을 하는데 일반적인 해석도구로서 폭넓게 사용될 수 있다. 유한요소법은 경계값 문제에 대한 해를 근사적으로 구하는 과정이다. 방법의 기초가 되는 아이디어가 보편성을 띠고 있어서, 사실상 공학과 수학의 모든 분야에서 다양한 종류의 문제의 해를 구하는데 괄목할 만한 성공을 거두고 있다. 유한요소법의 기본 개념은 해를 구하고자 하는 영역을 유한요소라고 알려진 여러 개의 단순한 형태의 작은 영역으로 나누는 것이다. 각 유한요소에서 단순한 형태로 해를 가정하면 전체 영역에 대한 문제의 근사해가 구해진다.

유한요소법은 필수적으로 다음 5단계를 포함하고 있다.

(1) 영역의 분할
(2) 보간 함수 또는 형상 함수의 선택

【 그림 1.1 】 태양광 발전

(3) 요소 특성 행렬과 벡터의 유도
(4) 요소 특성 행렬과 벡터의 조합
(5) 연립방정식의 해

유한요소법은 기하하적 형상, 하중 및 경계 조건 등에 제한이 없고, 여러 가지 복합재료로 이루어진 연속체에도 적용이 가능하다. 또한 물성 값 및 거동의 비선형도 적용 및 응력 해석, 진동, 좌굴, 열전달, 유동 해석 등 공학의 다양한 분야에서 활용이 가능하다. 현재 유한요소법에 관한 서적은 많이 출판되어 있으나, 이들 대부분의 서적은 유한요소법에 대하여 어느 정도 지식이 있는 분들을 위해 쓰여져 있기 때문에 실무적이고 초보적인 학습자가 접근할 수 있는 교재는 매우 제한적이다. 따라서 이 실습교재는 그러한 어려움을 고려하여 초보자를 대상으로 하여 유한요소법을 매우 쉽게 접근할 수 있도록 하기 위하여, 국내에 가장 많이 보급되어 있는 대표적인 범용 유한요소 프로그램인 ANSYS를 이용하여 실습을 통하여 활용 능력을 키우는데 목표를 두고 있다.

1.2 유한요소법의 역사적 배경

유한요소법은 항공기 구조 해석 기술의 진보로부터 유래하였다.

1941년	Hrenikoff	프레임 구성방법 발표
1943년	Courant	비틀림 문제 해석(삼각형 소 구간 사용)
1956년	Turner	트러스 요소, 보 요소 활용(강성행렬)
1960년	Clough	'유한요소' 용어 사용
1967년	Zienkiewicz, Cheung	유한요소에 대한 첫 번째 책 출간
1970년대		수학적 기반이 만들어짐

오늘날은 컴퓨터의 발달로 공학 전반에 걸쳐 널리 활용되고 있다.

CHAPTER 02

ANSYS 프로그램

ANSYS는 1970년대에 공학 분야의 제반 문제를 컴퓨터를 이용하여 해석하기 위해 J. Swanson 박사가 개발한 유한요소 프로그램으로 현재는 ANSYS, Inc.에서 개발과 유지보수를 진행하고 있다. 처음에는 주로 기계 산업과 전기 산업에 이용하기 위해 개발된 프로그램이었으나 현재에는 항공우주, 자동차, 조선, 전자, 반도체 등에 이르는 다양한 분야에서 요구되는 해석에 사용되고 있다. ANSYS는 구조 해석, 진동해석, 열전달, 전자기장, 음향, 유동 해석, 연성 해석 등의 해석 기능뿐만 아니라 솔리드 모델링 등을 포함한 전처리기(Pre-Processor), 후처리기(Post-Processor), 최적설계 등의 기능을 포함하고 있어 완벽한 CAE(Computer Aided Engineering) 시스템을 구축하고 있다.

2.1 ANSYS 그래픽 사용자 인터페이스(GUI)

ANSYS의 GUI는 아래 그림처럼 6개의 주 영역으로 구성되어 있다.

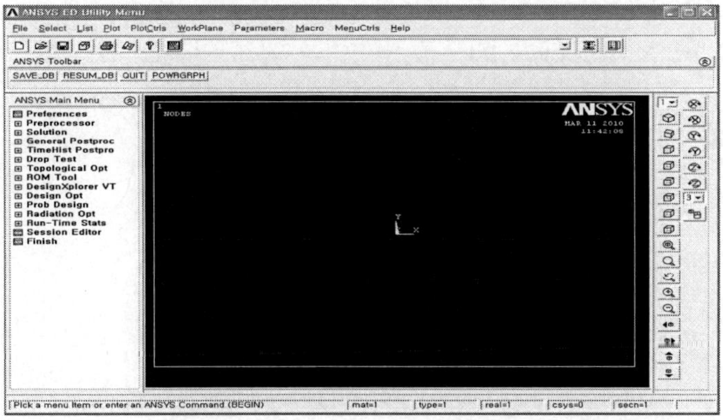

❶ Utility Menu : 파일을 제어하고, 그래픽을 제어하는 기능들을 수행한다. 이 메뉴에서 진행했던 작업을 종료하고 새로운 해석을 시작할 수 있다.

❷ Main Menu : 전처리, 해석, 후처리에 대한 기능들로 구성되어 있다.

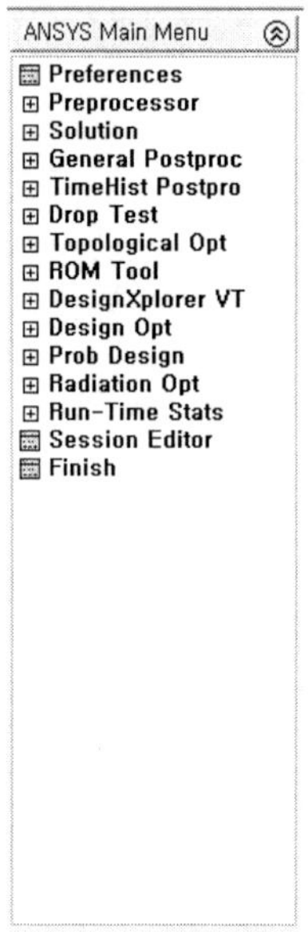

❸ Toolbar : 일반적으로 사용되는 명령과 기능을 실행하는 버튼들로 구성되어 있는데, 필요하면 단축 버튼을 추가할 수 있다.

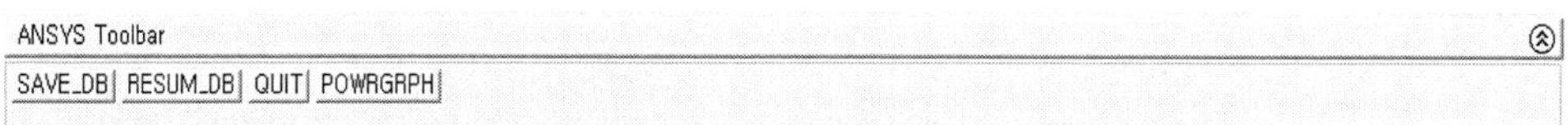

❹ Input Window : 필요한 명령어를 직접 입력할 수 있다.

⑤ Graphic Window : 그래픽이 출력되는 창이다.

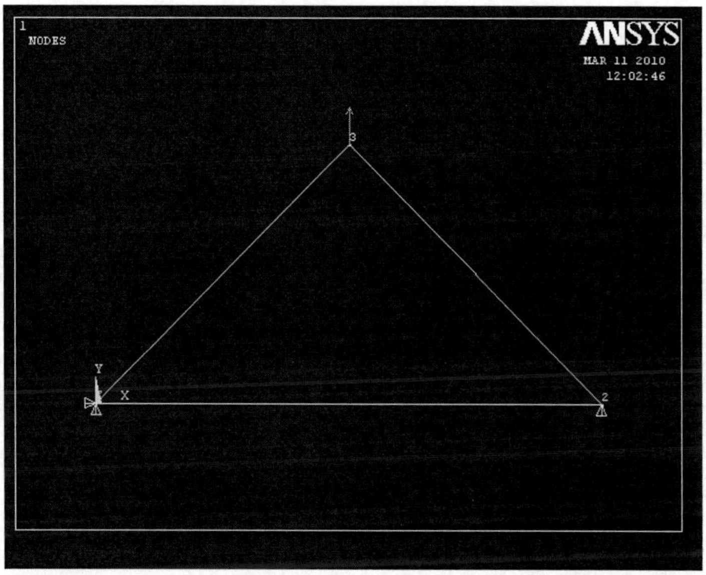

⑥ Output Window : 프로그램의 텍스트 출력이 나타나는데, 다른 창들에 가려져 있어서 필요할 때 앞으로 가져올 수 있다.

2.2 해석 과정

ANSYS의 전형적인 해석은 3단계-전처리(preprocessing), 해석(solution), 후처리(postprocessing)-로 나누어진다. 먼저 전처리 과정을 시작하기 전에 Main Menu에서 Preference를 선택하여 작업 내용을 설정한 후, 전처리, 해석, 후처리 과정으로 진행한다.

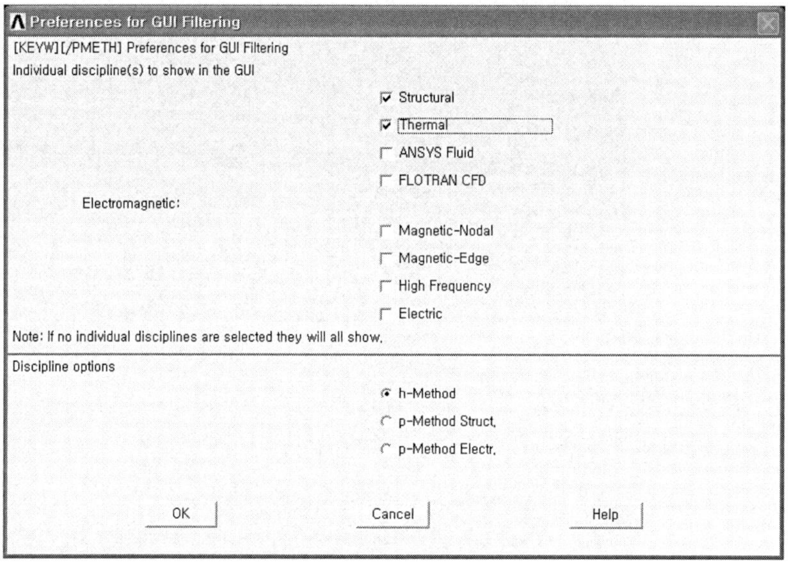

1) 전처리기 과정(preprocessing)

Preprocessor 처리기를 사용하여 요소의 종류(element type), 요소 특성(real constants), 물성(material props) 등을 입력하고, 기하 모델링과 유한요소 모델링을 수행한다.

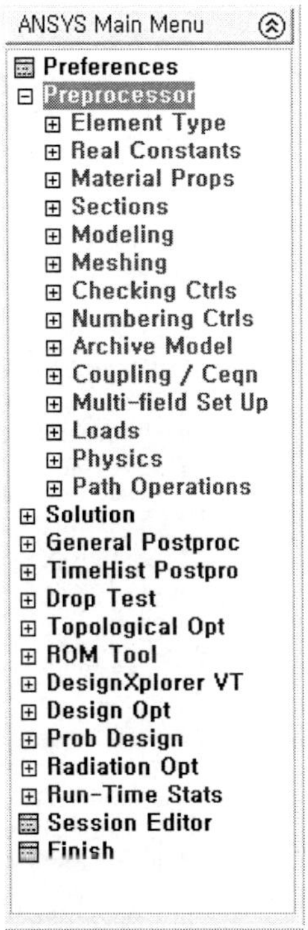

● 솔리드 모델링(solid modeling)

ANSYS의 솔리드 모델러는 기하학적 프리미티브(geometric primitives)라 불리우는 기본 형상과 불리언 연산(boolean operation)이라 불리는 엔티티(entities)로 쌓아올리듯 하는 두 가지 방식이 있다.

● 요소망 생성(mesh generation)

솔리드 모델에서 유한요소망의 생성기(mesh generator)는 자유요소망(free mesh), 균일요소망(mapped mesh), 천이요소망(transition mesh) 등의 기능을 이용하여 어떠한 형상의 구조물에 대해서도 빠르게 요소망을 생성할 수 있다.

● H 적응요소

선형구조 열전달 요소로서 해석하는 경우, 최적 조건의 요소량을 반복적으로 요소의 개수를 늘려가며 자동적으로 생성해 주는 요소망의 생성이 가능하다. 구조물의 해석 오차 크기를 계산하여 허용되는 오차 범위 내에서 최초의 요소를 생성해 준다.

● P 적응요소

요소의 수를 증가시키지 않고 요소의 치수를 늘려가는 방법으로 정확도를 높이고 허용오차 범위 내에서의 결과를 얻을 수 있게 하는 요소망 생성법이다.

2) 해를 구하는 과정(solution)

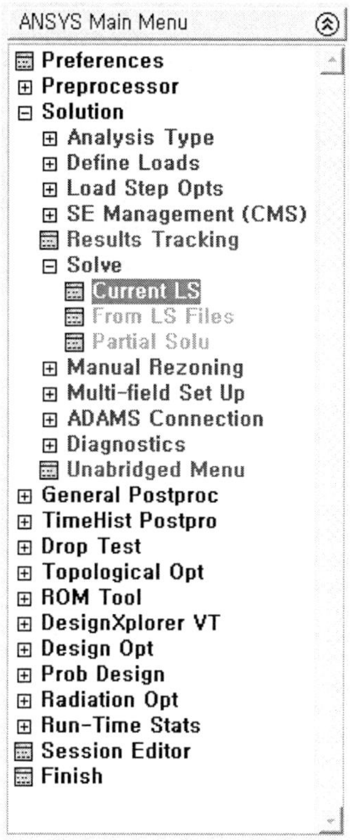

● 정적 해석(static analysis)

구조물에 정하중이 작용했을 때 응력, 변위, 변형률, 그리고 반력을 구한다.

● 동적 해석(dynamic analysis)

시간에 따라 변하는 하중에 대한 구조물의 해석을 수행한다.

● 좌굴 해석(buckling analysis)

구조물이 불안정하게 되는 순간의 하중 크기를 계산하여 구조물의 안정성을 판정한다.

● **비선형 해석**

비선형 탄성, 초탄성, 탄소성, swelling 포화 자기 특성(B-H 곡선)을 판정한다.

● **기구 동력학 해석**

대변형 해석 기능을 응용하여 유연체(flexible body)의 3차원 운동을 해석한다.

● **열전달 해석**

열전도, 대류 및 복사에 의한 구조물의 온도 분포 및 열류(heat flux)를 계산할 수 있으며 복사 형태계수를 산출하는 기능도 한다.

● **자장 해석**

전류 및 영구자석에 의한 자장, 자기력, inductance, flux density, force power loss를 구한다.

그 밖에 유체 및 음향을 해석한다.

3) 후처리기 과정(postprocessing)

계산된 결과를 수치나 그래픽 형태로 검토하고 분석한다.

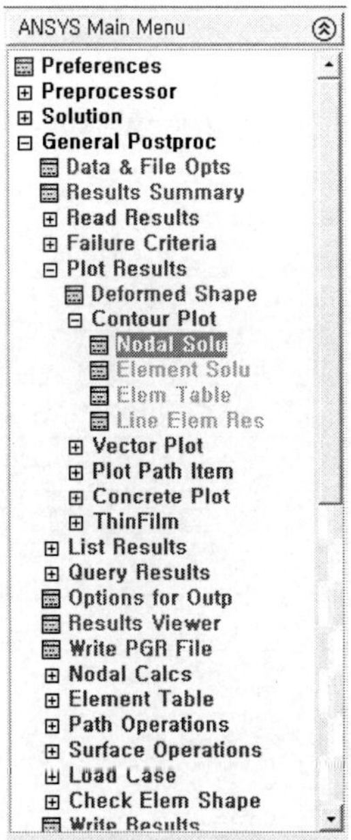

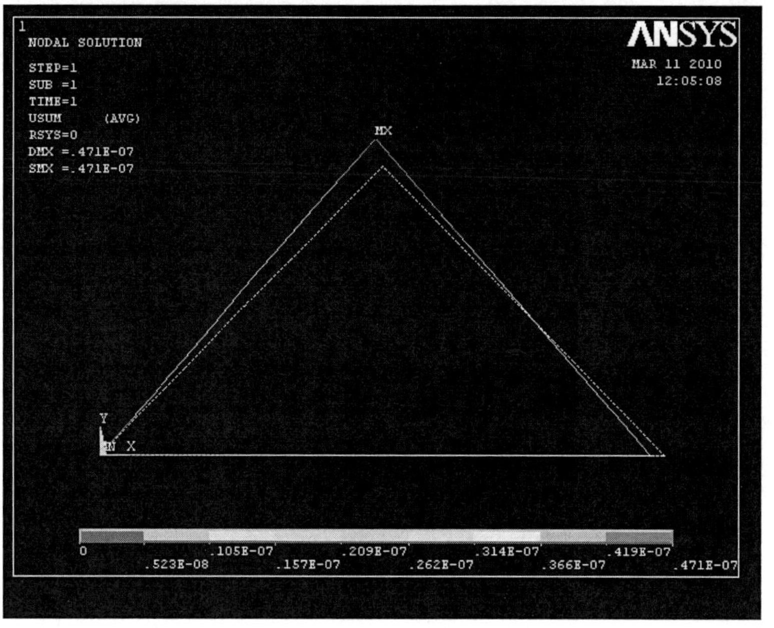

2.3 ANSYS의 파일 형태 및 포맷

표 2.1 ANSYS의 파일 형태 및 포맷

파일 이름	파일 형태	파일 포맷
Jobname.LOG	Log 파일	ASCII
Jobname.ERR	에러 파일	ASCII
Jobname.OUT	결과 파일	ASCII
Jobname.DB	데이터베이스 파일	Binary
Jobname.RST	결과 파일(구조)	Binary
Jobname.RTH	결과 파일(열)	Binary
Jobname.GRPH	그래픽 파일	ASCII(특별 포맷)
Jobname.EMAT	요소 행렬	Binary

표 2.1에서 Jobname은 ANSYS 실행 결과로 생성되는 모든 파일에 사용되는 파일 이름의 앞부분이다. 파일 이름은 Name.Ext의 형식인데, 여기서 Name이 Jobname으로

지정되는 것이고, 확장자(.Ext)는 파일의 내용에 의존한다. Initial Name은 사용자가 임의로 지정할 수 있는데, 작업 내용과 관련 있는 이름을 지정하는 것이 좋다. 기본(default)은 filename으로 되어 있다.

2.4 ANSYS를 활용한 해석 예제

그림 2.1은 현재 이탈리아에 있는 판테온(Pantheon) 신전을 나타낸다. ANSYS를 활용하여 이 건축물의 응력 및 변형을 해석하는 과정을 살펴보기로 한다.

그림 2.2는 신전의 단면을 나타낸다. 이 건축물은 콘크리트를 사용하고 있으며, 넓은 내부 공간과 돔을 지니고 있다. 원통의 지름과 바닥에서 돔형 천장까지의 높이가 똑같이 43.2m이다. 천장의 곡선을 바닥으로 연장시키면 정확히 바닥 중앙에 닿는 구 모양이 된다. 돔은 정상부까지 올라갈 때 원형 벽의 두께가 줄어드는 방식으로 건축되었다. 두꺼운 벽채 중간은 빈 공간으로 하여 콘크리트의 양생을 빠르게 하고 건물의 전체 하중을 감소시켰다.

그림 2.1 판테온 신전

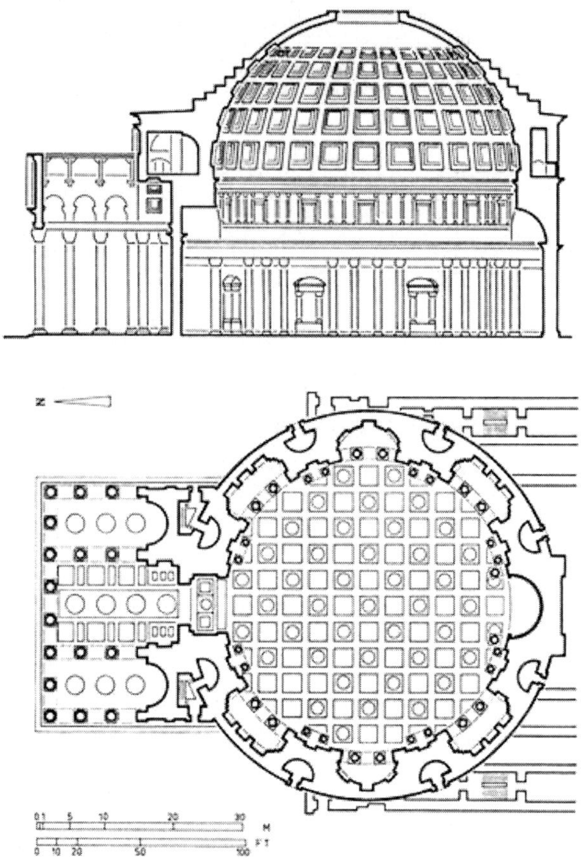

그림 2.2 신전의 단면

그림 2.3은 해석을 위해 3차원 3D CAD인 SolidWorks를 활용하여 모델링한 결과이다. 이러한 기하 모델을 ANSYS에서 불러와 유한요소로 모델링한 결과가 그림 2.4에 나타나 있다. 응력 및 변위 해석을 위해 유한요소는 Solid 187을 사용하였으며, 탄성계수는 25GPa, Poisson비는 0.2, 밀도는 1500kg/m^3 그리고 중력가속도는 9.81 m/s^2을 사용하였다. 그림 2.5와 2.6은 각각 자중으로 인한 변위 및 응력을 해석한 결과를 보여주고 있다. 변위는 최대 약 0.004m 발생하고 있다. 응력 해석 결과(von Mises stress)를 살펴보면 벽을 구성하고 있는 아치형 구조의 일부분에 응력이 집중되고 있음을 알 수 있다.

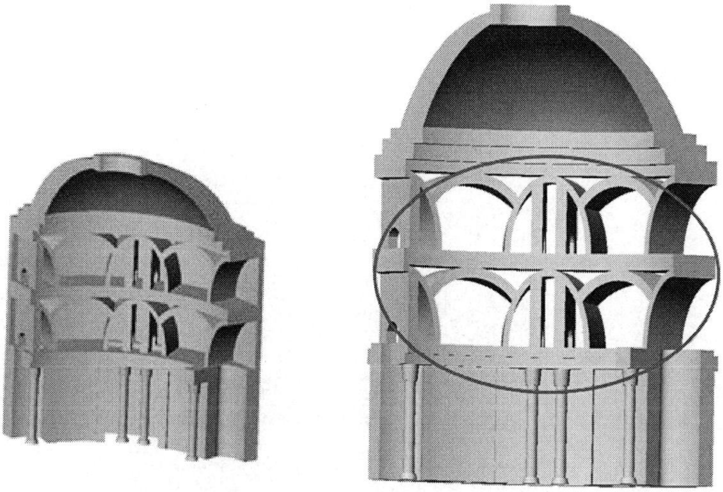

그림 2.3 해석을 위한 기하 모델링 결과

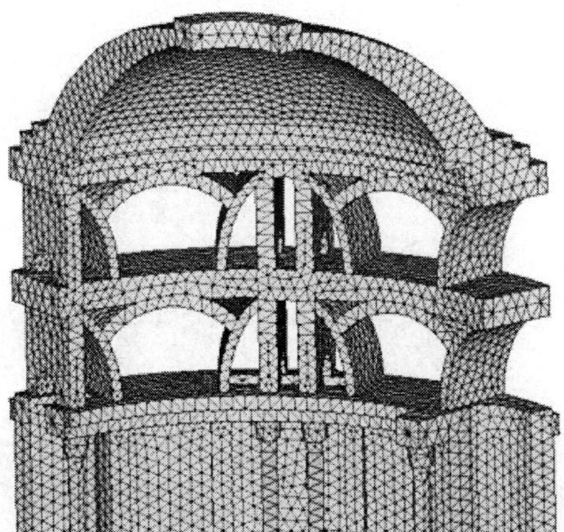

그림 2.4 해석을 위한 유한요소 모델링

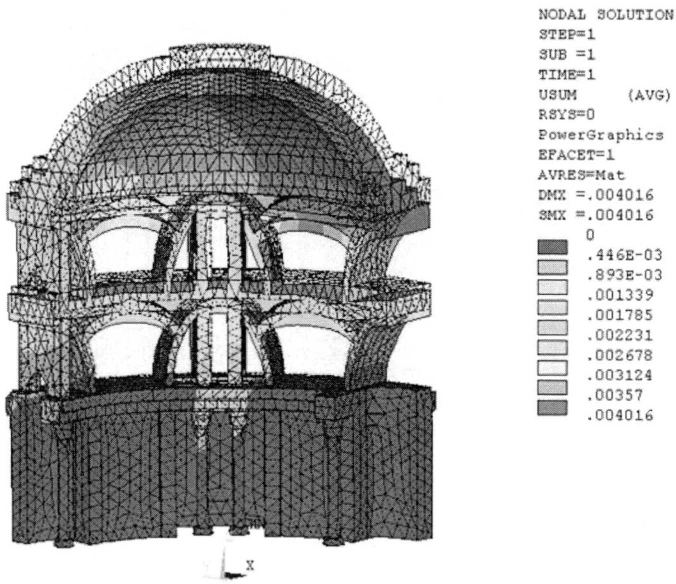

그림 2.5 자중으로 인한 변형 형상

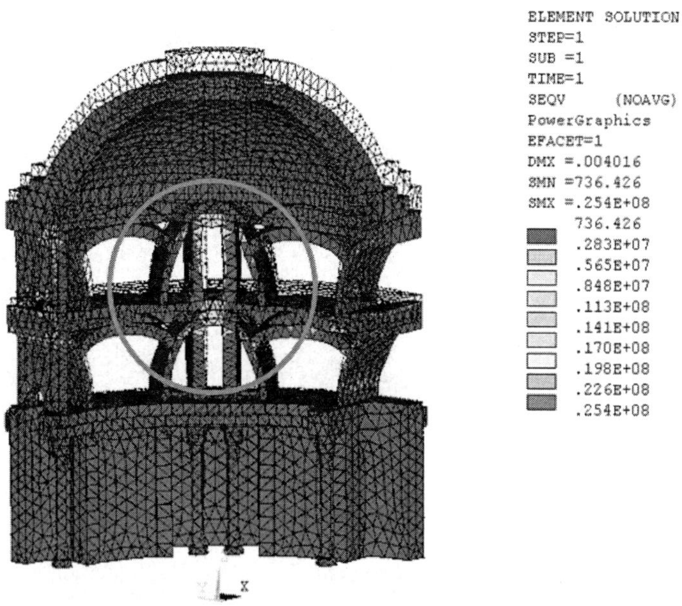

그림 2.6 자중으로 인한 응력 해석 결과

그림 2.7은 구조 진동 해석(모드 해석)을 위한 기하 모델을 나타낸다. 이 기하 모델을 ANSYS에서 불러와 모드 해석을 한 결과가 그림 2.8에 나타나 있다. 해석 과정에 유한요소 모델은 Shell 92를 사용하였으며, 밀도는 1,500kg/m^3 값을 사용하였다.

그림 2.7 구조 진동 해석을 위한 기하 모델

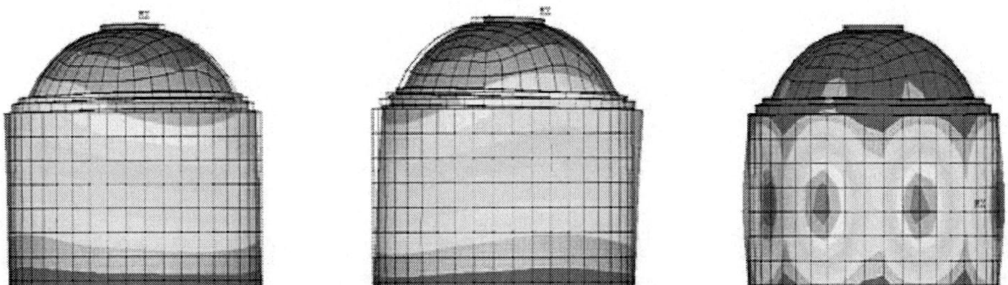

1차 모드 형상　　2차 모드 형상　　3차 모드 형상

그림 2.8 모드 해석 결과

CHAPTER 03

유한요소 해석

태양광 발전에서 사용되는 집광판을 지지하는 구조물의 형상은 다양하다. 그림 3.1은 현재 사용 중인 지지 구조물을 나타낸다. 유한요소법을 활용하여 이러한 구조물을 해석하고 설계하기 위해서는 3D CAD를 활용하여 모델링할 수 있는 능력과 함께, 다양한 유한요소를 활용하여 구조물을 해석할 수 있는 능력이 배양돼야 한다. 이번 장에서는 트러스, 보, 프레임, 솔리드의 해석뿐만 아니라, 열응력, 열전달, 진동 해석 과정을 다루게 된다. 대부분의 해석은 ANSYS로 충분하나, 때때로 전문 유한요소 모델 도구가 요구될 때도 있다. 제5장에서는 HyperMesh를 활용한 예제를 다루고 있다.

【그림 3.1】 평판형 집광판 및 지지 구조물

3.1 트러스 문제

트러스는 공학적 구조물의 중요한 형태로 끝단이 볼트나 핀, 또는 용접 등으로 연결된 직선 부재로 구성된다. 일반적으로, 트러스 부재들은 세장 부재이며 횡하중을 지탱할 수 없으며, 부재들이 볼트나 용접으로 연결되어 있어도 부재는 핀으로 연결된다고 가정한다. 모든 하중은 절점에 작용해야 하며, 부재 그 자체에 작용해서는 안 된다. 각 부재는 2력 부재로 취급될 수 있으며, 전체 트러스는 핀들과 2력 부재들의 집합으로 취급될 수 있다. 따라서 트러스를 구성하는 각 부재들은 인장이나 압축 상태에 있으며, 굽힘 모멘트는 작용할 수 없다. 그림 3.2는 전형적인 트러스를 나타낸다.

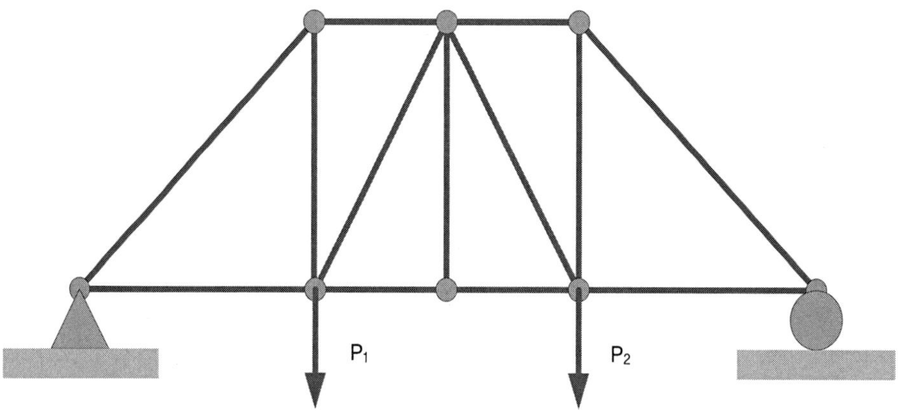

그림 3.2 트러스

정역학에서는 트러스 부재를 강체(rigid body)로 가정하고 절점법이나 단면법으로 각 부재에 발생하는 내력을 구한다. 이러한 접근 방법으로는 부정정 문제의 해는 구할 수가 없고, 절점의 변위도 해석할 수 없다. 유한요소법에서는 트러스 부재를 탄성계수를 갖는 변형체로 가정하고 문제를 해석하므로, 정정 문제뿐만 아니라 부정정 문제의 해도 구할 수 있고, 각 절점의 변위도 구할 수 있게 된다.

다음 예제들은 ANSYS를 사용하여 트러스 문제를 해석하는 과정을 설명하고 있다.

예제 1

그림 3.3과 같이 강 봉(E_s =210GPa)과 알루미늄 봉(E_a =75GPa)이 완전하게 부착되어 있다. 강체 벽과 봉의 자유 단 사이에는 δ=0.1mm의 간격이 있다. 그림과 같이 작용된 축하중에 의해 점 A에서 발생하는 반력을 구하시오.

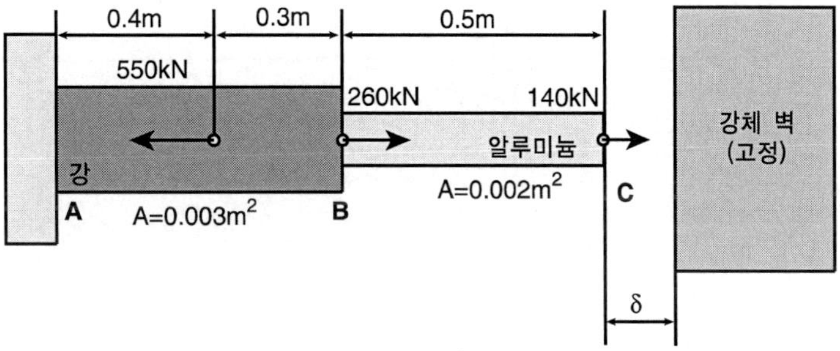

그림 3.3 강과 알루미늄으로 구성된 봉

해석 과정

1단계 : 요소 정의, 요소물성치, 재료물성치 정의

1) 요소의 종류 : (Structural Link-2D Spar; Link1)

Preprocessor > Element Type > Add/Edit/Delete...

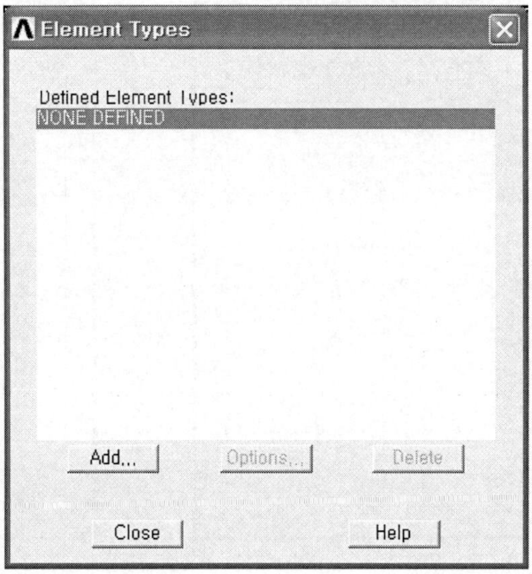

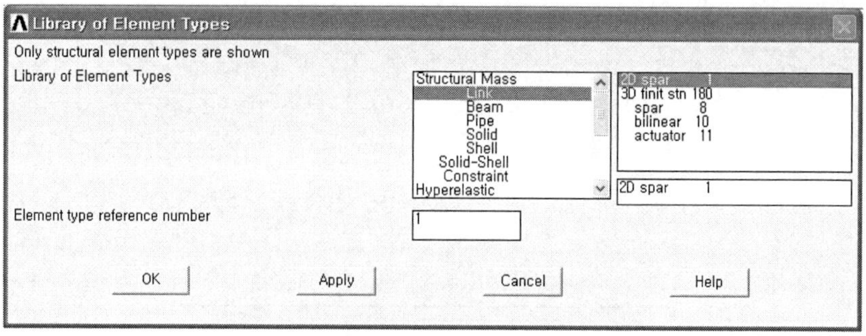

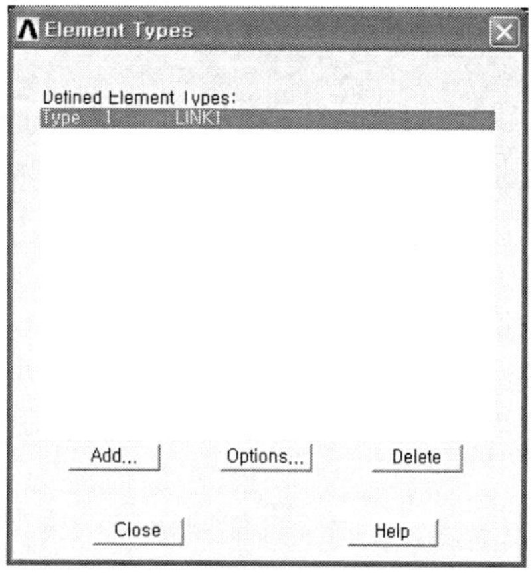

2) 요소물성치(단면적) 입력

Preprocessor > Real Constants

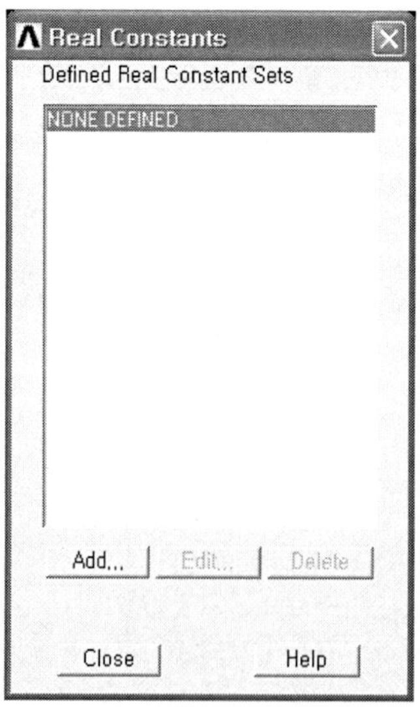

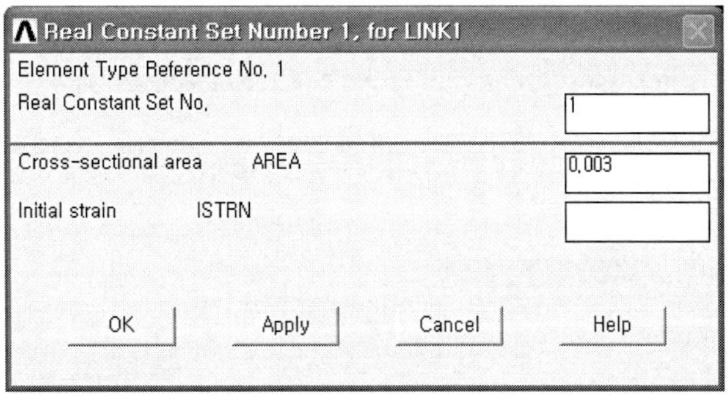
Real Constant Set Number 1, for LINK1
Element Type Reference No. 1
Real Constant Set No.
1
Cross-sectional area AREA
0.003
Initial strain ISTRN
OK
Apply
Cancel
Help

Element Type for Real C...
Choose element type:
Type 1 LINK1
OK
Cancel

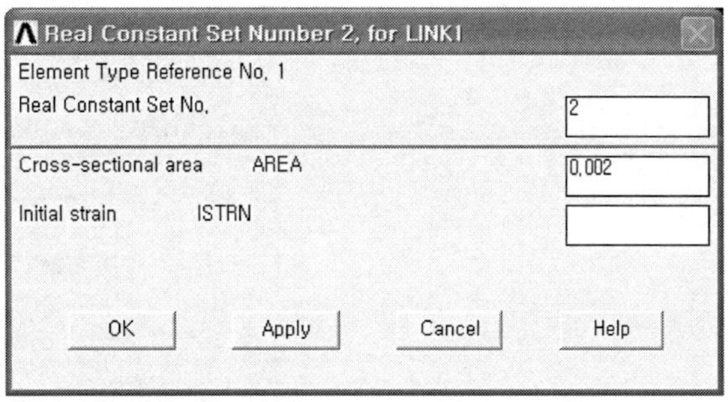
Real Constant Set Number 2, for LINK1
Element Type Reference No. 1
Real Constant Set No.
2
Cross-sectional area AREA
0.002
Initial strain ISTRN
OK
Apply
Cancel
Help

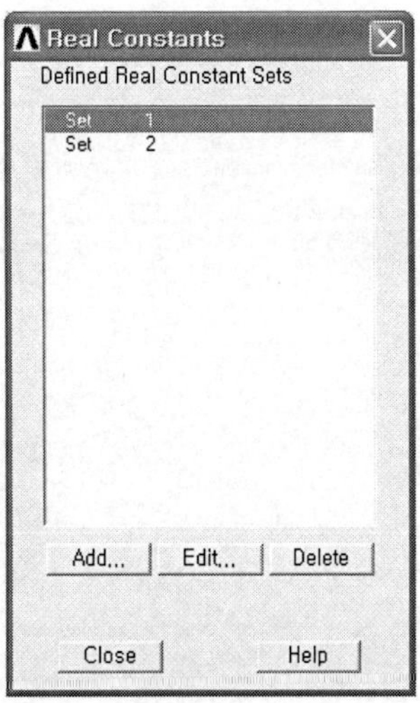
Real Constants
Defined Real Constant Sets
Set 1
Set 2
Add...
Edit...
Delete
Close
Help

3) 재료물성치(탄성계수)의 입력

Preprocessor > Material Props > -Constant-Isotropic

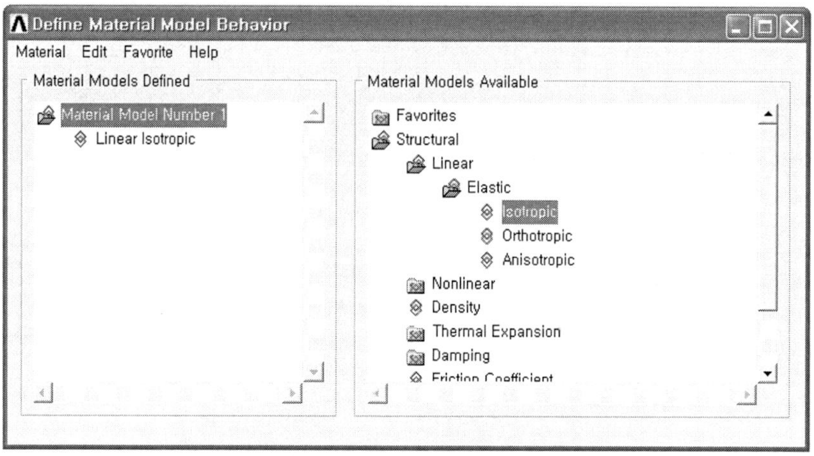

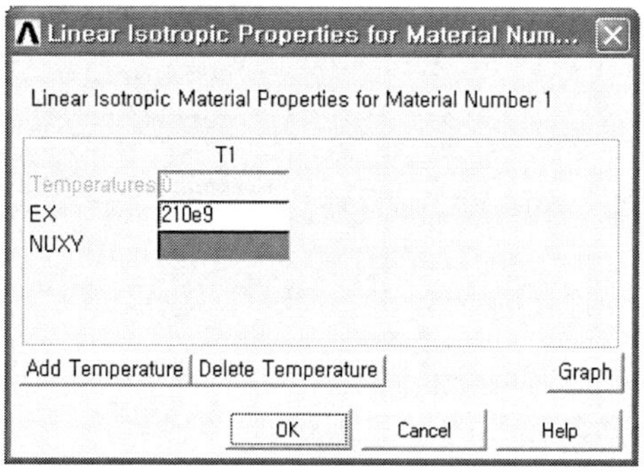

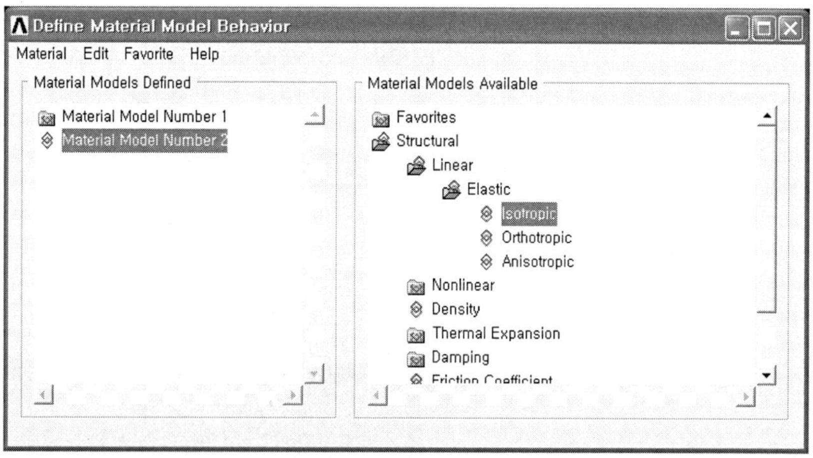

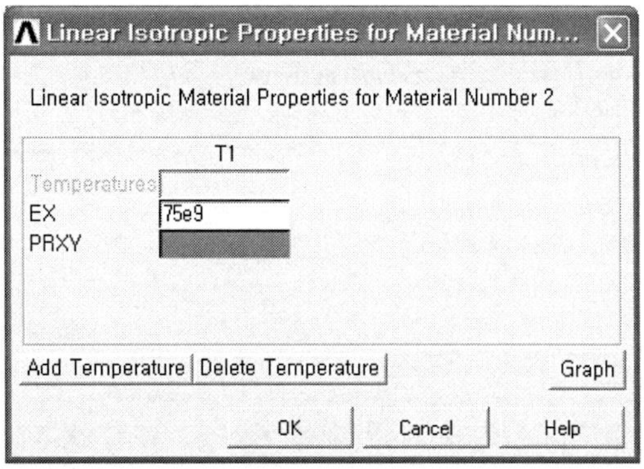

2단계 : 유한요소 모델 생성

4) 네 개의 Node 생성-1(0, 0), 2(0.4, 0), 3(0.7, 0), 4(1.2, 0)

Preprocessor > Modeling-Create > Nodes > In Active CS...

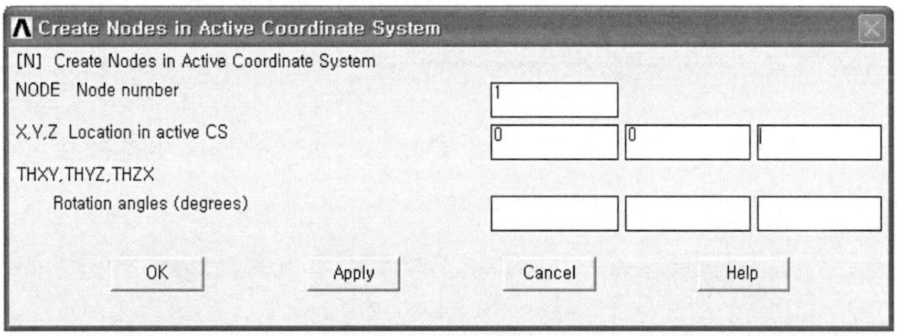

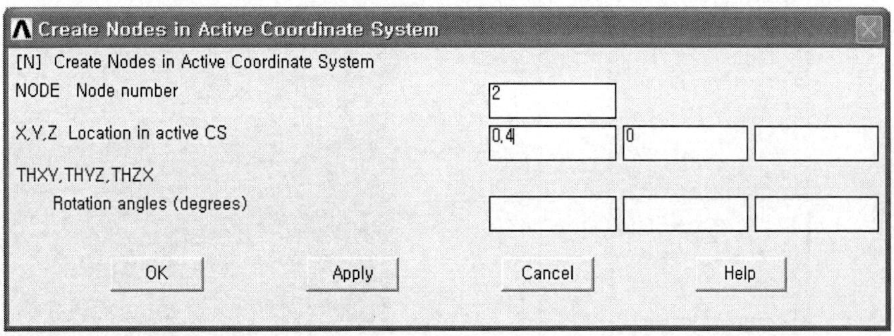

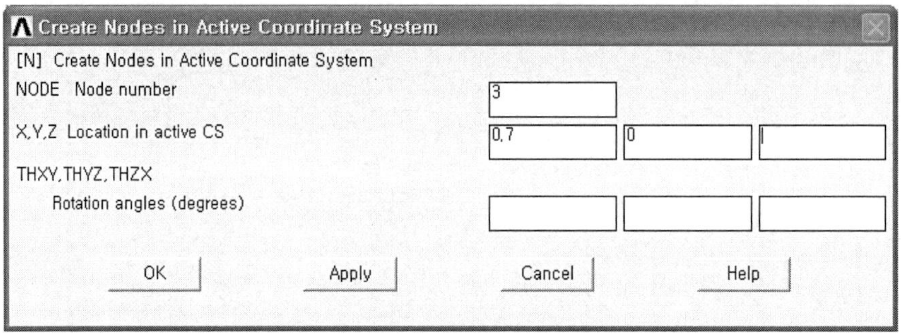

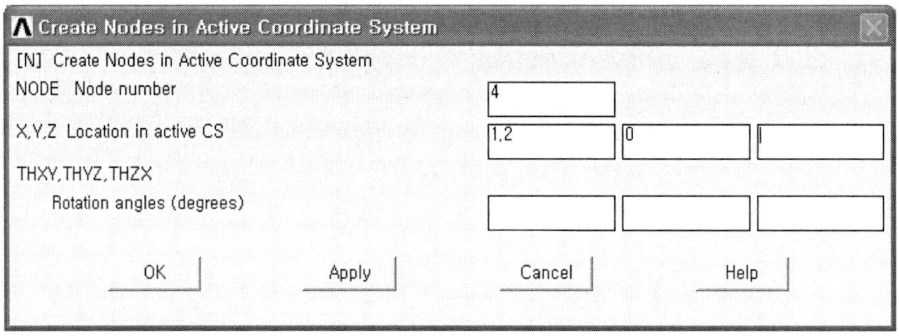

5) 1-2, 2-3 등 각각 두 개의 절점으로 연결된 2개의 트러스 요소 생성
Preprocessor > Modeling-Create > Elements > Thru Nodes+

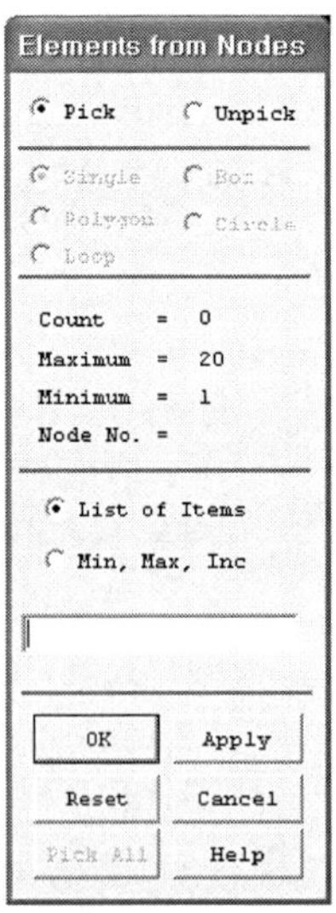

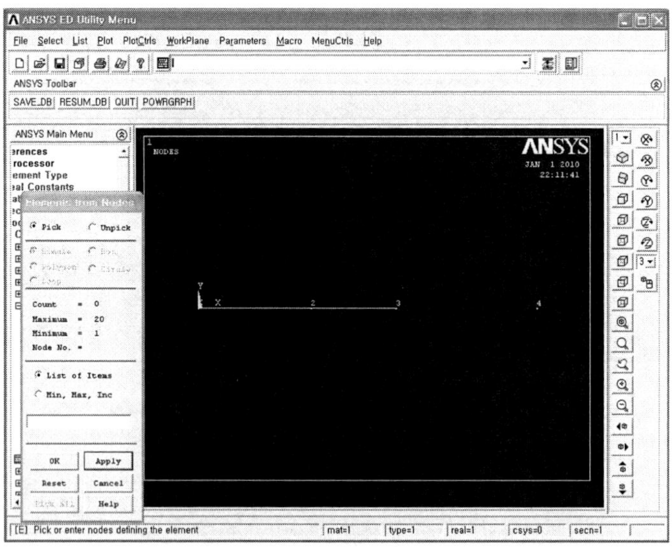

6) 속성 변경(Material number = 2, Real constant set number = 2)

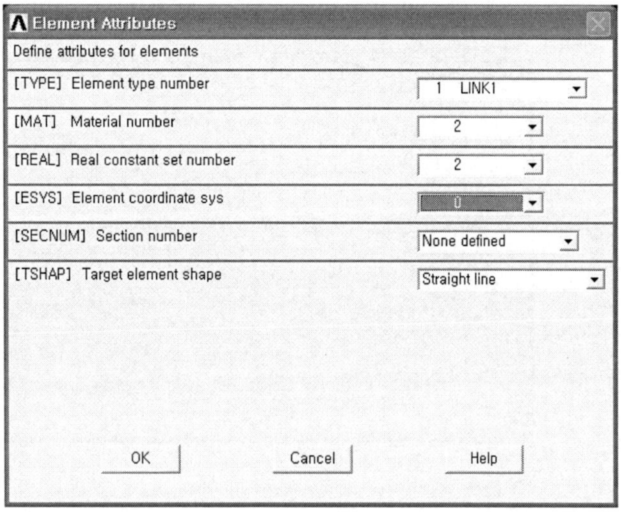

7) 3-4 두 개의 절점으로 연결된 1개의 트러스 요소 생성

3단계 : 하중과 경계 조건의 적용

8) 절점 1에 Ux = Uy = 0

Preprocessor > Loads > Loads-Apply > Structural-Displacement > On Nodes

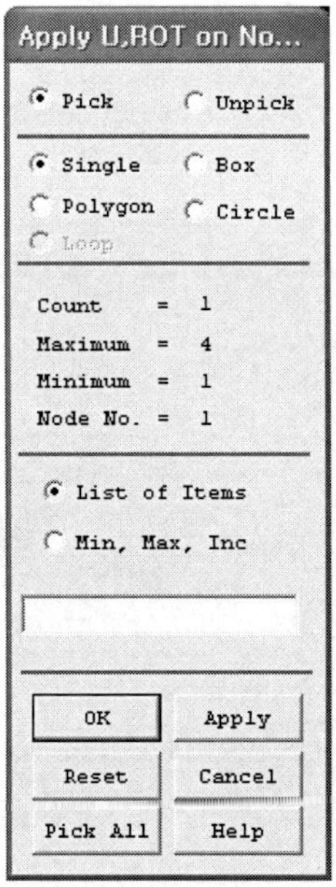

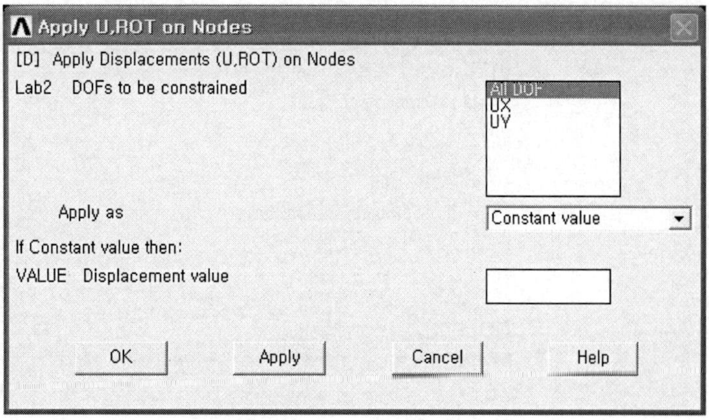

9) 절점 4에 Ux = 0.0001m 입력

Preprocessor > Loads > Loads-Apply > Structural-Displacement > On Nodes

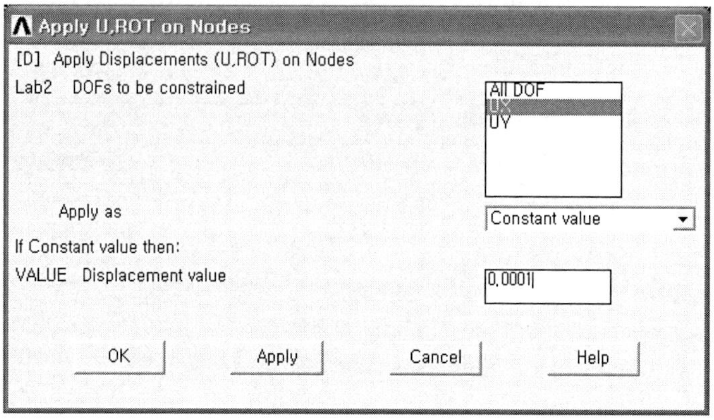

10) 절점 2, 3, 4에 각각 Fx = -550,000N, 260,000N, 140,000N 입력

Preprocessor > Loads > Loads-Apply > Structural-Force/Moment > On Nodes

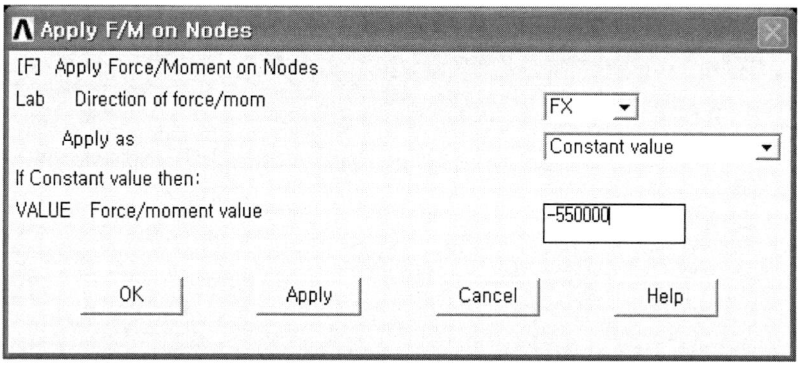

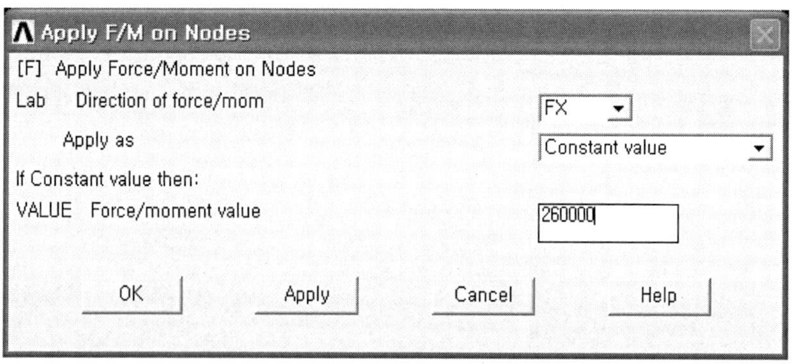

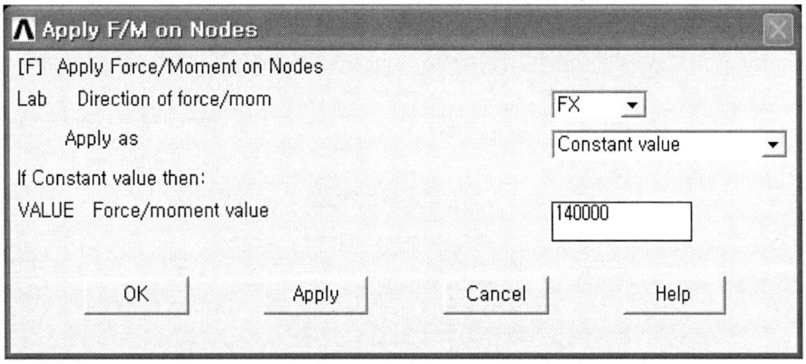

4단계 : 계산 실행

11) Solution > Solve-Current LS(OK - Close)

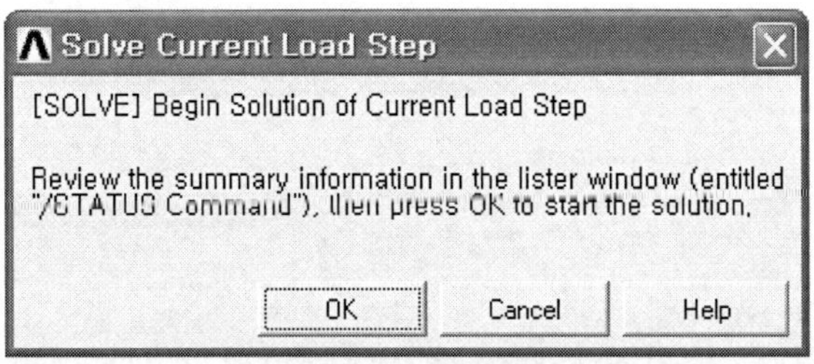

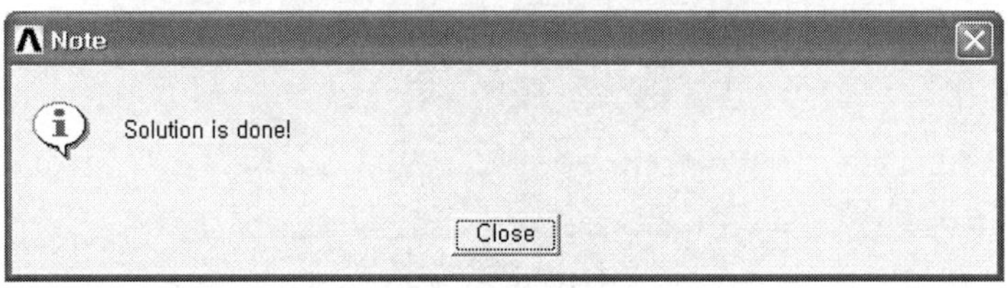

5단계 : 결과 출력과 분석

General Postproc > Plot Results > Deformed Shape

General Postproc > List Results > Nodal Solution

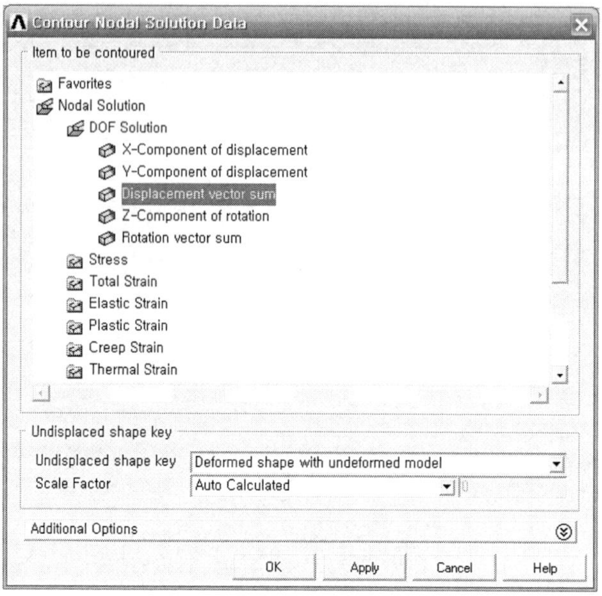
Contour Nodal Solution Data
Item to be contoured
Favorites
Nodal Solution
DOF Solution
X-Component of displacement
Y-Component of displacement
Displacement vector sum
Z-Component of rotation
Rotation vector sum
Stress
Total Strain
Elastic Strain
Plastic Strain
Creep Strain
Thermal Strain
Undisplaced shape key
Undisplaced shape key
Deformed shape with undeformed model
Scale Factor
Auto Calculated
Additional Options
OK
Apply
Cancel
Help

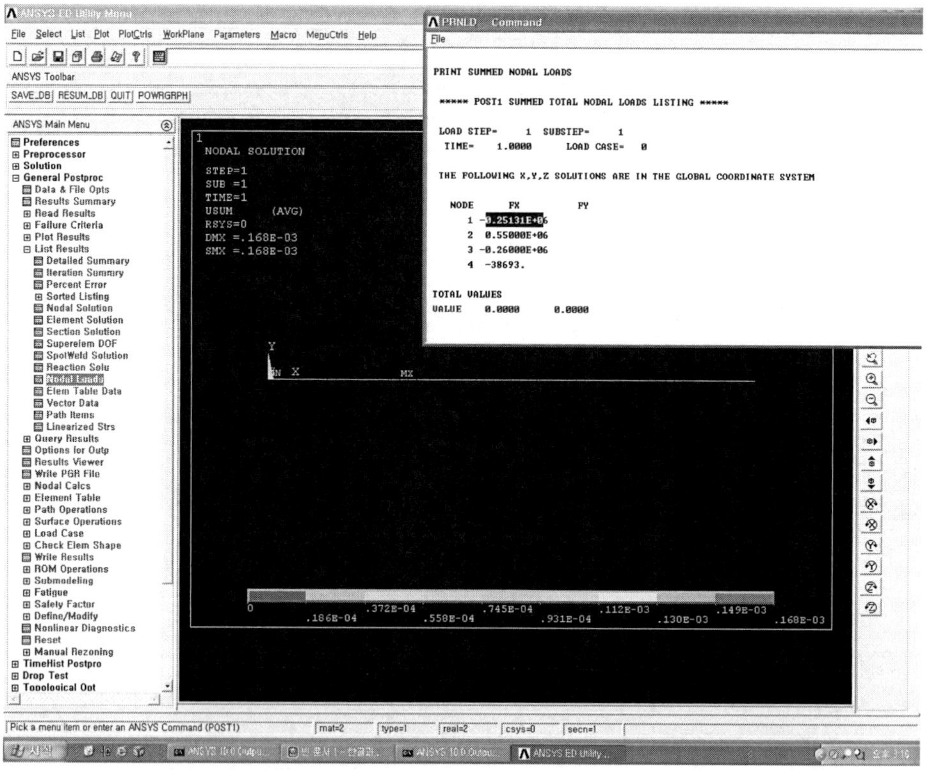
PRINT SUMMED NODAL LOADS
***** POST1 SUMMED TOTAL NODAL LOADS LISTING *****
LOAD STEP= 1 SUBSTEP= 1
TIME= 1.0000 LOAD CASE= 0
THE FOLLOWING X,Y,Z SOLUTIONS ARE IN THE GLOBAL COORDINATE SYSTEM
NODE FX FY
1 -0.25131E+06
2 0.55000E+06
3 -0.26000E+06
4 -38693.
TOTAL VALUES
VALUE 0.0000 0.0000
NODAL SOLUTION
STEP=1
SUB =1
TIME=1
USUM (AVG)
RSYS=0
DMX =.168E-03
SMX =.168E-03

예제 2

각 절점(그림 3.4)에서의 변위를 구하시오. 단, 단면적은 $A=2\text{in}^2$이고 탄성계수는 $E=30\times10^6\text{psi}$임.

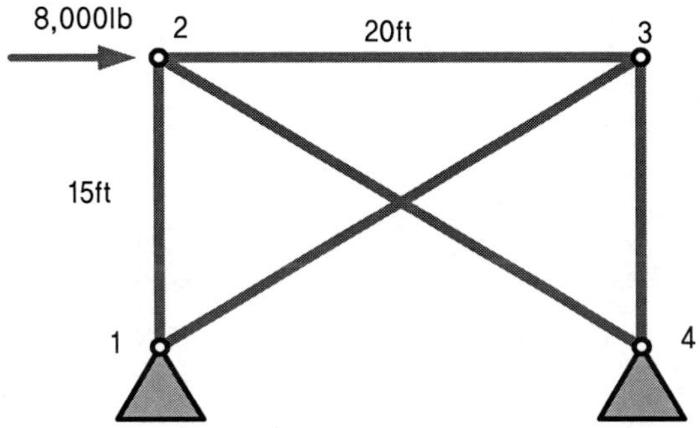

그림 3.4 트러스

해석 과정

1단계 :요소정의, 요소물성치, 재료물성치 정의

1) 요소의 종류 : (Structural Link-2D Spar; Link1)

Preprocessor > Element Type > Add/Edit/Delete...

2) 요소물성치(단면적) 입력

Preprocessor > Real Constants

3) 재료물성치(탄성계수)의 입력

Preprocessor > Material Props > -Constant-Isotropic

2단계 : 유한요소 모델 생성

4) 네 개의 Node 생성-1(0, 0), 2(0, 180), 3(240, 180), 4(240, 0)

Preprocessor > Modeling-Create > Nodes > In Active CS...

5) 1-2, 2-3, 3-4, 1-3, 2-4 등 각각 두 개의 절점으로 연결된 5개의 트러스 생성

Preprocessor > Modeling-Create > Elements > Thru Nodes+

3단계 : 하중과 경계 조건의 적용

6) 절점 1과 4에 Ux = Uy = 0

Preprocessor > Loads > Loads-Apply > Structural-Displacement > On Nodes

7) 절점 2에 Fx = 8,000

Preprocessor > Loads > Loads-Apply > Structural-Force/Moment > On Nodes

4단계 : 계산 실행

8) Solution > Solve-Current LS

5단계 : 결과 출력과 분석

9) 변위 형상 출력

General Postproc > Plot Results > Deformed Shape

10) 각 Node의 변형량 출력

General Postproc > List Results > Nodal Solution

예제 3

각 절점(그림 3.5)에서의 변위를 구하시오. 단, 단면적은 $A = 1\ \text{in}^2$이고 탄성계수는 $E = 30 \times 10^6$psi임.

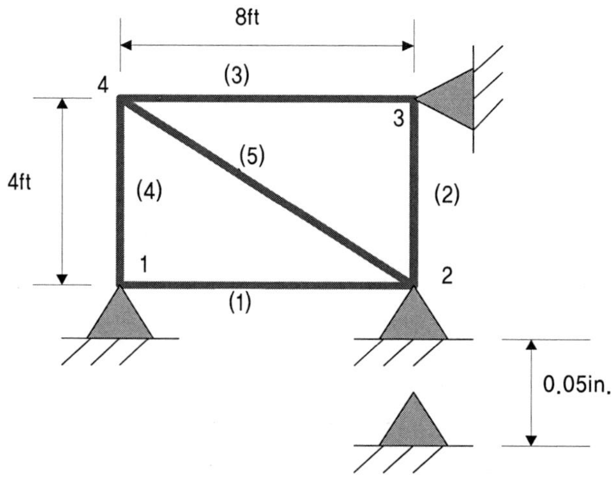

【그림 3.5】 트러스

해석 과정

1단계 : 요소정의, 요소물성치, 재료물성치 정의

1) 요소의 종류 : (Structural Link-2D Spar; Link1)

Preprocessor > Element Type > Add/Edit/Delete...

2) 요소물성치(단면적) 입력

Preprocessor > Real Constants

3) 재료물성치(탄성계수)의 입력

Preprocessor > Material Props > -Constant-Isotropic

2단계 : 유한요소 모델 생성

4) 네 개의 Node 생성-1(0, 0), 2(96, 0), 3(96, 48), 4(0, 48)

Preprocessor > Modeling-Create > Nodes > In Active CS...

5) 1-2, 2-3, 3-4, 4-1, 2-4 등 각각 두 개의 절점으로 연결된 5개의 트러스 생성

Preprocessor > Modeling-Create > Elements > Thru Nodes+

3단계 : 하중과 경계 조건의 적용

6) Nodes 1, 3에 Ux = Uy = 0

Preprocessor > Loads > Loads-Apply > Structural-Displacement > On Nodes

7) Node 2에 Ux = 0, Uy = -0.05

Preprocessor > Loads > Loads-Apply > Structural-Displacement > On Nodes

4단계 : 계산 실행

8) Solution > Solve-Current LS

5단계 : 결과 출력과 분석

9) 변위 형상 출력

General Postproc > Plot Results > Deformed Shape

10) 각 Node의 변형량 출력

General Postproc > List Results > Nodal Solution

예제 4

각 절점(그림 3.6)에서의 변위를 구하시오. 단, $L=28$in이고, 단면적은 $A=3\text{in}^2$이며 탄성계수는 $E=30\times10^6$psi임.

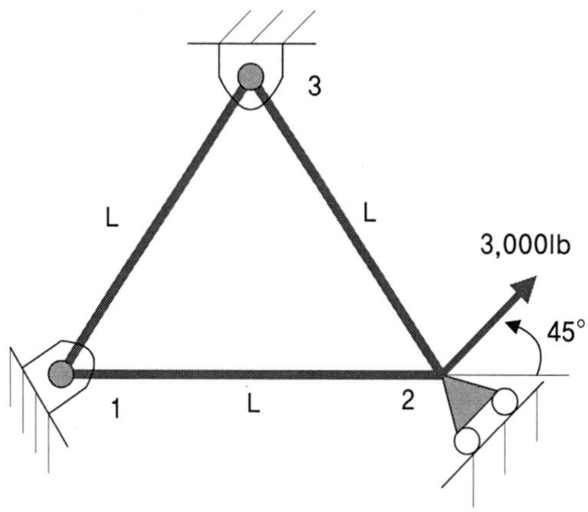

그림 3.6 트러스

해석 과정

1단계 : 요소정의, 요소물성치, 재료물성치 입력

2단계 : 유한요소 모델 생성

1) 세 개의 절점 생성
2) 각각 두 개의 절점으로 연결된 세 개의 요소 생성

3단계 : 하중과 경계 조건의 적용

3) 절점 1과 3에 Ux = Uy = 0
4) 절점 2 좌표계 회전
   Preprocessor > Modeling-Move/Modify > Rotate Node CS-By angle
5) 절점 2에 Uy = 0 & Fx = 3,000

4단계 : 계산 실행

5단계 : 결과 출력과 분석

예제 5

각 절점(그림 3.7)에서의 변위를 구하시오. 단, $L=1$m이고 탄성계수는 $E=210$GPa이다. 요소 (3)의 단면적은 $A_2=10\times10^{-4}\text{m}^2$, 나머지 요소들의 단면적은 $A_1=4\times10^{-4}\text{m}^2$ 이다.

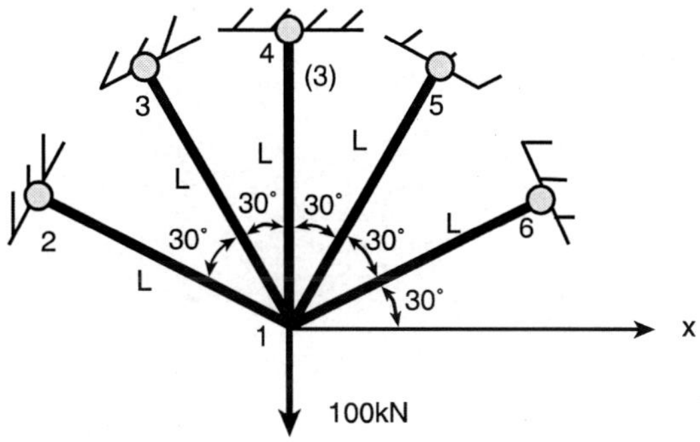

그림 3.7

해석 과정

1단계 : 요소정의, 요소물성치, 재료물성치 정의

1) 요소의 종류 : (Structural Link-2D Spar; Link1)
2) 요소물성치(단면적) 입력
   Preprocessor > Real Constants

2단계 : 유한요소 모델 생성

3) 6개의 Node 생성
4) 1-2, 1-3, 1-5, 1-6 등 각각 두 개의 절점으로 연결된 4개의 요소 생성
5) 요소의 속성 변경(Real = 2)
   Preprocessor > Attribute-Define > Default Attribs...
6) 1-3 두 개의 절점으로 연결된 요소 생성

3단계 : 하중과 경계 조건의 적용

4단계 : 계산 실행

5단계 : 결과 출력과 분석

도전 문제 ❶

그림 3.8은 T-express 구조물의 일부분을 보여주고 있다. 사용되는 재료는 라미네이트 우드(탄성계수 $E=42$GPa)이고 단면적은 $A=4\times10^{-2}\text{m}^2$으로 균일하다고 가정한다. 그림에서 사람을 포함한 열차의 무게를 9,000kg으로 가정하고, 2차원 트러스 요소를 사용하여 최대 변위를 구하시오.

【 그림 3.8 】 T-express 구조물의 일부분

해석에 사용되는 유한요소 모델과 해석 결과는 다음과 같다.

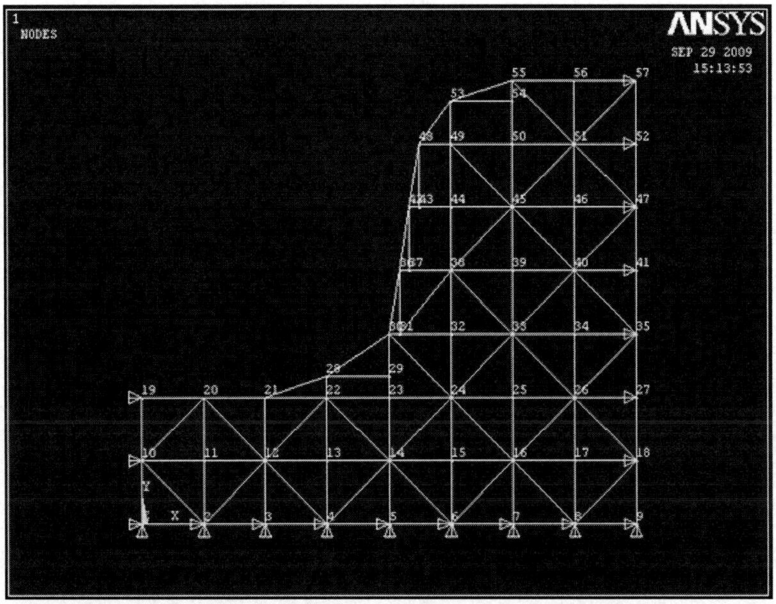
1
NODES
ANSYS
SEP 29 2009
15:13:53

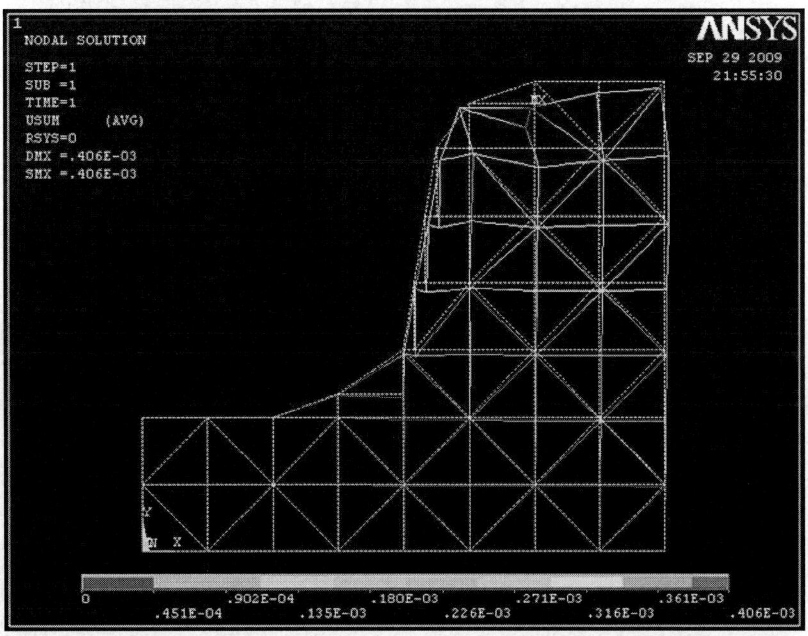
1
NODAL SOLUTION
STEP=1
SUB =1
TIME=1
USUM (AVG)
RSYS=0
DMX =.406E-03
SMX =.406E-03
ANSYS
SEP 29 2009
21:55:30
0
.451E-04
.902E-04
.135E-03
.180E-03
.226E-03
.271E-03
.316E-03
.361E-03
.406E-03

도전 문제 ❷

그림 3.9는 2회선 사각 송전탑 구조물의 일부분을 보여주고 있다. 사용되는 재료는 구조용 강(탄성계수 $E=210\text{GPa}$)이고 단면적은 $A=10\times10^{-2}\text{m}^2$으로 균일하다고 가정한다. 측면에서 950kN의 힘이 작용한다고 가정하고, 2차원 트러스 요소를 사용하여 최대 변위를 구하시오.

그림 3.9 2회선 사각 송전탑 구조물

해석에 사용되는 유한요소 모델과 해석 결과는 다음과 같다.

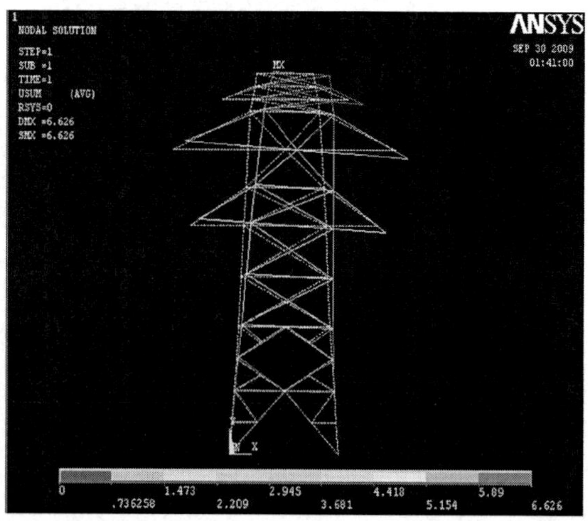

연습문제

1. Node 2(그림 3.10)에서의 변위를 구하시오.
   $A=0.02\text{m}^2$(요소 1 제외); $E=200\text{GPa}$, 요소 1의 단면적 $A=0.02\text{m}^2$

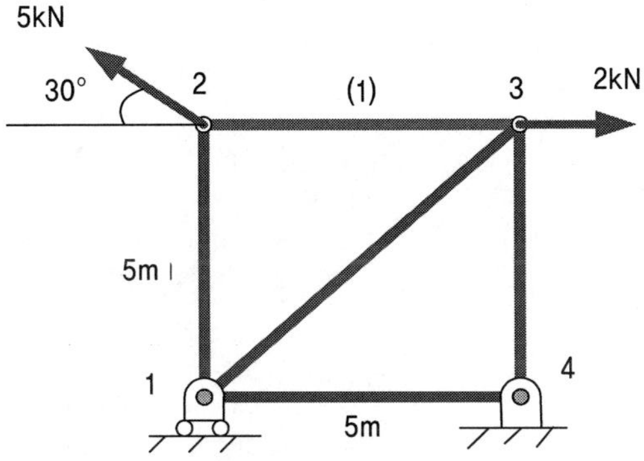

그림 3.10 트러스

2. 그림 3.11과 같은 트러스의 1)점 K에서 발생하는 변위와 2)지지점 B에서의 반력을 구하시오.
   $A=0.02\text{m}^2$, $E=200\text{GPa}$

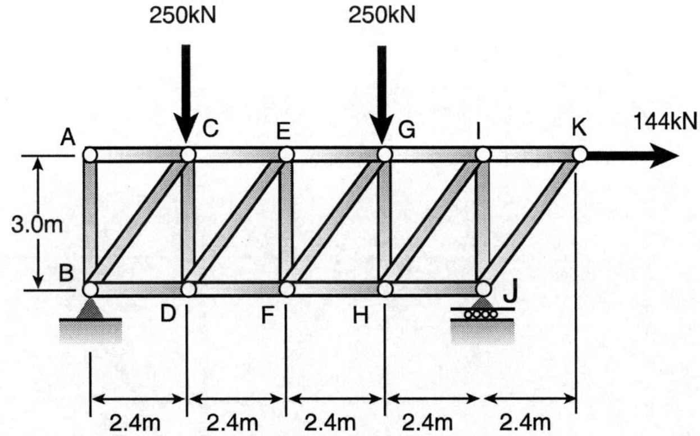

그림 3.11 트러스

3. 각 절점(그림 3.12)에서의 변위를 구하시오.
   단, 단면적은 A=3in^{2}이고, 탄성계수는 E=32×10^{6}psi임.

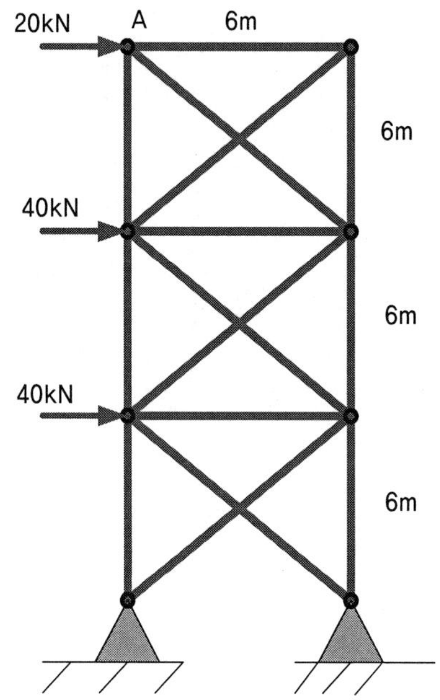

【그림 3.12】 트러스

4. 절점 1(그림 3.13)에서의 변위를 구하시오.
   A =4in^2, E=2×10^{6}psi; L=150in

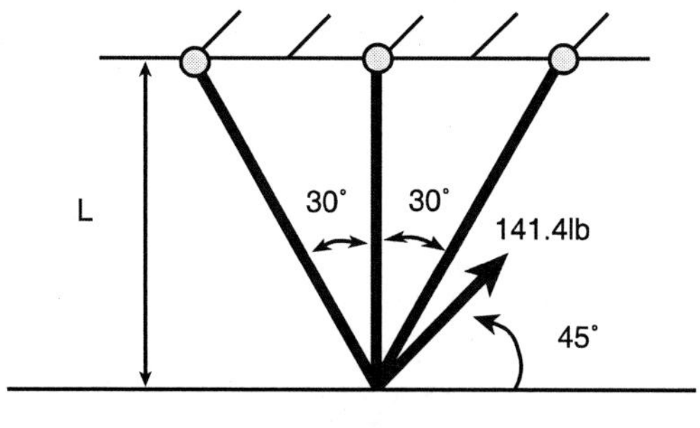

【그림 3.13】

5. 절점 1과 4(그림 3.14)에서의 변위를 구하시오.
$A = 5\text{in}^2$; $E = 30 \times 10^6\text{psi}$

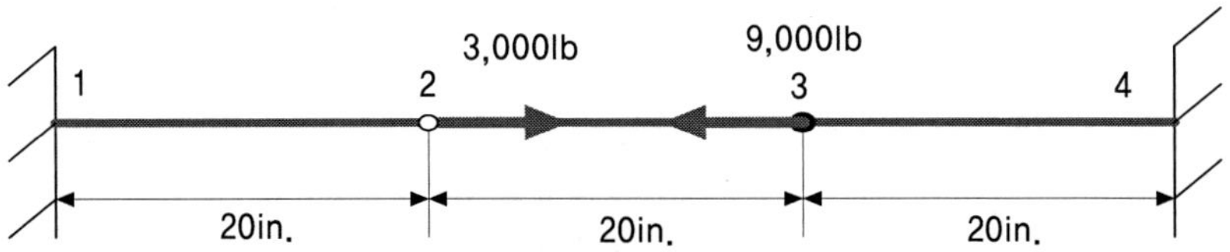

그림 3.14 축하중 부재

6. 절점 1(그림 3.15)에서의 변위를 구하시오.
$A = 10 \times 10^{-4}\text{m}^2$; $E = 210\text{GPa}$

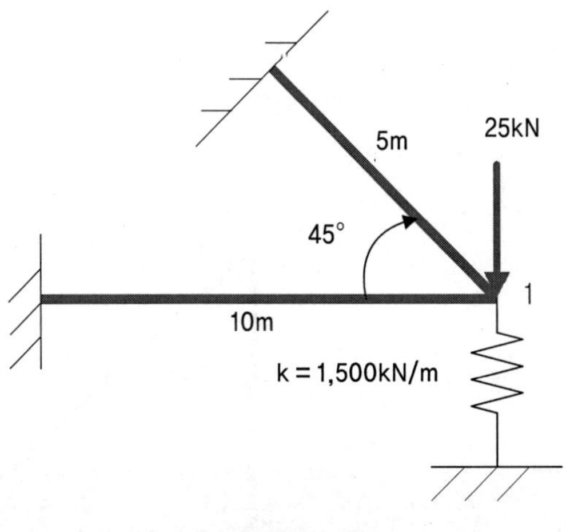

그림 3.15

7. 절점 3(그림 3.16)에서의 변위를 구하시오.
   $A=3\text{in}^2$; $E=30\times10^6\text{psi}$

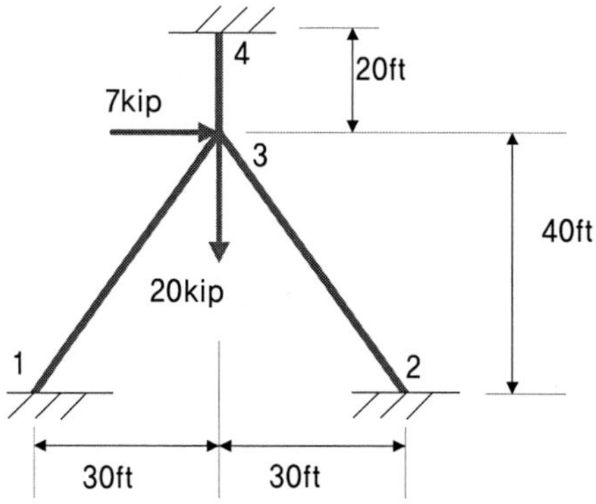

그림 3.16

8. 절점 1과 2(그림 3.17)에서의 변위를 구하시오.
   $A=3\text{in}^2$; $E=30\times10^6\text{psi}$

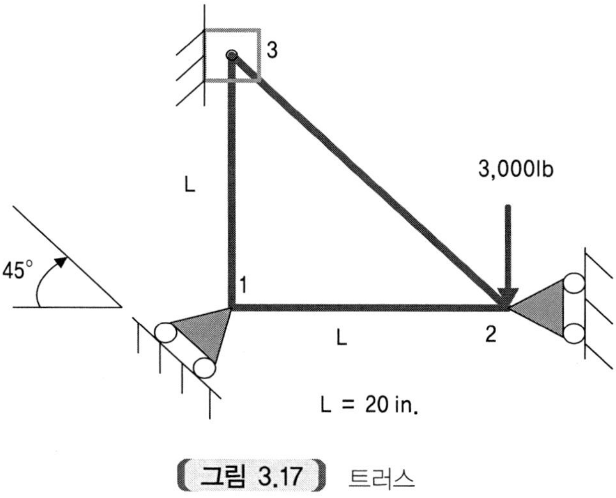

그림 3.17 트러스

9. 각 절점(그림 3.18)에서의 변위를 구하시오.

$A=30\times10^{-4}\text{m}^2$, (요소 (7)를 제외한 모든 요소에 대해서)

$A=60\times10^{-4}\text{m}^2$ (요소 (7))

$E=210\text{GPa}$

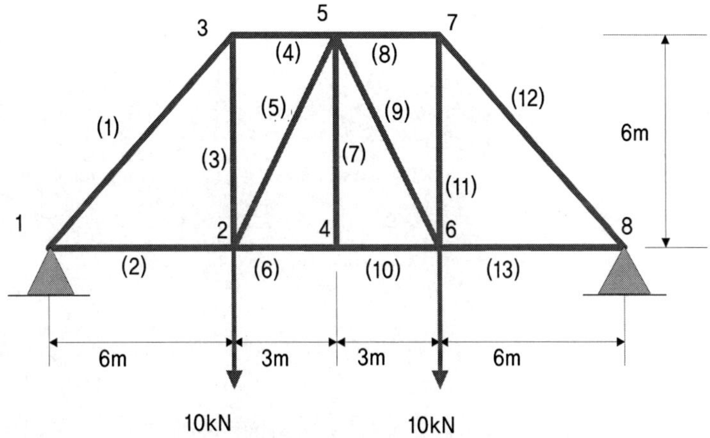

그림 3.18 트러스

프로젝트 1

그림 3.19와 3.20은 T-express 구조물을 보여주고 있다. 사용되는 재료는 라미네이트 우드(탄성계수 $E=42$GPa)이고 단면적은 $A=4\times10^{-2}\text{m}^2$으로 균일하다고 가정한다. 그림에서 사람을 포함한 열차의 무게를 9,000kg으로 가정하고, 3차원 트러스 요소를 사용하여 변위를 해석하시오.

그림 3.19 T-express 구조물

그림 3.20 T-express 구조물

프로젝트 2

그림 3.21은 2회선 사각 송전탑 구조물의 일부분을 보여주고 있다. 사용되는 재료는 구조용 강(탄성계수 $E=210\text{GPa}$)이다. 1) 가능하면 정확한 단면적을 사용하고 3차원 트러스 요소를 사용하여 자중과 풍하중에 의한 변위를 구하시오. 2) 또한 구조물의 일부를 보강하여 보다 효율적인 트러스 구조물을 설계하시오.

그림 3.21 사각 송전탑 구조물

프로젝트 3

그림 3.22는 프랑스에 있는 에펠탑을 보여주고 있다. 3차원 트러스 요소를 사용하여 자중과 풍하중에 의한 변위를 구하시오.

그림 3.22 에펠탑

프로젝트 4

그림 3.23은 Dish형 태양열 발전시스템의 구조물을 보여주고 있다. 3차원 트러스 요소를 사용하여 자중과 풍하중에 의한 변위를 구하시오.

그림 3.23 Dish형 태양열 발전시스템의 구조물

3.2 보(Beam) 문제

긴 막대가 그 축에 대하여 횡방향으로 하중을 받고 있을 때 이를 보(beam)라고 한다. 보는 자동차, 항공기, 교량 등에서 널리 사용된다. 보는 보통 지지되어 있는 방법에 따라 분류된다. 아래 그림 3.24~3.29는 일반적으로 사용되는 몇 가지 보를 보여주고 있다.

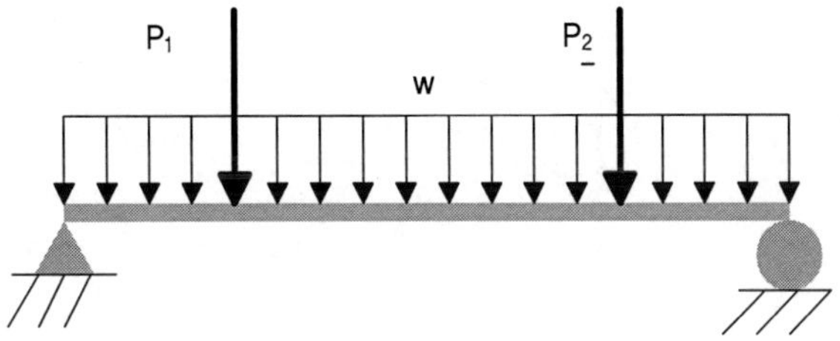

그림 3.24 단순지지보, 단순보(simple beam)

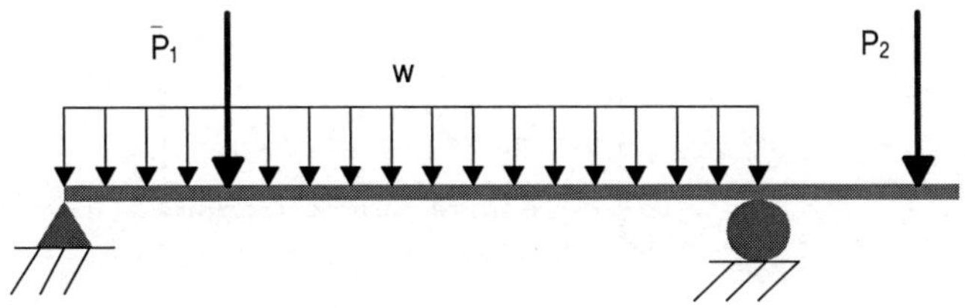

그림 3.25 돌출된 단순지지보(simple beam with overhang)

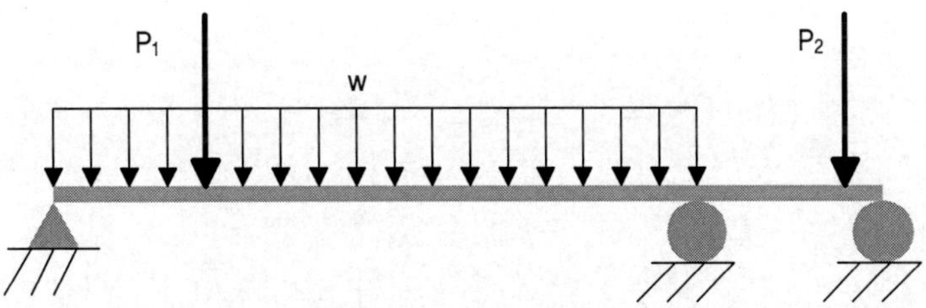

그림 3.26 연속보(continuous beam)

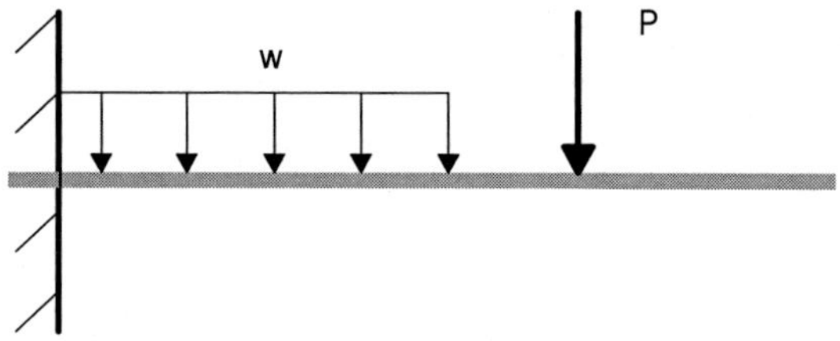

그림 3.27 외팔보(cantilever beam)

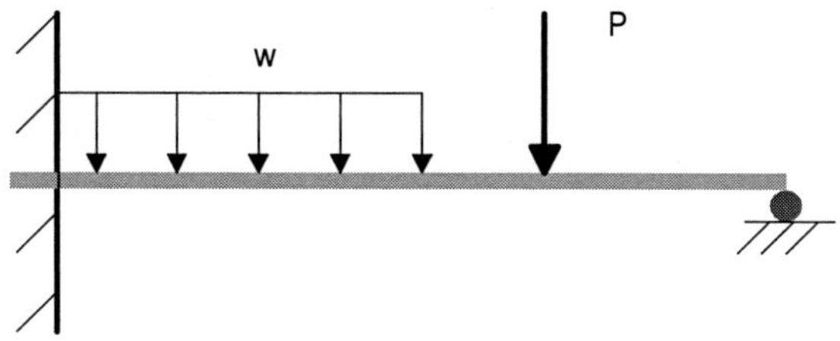

그림 3.28 고정-단순보(fixed-simple beam)

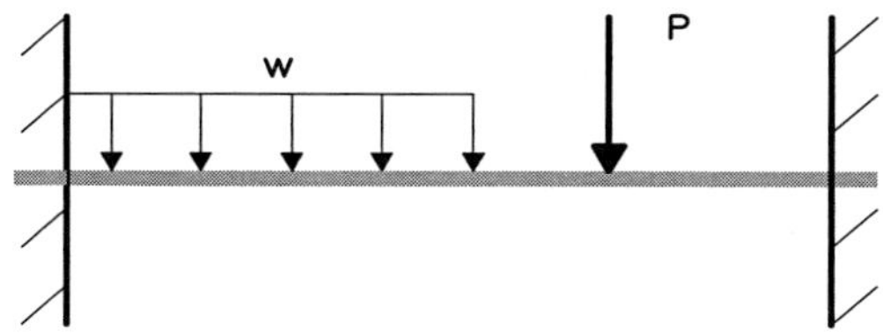

그림 3.29 양단고정보(clamped beam)

앞 절에서 다룬 트러스 모델은 해석할 때 모든 하중이 트러스의 절점에 작용한다고 가정하였고 부재의 굽힘은 고려되지 않았다. 보에서는 임의의 지점에서 하중이 작용할 수 있고 굽힘이 발생할 수 있다.

예로서, 집중 하중을 받고 있는 보가 그림 3.30에 나타나 있다. 중립 축의 수직변위 v는 보의 위쪽으로 발생하는 변위를 양으로 가정하면, 보에 발생하는 굽힘 모멘트 $M(x)$와 2차 면적 모멘트 I, 그리고 탄성계수 E와 다음과 같이 연관되어 있다.

$$EI\frac{d^2v}{dx^2} = M(x) \tag{3.1}$$

식 (3.1)을 두 번 적분하고, 경계 조건을 대입하면 다음과 같은 탄성곡선 식이 얻어진다.

$$v = -\frac{Px^2}{6EI}(3L - x) \tag{3.2}$$

식 (3.2)에서 L은 보의 길이를 나타낸다. 식 (3.2)로부터 보에 발생하는 최대 기울기 θ_{max}와 변위 v_{max}는 다음과 같이 구해진다.

$$\theta_{max} = -\frac{PL^2}{2EI} \tag{3.3}$$

$$v_{max} = -\frac{PL^3}{3EI} \tag{3.4}$$

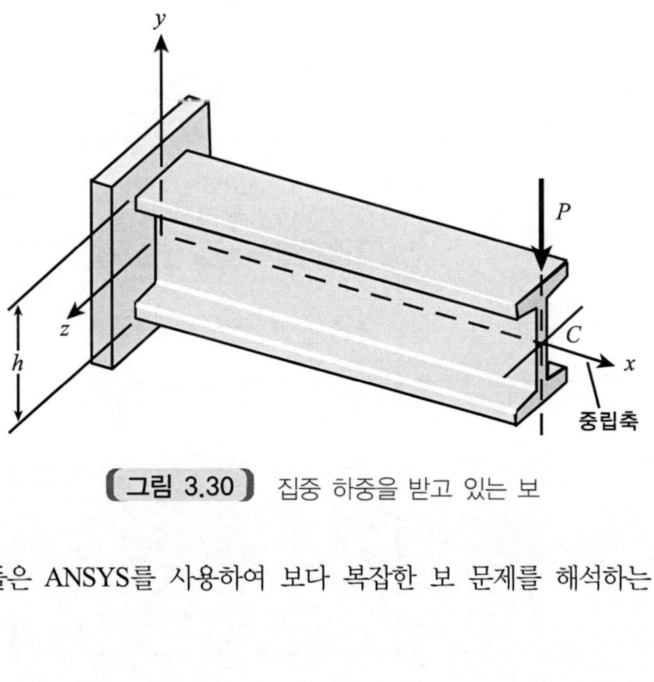

【그림 3.30】 집중 하중을 받고 있는 보

다음 예제들은 ANSYS를 사용하여 보다 복잡한 보 문제를 해석하는 과정을 설명하고 있다.

예제 1

절점 2(그림 3.31)에서의 변위를 구하시오.

$E = 210\text{GPa}$; $I = 4\times10^{-4}\text{m}^4$

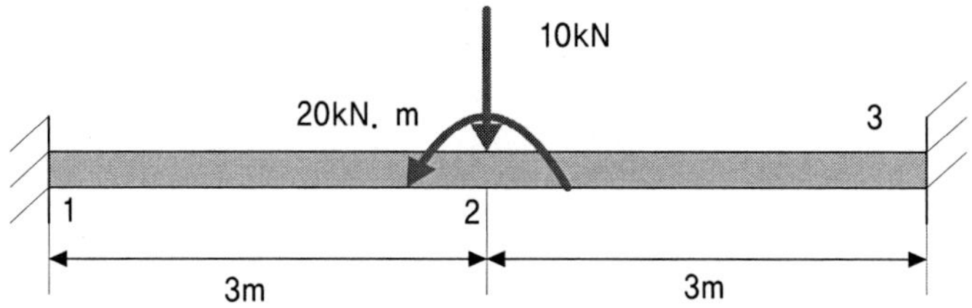

[그림 3.31] 보

해석 과정

1단계 : 요소정의, 요소물성치, 재료물성치 정의

1) 요소의 종류 : (Structural Beam-2D Elastic; Beam3)

Preprocessor > Element Type > Add/Edit/Delete...

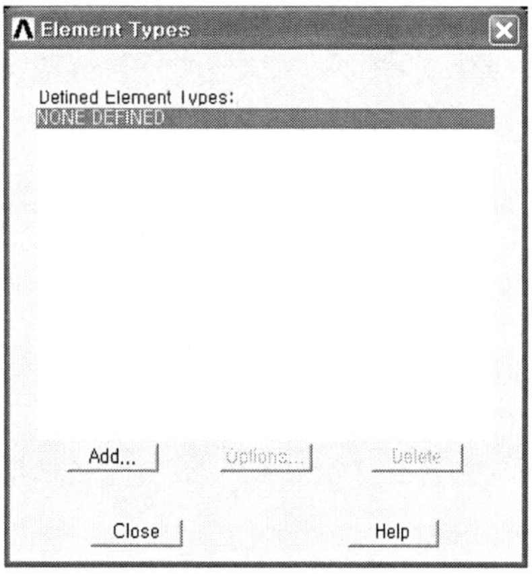

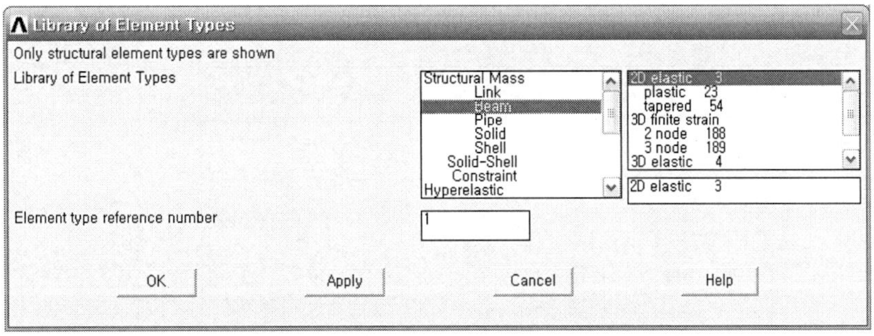

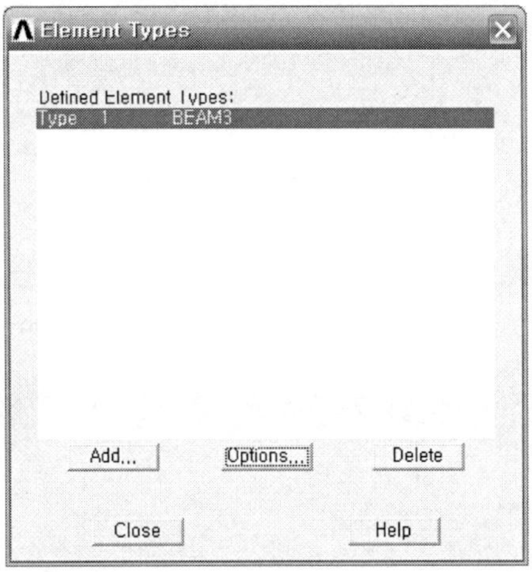

2) 요소물성치(단면적 ; 관성 모멘트 ; 높이) 입력

Preprocessor > Real Constants

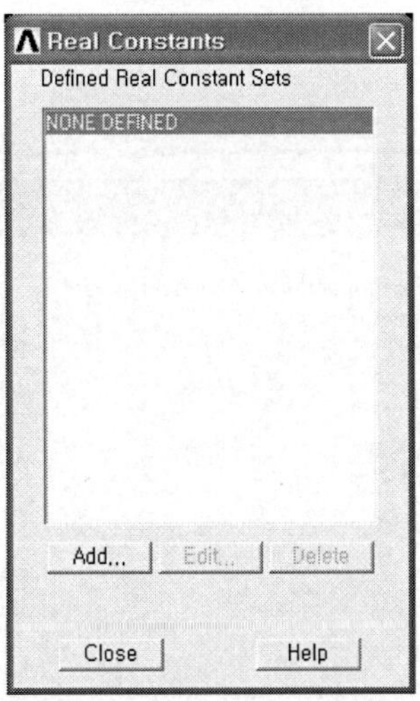

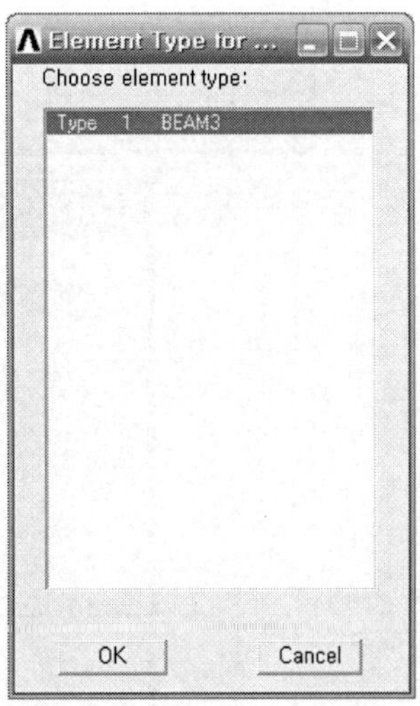

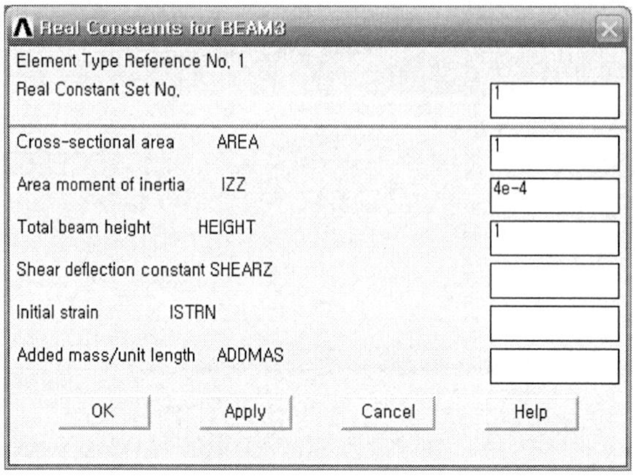

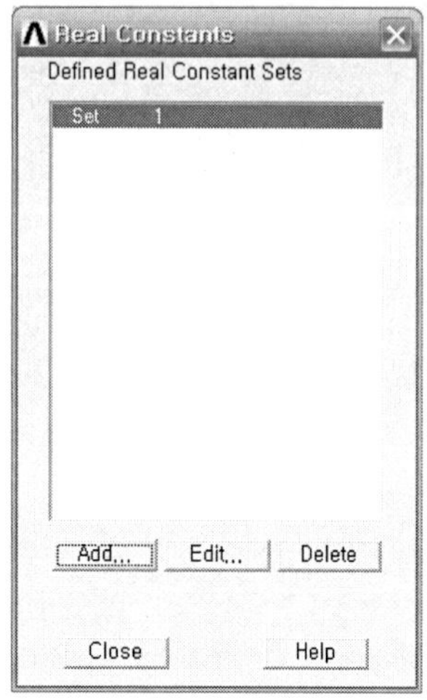

3) 재료물성치(탄성계수)의 입력

Preprocessor > Material Props > -Constant-Isotropic

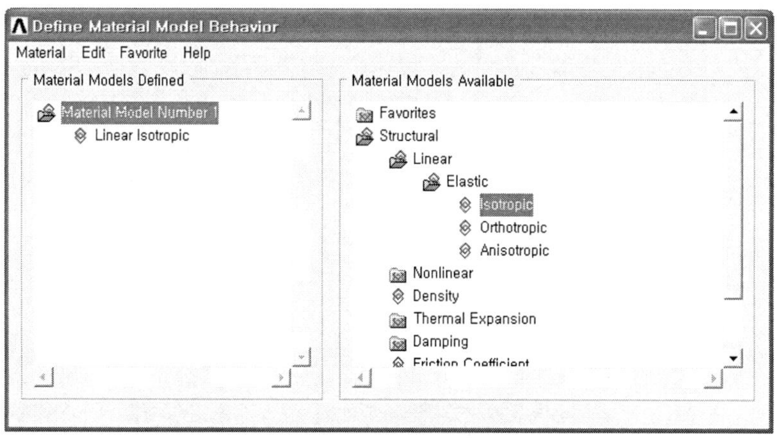

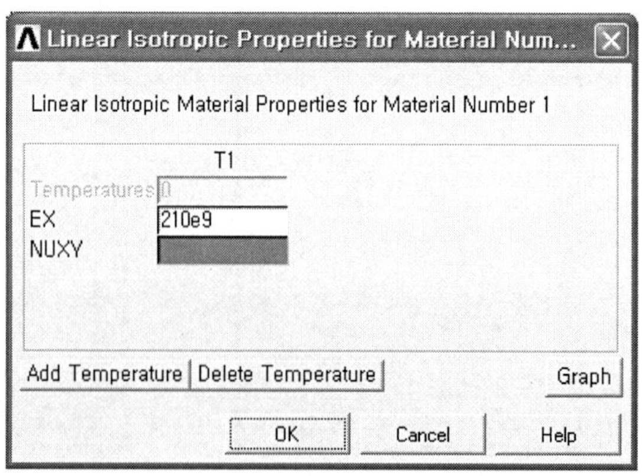

2단계 : 유한요소 모델 생성

4) 3개의 Nodes 생성-1(0, 0), 2(3, 0), 3(6, 0)

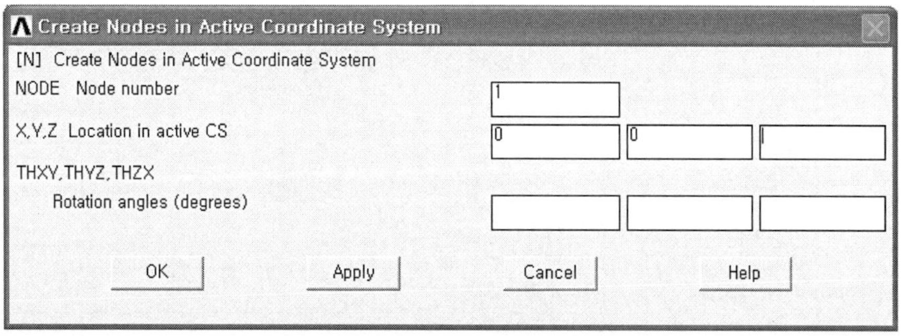

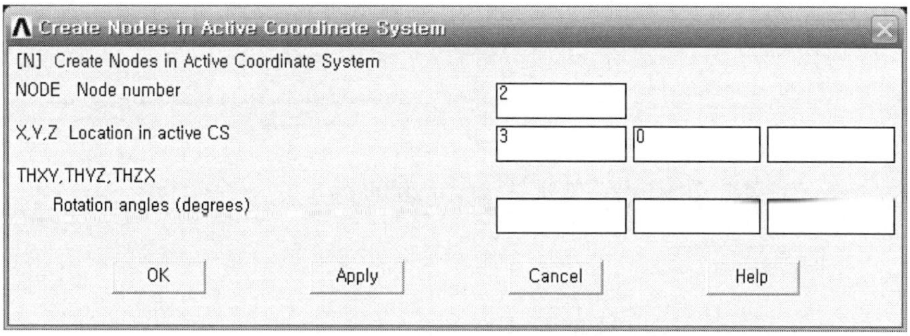

5) 1-2, 2-3 등 각각 두 개의 절점으로 연결된 2개의 보 요소 생성

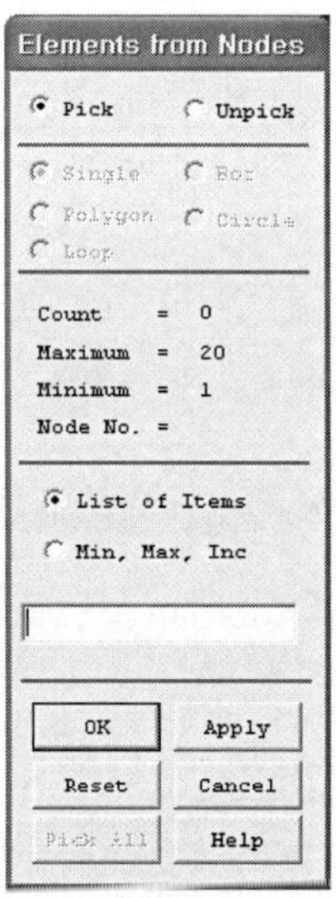

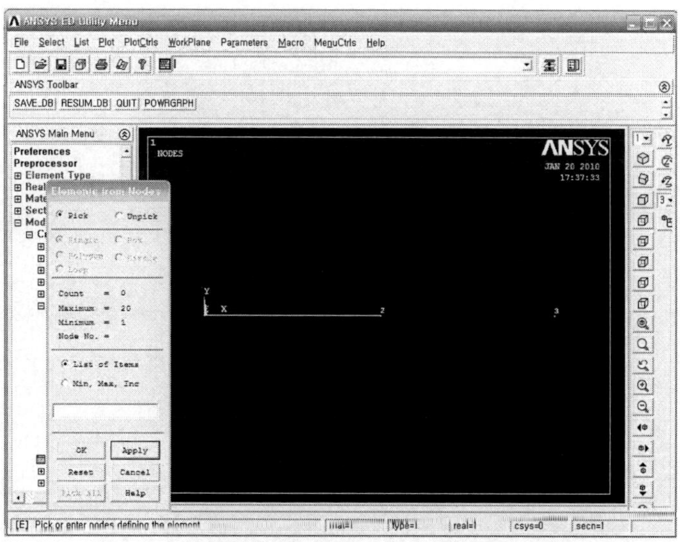

3단계 : 하중과 경계 조건의 적용

6) 절점 1, 3에 Ux = Uy = ROTz = 0

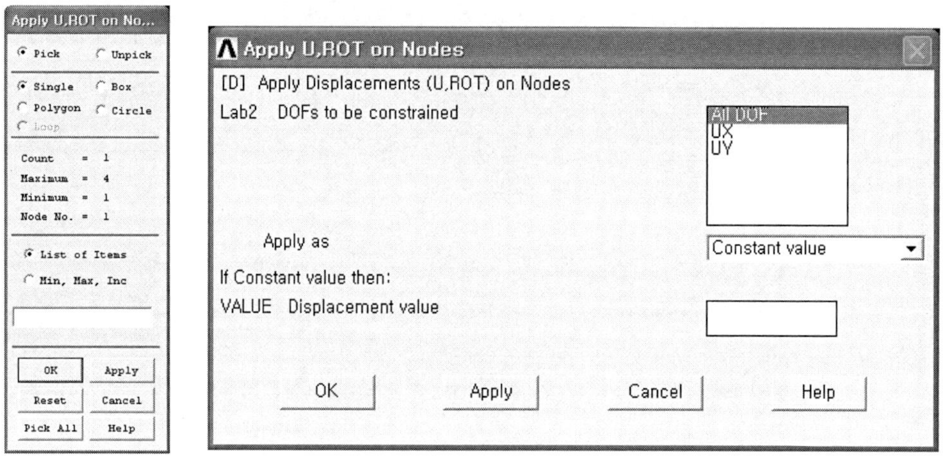

7) 절점 2에 Fy = -10,000 Mz = 20,000

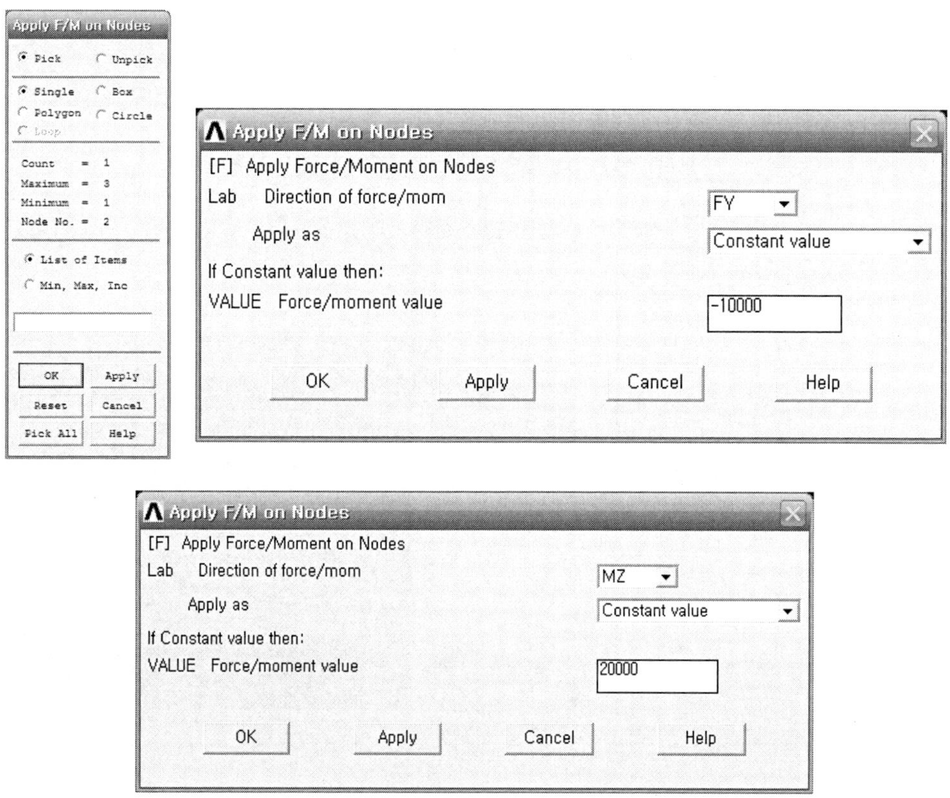

4단계 : 계산 실행(OK-Close)

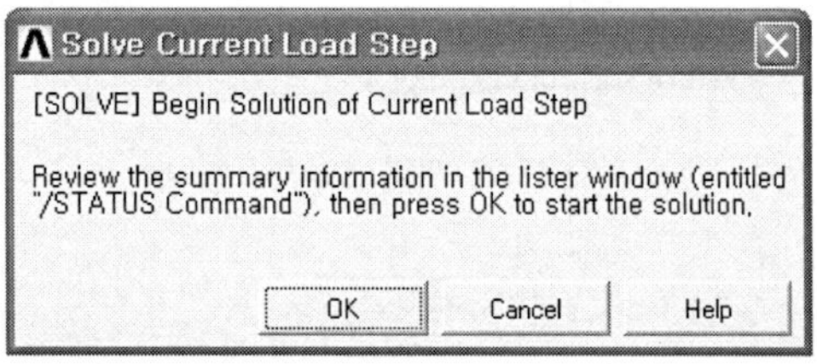

5단계 : 결과 출력과 분석

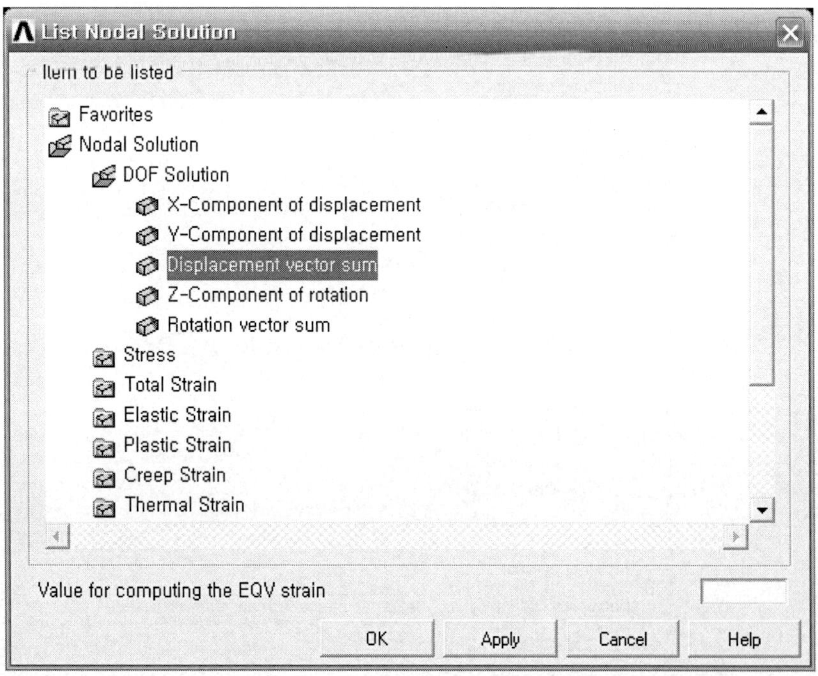

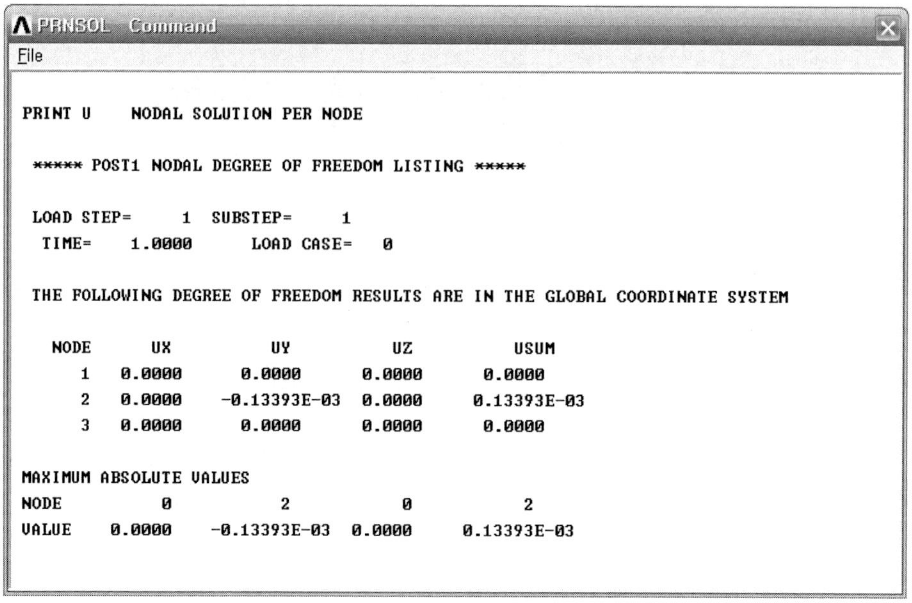
PRNSOL Command
File
PRINT U NODAL SOLUTION PER NODE
***** POST1 NODAL DEGREE OF FREEDOM LISTING *****
LOAD STEP= 1 SUBSTEP= 1
TIME= 1.0000 LOAD CASE= 0
THE FOLLOWING DEGREE OF FREEDOM RESULTS ARE IN THE GLOBAL COORDINATE SYSTEM
NODE UX UY UZ USUM
1 0.0000 0.0000 0.0000 0.0000
2 0.0000 -0.13393E-03 0.0000 0.13393E-03
3 0.0000 0.0000 0.0000 0.0000
MAXIMUM ABSOLUTE VALUES
NODE 0 2 0 2
VALUE 0.0000 -0.13393E-03 0.0000 0.13393E-03

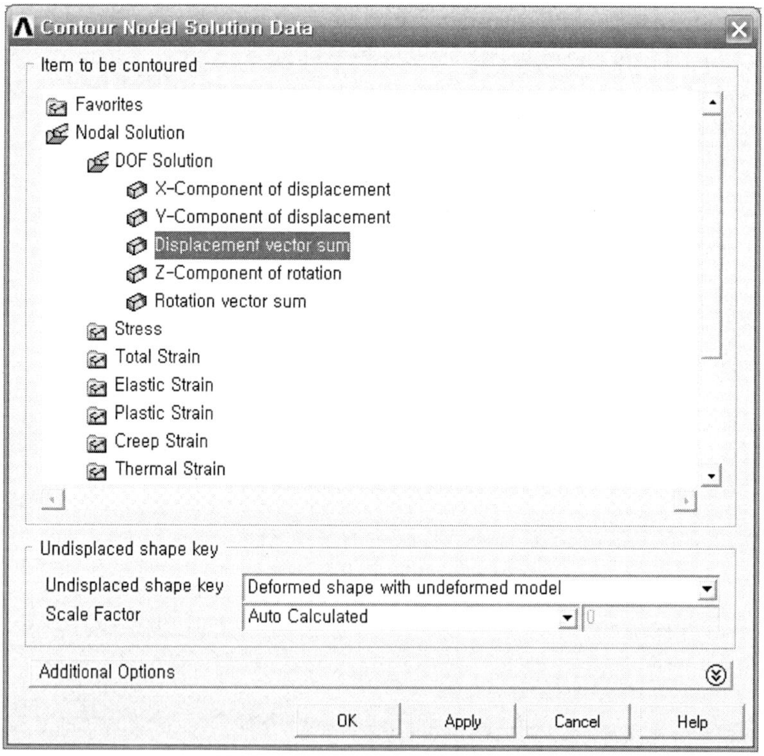
Contour Nodal Solution Data
Item to be contoured
Favorites
Nodal Solution
DOF Solution
X-Component of displacement
Y-Component of displacement
Displacement vector sum
Z-Component of rotation
Rotation vector sum
Stress
Total Strain
Elastic Strain
Plastic Strain
Creep Strain
Thermal Strain
Undisplaced shape key
Undisplaced shape key
Deformed shape with undeformed model
Scale Factor
Auto Calculated
Additional Options
OK
Apply
Cancel
Help

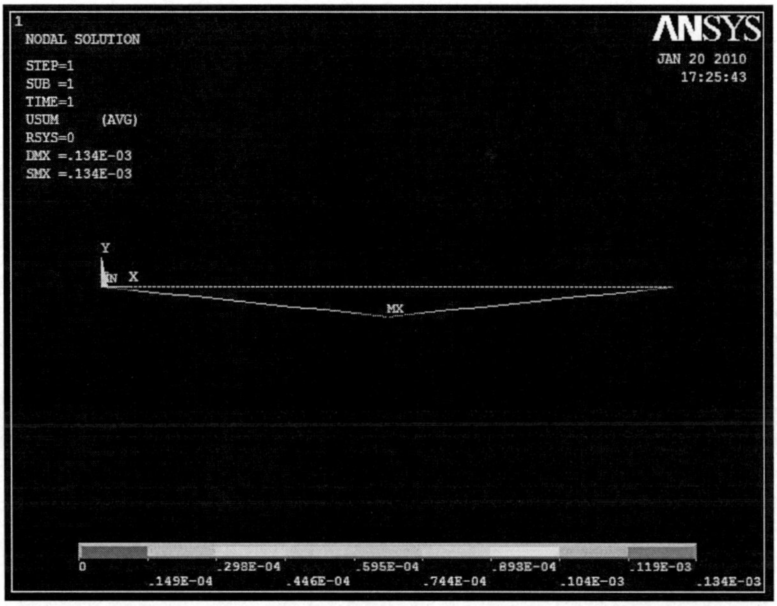

예제 2

절점 3(그림 3.32)에서의 변위를 구하시오.

$E = 210\text{GPa}$; $I = 12\times10^{-5}\text{m}^4$

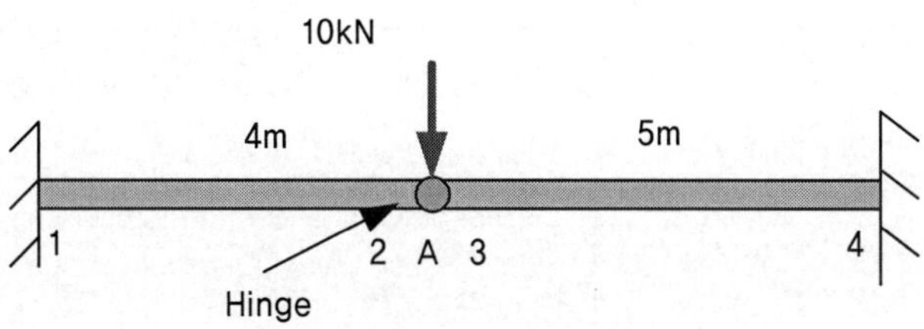

【그림 3.32】 보

해석 과정

1단계 : 요소정의, 요소물성치, 재료물성치 정의

2단계 : 유한요소 모델 생성

1) 네 개의 Nodes 생성

- 1(0, 0), 2(4, 0), 3(4, 0), 4(9, 0)

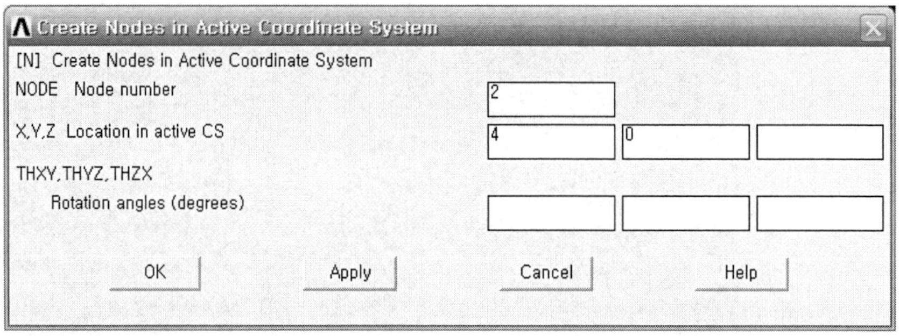

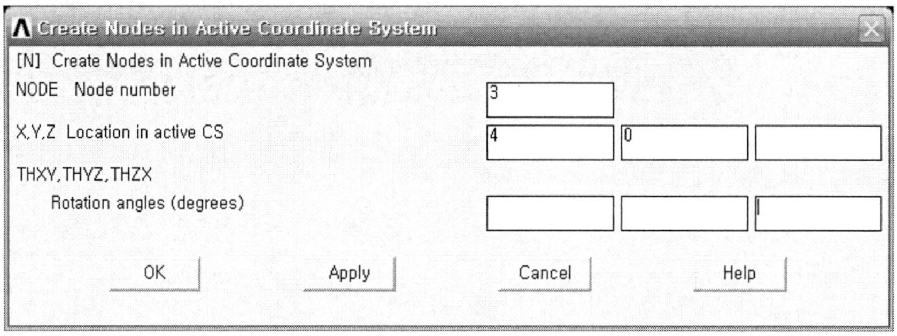

2) 1-2, 3-4 등 두 요소 간에 절점을 공유하지 않는 두 개의 보 요소 생성

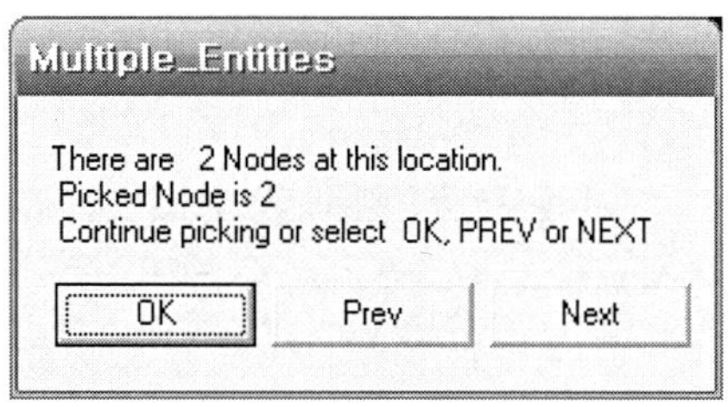

3단계 : 하중과 경계 조건의 적용

3) Nodes 1, 4에 Ux = Uy = ROTz = 0

4) Node 2와 3에 커플링($U_{2x} = U_{3x}$) 적용

Preprocessor > Coupling/Ceqn > Couple DOFs

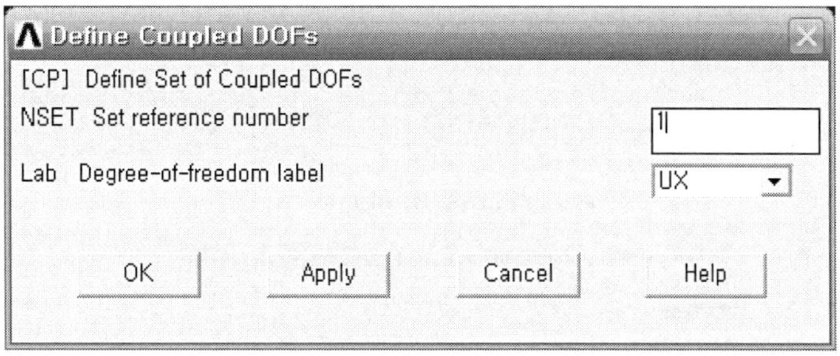

5) Node 2와 3에 커플링($U_{2y} = U_{3y}$) 적용

Preprocessor > Coupling/Ceqn > Couple DOFs

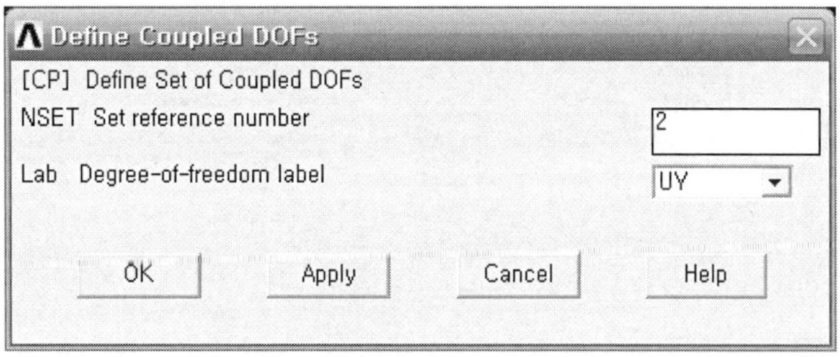

6) Node 2 또는 3에 F_y=-10,000 하중 적용

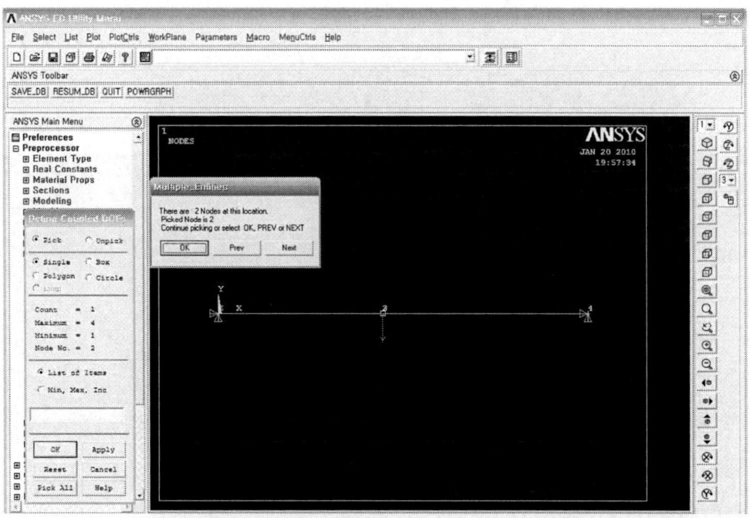

4단계 : 계산 실행

5단계 : 결과 출력과 분석

```
ANSYS Command
File

PRINT U    NODAL SOLUTION PER NODE

 ***** POST1 NODAL DEGREE OF FREEDOM LISTING *****

 LOAD STEP=     1  SUBSTEP=     1
  TIME=    1.0000      LOAD CASE=   0

 THE FOLLOWING DEGREE OF FREEDOM RESULTS ARE IN THE GLOBAL COORDINATE SYSTEM

   NODE       UX          UY          UZ          USUM
      1    0.0000      0.0000      0.0000      0.0000
      2    0.0000    -0.55989E-02  0.0000      0.55989E-02
      3    0.0000    -0.55989E-02  0.0000      0.55989E-02
      4    0.0000      0.0000      0.0000      0.0000

MAXIMUM ABSOLUTE VALUES
NODE          0           2           0           2
VALUE    0.0000    -0.55989E-02  0.0000      0.55989E-02
```

예제 3

그림 3.33에서 최대 변위를 구하시오.
$E = 30 \times 10^6$psi ; $I = 1{,}000$in^4

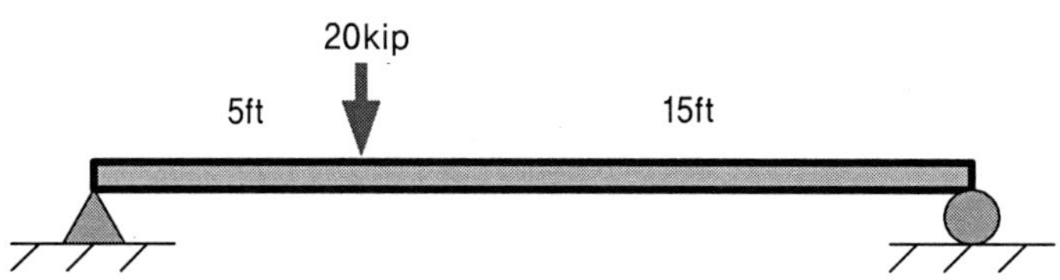

[그림 3.33] 보

해석 과정

1단계 : 요소정의, 요소물성치, 재료물성치 정의

2단계 : 유한요소 모델 생성

1) 먼저 두 개의 Node 생성-1(0, 0), 21(240, 0)

Preprocessor > Modeling-Create > Nodes > In Active CS...

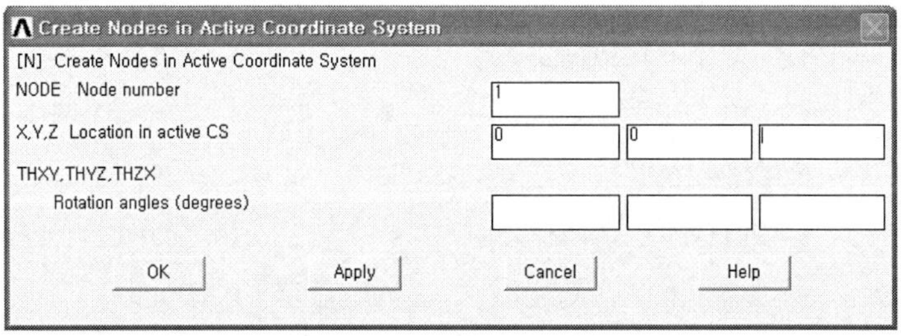

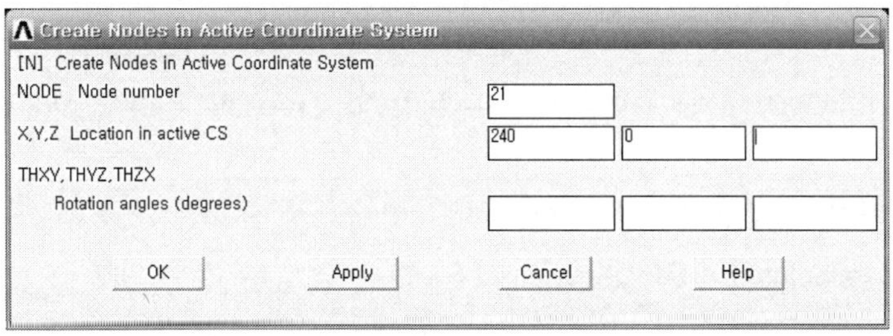

2) 두 Node 사이에 다른 Nodes를 채워 넣는 방법을 이용하여 Nodes를 생성

Preprocessor > Modeling-Create > Nodes > Fill between Nds

- Node 1과 Node 21을 선택(OK)
- NFILL = 19
- SPACE = 1(OK)

  (space 값을 1이 아닌 숫자를 입력하여 변화를 관찰하시오.)

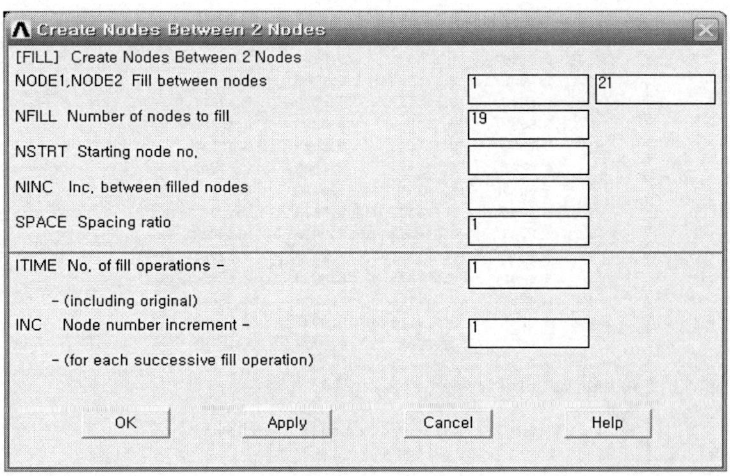

3) 하나의 요소를 생성한 후 복사한다. 1-2 두 개의 절점으로 연결된 요소 생성
   Preprocessor > Modeling-Create > Elements > Thru Nodes+
4) Preprocessor > Modeling-Copy > Elements-Auto Numbered
   - 1번 요소 선택(OK)
   - ITIME = 20
   - NINC = 1(OK)
     (- PlotCtrl > Numbering)

3단계 하중과 경계 조건의 적용

5) Preprocessor > Loads > Loads-Apply > Structural-Displacement > On Nodes
6) Preprocessor > Loads > Loads-Apply > Structural-Force/Moment > On Nodes

4단계 변위와 응력의 계산

7) Solution > Solve-Current LS

5단계 결과 출력과 분석

```
PRNSOL Command
File

THE FOLLOWING DEGREE OF FREEDOM RESULTS ARE IN THE GLOBAL COORDINATE SYSTEM

 NODE       UX          UY          UZ          USUM
    1   0.0000      0.0000      0.0000       0.0000
    2   0.0000   -0.25056E-01   0.0000      0.25056E-01
    3   0.0000   -0.49248E-01   0.0000      0.49248E-01
    4   0.0000   -0.71712E-01   0.0000      0.71712E-01
    5   0.0000   -0.91584E-01   0.0000      0.91584E-01
    6   0.0000   -0.10800       0.0000      0.10800
    7   0.0000   -0.12029       0.0000      0.12029
    8   0.0000   -0.12854       0.0000      0.12854
    9   0.0000   -0.13306       0.0000      0.13306
   10   0.0000   -0.13411       0.0000      0.13411
   11   0.0000   -0.13200       0.0000      0.13200
   12   0.0000   -0.12701       0.0000      0.12701
   13   0.0000   -0.11942       0.0000      0.11942
   14   0.0000   -0.10954       0.0000      0.10954
   15   0.0000   -0.97632E-01   0.0000      0.97632E-01
   16   0.0000   -0.84000E-01   0.0000      0.84000E-01
   17   0.0000   -0.68928E-01   0.0000      0.68928E-01
   18   0.0000   -0.52704E-01   0.0000      0.52704E-01
   19   0.0000   -0.35616E-01   0.0000      0.35616E-01
   20   0.0000   -0.17952E-01   0.0000      0.17952E-01
   21   0.0000      0.0000      0.0000       0.0000

MAXIMUM ABSOLUTE VALUES
NODE          0          10          0           10
VALUE    0.0000     -0.13411     0.0000      0.13411
```

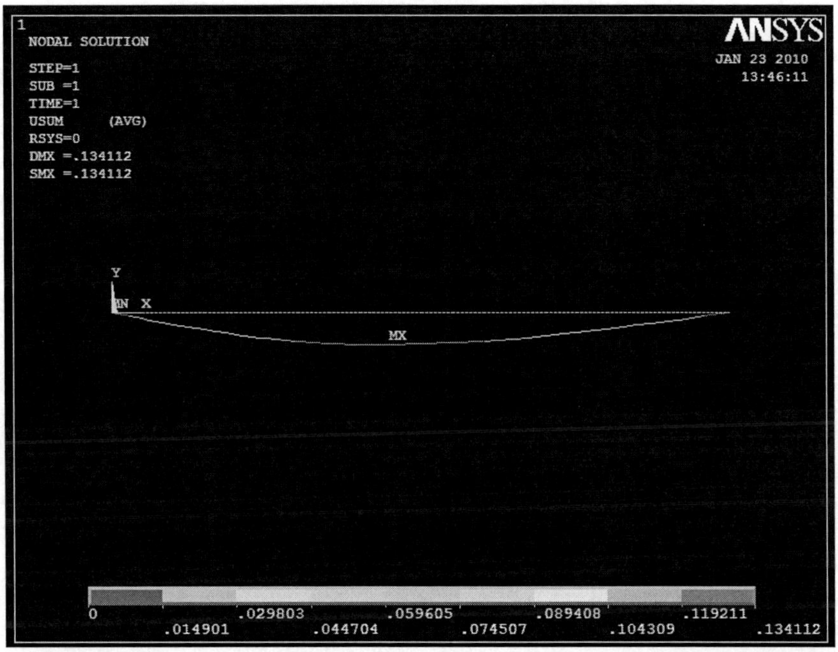

예제 4

그림 3.34에서의 최대 수직 방향 변위(수직 방향 성분)를 구하시오.

$E=210\text{GPa}$; $I=10\times10^{-5}\text{m}^{-4}$; $L=10\text{m}$

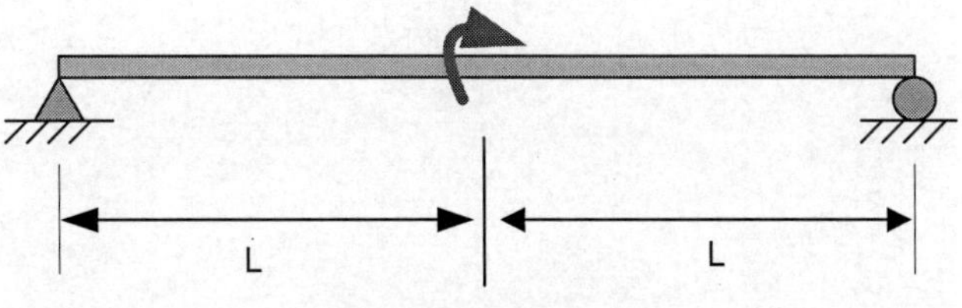

그림 3.34 보

해석 과정

1단계 : 요소정의, 요소물성치, 재료물성치 정의

2단계 : 유한요소 모델 생성

1) 먼저 두 개의 Node 생성-1(0, 0), 21(20, 0)

   Preprocessor > Modeling-Create > Nodes2 > In Active CS...

2) 두 Node 사이에 다른 Nodes를 채워 넣는 방법을 이용하여 Nodes를 생성

   Preprocessor > Modeling-Create > Nodes > Fill between Nds

   - Node 1과 Node 21을 선택(OK)
   - NFILL = 19
   - SPACE = 1(OK)

3) 절점으로 연결된 요소 생성

   Preprocessor > Modeling-Create > Elements > Thru Nodes+

3단계 하중과 경계 조건의 적용

4단계 변위와 응력의 계산

Solution > Solve-Current LS

5단계 결과 출력과 분석

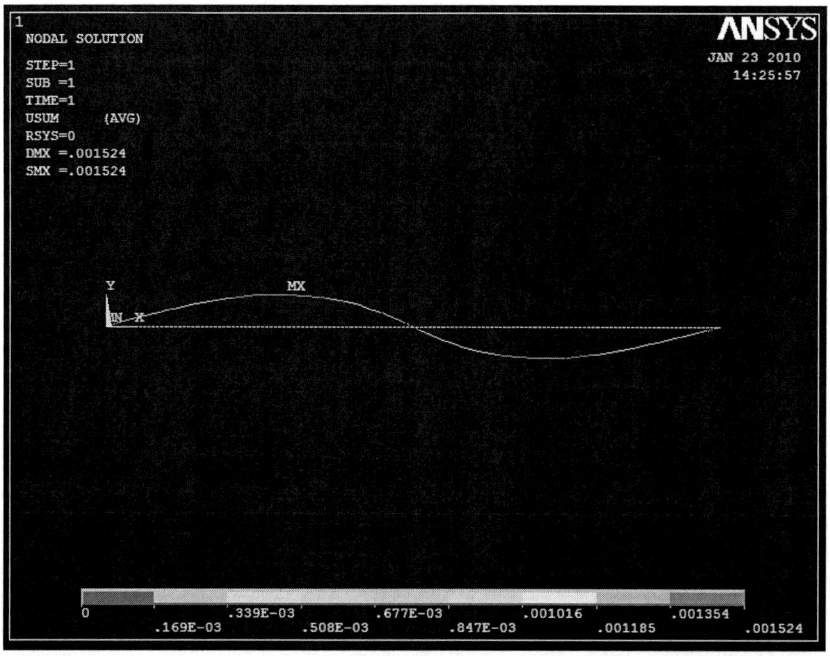

예제 5

절점 1(그림 3.35)에서의 변위를 구하시오.
$E = 30 \times 10^6$psi ; $I = 100$in^4

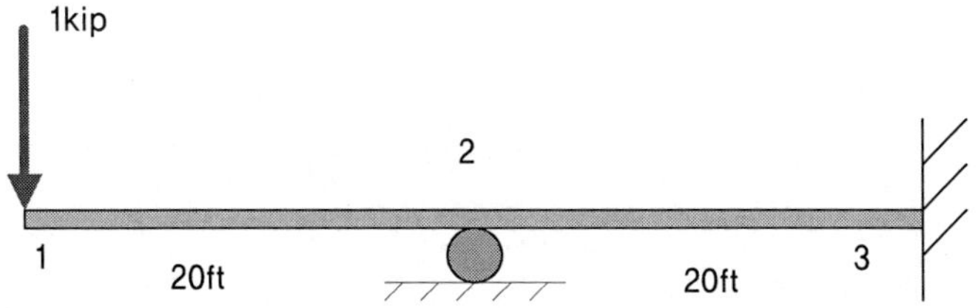

[그림 3.35] 보

해석 과정

1단계 : 요소정의, 요소물성치, 재료물성치 정의

1) 요소의 종류 : (Structural Beam-2D Elastic; Beam3)
   Preprocessor > Element Type > Add/Edit/Delete...
2) 요소물성치(단면적 ; 관성 모멘트 ; 높이) 입력
   Preprocessor > Real Constants
3) 재료물성치(탄성계수)의 입력
   Preprocessor > Material Props > -Constant-Isotropic

2단계 : 유한요소 모델 생성

4) 3개의 Nodes 생성
   -1(0, 0), 2(240, 0), 3(480, 0)
5) 1-2, 2-3 등 각각 두 개의 절점으로 연결된 2개의 보 요소 생성

3단계 : 하중과 경계 조건의 적용

6) 절점 3에 Ux = Uy = ROTz = 0
7) 절점 2에 Uy = 0
8) 절점 1에 Fy = -1,000

4단계 : 계산 실행

5단계 : 결과 출력과 분석

예제 6

절점 2(그림 3.36)에서의 변위를 구하시오.
E=110GPa ; $I=2\times10^{-4}m^4$

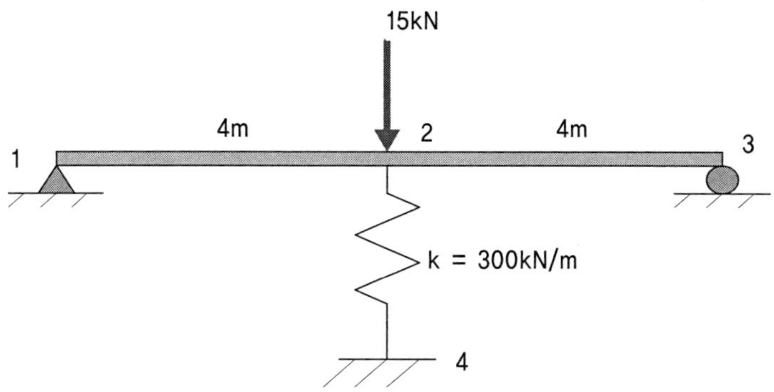

[그림 3.36] 스프링이 연결된 보

해석 과정

1단계 : 요소정의, 요소물성치, 재료물성치 정의

1) 요소의 종류
   - 보 요소 : Structural Beam-2D Elastic; Beam3
   - 스프링 요소 : Combination-Spring-Damper; Combin14
2) 요소물성치
   - 보 요소 : 단면적, 관성 모멘트, 높이
   - 스프링 요소 : 스프링 상수
3) 재료물성치의 입력

2단계 : 유한요소 모델 생성

4) 4개의 절점 생성-1(0, 0), 2(4, 0), 3(8, 0), 4(4, -1)

5) 1-2, 2-3 등 각각 두 개의 절점으로 연결된 2개의 보 요소 생성

6) 생성될 요소의 속성 변경(Type = 2, Real = 2)

Preprocessor > Attributes-Define > Default Attribs...

7) 2-4 두 개의 절점으로 연결된 한 개의 스프링 요소 생성

3단계 : 하중과 경계 조건의 적용

8) 절점 4에 Ux = Uy = ROTz = 0

9) 절점 1에 Ux = Uy = 0

10) 절점 3에 Uy = 0

11) 절점 2에 Fy = -15,000

4단계 : 계산 실행

5단계 : 결과 출력과 분석

예제 7

절점 3(그림 3.37)에서의 변위를 구하시오.

$E = 110\text{GPa}$; $I = 5 \times 10^{-4}\text{m}^4$

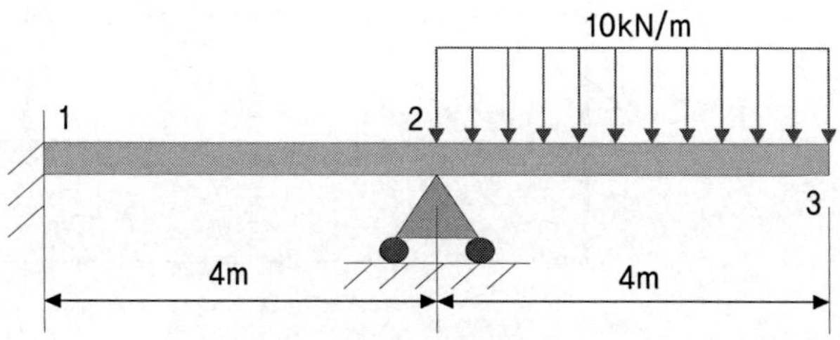

[그림 3.37] 보

해석 과정

1단계 : 요소정의, 요소물성치, 재료물성치 정의

2단계 : 유한요소 모델 생성

1) 3개의 절점 생성
2) 1-2, 2-3 등 두 개의 절점으로 연결된 2개의 보 요소 생성

3단계 하중과 경계 조건의 적용

3) 절점 1에 Ux = Uy = ROTz = 0
4) 절점 2에 Uy = 0
5) 요소 2에 10,000의 분포 하중(pressure) 적용
   Preprocessor > Load-Apply > Pressure > On beams

4단계 : 계산 실행

5단계 : 결과 출력과 분석

예제 8

절점 3(그림 3.38)에서의 변위를 구하시오.

E=210GPa ; I=10×10^{-5}m^4

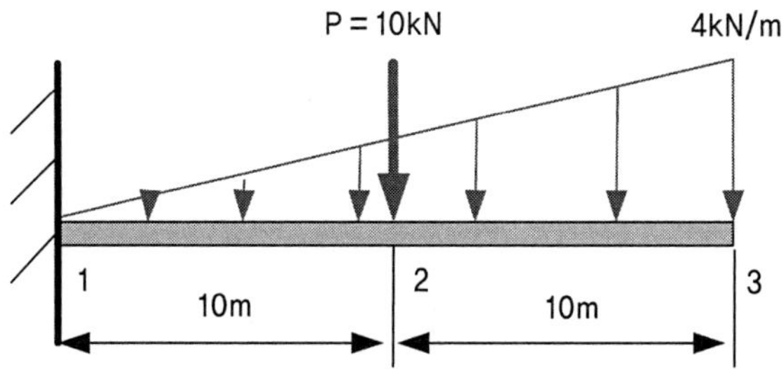

【그림 3.38】 보

해석 과정

1단계 : 요소정의, 요소물성치, 재료물성치 정의

2단계 : 유한요소 모델 생성

3단계 : 하중과 경계 조건의 적용

1) Node 1에 Ux = Uy = ROTz = 0
2) Node 2에 Fy = -10,000
3) 요소 1에 0~4,000/2의 분포 하중(pressure) 적용
   Preprocessor > Load-Apply > Pressure > On beams
4) 요소 2에 4,000/2~4,000의 분포 하중(pressure) 적용
   Preprocessor > Load-Apply > Pressure > On beams

4단계 : 계산 실행

5단계 : 결과 출력과 분석

연습문제

1. Node 3(그림 3.39)에서의 변위를 구하시오.
보에 대해 E=100GPa ; $I=86\times10^{-8}m^4$; b=0.3m
와이어에 대해 E=200GPa ; $A=667.5\times10^{-8}m^2$

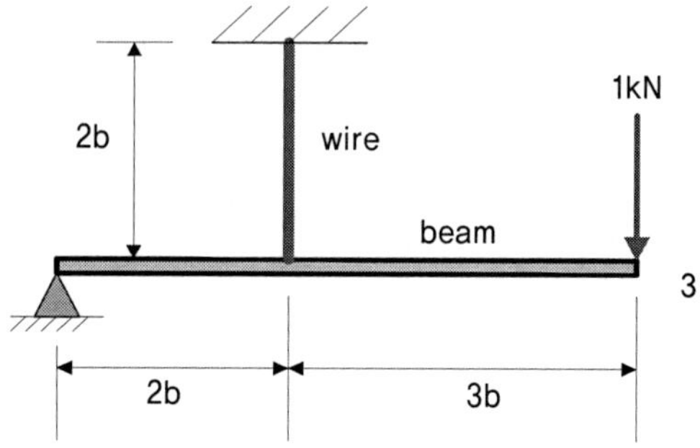

【그림 3.39】 보

2. 점 A(그림 3.40)에서의 반력을 구하시오.
$E=30\times10^6$psi ; I=200in^4

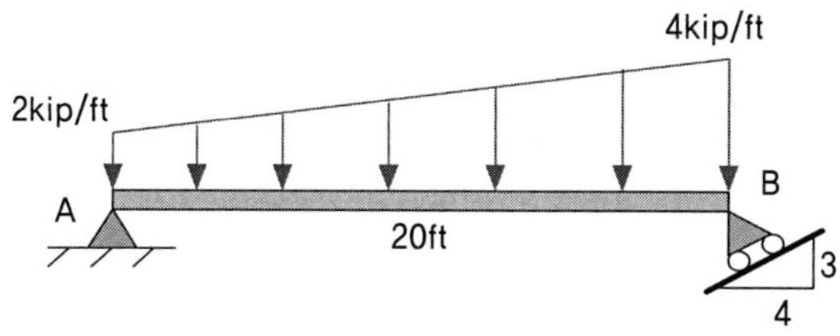

【그림 3.40】 보

3. 각 절점(그림 3.41)에서의 변위를 구하시오.
$E=30\times10^6$psi ; I=500in^4

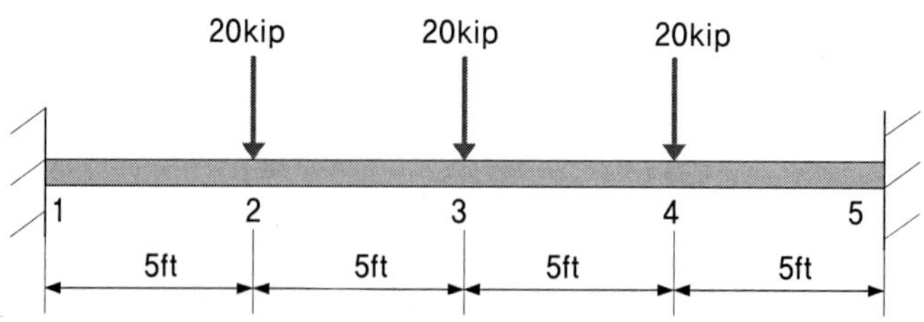

【그림 3.41】 보

4. 각 절점(그림 3.42)에서의 변위를 구하시오.
E=200GPa ; I=10×10^{-5}m^4 ; L=12m

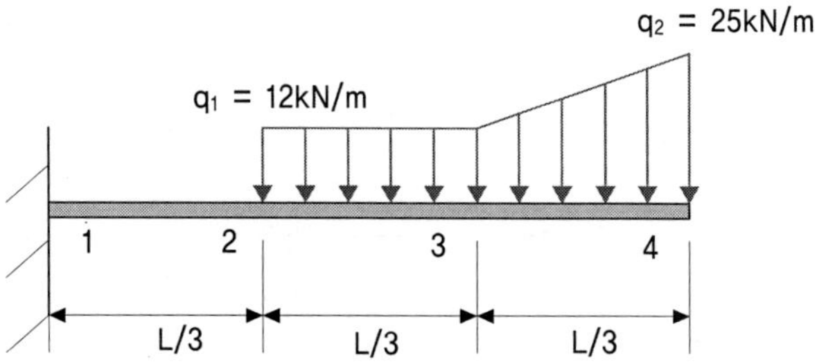

【그림 3.42】 보

5. 절점 2(그림 3.43)에서의 변위를 구하시오.
E=200GPa ; I=10×10^{-5}m^4 ; L=12m

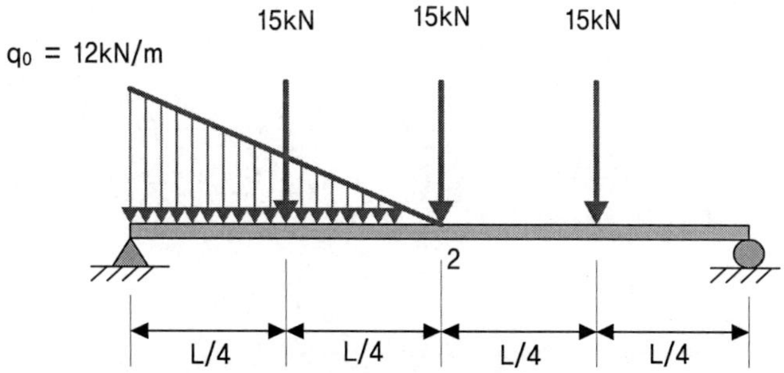

【그림 3.43】 보

6. 절점 2(그림 3.44)에서의 변위를 구하시오.
E=210GPa ; I=15×10^{-5}m^4

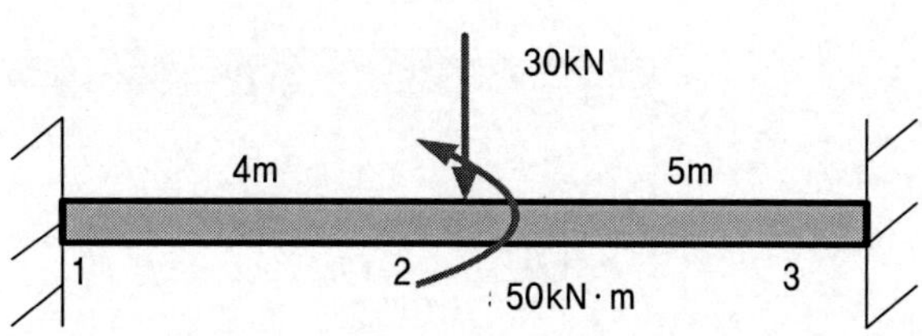

【그림 3.44】 보

7. 절점 4(그림 3.45)에서의 변위를 구하시오.
E=200GPa ; $I=8\times10^{-5}\text{m}^4$; b=3m

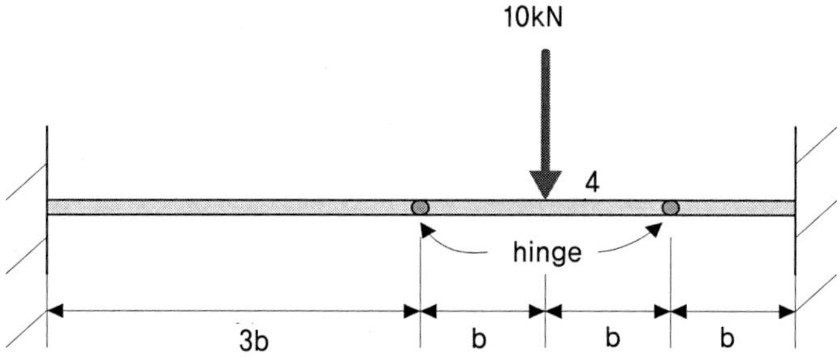

【그림 3.45】 보

8. 점 A(그림 3.46)에서의 반력과 점 D에서의 변위를 구하시오.
E=200GPa ; $I=12\times10^{-5}\text{m}^4$

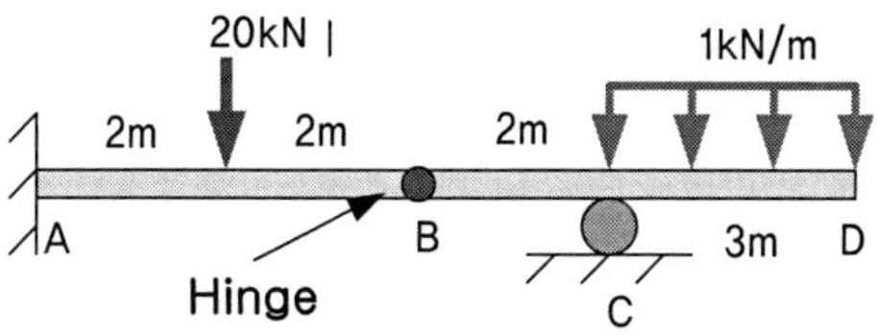

【그림 3.46】 보

9. 절점 3(그림 3.47)에서의 변위를 구하시오.
E=200GPa ; $I=9\times10^{-5}\text{m}^4$; L=12m

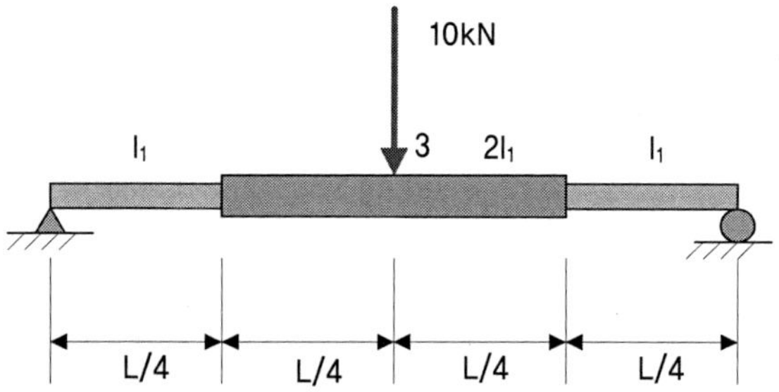

【그림 3.47】 보

10. 그림 3.48에서의 최대 변위를 구하시오.
E=110GPa ; I=10×10^{-5}m^4 ; L=14m

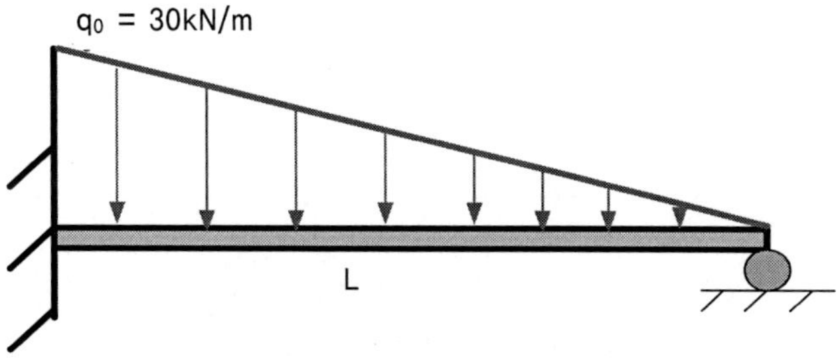

【그림 3.48】 보

11. 그림 3.49에서 최대 변위를 구하시오.
E=30×10^{6}psi ; I=800in^4

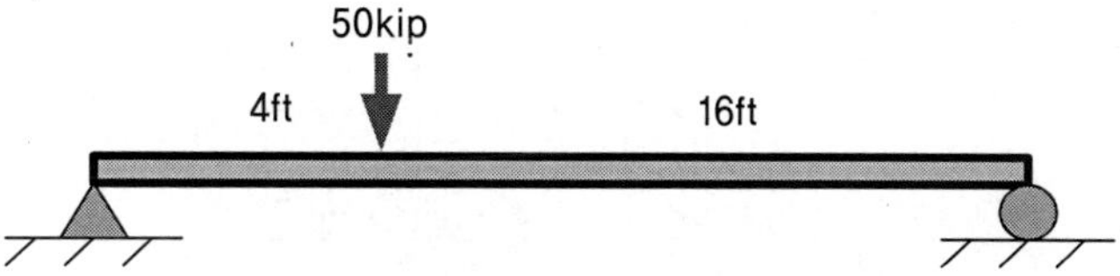

【그림 3.49】 보

12. 그림 3.50에서 최대 변위를 구하시오.
E=29×10^{6}psi ; I=750in^4

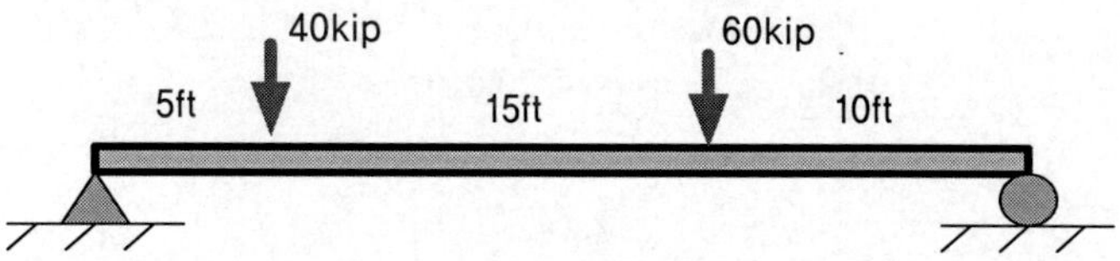

【그림 3.50】 보

13. 그림 3.51에서의 최대 변위를 구하시오.
E=200GPa ; I=10×10^{-5}m^4 ; L=12m

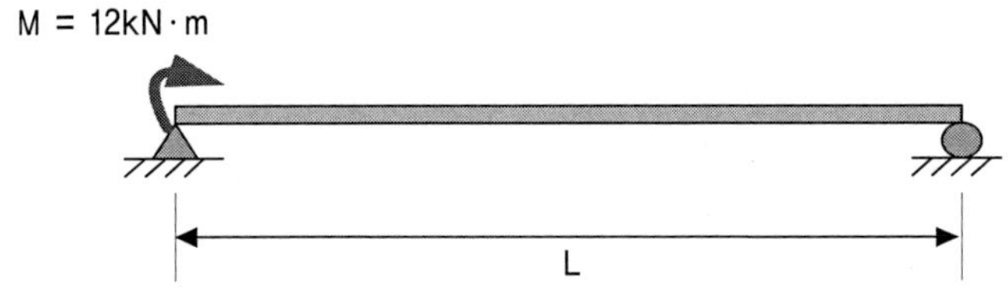

【그림 3.51】 보

14. 그림 3.52에서의 최대 수직 방향 변위(수직 방향 성분)를 구하시오.
E=110GPa ; I=20×10^{-5}m^4 ; L=12m

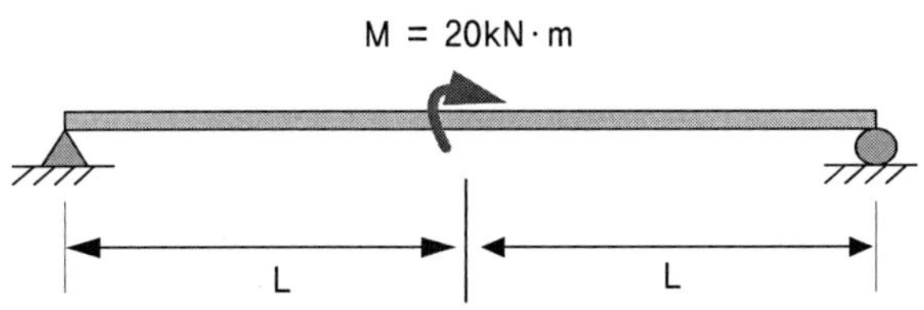

【그림 3.52】 보

15. 절점 2(그림 3.53)에서의 변위를 구하시오.
E=110GPa ; I=4×10^{-4}m^4

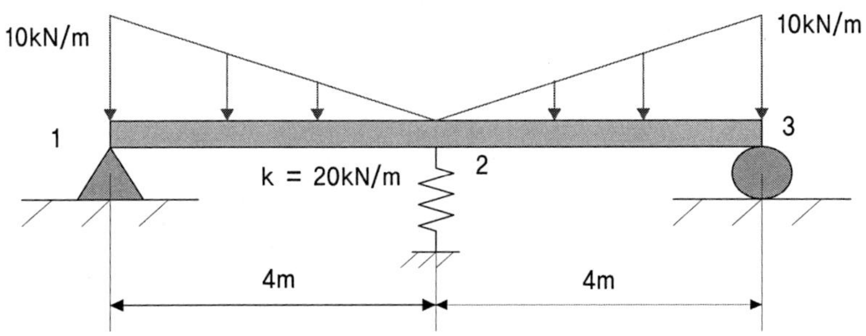

【그림 3.53】 스프링이 연결된 보

프로젝트 1

그림 3.54는 평판형 태양광 발전시스템의 구조물을 보여주고 있다. 보 요소를 사용하여 풍하중에 의한 변위를 구하시오.

【그림 3.54】 평판형 집광판을 사용한 가로등 구조물

3.3 프레임 문제

3.1절에서 다룬 트러스와는 달리 프레임(frame)은 다력 부재를 포함하는 구조물이다. 이 힘들은 일반적으로 부재의 길이 방향으로 작용하지 않는다. 이런 구조물에 있어서, 회전과 가로 방향 변위 이외에 축 방향의 변위도 고려할 필요가 있다. 다음 예제들은 ANSYS를 사용하여 프레임 문제를 해석하는 과정을 설명하고 있다.

예제 1

Node 4(그림 3.55)에서의 변위를 구하시오.

$E = 200\text{GPa}$; $I = 5\times10^{-4}\text{m}^4$; $A = 5\times10^{-2}\text{m}^2$

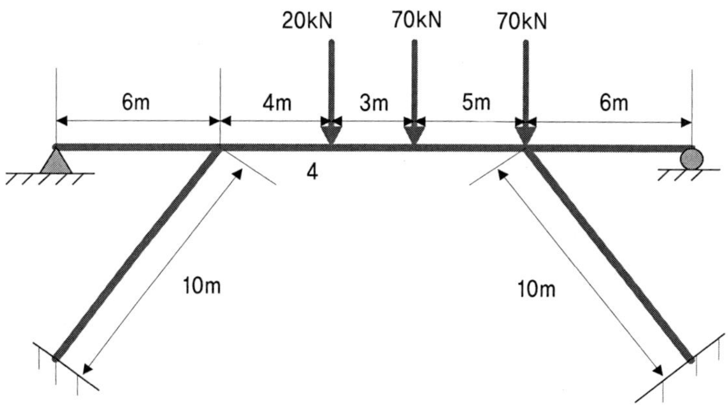

그림 3.55 프레임

해석 과정

1단계 :요소정의, 요소물성치, 재료물성치 정의

1) 요소의 종류 : (Structural Beam-2D Elastic; Beam3)

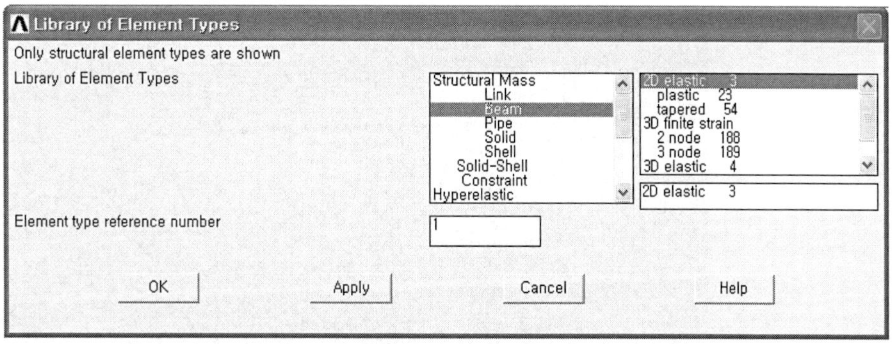

2) 요소물성치(단면적 ; 관성 모멘트 ; 높이) 입력

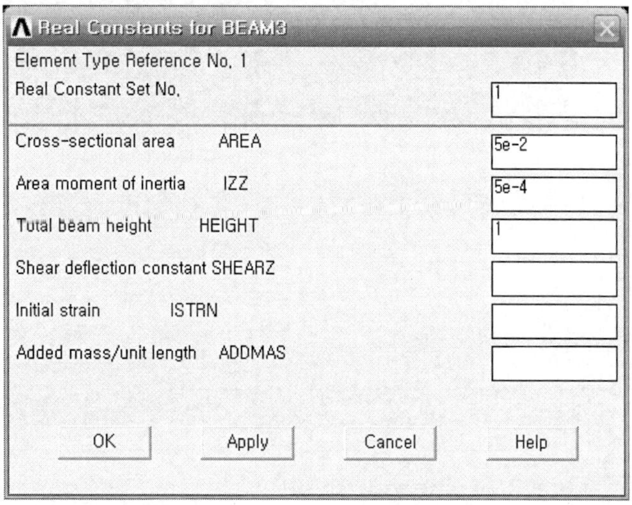

3) 재료물성치(탄성계수)의 입력

2단계 : 유한요소 모델 생성

4) 절점 생성

5) 보 요소 생성

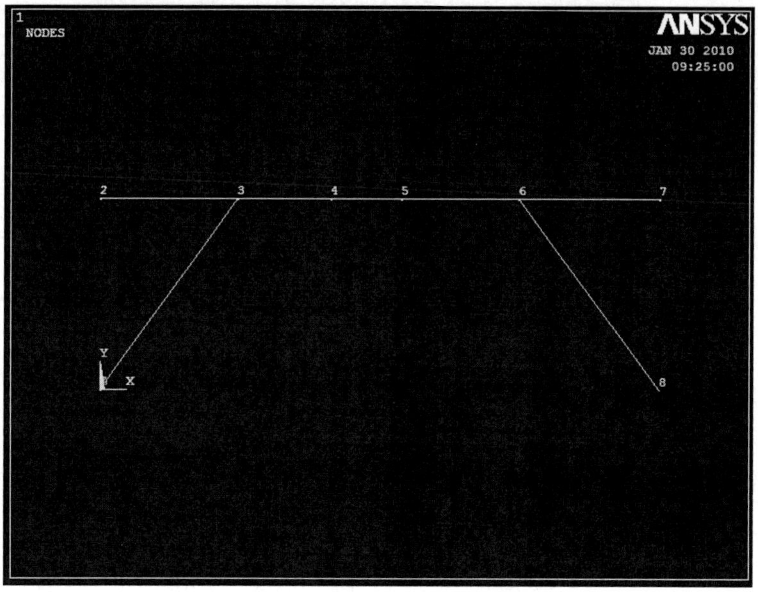

3단계 : 하중과 경계 조건의 적용

4단계 : 변위와 응력의 계산

5단계 : 결과 출력과 분석

PRNSOL Command

File

```
PRINT U    NODAL SOLUTION PER NODE

 ***** POST1 NODAL DEGREE OF FREEDOM LISTING *****

 LOAD STEP=      1  SUBSTEP=     1
  TIME=    1.0000      LOAD CASE=   0

 THE FOLLOWING DEGREE OF FREEDOM RESULTS ARE IN THE GLOBAL COORDINATE SYSTEM

   NODE       UX          UY          UZ          USUM
      1   0.0000      0.0000      0.0000      0.0000
      2   0.0000      0.0000      0.0000      0.0000
      3 -0.34931E-04-0.60842E-04  0.0000     0.70157E-04
      4 -0.77167E-04-0.86183E-02  0.0000     0.86186E-02
      5 -0.10884E-03-0.10783E-01  0.0000     0.10784E-01
      6 -0.16164E-03-0.32890E-03  0.0000     0.36647E-03
      7 -0.16164E-03  0.0000      0.0000     0.16164E-03
      8   0.0000      0.0000      0.0000      0.0000

MAXIMUM ABSOLUTE VALUES
NODE           6           5           0           5
VALUE  -0.16164E-03-0.10783E-01  0.0000     0.10784E-01
```

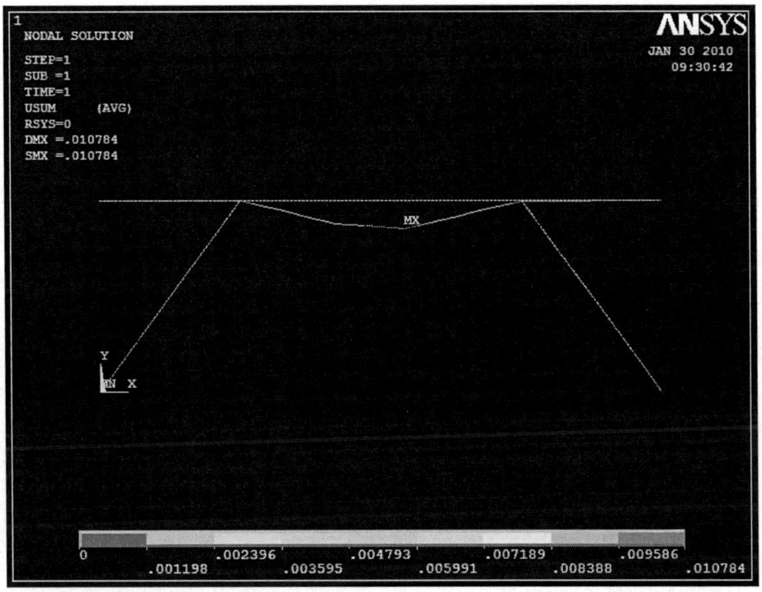

예제 2

절점 2(그림 3.56)에서의 변위를 구하시오.

$E=200\text{GPa}$; $I=1.0\times10^{-4}\text{m}^4$; $A=0.75\times10^{-2}\text{m}^2$

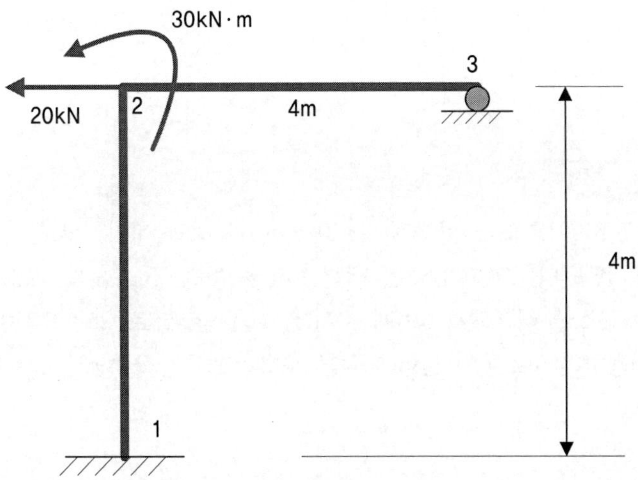

【그림 3.56】 프레임

해석 과정

1단계 : 요소 정의, 요소물성치, 재료물성치 정의
1) 요소의 종류 : (Structural Beam-2D Elastic; Beam3)
2) 요소물성치(단면적 ; 관성 모멘트 ; 높이) 입력
3) 재료물성치(탄성계수)의 입력

2단계 : 유한요소 모델 생성
4) 3개의 절점 생성
5) 2개의 보 요소 생성

3단계 : 하중과 경계조건의 적용
6) 절점 1에 Ux = Uy = ROTZ = 0
7) 절점 3에 Uy = 0
8) 절점 2에 Fx = -20,000의 하중 적용
9) 절점 2에 Mz = 30,000의 모멘트 적용

4단계 : 변위와 응력의 계산

5단계 : 결과 출력과 분석

예제 3

그림 3.57은 길이가 긴 9개의 보(beam)가 여러 개의 격자에 의해 지지가 되어 있는 형상을 나타낸다. 그림 3.58은 단면 형상을 보여 주고 있다. 보와 격자의 물성은 서로 다르다. 구조물 아래에서 6번째 격자에 수평 방향으로 2mm의 변위가 가해질 때, ANSYS를 사용하여 구조물의 변형 형상을 구하시오(물성과 치수는 각 학생이 선택하여 해석함).

다음은 ANSYS를 사용한 해석 과정을 설명한다.

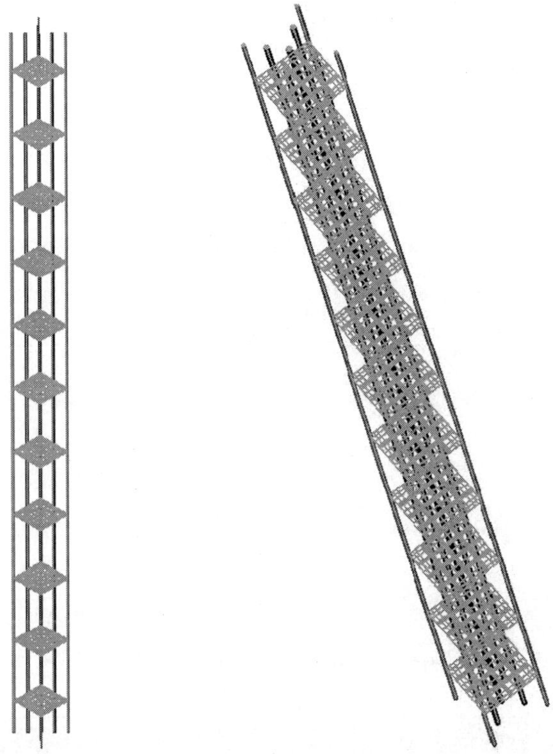

그림 3.57 여러 개의 지지 격자에 의해 지지가 되고 있는 9개의 보 구조물

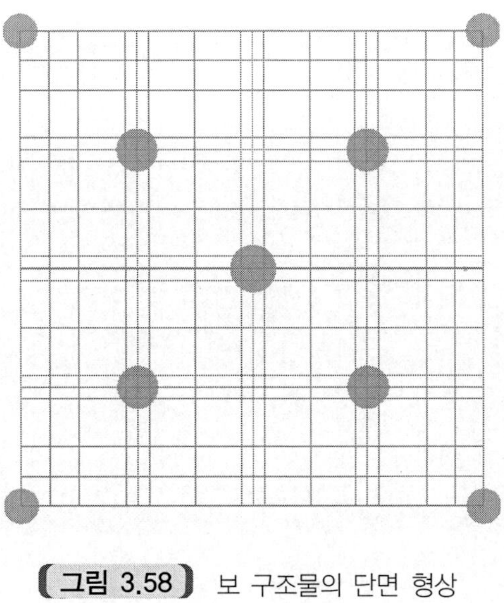

그림 3.58 보 구조물의 단면 형상

1) Preprocessor > Element Type > Add/Edit/Delet

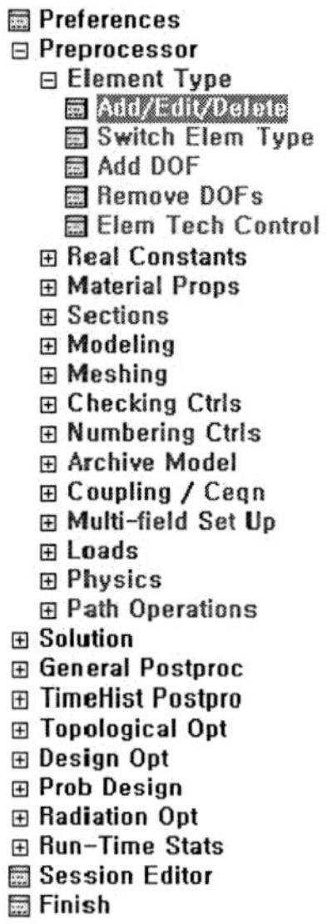

2) Beam-3D elastic 4를 선택하고 OK를 클릭

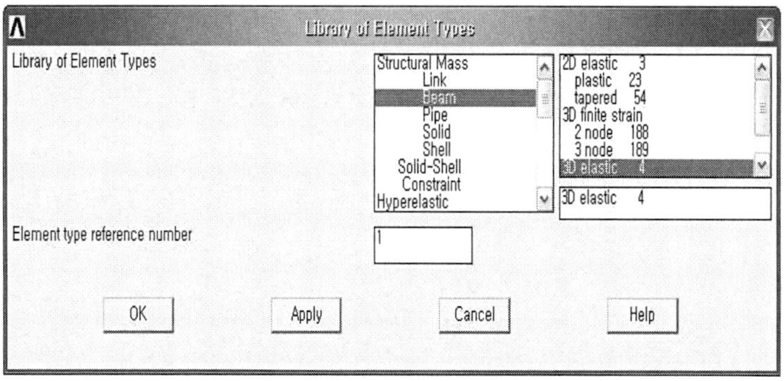

3) 요소물성치를 입력

Preprocessor > Real Constants > Add/Edit/Delete

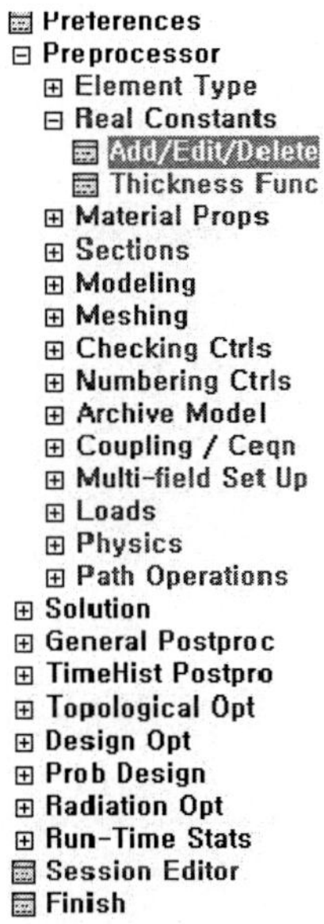

4) 다음과 같은 창이 뜨면 Add를 클릭

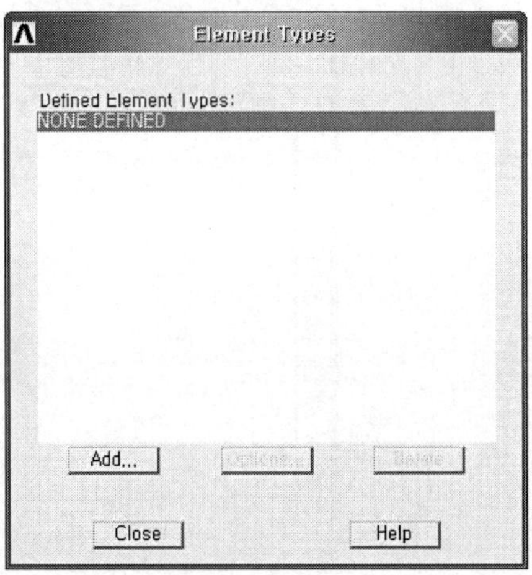

5) Real constant에서 보의 요소물성 값 입력
6) 입력하면 다음과 같은 창이 뜬다. 또 다른 보 요소(지지 격자)의 요소물성 값을 입력하기 위해 다시 Add를 클릭

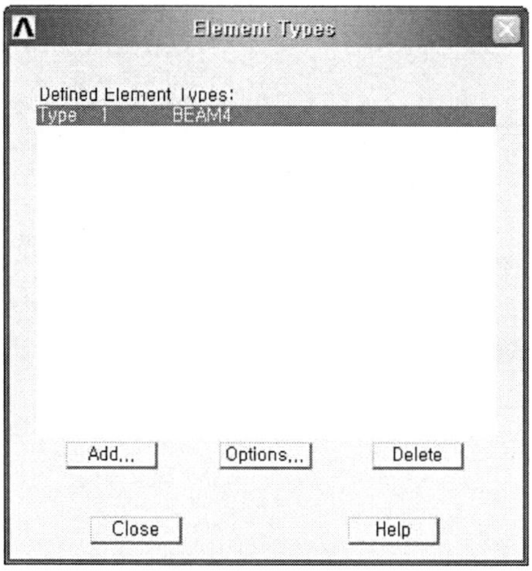

7) Real constant에서 지지 격자의 요소물성 값을 입력
8) 다음과 같은 창이 뜬다.

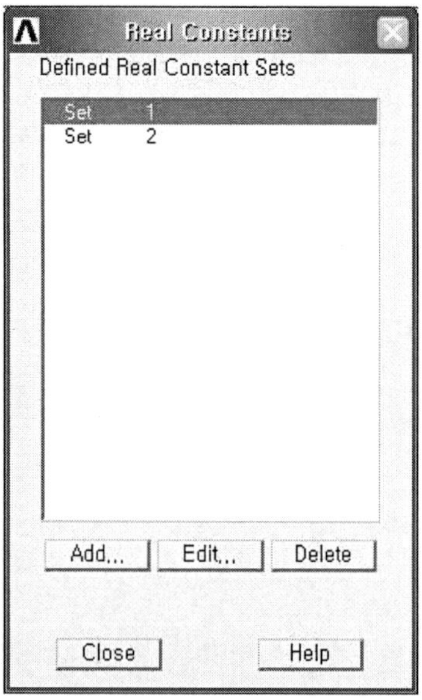

9) 재료물성 값을 입력

Preprocessor > Material props > Material Models

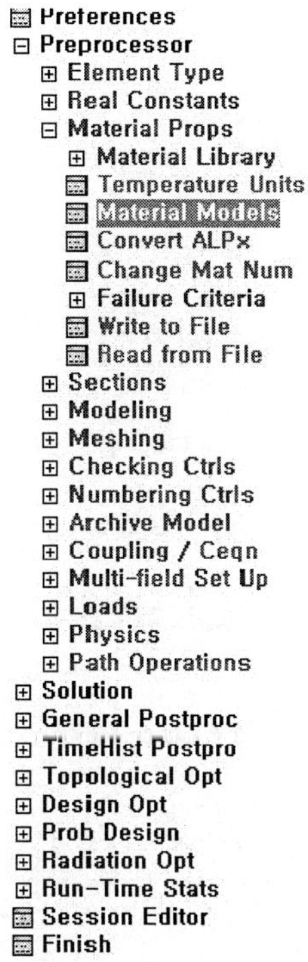

10) 다음과 같은 창이 뜨면

Structural > Linear > Elastic-Isotropic

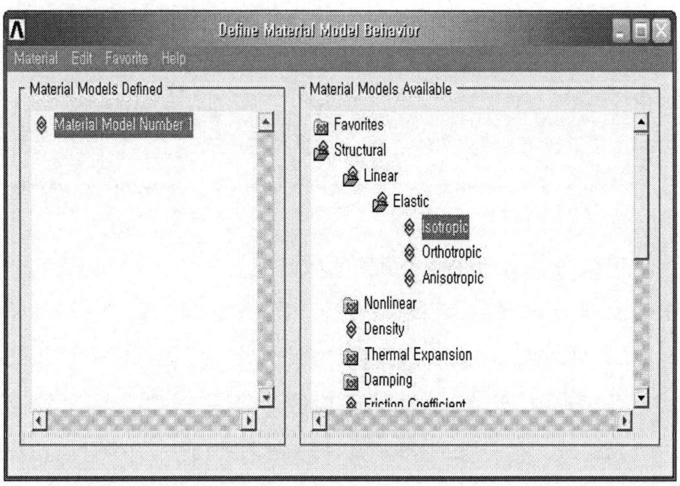

11) 탄성계수와 Poisson 비를 입력

12) 또 다른 재료물성 값을 입력하기 위해 그림과 같이 New Model를 클릭

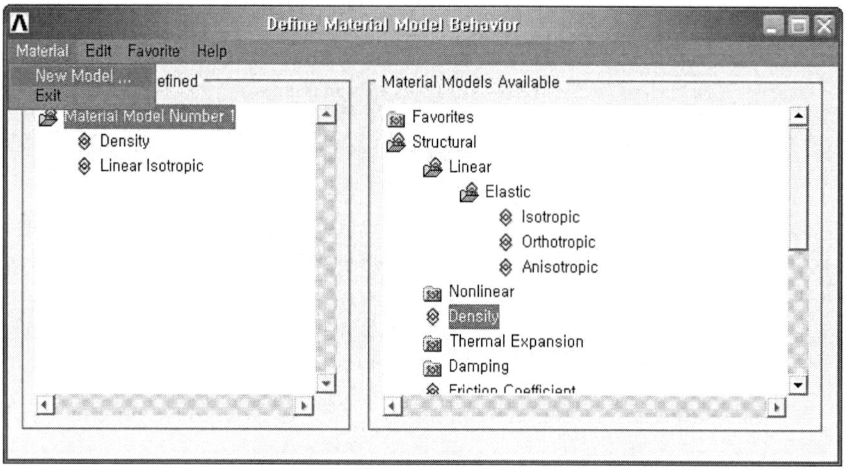

13) Structural > Linear > Elastic > Isotropic

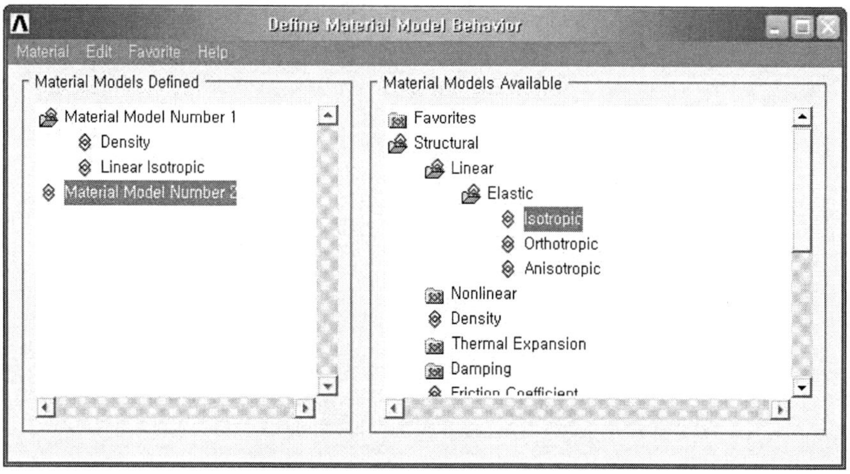

14) 탄성계수와 Poisson 비를 입력

15) 모델링 과정은 다음과 같다. ANSYS에서 직접 모델링을 하지 않고 엑셀 파일과 텍스트 파일로 좌표를 지정하여 텍스트 파일을 ANSYS로 불러와서 모델링을 할 수 있다. 엑셀에서 다음과 같은 방법으로 좌표를 지정할 수 있었다. 밑으로도 많은 좌표들이 있지만 여기에서는 일부만 캡처를 하였다.

	A	B	C	D	E	F	G	H	I	J	K
1	N	,		,	0.05	,	0	,	0.05	,,,,	
2	N	,		,	0.15	,	0	,	0.05	,,,,	
3	N	,		,	0.1	,	0	,	0.1	,,,,	
4	N	,		,	0.05	,	0	,	0.15	,,,,	
5	N	,		,	0.15	,	0	,	0.15	,,,,	
6	N	,		,	0	,	0.2	,	0	,,,,	
7	N	,		,	0.05	,	0.2	,	0	,,,,	
8	N	,		,	0.1	,	0.2	,	0	,,,,	
9	N	,		,	0.15	,	0.2	,	0	,,,,	
10	N	,		,	0.2	,	0.2	,	0	,,,,	
11	N	,		,	0	,	0.2	,	0.05	,,,,	
12	N	,		,	0.05	,	0.2	,	0.05	,,,,	
13	N	,		,	0.1	,	0.2	,	0.05	,,,,	
14	N	,		,	0.15	,	0.2	,	0.05	,,,,	
15	N	,		,	0.2	,	0.2	,	0.05	,,,,	
16	N	,		,	0	,	0.2	,	0.1	,,,,	
17	N	,		,	0.05	,	0.2	,	0.1	,,,,	
18	N	,		,	0.1	,	0.2	,	0.1	,,,,	
19	N	,		,	0.15	,	0.2	,	0.1	,,,,	
20	N	,		,	0.2	,	0.2	,	0.1	,,,,	
21	N	,		,	0	,	0.2	,	0.15	,,,,	
22	N	,		,	0.05	,	0.2	,	0.15	,,,,	
23	N	,		,	0.1	,	0.2	,	0.15	,,,,	
24	N	,		,	0.15	,	0.2	,	0.15	,,,,	
25	N	,		,	0.2	,	0.2	,	0.15	,,,,	
26	N	,		,	0	,	0.2	,	0.2	,,,,	
27	N	,		,	0.05	,	0.2	,	0.2	,,,,	
28	N	,		,	0.1	,	0.2	,	0.2	,,,,	
29	N	,		,	0.15	,	0.2	,	0.2	,,,,	
30	N	,		,	0.2	,	0.2	,	0.2	,,,,	
31	N	,		,	0	,	0.58	,	0	,,,,	
32	N	,		,	0.05	,	0.58	,	0	,,,,	

이것을 복사하여 메모방으로 불러옴

```
파일(F) 편집(E) 서식(O) 보기(V) 도움말(H)
N    ,    ,    0.05    ,    0       ,    0.05    ,,,,
N    ,    ,    0.15    ,    0       ,    0.05    ,,,,
N    ,    ,    0.1     ,    0       ,    0.1     ,,,,
N    ,    ,    0.05    ,    0       ,    0.15    ,,,,
N    ,    ,    0.15    ,    0       ,    0.15    ,,,,
N    ,    ,    0       ,    0.2     ,    0       ,,,,
N    ,    ,    0.05    ,    0.2     ,    0       ,,,,
N    ,    ,    0.1     ,    0.2     ,    0       ,,,,
N    ,    ,    0.15    ,    0.2     ,    0       ,,,,
N    ,    ,    0.2     ,    0.2     ,    0       ,,,,
N    ,    ,    0       ,    0.2     ,    0.05    ,,,,
N    ,    ,    0.05    ,    0.2     ,    0.05    ,,,,
N    ,    ,    0.1     ,    0.2     ,    0.05    ,,,,
N    ,    ,    0.15    ,    0.2     ,    0.05    ,,,,
N    ,    ,    0.2     ,    0.2     ,    0.05    ,,,,
N    ,    ,    0       ,    0.2     ,    0.1     ,,,,
N    ,    ,    0.05    ,    0.2     ,    0.1     ,,,,
N    ,    ,    0.1     ,    0.2     ,    0.1     ,,,,
N    ,    ,    0.15    ,    0.2     ,    0.1     ,,,,
N    ,    ,    0.2     ,    0.2     ,    0.1     ,,,,
N    ,    ,    0       ,    0.2     ,    0.15    ,,,,
N    ,    ,    0.05    ,    0.2     ,    0.15    ,,,,
N    ,    ,    0.1     ,    0.2     ,    0.15    ,,,,
N    ,    ,    0.15    ,    0.2     ,    0.15    ,,,,
N    ,    ,    0.2     ,    0.2     ,    0.15    ,,,,
N    ,    ,    0       ,    0.2     ,    0.2     ,,,,
N    ,    ,    0.05    ,    0.2     ,    0.2     ,,,,
N    ,    ,    0.1     ,    0.2     ,    0.2     ,,,,
N    ,    ,    0.15    ,    0.2     ,    0.2     ,,,,
N    ,    ,    0.2     ,    0.2     ,    0.2     ,,,,
N    ,    ,    0       ,    0.58    ,    0       ,,,,
N    ,    ,    0.05    ,    0.58    ,    0       ,,,,
N    ,    ,    0.1     ,    0.58    ,    0       ,,,,
N    ,    ,    0.15    ,    0.58    ,    0       ,,,,
N    ,    ,    0.2     ,    0.58    ,    0       ,,,,
N    ,    ,    0       ,    0.58    ,    0.05    ,,,,
N    ,    ,    0.05    ,    0.58    ,    0.05    ,,,,
N    ,    ,    0.1     ,    0.58    ,    0.05    ,,,,
N    ,    ,    0.15    ,    0.58    ,    0.05    ,,,,
N    ,    ,    0.2     ,    0.58    ,    0.05    ,,,,
```

모든 노드와 요소 부분을 txt 파일로 만듦. 그리고 txt 파일을 ANSYS로 불러옴

16) Read File/Read input from을 클릭. 그러면 다음과 같은 창이 뜨고 밑에 그림과 같이 node.txt 파일을 선택하고 OK를 클릭하면 절점들이 생성

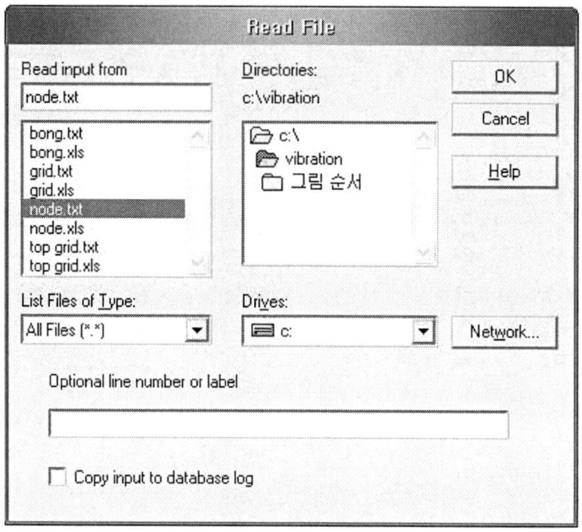

17) Read File/Read input from을 클릭하면 다음과 같은 창이 뜨고 그림과 같이 bong.txt를 선택하고 OK를 클릭하면 긴 보에 대한 보 요소들이 생성

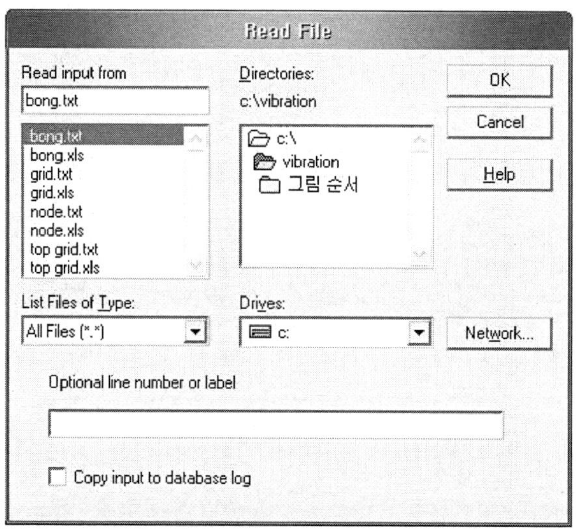

18) 물성과 요소를 바꿔주기 위해

Preprocessor > Meshing > Mesh Attributes > Default Attrib

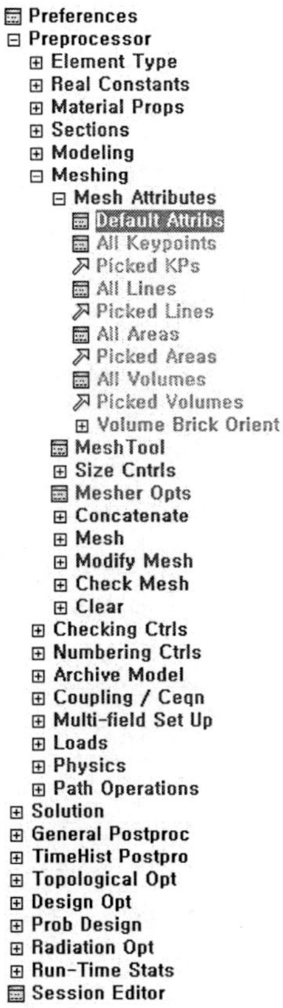

19) 다음과 같은 창이 뜨면 Material number와 Real constant set number을 2번으로 바꿔줌

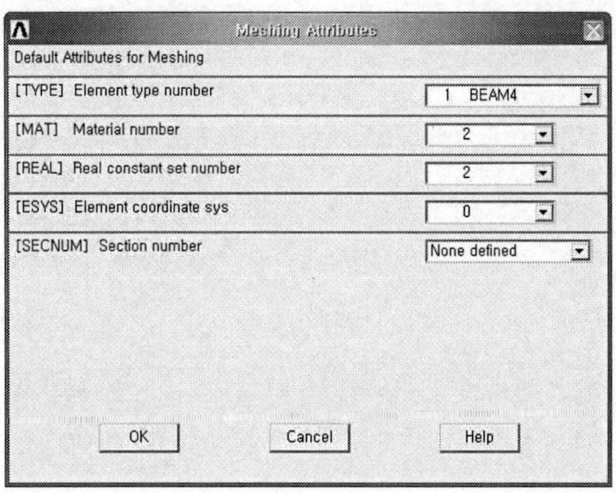

20) Read File/Read input from을 클릭하면 다음과 같은 창이 뜨고 그림과 같이 grid.txt를 선택하고 OK를 클릭하면 격자에 대해 보 요소가 생성

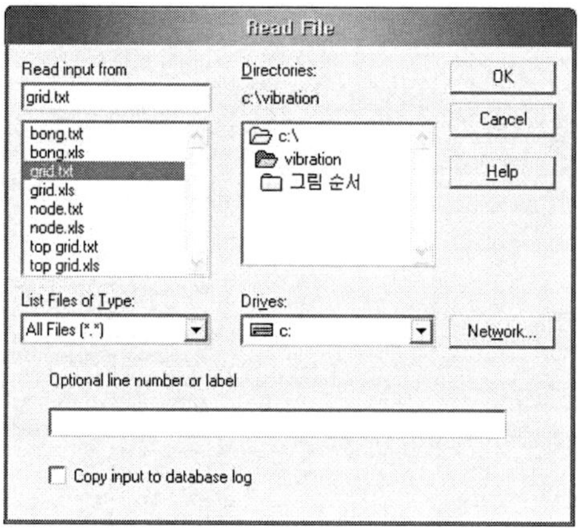

21) 다음과 같이 유한요소 모델링이 완성

22) 경계 조건을 주기 위하여

Solution > Define Loads > Apply > Structural > Displacement > On Nodes

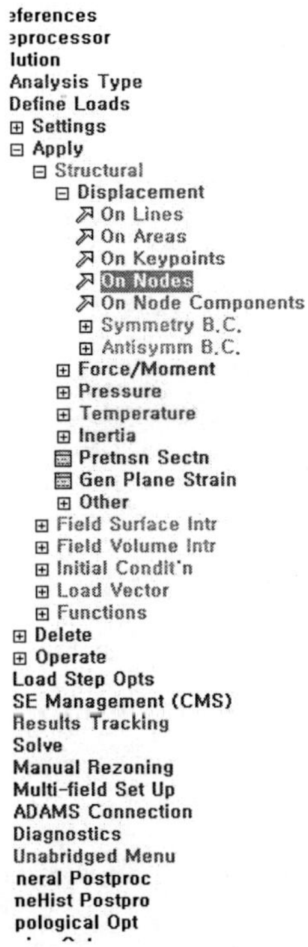

23) 다음과 같은 창이 생기고, 밑 부분에 9개 노드를 선택하고 OK를 클릭

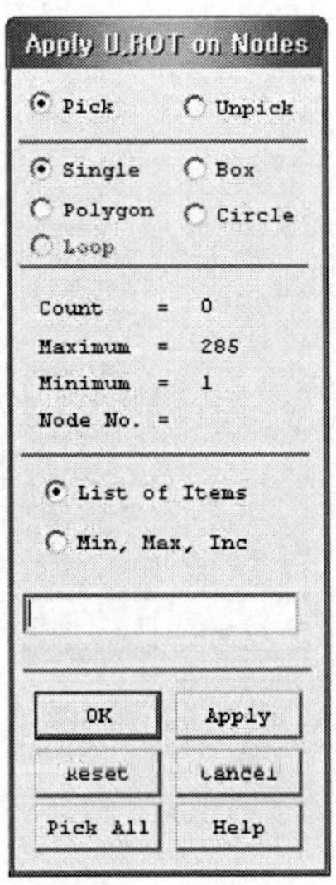

24) All DOF를 선택하고 OK를 클릭하면 경계 구속 조건이 입력

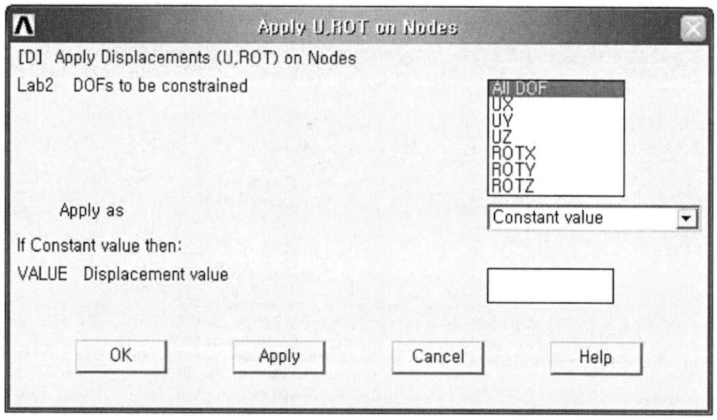

25) 윗부분에 경계 조건을 주기 위하여

Solution > Define Loads > Apply > Structural > Displacement > On Nodes

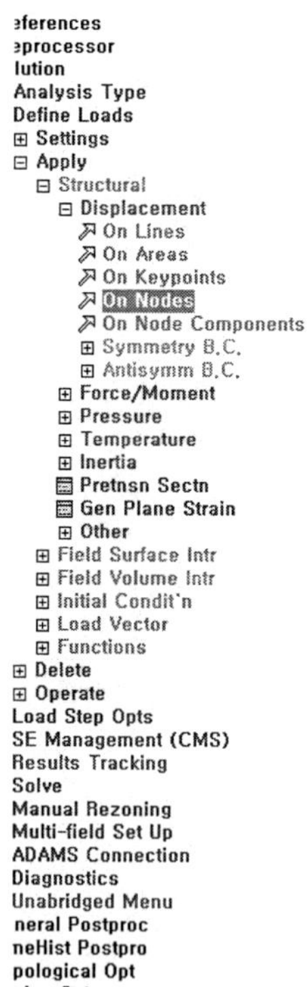

26) 아래와 같은 창이 생김

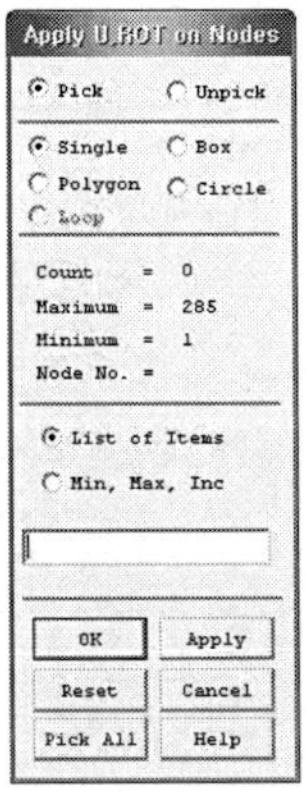

27) 맨 윗부분에 노드 9개를 선택하고 26)번 창에서 OK를 클릭

28) 아래 그림과 같이 UX와 UZ를 선택하고 OK를 클릭하면 경계 조건이 입력

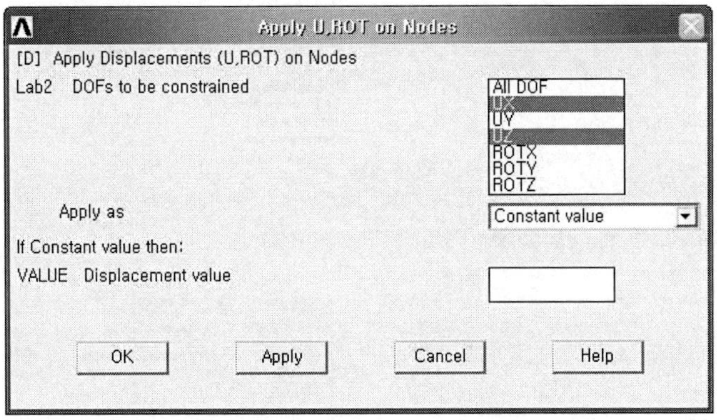

29) 변위를 주기 위해

Solution > Define Loads > Apply > Structural > Displacement > On Nodes

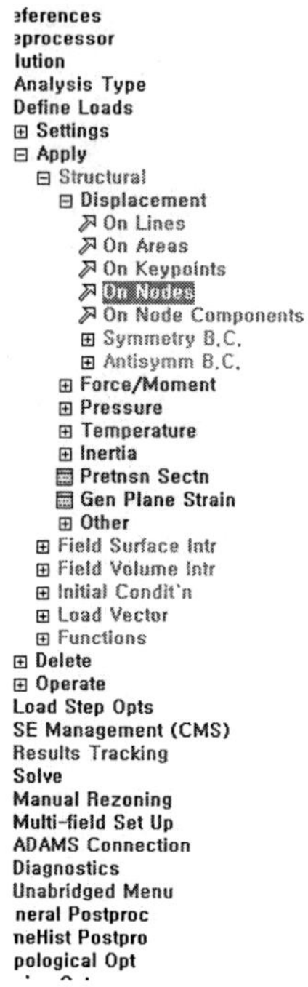

30) 다음과 같은 창이 생김

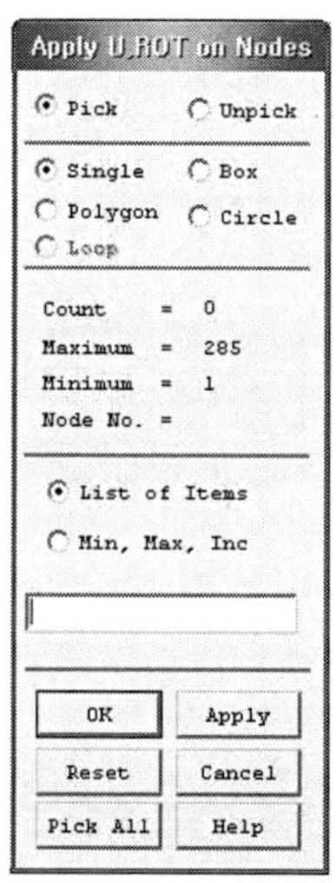

31) 밑에서 6번째 격자층 가운데 부분 노드를 선택하고 30) 그림에서 OK를 클릭

32) UX를 선택하고 Displacement value값에 0.002를 입력

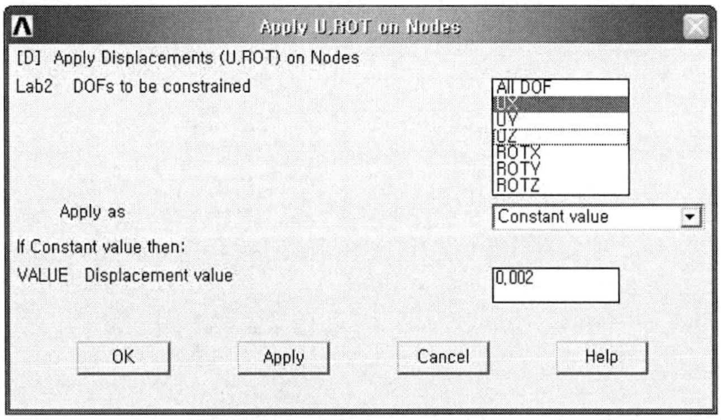

33) 해석

Solution>Solve>Current LS

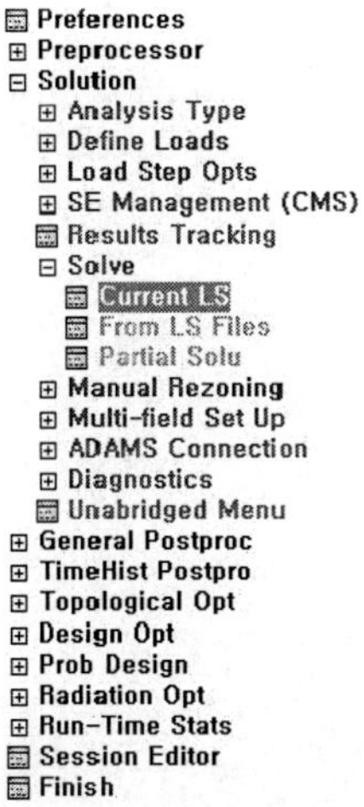

34) 해석 결과를 확인

General Postproc > Plot Results > Contour Plot > Nodal Solu

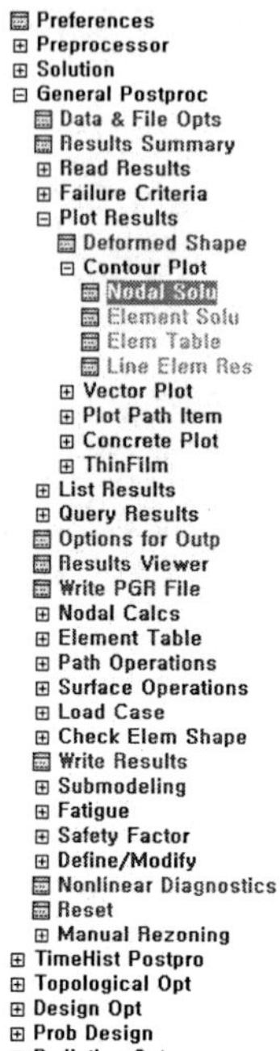

35) 아래 그림이 뜨면 Displacement vector sum을 선택

Undisplaced shape key는 Deformed shape with undeformed model로 놓고 나서 OK를 클릭

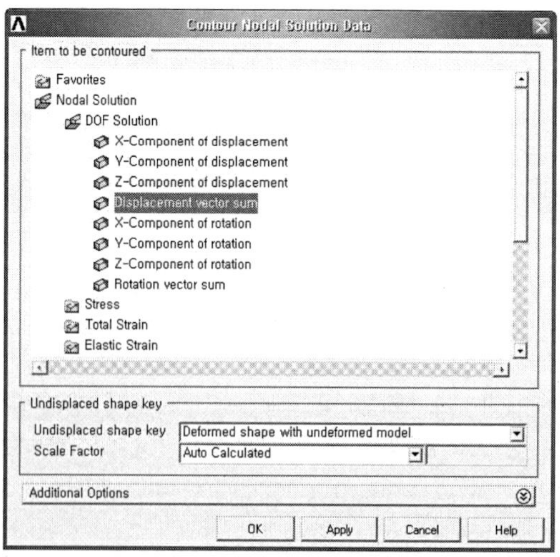

36) 다음과 같은 형상을 얻을 수 있음

도전 문제 ❶

그림 3.59와 3.60은 방사형 사장교와 기하 모델을 보여주고 있다. 2,940N/m의 분포 하중을 사용하여 변위 해석을 하시오.

【그림 3.59】 방사형 사장교

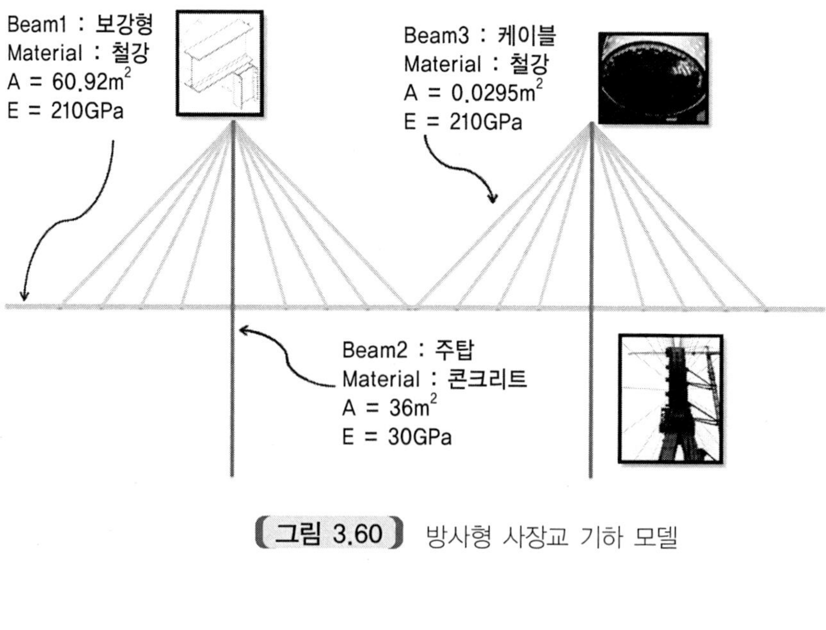

【그림 3.60】 방사형 사장교 기하 모델

다음 그림은 변위 해석 결과이다.

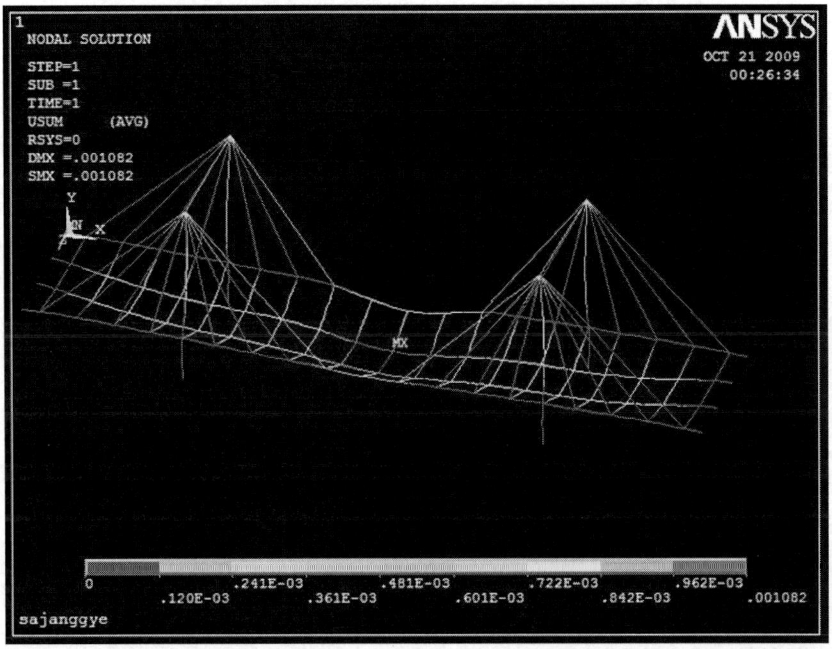

연습문제

1. 절점 2(그림 3.61)에서의 변위를 구하시오.
$I_1 = I_3 = 100\text{in}^4$; $I_2 = 50\text{in}^4$; $E = 30 \times 10^6\text{psi}$

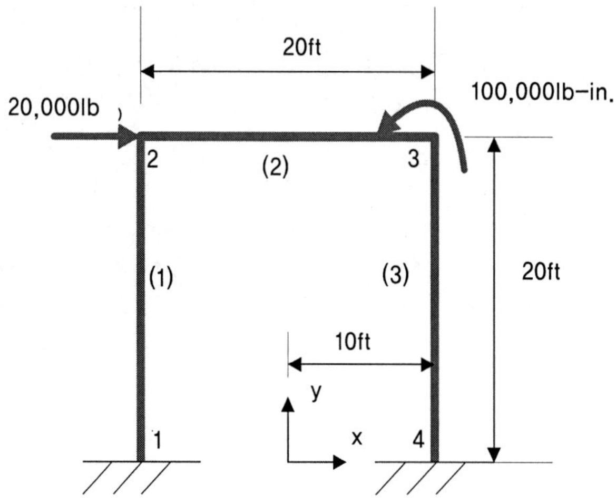

그림 3.61 프레임

2. 절점 2(그림 3.62)에서의 변위를 구하시오.
$E = 200\text{GPa}$; $I = 1.0 \times 10^{-4}\text{m}^4$; $A = 0.75 \times 10^{-2}\text{m}^2$

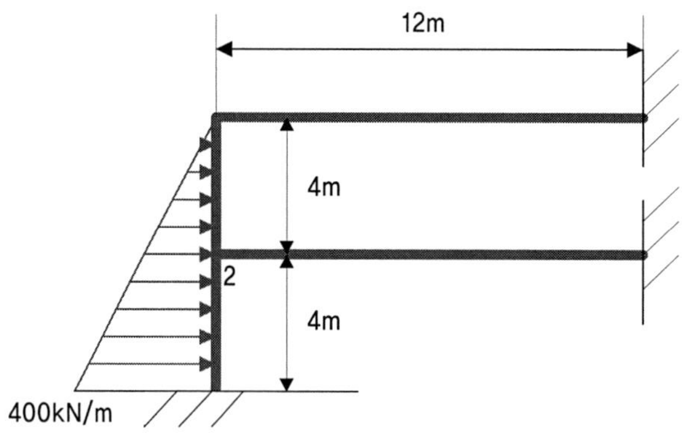

그림 3.62 프레임

3. 그림 3.63은 Hinge를 갖는 2차원 프레임을 나타낸다. Node 2에서의 변위를 구하시오. E=100GPa ; I=0.2×10^{-4}m^4 ; A=0.5×10^{-2}m^2

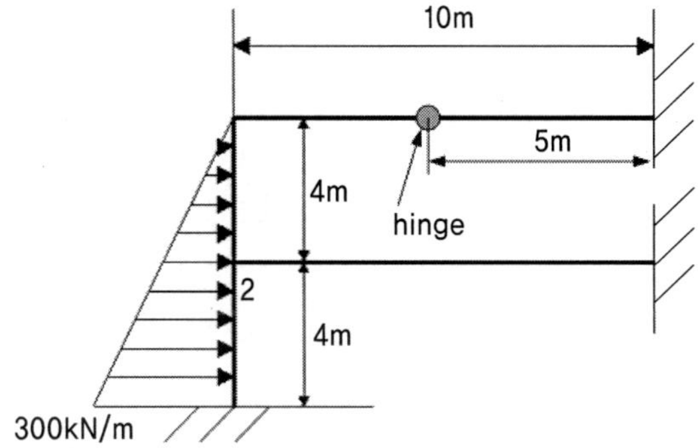

그림 3.63 Hings를 갖는 프레임

4. 그림 3.64에서 Node 8, 9, 10에서 발생하는 변위를 구하시오.
(Node 1과 2에서 All DOF = 0)
E=210GPa, A_1=2.0×10^{-2}m^2, I_1=2.0×10^{-4}m^4
A_2=1.5×10^{-2}m^2, I_2=1.5×10^{-4}m^4
A_3=1.0×10^{-2}m^2, I_3=1.0×10^{-4}m^4

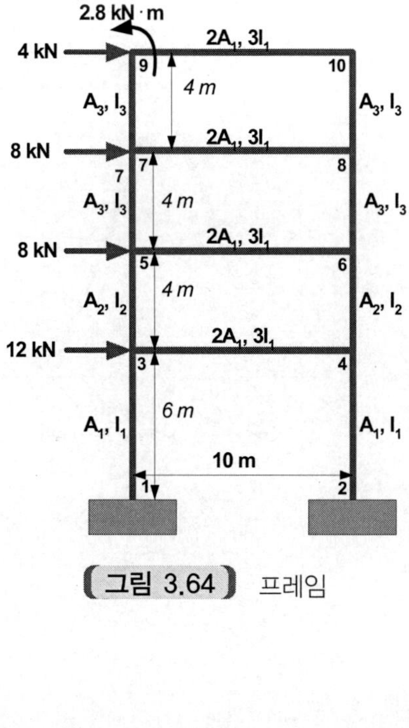

그림 3.64 프레임

5. 각 절점(그림 3.65)에서의 변위를 구하시오.
$E=30\times10^6$psi ; $I=200$in^4 ; $A=10$in^2

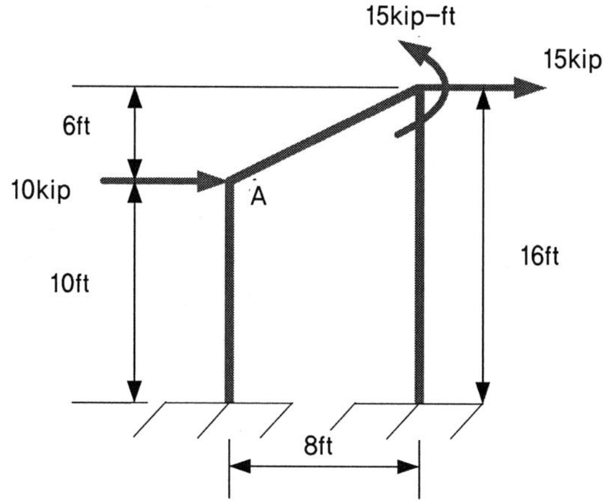

【그림 3.65】 프레임

6. 각 절점(그림 3.66)에서의 변위를 구하시오.
$E=30\times10^6$psi ; $I=200$in^4 ; $A=10$in^2

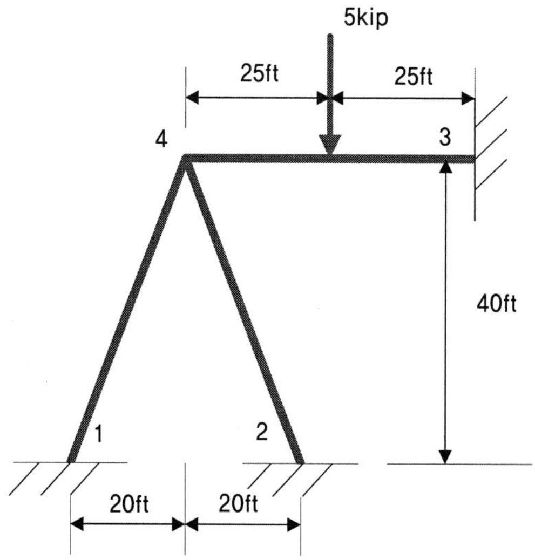

【그림 3.66】 프레임

7. 각 절점(그림 3.67)에서의 변위를 구하시오.
$E = 30 \times 10^6$psi ; $I = 200$in^4 ; $A = 10$in^2

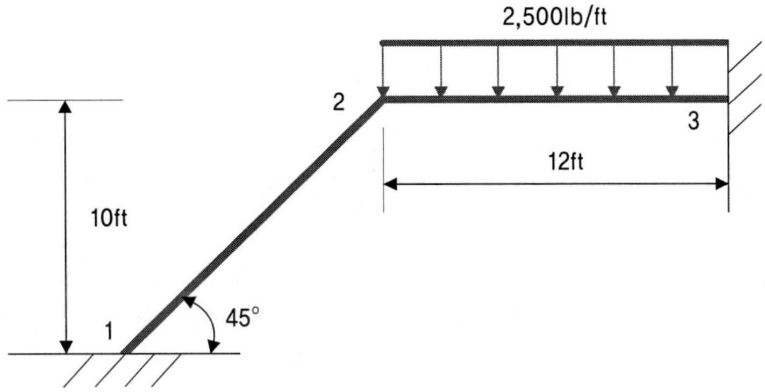

【그림 3.67】 프레임

8. 각 절점(그림 3.68)에서의 변위를 구하시오.
$E = 30 \times 10^6$psi ; $I = 200$in^4 ; $A = 10$in^2

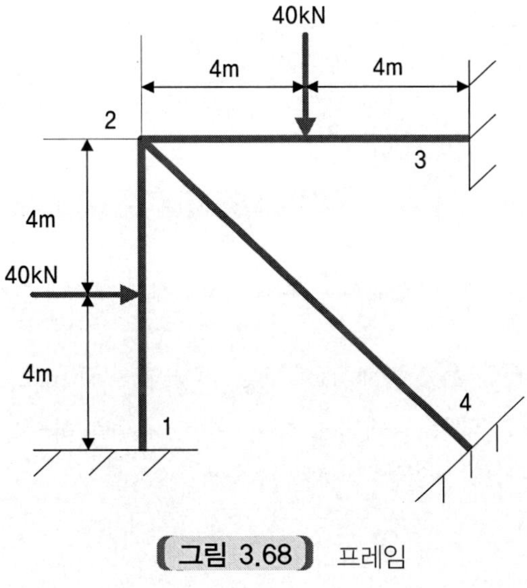

【그림 3.68】 프레임

프로젝트 1

그림 3.60은 방사형 사장교의 기하 모델을 보여주고 있다. 자중과 풍하중을 사용하여 변위 해석을 하시오. 케이블의 수와 보강 형상을 변화시키면서 변위가 어떻게 변하는지 조사하시오.

프로젝트 2

그림 3.69는 여러 가지 크레인의 기하 모델을 보여주고 있다.

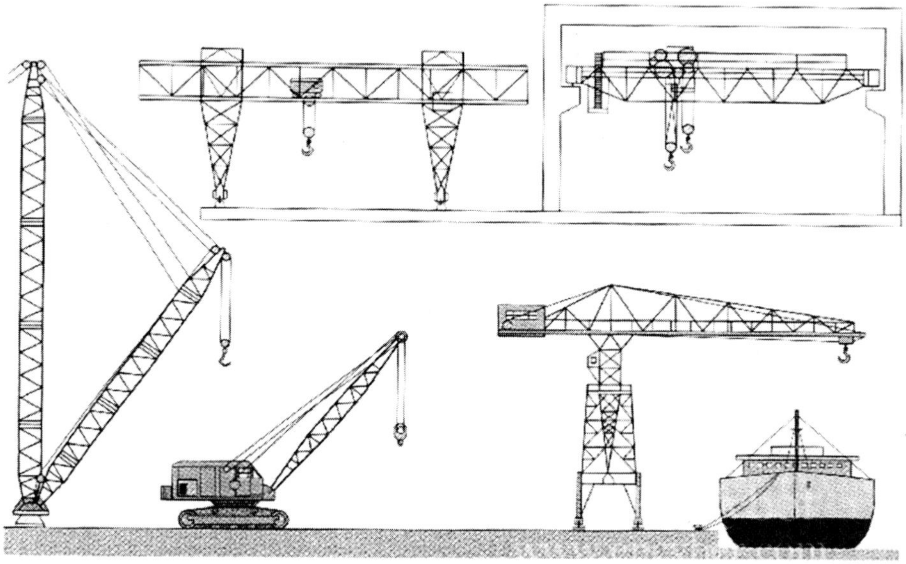

그림 3.69 여러 가지 크레인의 기하 모델

다음 그림은 탑형 크레인과 집중 하중에 의한 해석 예를 보여주고 있다. 자중과 풍하중에 대한 탑형 크레인에 대한 변위 해석을 하시오. 다리형 크레인이나 천장 크레인에 대해서도 동일한 해석을 수행하시오.

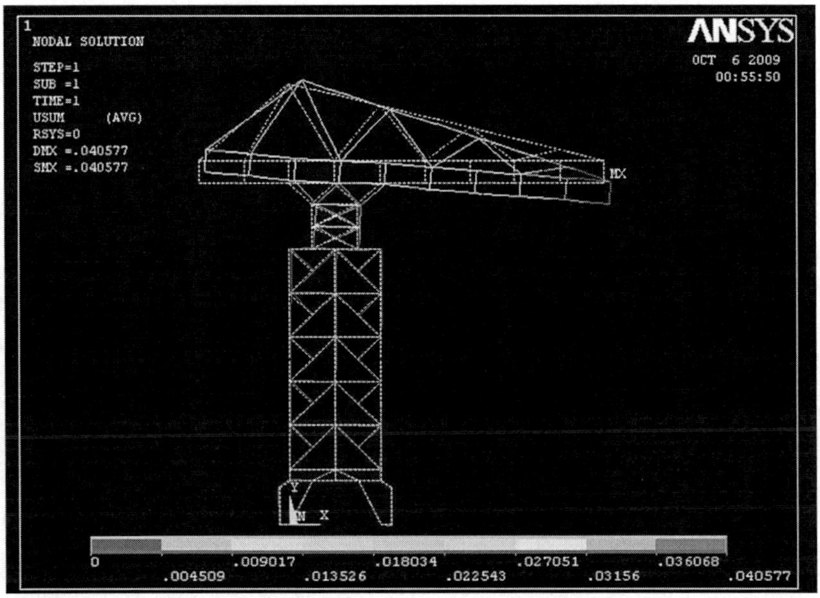

프로젝트 3

그림 3.70은 Dish형 태양열 발전시스템의 구조물을 보여주고 있다. 3차원 프레임 모델을 사용하여 자중과 풍하중에 의한 변위를 구하시오.

【그림 3.70】 Dish형 태양열 발전시스템의 구조물

프로젝트 4

그림 3.71은 PTC(Parabolic Trough Concentrator)형 태양열 발전시스템의 구조물을 보여주고 있다. 3차원 프레임 모델을 사용하여 자중과 풍하중에 의한 변위를 구하시오.

그림 3.71 PTC형 태양열 발전시스템의 구조물

프로젝트 5

그림 3.72는 평판형 태양광 발전시스템의 지지 구조물을 보여주고 있다. 3차원 프레임 모델을 사용하여 자중과 풍하중에 의한 변위를 구하시오.

그림 3.72 평판형 태양광 발전시스템의 지지 구조물

프로젝트 6

그림 3.73은 평판형 태양광 발전시스템의 지지 구조물을 보여주고 있다. 3차원 프레임 모델을 사용하여 자중과 풍하중에 의한 변위를 구하시오.

그림 3.73 평판형 태양광 발전시스템의 지지 구조물

3.4 평면 응력, 평면 변형률 문제의 해석

앞 절들에서는 선 요소(line element)만을 고려하여 해석을 진행하였다. 선 요소들은 절점에서만 연결되며, 트러스, 보, 프레임과 같은 구조물을 형성한다. 선 요소는 단면적과 2차 면적 모멘트와 같은 기하학적 특성을 갖는다.

이 장에서는 2차원 고체역학 문제, 즉 2차원 응력 상태를 다루게 된다. 2차원 문제는 평면 응력과 평면 변형률의 두 가지 종류가 있다. 이러한 내용을 설명하기에 앞서 일반 하중에서의 응력을 살펴보기로 한다.

3.4.1 일반 하중에서의 응력과 변형률

물체에 작용하는 외부 힘 또는 하중으로 인해 물체 내부에는 내력이 발생한다. 이러한 내력으로부터 응력이 발생하는데, 그림 3.74는 물체로부터 분리된 한 요소에 작용하는 3차원 응력 상태를 보여주고 있다. 그림에서 σ_x, σ_y, σ_z는 수직 응력을 나타내고, τ_{xy}, τ_{xz}, τ_{yx}, τ_{yz}, τ_{zx}, τ_{zy}는 전단 응력을 나타낸다.

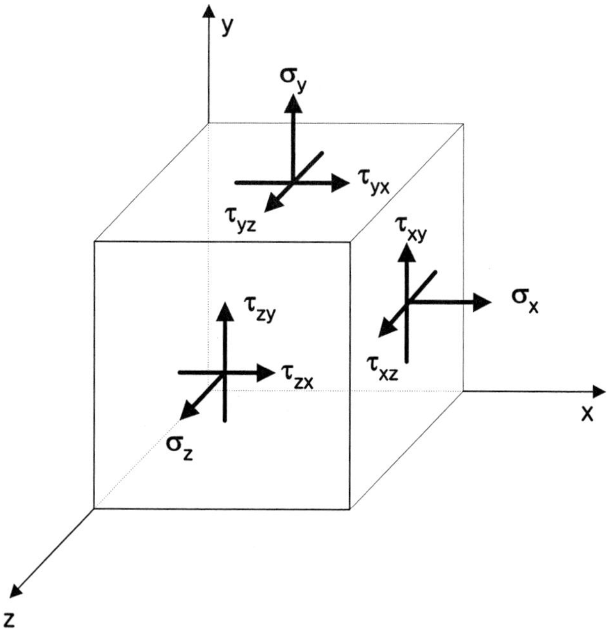

【그림 3.74】 3차원 응력 상태

3차원 응력 상태에서 응력은 모두 9개의 응력 성분을 갖지만, 모멘트 평형 조건을 적용하면,

$$\tau_{yx} = \tau_{xy},\ \tau_{zx} = \tau_{xz},\ \tau_{zy} = \tau_{yz} \tag{3.5}$$

가 되어 실제로는 6개의 독립된 응력 성분을 갖는다.

물체에 외부 하중이 작용하면 응력뿐만 아니라 변형률이 발생하는데, 변형률은 3차원 응력의 경우처럼 6개의 독립된 변형률 성분을 갖는다. 즉, 수직 변형률 세 성분($\epsilon_x, \epsilon_y, \epsilon_z$)과 전단 변형률 세 성분($\gamma_{xy}$, γ_{xz}, γ_{yz})을 갖는다.

응력과 변형률은 일반화된 후크의 법칙에 의하여 다음과 같이 표현될 수 있다.

$$\epsilon_x = \frac{1}{E}\left[\sigma_x - \nu(\sigma_y + \sigma_z)\right]$$

$$\epsilon_y = \frac{1}{E}\left[\sigma_y - \nu(\sigma_x + \sigma_z)\right]$$

$$\epsilon_z = \frac{1}{E}\left[\sigma_z - \nu(\sigma_x + \sigma_y)\right] \tag{3.6}$$

$$\gamma_{xy} = \frac{\tau_{xy}}{G},\ \gamma_{yz} = \frac{\tau_{yz}}{G},\ \gamma_{xz} = \frac{\tau_{xz}}{G}$$

식 (3.6)에서 E와 ν는 탄성계수와 Poisson 비를 나타내고, G는 전단 탄성계수를 나타낸다. E와 ν, 그리고 G 사이에는 다음과 같은 관계식이 존재한다.

$$G = \frac{E}{2(1+\nu)} \tag{3.7}$$

3.4.2 평면 응력과 평면 변형률

그림 3.75(a)처럼 두께에 걸쳐서 균일하게 분포하며 판이 놓여 있는 평면과 평행한 하중을 받는 얇은 판에서 발생하는 응력은 평면 응력 상태의 전형적인 예이다. 판의 두께가 얇기 때문에 2차원 응력 성분들이 두께 방향으로 일정하며 다른 응력 성분들의 크기는 0이라 할 수 있다. 따라서 응력 요소를 그림 3.75(c)처럼 2차원으로 표현할 수 있다.

평면 응력은 다음과 같은 식에 의하여 정의된다.

$$\sigma_z = \tau_{xz} = \tau_{yz} = 0 \tag{3.8}$$

평면 응력 상태에서의 변형률과 응력 관계식은 다음과 같다.

$$\epsilon_x = \frac{1}{E}(\sigma_x - \nu\sigma_y)$$

$$\epsilon_y = \frac{1}{E}(\sigma_y - \nu\sigma_z) \tag{3.9}$$

$$\gamma_{xy} = \frac{\tau_{xy}}{G}$$

다른 변형률 값들은 다음과 같다.

$$\gamma_{xz} = \gamma_{yz} = 0,\ \epsilon_z = -\frac{\nu}{E}(\sigma_x + \sigma_y) = -\frac{\nu}{1-\nu}(\epsilon_x + \epsilon_y) \tag{3.10}$$

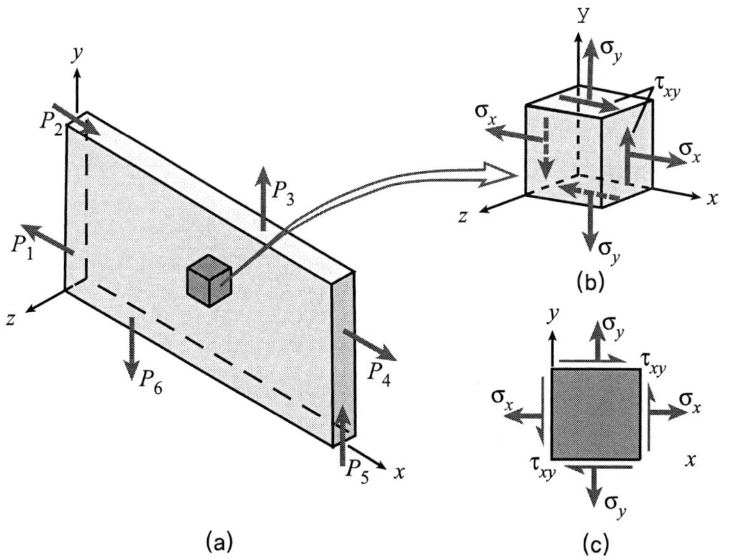

【그림 3.75】 (a) 평면 하중을 받는 얇은 판, (b) 평면 응력 상태에 놓인 요소
(c) 평면 응력의 2차원 표현 방법

평면 변형률의 경우 전단 응력 τ_{xz}와 τ_{yz}의 값은 모두 0이 되지만 수직 응력 σ_z 값은 0이 아니고 수직 응력 σ_x와 σ_y로 표현된다. 평면 변형률은 다음 조건식으로 정의된다.

$$\epsilon_z = \gamma_{xz} = \gamma_{yz} = 0 \tag{3.11}$$

일반화된 후크의 법칙으로부터

$$\tau_{xz} = \tau_{yz} = 0, \ \sigma_z = -\nu(\sigma_x + \sigma_y) \tag{3.12}$$

3.4.3 주응력과 최대 전단 응력

물체 내의 주어진 점에서 2차원 또는 평면 응력 상태를 생각하고, 그림 3.76에서와 같이 응력 요소에 대한 응력 성분을 σ_x, σ_y 및 τ_{xy}라 하면, x축에 대하여 각도 θ만큼 기울어진 평면에서의 수직 및 전단 응력은 각각 다음과 같이 주어진다.

$$\sigma_{x'} = \frac{\sigma_x + \sigma_y}{2} + \frac{\sigma_x - \sigma_y}{2}\cos 2\theta + \tau_{xy}\sin 2\theta \tag{3.13}$$

$$\sigma_{y'} = \frac{\sigma_x + \sigma_y}{2} - \frac{\sigma_x - \sigma_y}{2}\cos 2\theta - \tau_{xy}\sin 2\theta \tag{3.14}$$

$$\tau_{x'y'} = -\frac{\sigma_x - \sigma_y}{2}\sin 2\theta + \tau_{xy}\cos 2\theta \tag{3.15}$$

최대 수직 응력과 최소 수직 응력에 대응하는 회전각 θ_P 값은 다음과 같다.

$$\tan 2\theta_P = \frac{2\tau_{xy}}{\sigma_x - \sigma_y} \tag{3.16}$$

여기서 얻어지는 두 개의 θ_P 값은 서로 90°를 이루며, 주어진 점에서의 주평면(principle plane)을 정의한다. 이에 대응하는 수직 응력 값을 그 점에서의 주응력(principle stress)라 하며 다음과 같이 표현된다.

$$\sigma_{1,2} = \frac{\sigma_x + \sigma_y}{2} \pm \sqrt{\left(\frac{\sigma_x - \sigma_y}{2}\right)^2 + \tau_{xy}^2} \tag{3.17}$$

이에 대응하는 전단 응력은 0이다.

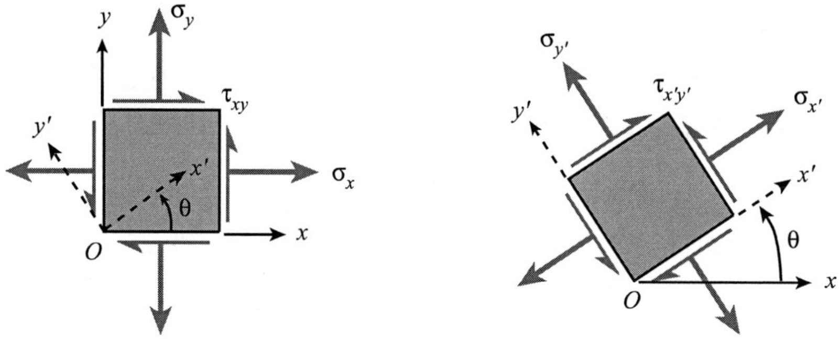

【그림 3.76】 평면 응력 상태에서의 응력 요소

최대 전단 응력이 발생하는 각도 θ 값인 θ_s는 다음과 같이 표현된다.

$$\tan 2\theta_s = -\frac{\sigma_x - \sigma_y}{2\tau_{xy}} \tag{3.18}$$

여기서 얻어지는 두 개의 θ_s 값은 서로 90°를 이룬다. 또한 최대 전단 응력 평면은 주평면과 45°를 이룬다. 전단 응력의 최대값은 다음과 같다.

$$\tau_p = \sqrt{\left(\frac{\sigma_x - \sigma_y}{2}\right)^2 + \tau_{xy}^2} \tag{3.19}$$

식 (3.19)로 표현된 τ_p를 평면 내 최대 전단 응력이라고 한다. τ_p는 주응력으로부터 구할 수 있다.

$$\tau_p = \frac{\sigma_1 - \sigma_2}{2} \tag{3.20}$$

위 식을 달리 표현하면, 평면 내 최대 전단 응력은 주응력 값 차이의 절반과 같다.

일반적으로, 3차원 응력 상태에서 응력이 세 방향으로 작용할 때는 전단 응력이 0인 세 개의 직교 평면이 존재한다. 이들 평면을 주평면이라고 하며 이들 평면에서 작용하는 응력(주응력)은 세 가지 값을 갖는다. 최대값, 최소값, 그리고 이들 값 사이의 어떤 값. 어떤 점을 지나는 평면상의 최대 전단 응력 $\tau_{\max}$는 최대 및 최소 주응력 차이의 절반이며 최대 및 최소 수직 응력이 작용하는 평면 사이의 각도를 양분하는 평면에 작용한다.

$$\tau_{\max} = \frac{\sigma_{\max} - \sigma_{\min}}{2} \tag{3.21}$$

3.4.4 von Mises 응력

응력을 해석하는 이유는 구조물이 주어진 외부 하중 하에서 파손 없이 안정된 상태를 유지하는지 확인하기 위해서이다. von Mises 응력은 구조물의 파손 여부를 예측할 때 많이 사용되는 응력 중의 하나이다. 3차원 응력 상태에서는 3개의 주응력이 나타나는데, 그러한 주응력을 σ_1, σ_2, σ_3라고 하면 von Mises 응력 σ_e는 다음과 같이 표현된다.

$$\sigma_e = \sqrt{\frac{1}{2}\left[(\sigma_1 - \sigma_2)^2 + (\sigma_2 - \sigma_3)^2 + (\sigma_3 - \sigma_1)^2\right]} \tag{3.22}$$

평면 응력 상태에서는 2개의 주응력 σ_1, σ_2이 나타나므로, von Mises 응력 σ_e는 다음과 같이 표현된다.

$$\sigma_e = \sqrt{\sigma_1^2 - \sigma_1\sigma_2 + \sigma_2^2} \tag{3.23}$$

식 (3.22) 또는 식 (3.23)으로 계산된 σ_e값이 재료의 항복 응력보다 작으면 구조물은 파손없이 안정된 거동을 한다고 예측할 수 있다.

3.4.5 해석 예제

ANSYS에서 구조-솔리드 해석에 사용되는 2차원 요소로는 선형 사변형 요소(Plane 42), 2차 사변형 요소(Plane 82), 그리고 2차 삼각형 요소(Plane 2)가 있다.

- Plane 42 : 그림 3.77에 표현된 것처럼 4절점을 갖는 사변형 요소이다. 각 절점은 2개의 자유도(U_x, U_y)를 갖는다.

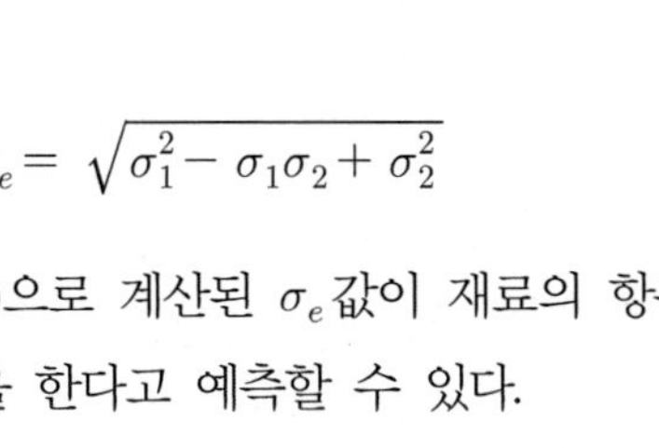

그림 3.77 Plane 42

- Plane 82 : 그림 3.78에 표현된 것처럼 8절점을 갖는 사변형 요소이다. 이 요소는 Plane 42의 고차요소에 해당한다. 각 절점은 2개의 자유도(U_x, U_y)를 갖는다.

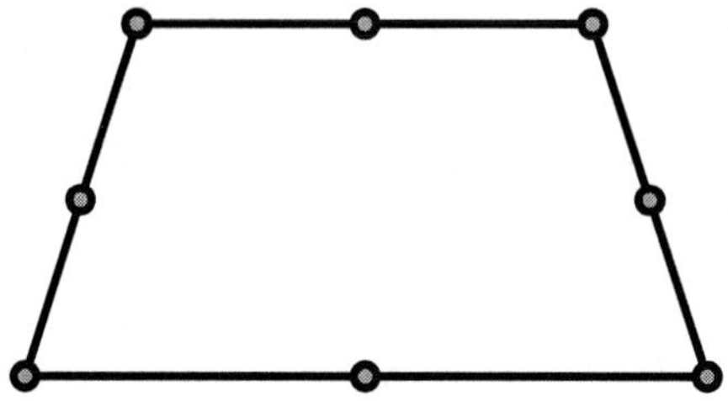

【그림 3.78】 Plane 82

- Plane 2 : 그림 3.79에 표현된 것처럼 6절점을 갖는 삼각형 요소이다. 각 절점은 2개의 자유도(U_x, U_y)를 갖는다.

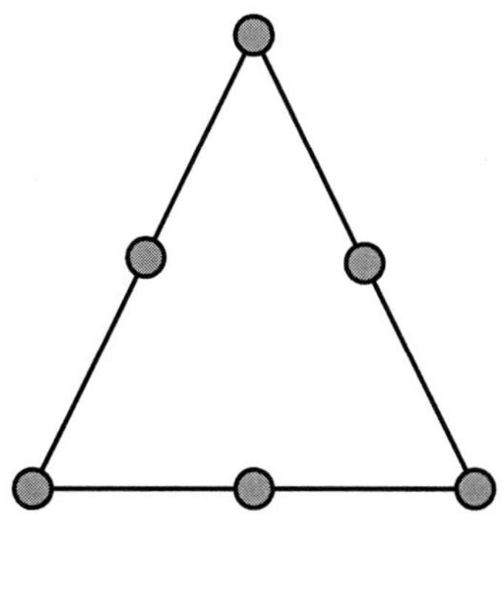

【그림 3.79】 Plane 2

다음 예제들은 ANSYS를 사용하여 평면 응력과 평면 변형률 문제를 해석하는 과정을 설명하고 있다.

예제 1

다음 2차원 문제의 해(그림 3.80의 최대 변위 값)를 구하시오.
단, $E_{Al}=10\times10^6$psi, $\nu_{Al}=0.3$, $E_{steel}=30\times10^6$psi, $\nu_{steel}=0.28$이고 평면 변형률 (Plane Strain) 조건임.

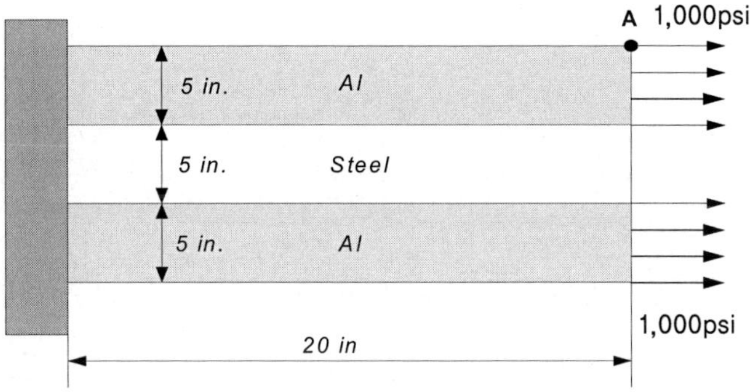

그림 3.80 복합재료

해석 과정

1) 요소의 선택 : Structural Solid-Quad 4Node; Plane 42
(기본 거동 : 단위 두께에 대한 평면 응력)
두께가 1이 아닌 평면 응력 문제나 평면 변형률 문제를 선택할 때는 Options 클릭하여 해당 항목을 선택

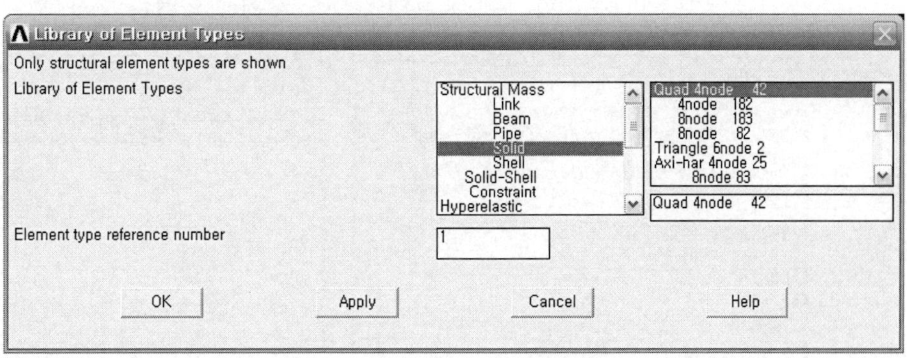

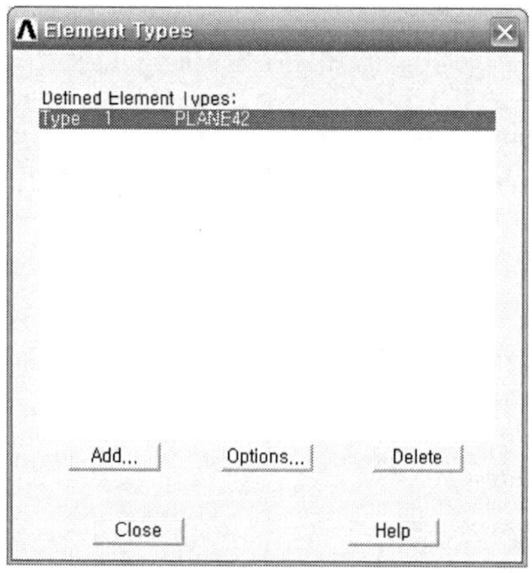

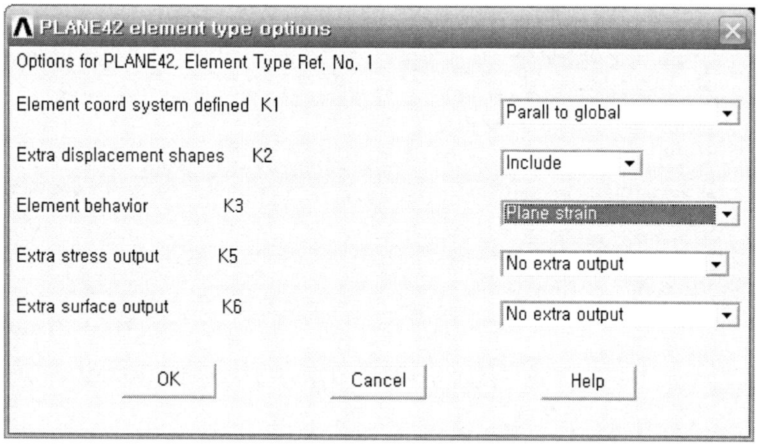

2) 요소물성치는 필요 없음
   두께가 1이 아닌 평면 응력 문제의 경우 두께를 입력
3) 2가지 재료물성치(탄성계수, 프와송 비)를 입력

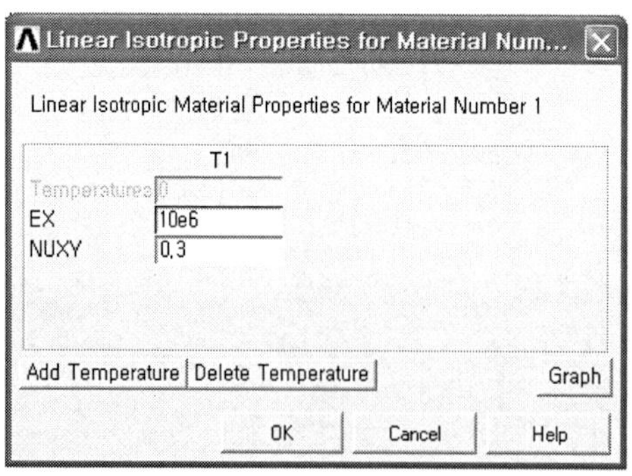

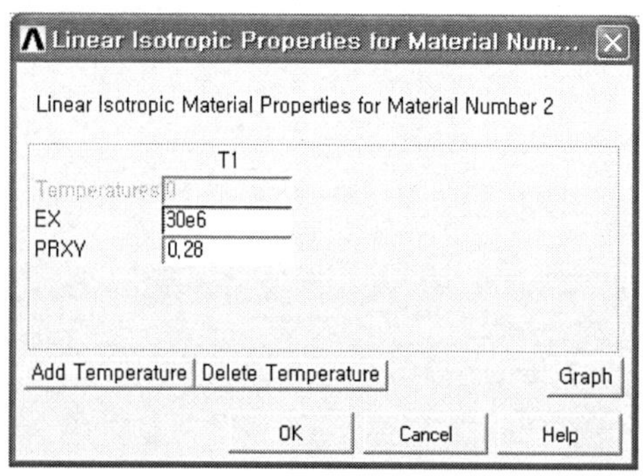

4) 기하 모델 생성 -사각형

(이 문제는 대칭성을 고려하여 상하 두 부분으로 나누어 윗부분을 해석함)

Preprocessor > Modeling-Create > Areas-Rectangle > By Dimensions...

X1, X2(0, 20), Y1, Y2(0, 2.5)

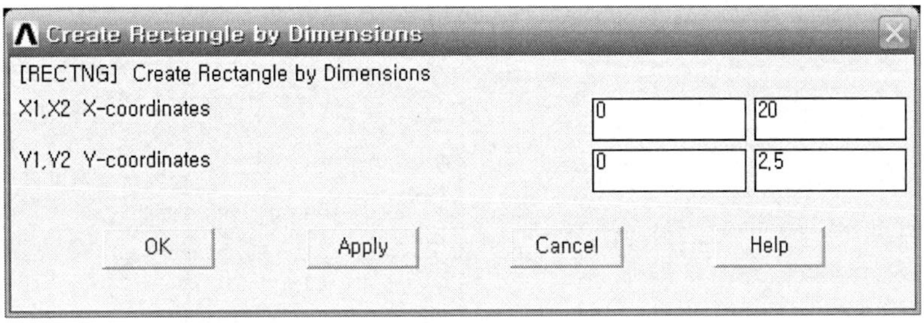

X1, X2(0, 20), Y1, Y2(2.5, 7.5)

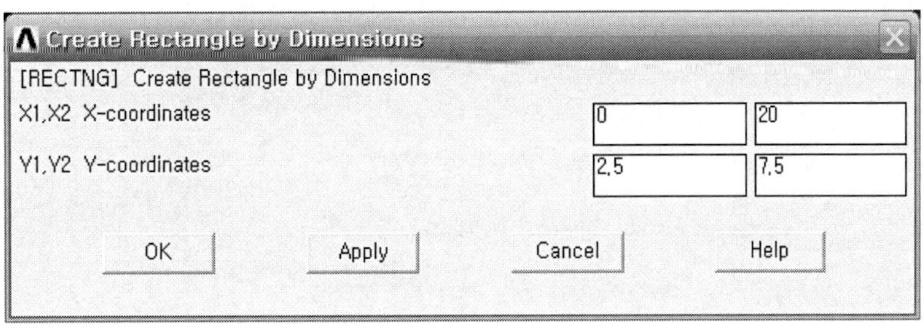

5) Glue를 이용하여 두 재료를 붙임

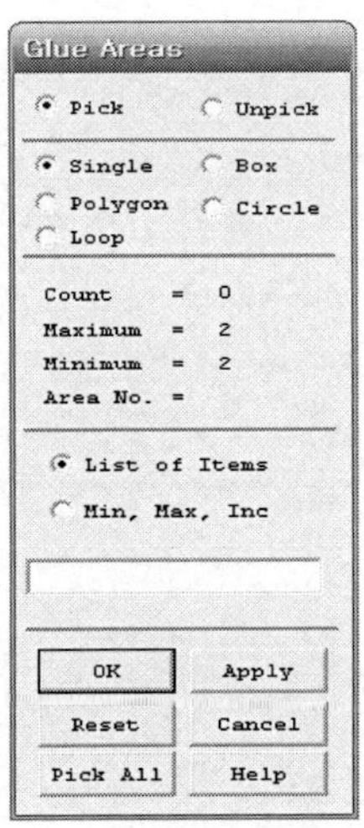

6) 생성될 요소의 크기를 입력(Global Size = 1, 또는 0.8)

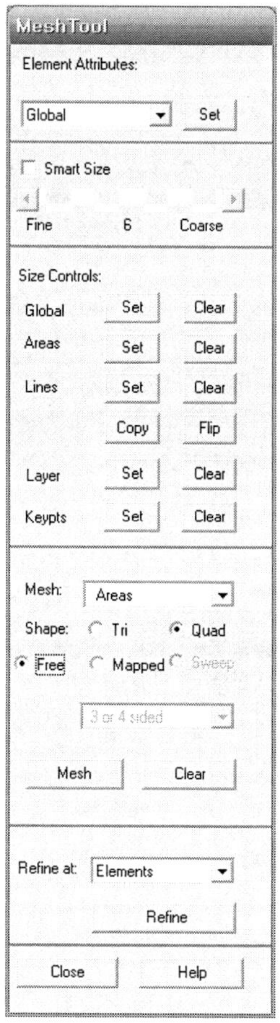

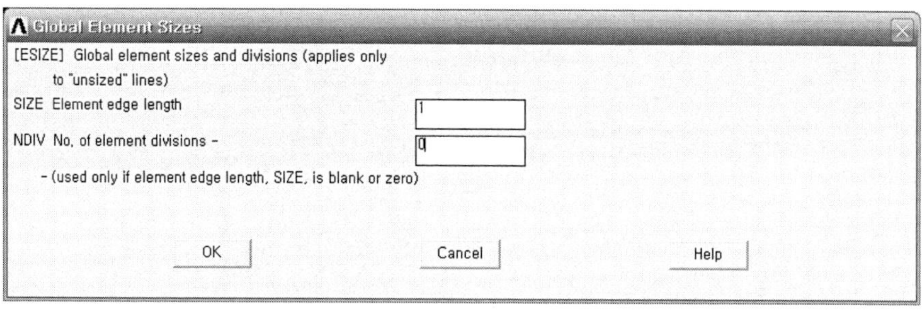

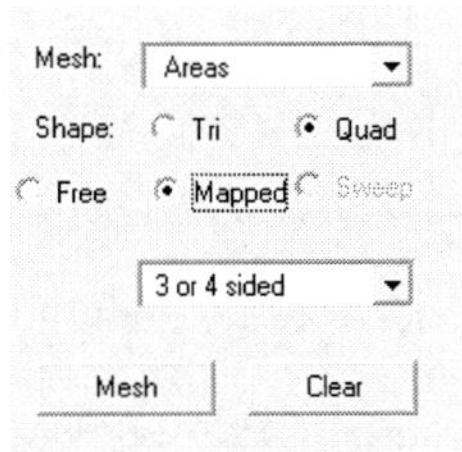

7) 면적을 지정해서 Mesh를 생성

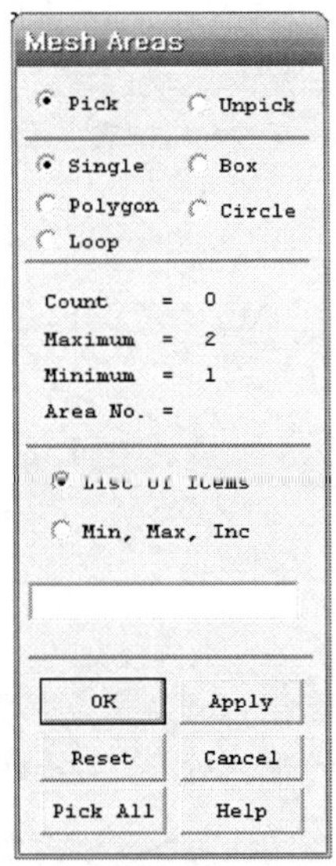

8) 속성을 바꾸어 두 번째 면적에 같은 방법으로 Mesh를 생성

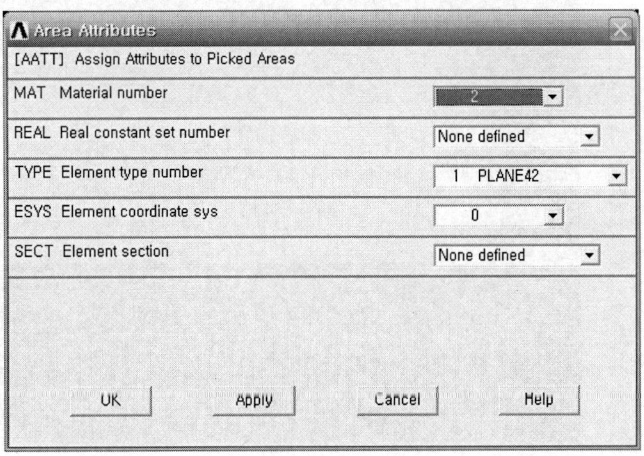

9) 왼쪽 모서리에 경계 조건을 적용하기 위해 x 좌표가 0인 모든 절점 선택

10) 선택된 절점에 All DOFs = 0 적용

11) 오른쪽 모서리 윗부분에 하중 조건 적용

Preprocessor > Load-Apply > Pressure > On Lines+

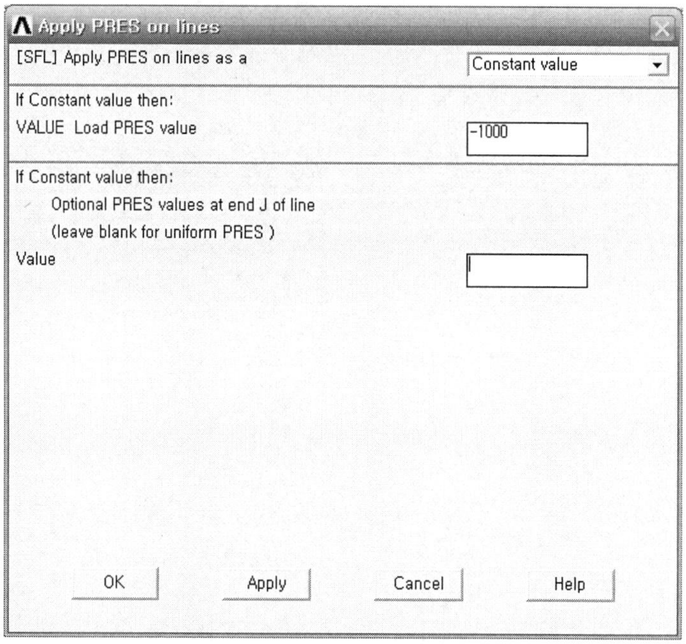

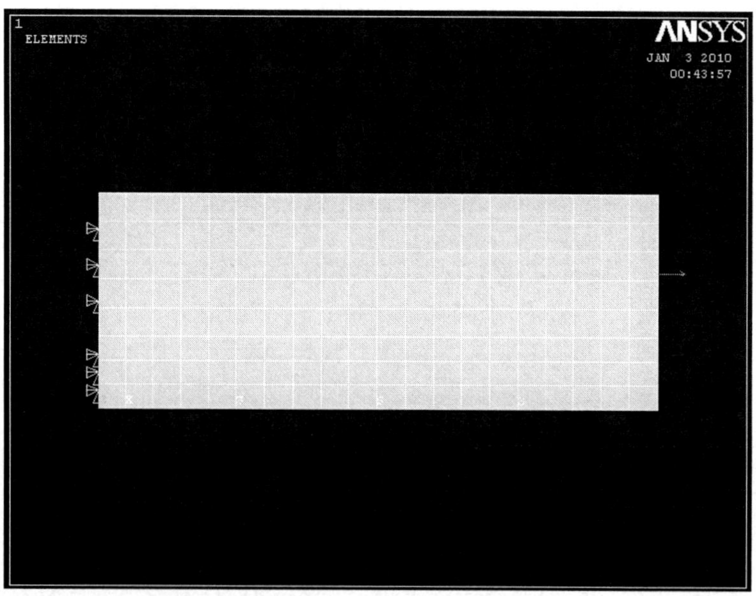

11) 변위와 응력을 계산

Solution > Solve-Current LS

12) 결과 출력

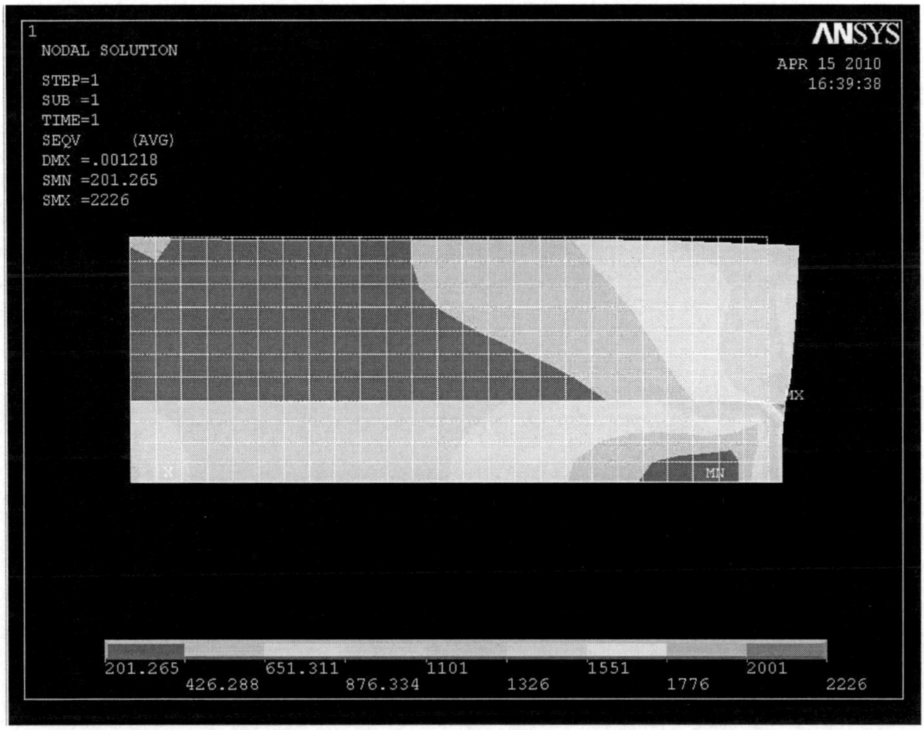

예제 2

상단에 균일한 분포 하중을 받는 평판(그림 3.81)에 나타나는 응력 분포를 구하시오. 평면 응력(plane stress)상태임. 단 $E=30\times10^6$psi, $\nu=0.3$; $t=1$임.

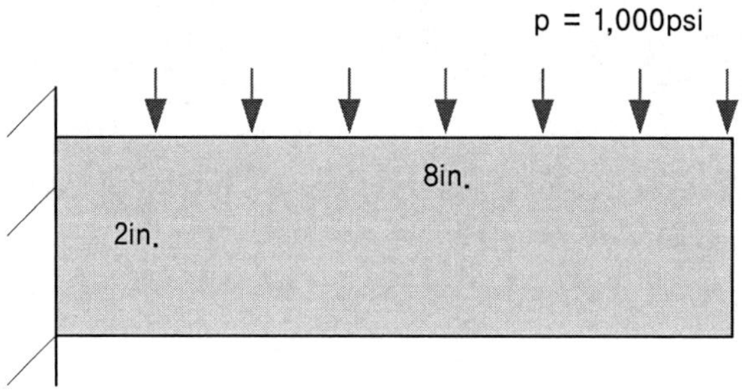

그림 3.81 균일한 분포 하중을 받는 평판

해석 과정

1) 요소의 선택 : Structural Solid-Quad 4 Node ; Plane 42
   (기본 거동 : 단위 두께에 대한 평면 응력)
   두께가 1이 아닌 평면 응력 문제나, 평면 변형률 문제를 선택할 때는 Options 클릭하여 해당 항목을 선택
2) 요소물성치는 필요 없음
   두께가 1이 아닌 평면 응력 문제의 경우 두께를 입력
3) 재료물성치(탄성계수, 프와송 비)를 입력
4) 기하 모델 생성 - 사각형
   Preprocessor > Modeling-Create > Areas-Rectangle > By Dimensions...
   X1, X2(0, 8), Y1, Y2(-1, 1)
5) 생성될 요소의 크기를 입력
   Preprocessor > Meshing-Size Cntrls > Global-Size
   (Global Size = 1, 또는 0.8)
6) 사각형 면상에 평면 요소를 자동 생성
   Preprocessor > Meshing-Mesh > Areas-Mapped > 3 or 4 sided+

7) 왼쪽 면에 경계 조건을 적용하기 위해 x 좌표가 0인 모든 절점을 선택

8) 선택된 절점에 All DOFs = 0을 적용

9) 위쪽 면에 하중 조건을 적용하기 위해 y 좌표가 1인 절점들을 선택

10) 선택된 모든 절점에 Pressure = 1,000 적용

Preprocessor > Load-Apply > Pressure > On Nodes+

11) 변위와 응력을 계산

Solution > Solve-Current LS

12) 결과 출력

- 변위 형상 출력
- 각 절점의 변형량 출력
- von Mises 응력의 출력

예제 3

그림 3.82와 같이 중앙에 구멍이 나 있는 평판에 인장 응력이 작용하고 있다. 평판에 나타나는 응력 분포를 구하시오. 평면 응력 상태임.

$E = 30 \times 10^6$psi, $\nu = 0.3$; $t = 1$

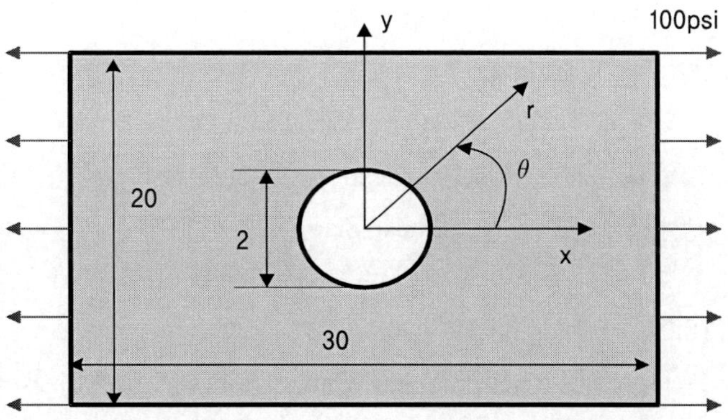

【그림 3.82】 중앙에 구멍이 나 있는 평판

해석 과정

먼저 대칭성을 고려하여 아래 그림과 같이 1/4 형상을 선택한다.

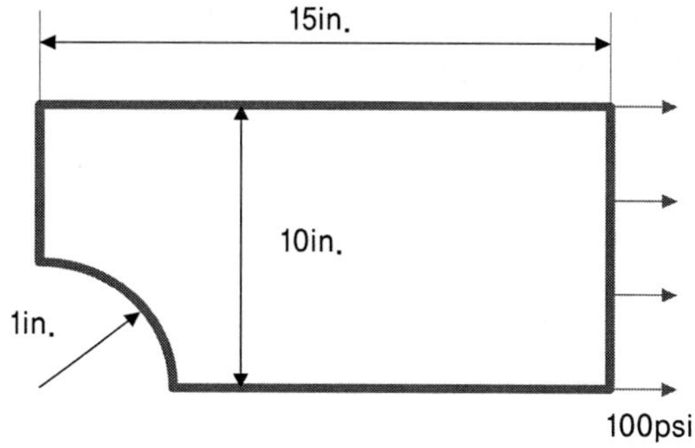

1) 요소의 선택 : Structural Solid-Quad 4 Node ; Plane 42
   (기본 거동 : 단위두께에 대한 평면 응력)
2) 요소물성치는 필요 없음
3) 재료물성치(탄성계수, 프와송 비)를 입력
4) 기하 모델 생성 - 사각형
   Preprocessor > Modeling-Create > Areas-Rectangle > By Dimensions...
   X1, X2(0, 15), Y1, Y2(0, 10)
5) 원 생성 - Radius : 1
6) 사각형과 원의 논리 연산 수행(A1 - A2)
   Preprocessor > Modeling-Operate > Booleans-Subtract > Area
7) 생성될 요소의 크기(Global Size = 1)를 입력
8) 원호 상에 생성될 요소의 수 또는 크기의 조절
   (SIZE = 0.1 or NDIV = 20)
   Preprocessor > Meshing-Size Cntrls > Lines-Picked Lines
9) 완성된 면상에 절점과 요소의 자동 생성
10) 왼쪽 면상에 대칭 경계 조건을 적용하기 위해 x 좌표가 0인 모든 절점들 선택
11) 선택된 절점들에 x축에 대한 대칭 경계조건 적용
    Preprocessor > Load-Apply > Displacements > Symmetry B.C.-On Nodes

12) 아래 면상에 대칭 경계 조건을 적용하기 위해 y 좌표가 0인 모든 절점들 선택
13) 선택된 절점들에 y축에 대한 대칭 경계 조건 적용
14) 오른쪽 면상에 하중조건 적용하기 위해 x 좌표가 15인 절점들 선택
15) 선택된 모든 절점들에 Pressure = -100 적용
16) 변위와 응력의 계산
    Solution > Solve-Current LS
17) 결과 출력

참고 주어진 문제(그림 3.82)에 대한 응력 분포는 그림 3.83과 같으며 다음 식으로 주어진다.

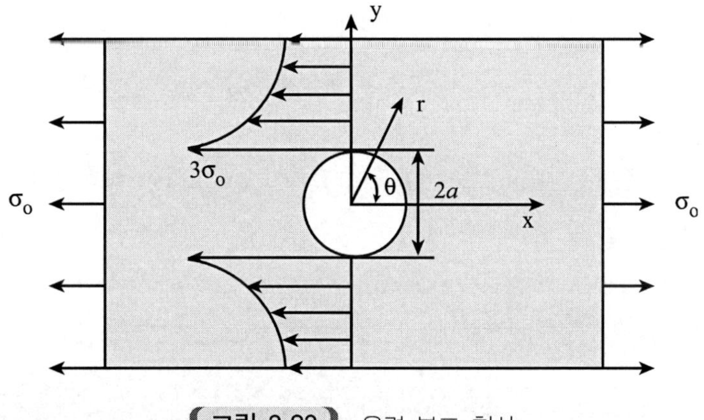

【그림 3.83】 응력 분포 형상

$$\sigma_r = \frac{1}{2}\sigma_o\left[\left(1-\frac{a^2}{r^2}\right)+\left(1+\frac{3a^4}{r^4}-\frac{4a^2}{r^2}\right)\cos 2\theta\right]$$

$$\sigma_\theta = \frac{1}{2}\sigma_o\left[\left(1+\frac{a^2}{r^2}\right)-\left(1+\frac{3a^4}{r^4}\right)\cos 2\theta\right] \tag{3.24}$$

$$\tau_{r\theta} = -\frac{1}{2}\sigma_o\left(1-\frac{3a^4}{r^4}+\frac{2a^2}{r^2}\right)\sin 2\theta$$

예제 4

다음 2차원 복합 실린더 문제의 해(그림 3.84의 O 점에서의 von Mises stress)를 ANSYS를 사용하여 구하시오. 유한요소 모델링 과정과 생성된 유한요소를 스케치하시오. 단, $E_{Al}=10\times10^6$psi, $\nu_{Al}=0.3$, $E_{steel}=30\times10^6$psi, $\nu_{steel}=0.28$, $t=1$in이고 평면 변형률 조건임.

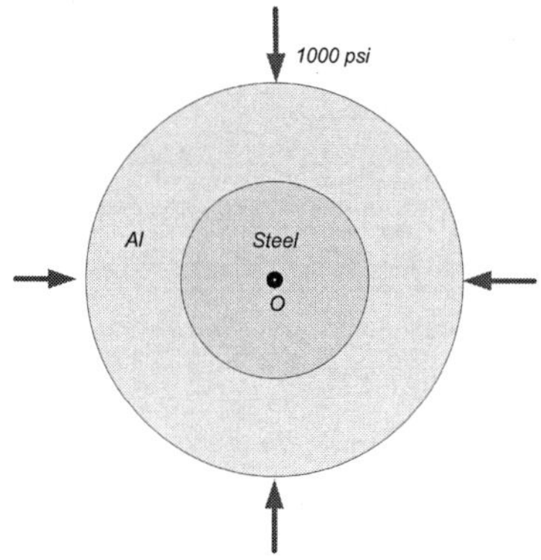

【그림 3.84】 복합 실린더

이 문제는 대칭성을 이용하여 1/4만 모델링하여 해석한다. 해석 결과는 아래 그림과 같다.

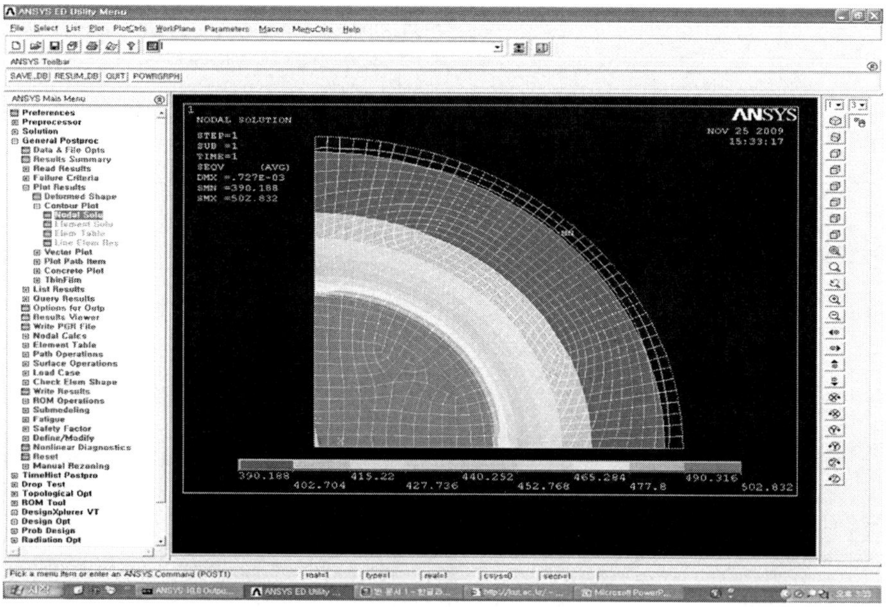

도전 문제 ❶

그림 3.85와 같이 균열이 발생한 평판에서 응력 분포를 구하시오(평면 변형률 상태에 있으며 두께는 $t=1$mm로 가정).

$\sigma_o=450$MPa ; $L=400$mm ; $a=9.5$mm ; $b=95$mm

$E=200,000\text{N/mm}^2$; $\nu=0.25$

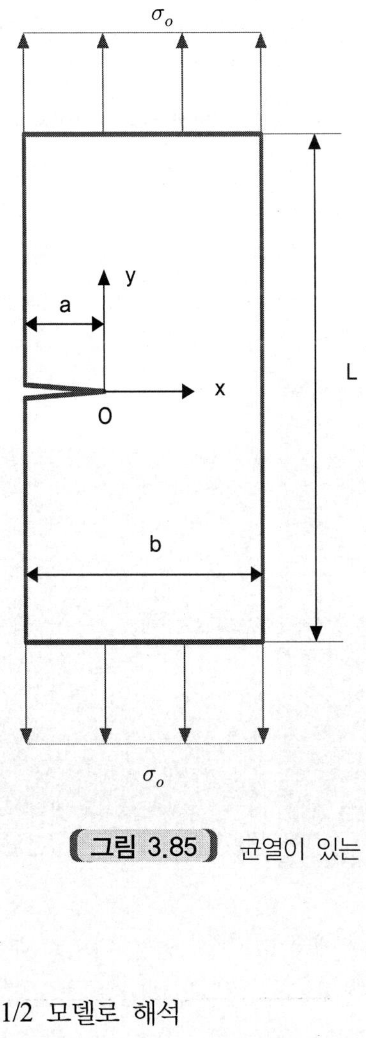

그림 3.85 균열이 있는 평판

해석 과정

1) 상하 대칭이므로 1/2 모델로 해석
   요소의 선택 : Structural Solid-Quad 4 Node ; Plane 42
2) Options를 클릭하여 plane strain으로 바꿔줌

3) 재료물성치(탄성계수, 프와송 비)를 입력
4) 기하 모델 생성 - keypoint 생성
   균열 부근의 복잡한 응력 상태를 구하기 위해서 균열 선단 부근과 그 주변을 구분하여 Mesh를 생성하는 것이 효율적이다. 즉 균열 선단 부근의 Mesh 밀도는 크게 하고, 그 주변은 점차 밀도가 낮아지도록 하고, 여기에서는 균열 선단 주위에 Keypoint와 Line 기능을 이용하여 사각형 형상의 Area들을 만듦
   Preprocessor > Modeling-Create > keypoints > In Active CS...
5) Key point들을 연결하는 직선 생성
   Preprocessor > Modeling-Create > Line-Lines > Straight Line
6) 직선으로 구성되는 면 생성
   Preprocessor > Modeling-Create > Areas-Arbitrary > By-Lines
7) 하나의 요소로 인식시키기 위해서 Glue 기능 이용
   Preprocessor > Modeling-Operat > Booleans-Glue > Areas

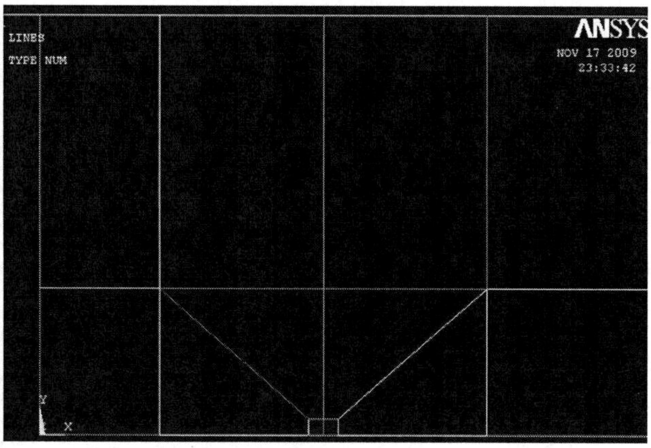

8) 균열 부분에서 Mesh를 생성. 나머지 부분의 Mesh도 생성
   (필요하면 Refine 기능을 사용하여 균열부분에서 mesh 밀도를 높인다.)

9) 대칭 조건에 맞추어 아래쪽에 Symmetry 조건을 주고, 왼쪽 코너에 있는 한 절점에 Ux = 0의 조건을 줌
10) 위쪽에 있는 모든 절점들에 Pressure = -450 적용
11) 변위와 응력의 계산
    Solution > Solve-Current LS
12) 결과 출력

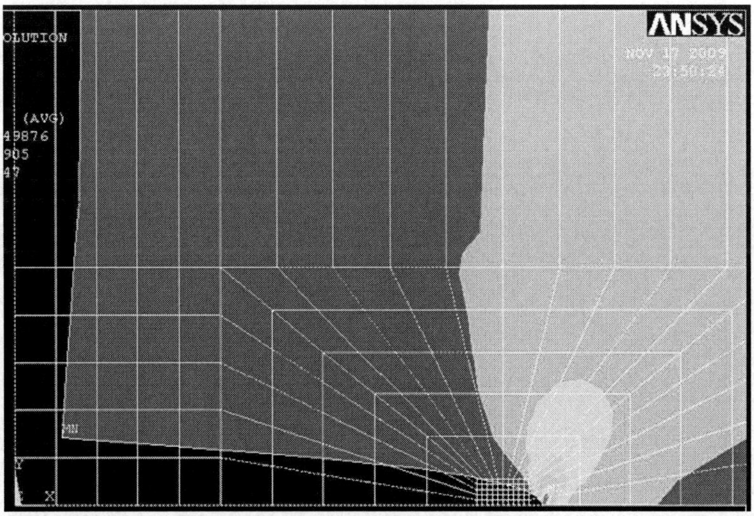

연습문제

1. 다음 2차원 문제의 해(그림 3.86에서 A 점에서의 변위)를 ANSYS를 사용하여 구하시오. 요소를 생성하는 과정을 기술하고 실제 생성된 요소를 스케치하시오. 그리고 하중(전단력)을 입력하는 방법에 대해 기술하시오.
단, $E=10\times10^6$psi, $\nu=0.3$, $t=1$이고 평면 응력 조건임.

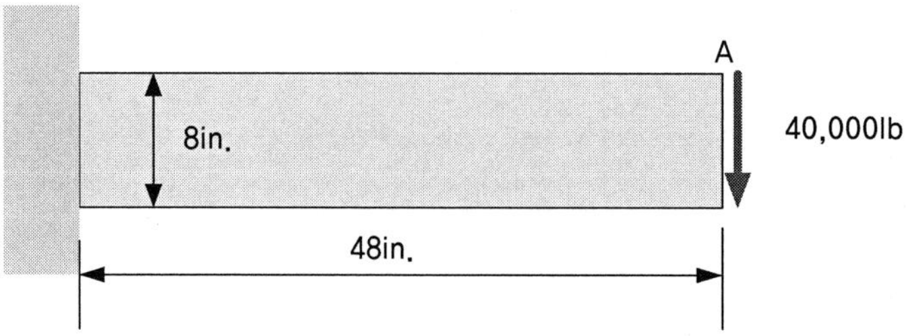

그림 3.86 전단력이 작용하는 평판 문제

2. 다음 2차원 문제(그림 3.87)의 해들을 유한요소법으로 구하고자 한다. 요소를 생성하는 과정을 기술하고 예상되는 유한요소 모델을 스케치하시오.
단, $E=10\times10^6$psi, $\nu=0.3$, $t=1$이고 평면 응력 조건임.

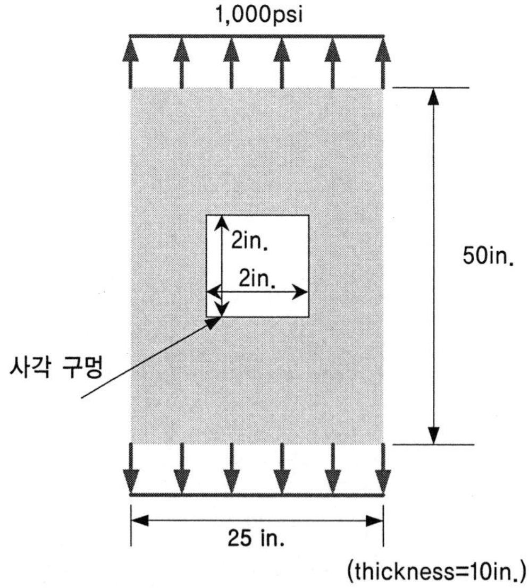

그림 3.87 사각형 구멍이 있는 평판 문제

3. 왼쪽 끝단 중앙에 집중 하중을 받는 평판(그림 3.88)에 나타나는 응력 분포를 구하시오. 평면 응력 조건임.
$E=30\times10^6$psi, $\nu=0.3$, $t=1$in

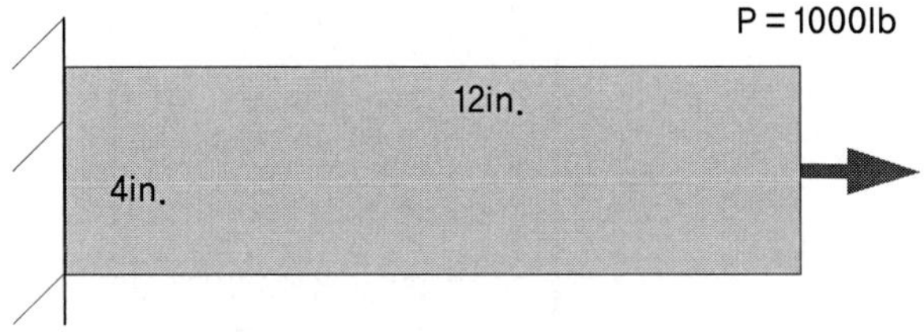

그림 3.88 집중 하중을 받는 평판 문제

4. 내압을 받는 실린더(그림 3.89)의 응력 분포를 구하시오(평면 변형률 상태로 가정).
$P=100$N/mm^2 ; $r_1=10$mm ; $r_2=25$mm
$E=200{,}000$N/mm^2 ; $\nu=0.25$

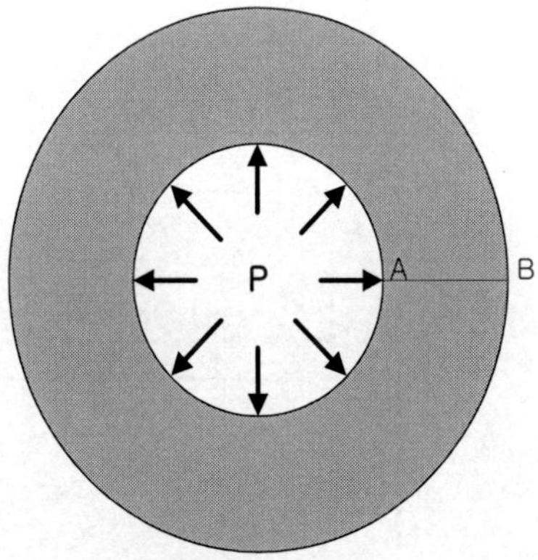

그림 3.89 내압을 받는 실린더

5. 그림 3.90과 같이 중앙에 구멍이 나 있는 평판에 인장 응력이 작용하고 있다. 평판에 나타나는 응력 분포를 구하시오. 평면 응력 상태임.
E=30×10^{6}psi, ν=0.3, t=1

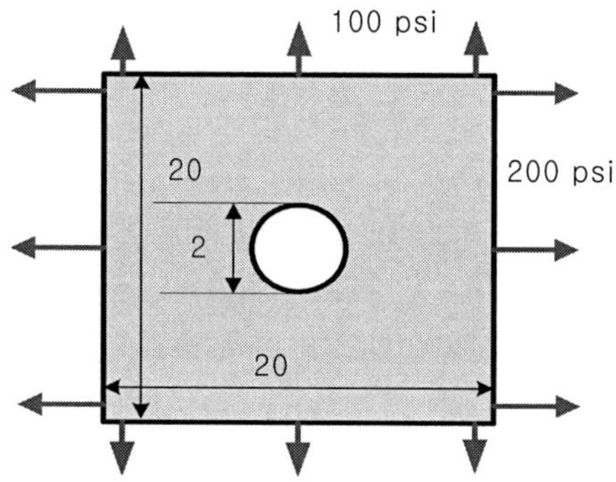

그림 3.90 원형 구멍이 나 있는 평판

6. 다음 문제의 해들을 유한요소법으로 구하고자 한다(그림 3.91). 요소를 생성하는 과정을 기술하고 예상되는 유한요소 모델을 스케치하시오.
단, E_A=30×10^{6}psi, ν_A=0.27, E_B =10×106psi, ν_B=0.33이고 평면 응력(t=1in) 조건임.

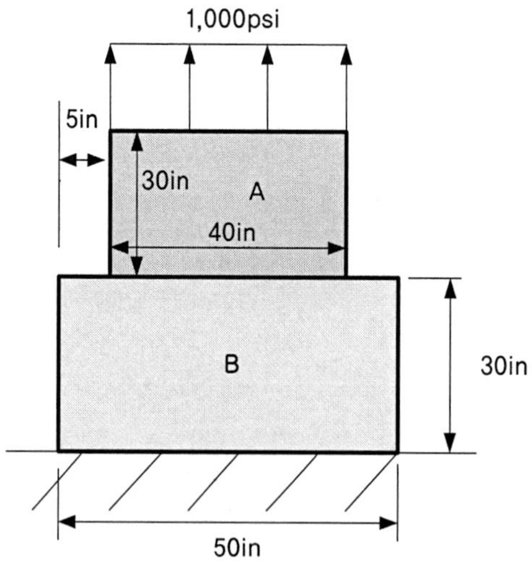

그림 3.91 분포 하중을 받는 복합 구조물

7. 다음 2차원 문제의 해(그림 3.92의 A 점에서의 변위)를 구하시오. 유한요소 모델링 과정과 생성된 유한요소를 스케치하시오.
단, $E_{Al}=10\times10^6$psi, $\nu_{Al}=0.3$, $E_{Steel}=30\times10^6$psi, $\nu_{Steel}=0.28$, $t=1$in이고 평면 응력 조건임.

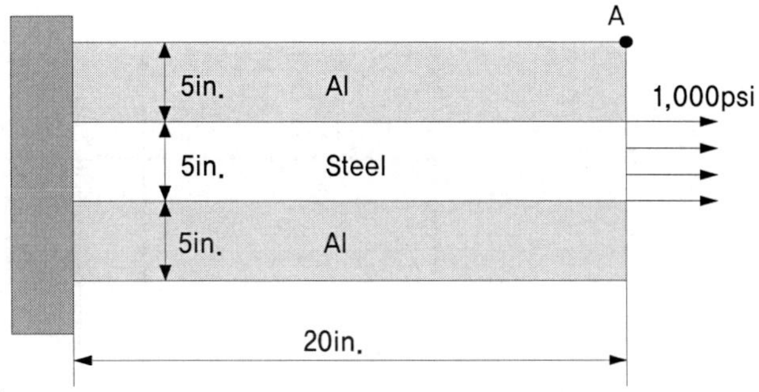

그림 3.92 복합재료 문제

8. 그림 3.93과 같이 균열이 발생한 평판에서의 응력 및 변위 분포를 구하시오(평면 변형률 상태에 있으며 두께는 $t=1$m로 가정).
$\sigma_o=450$MPa ; $L=2$m ; $a=0.01$m ; $b=1$m
$E=200$GPa ; $\nu=0.25$

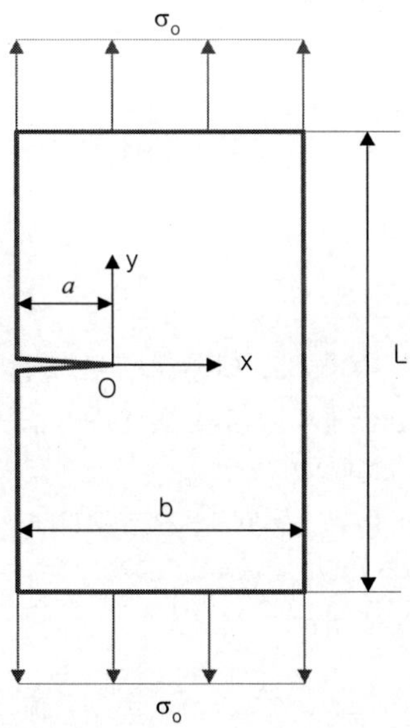

그림 3.93 균열이 있는 평판

9. 그림 3.94와 같이 균열이 발생한 평판에서의 응력 및 변위 분포를 구하시오(평면 변형률 상태에 있으며 두께는 t=1mm로 가정).
   σ_o =450MPa ; L=400mm ; a=9mm ; b=180mm
   E=200,000N/mm^2 ; ν=0.25

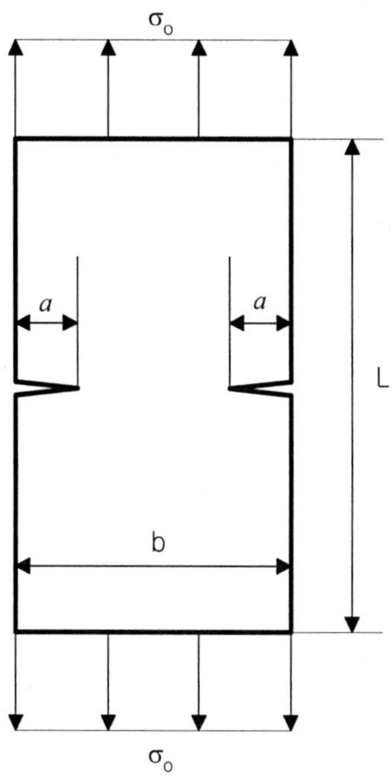

【그림 3.94】 균열이 있는 평판

10. 그림 3.95와 같이 서로 다른 재료로 결합된 이종재료 평판에 인장 응력이 작용하고 있다. 평판에서의 응력 및 변위 분포를 구하시오(평면 변형률 상태에 있으며 두께는 t=1mm로 가정).
    σ_o =450MPa ; L=400mm ; b=200mm
    E_I=200,000N/mm^2 ; ν_I=0.25
    E_{II}=200,000N/mm^2 ; ν_{II}=0.2

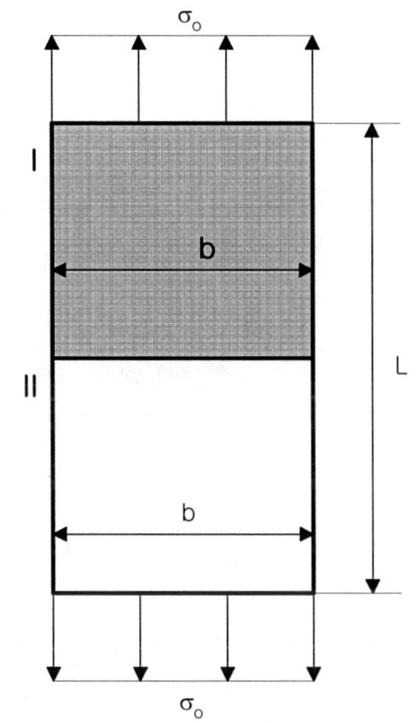

【그림 3.95】 분포 하중을 받는 이종재료 평판

11. 그림 3.96과 같이 균열이 발생한 실린더에서의 응력 및 변위 분포를 구하시오(평면 변형률 상태에 있으며 두께는 t=1mm로 가정).
P=100MPa ; r_i=100mm ; r_o=200mm ; a=20mm
E=200,000N/mm^2 ; ν=0.25

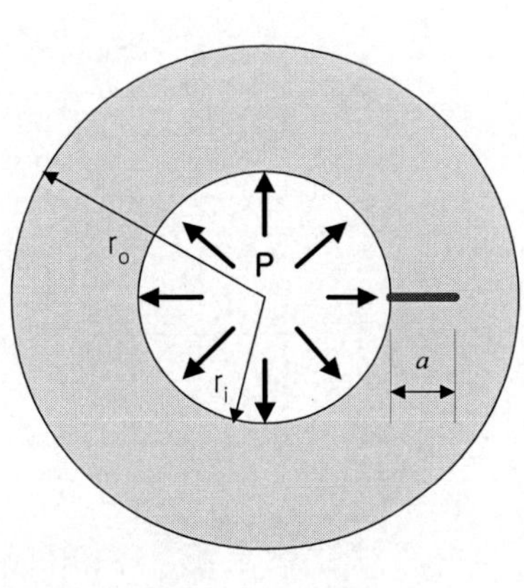

【그림 3.96】 균열이 발생한 실린더

12. 그림 3.97과 같이 균열이 발생한 실린더에서의 응력 및 변위 분포를 구하시오(평면 변형률 상태에 있으며 두께는 t=1mm로 가정).

P=100MPa ; r_i=100mm ; r_o=200mm ; a=20mm

E=200,000N/mm^2 ; ν=0.25

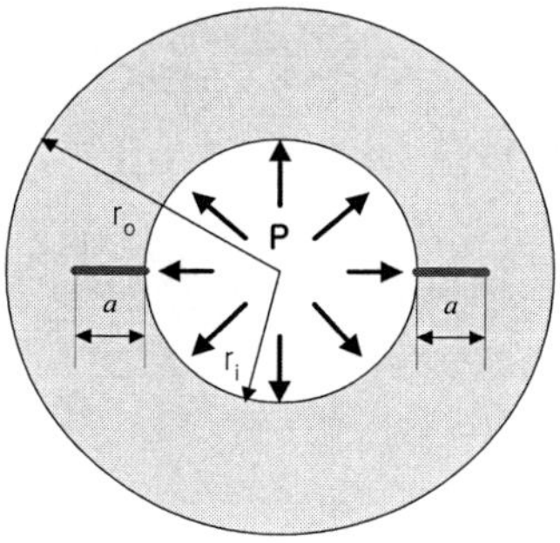

그림 3.97 균열이 발생한 실린더

13. 그림 3.98과 같이 균열이 발생한 평판에서의 응력 및 변위 분포를 구하시오(평면 변형률 상태에 있으며 두께는 t=1mm로 가정).

L=400mm ; b=200mm ; r=40mm ; a=58mm

σ_o=450MPa ; E=200,000N/mm^2 ; ν=0.25

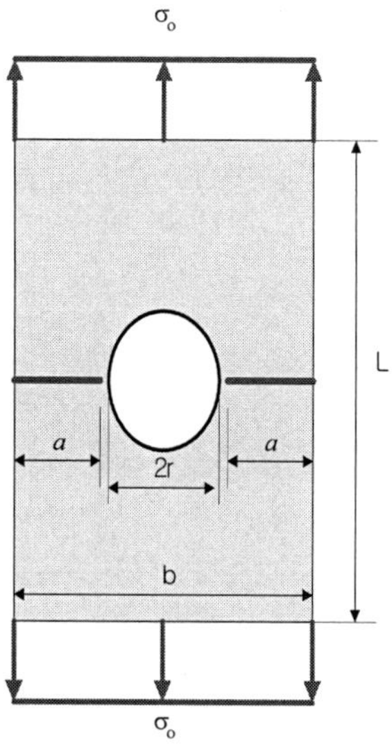

그림 3.98 균열이 발생한 평판

프로젝트 1

그림 3.99는 평판형 집광판을 사용하는 태양광 발전시스템과 지지구조물을 보여주고 있다. 평판형 집광판 기하 모델(그림 3.100)에서 균열을 가정하고 거동을 해석하시오.

【그림 3.99】 평판형 집광판을 사용하는 태양광 발전시스템과 지지구조물

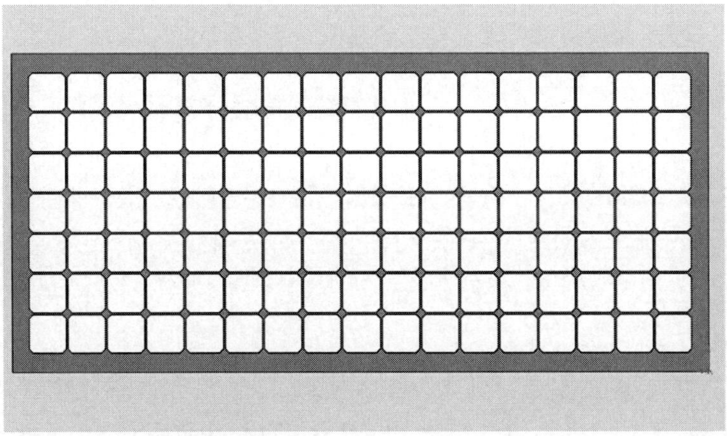

【그림 3.100】 평판형 집광판 기하 모델링

3.5 3차원 응력 해석

ANSYS에서 구조-솔리드 해석에 사용되는 3차원 요소로는, 8절점 육면체 요소(SOLID 45), 강화 복합재료 해석에 사용하는 8절점 육면체 요소(SOLID 65), 4절점 사면체 요소(SOLID 72), 직선 변위 자유도뿐만 아니라 회전 자유도를 갖는 8절점 육면체 요소(SOLID 73), 그리고 10절점 사면체 요소(SOLID 92)가 있다.

a) SOLID 45 : 그림 3.101에 표현된 것처럼 8절점을 갖는 육면체 요소이다. 각 절점은 3개의 자유도(U_x, U_y, U_z)를 갖는다.

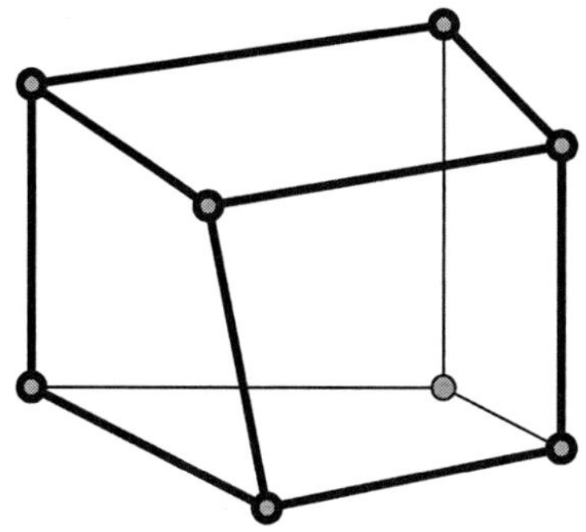

그림 3.101 SOLID 45

b) SOLID 65 : 철근이 보강된 강화 콘크리트, 유리 섬유나 탄소 섬유가 보강된 강화 복합재료를 모델링하는데 사용한다. 이 요소는 8절점을 갖는 육면체 요소로서 SOLID 45와 유사하고 각 절점은 3개의 자유도(U_x, U_y, U_z)를 갖는다.

c) SOLID 72 : 그림 3.102에 표현된 것처럼 4절점을 갖는 사면체 요소로서 각 절점은 3개의 직선 변위 자유도와 3개의 회전 자유도를 갖는다.

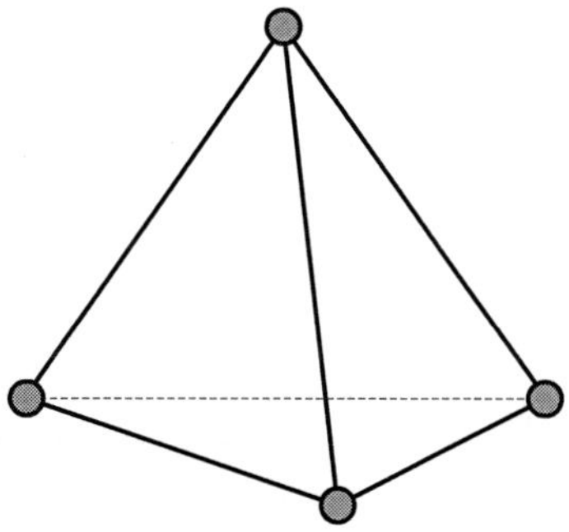

【그림 3.102】 SOLID 72

d) SOLID 73 : 8절점을 갖는 육면체 요소로서 각 절점은 3개의 직선 변위 자유도와 3개의 회전 자유도를 갖는다.

e) SOLID 92 : 그림 3.103에 표현된 것처럼 10절점을 갖는 사면체 요소로서 각 절점은 3개의 직선 변위 자유도(U_x, U_y, U_z)를 갖는다.

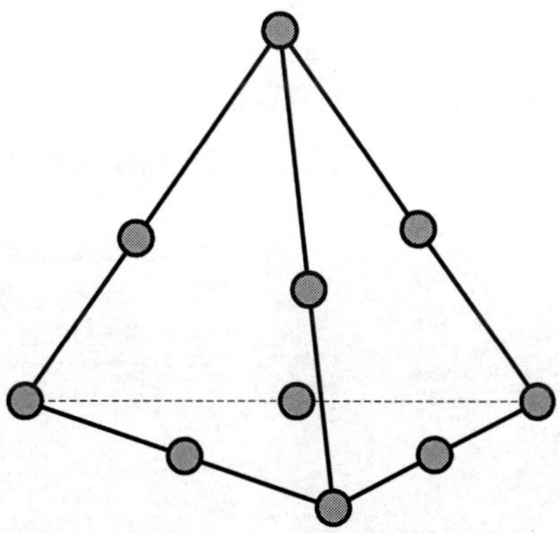

【그림 3.103】 SOLID 92

다음 예제들은 ANSYS를 사용하여 3차원 응력 문제를 해석하는 과정을 설명하고 있다.

예제 I

분포 하중을 받는 3차원 직육면체(그림 3.104)에 나타나는 응력 분포를 구하시오.
$E = 30 \times 10^6$psi, $\nu = 0.3$

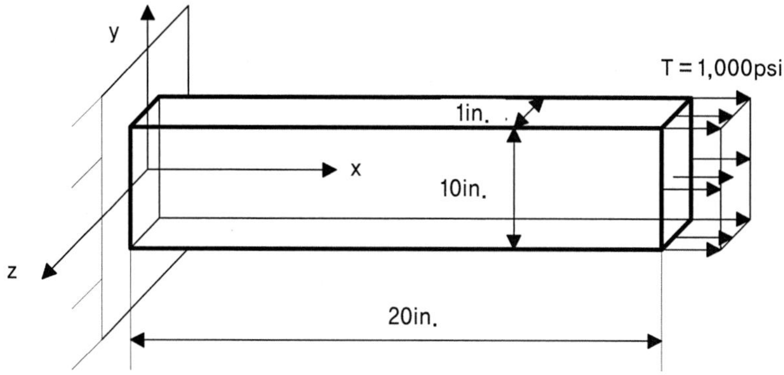

[그림 3.104] 분포 하중을 받는 3차원 직육면체

해석 과정

1) 요소의 선택 : Structural Solid-Brick 8 Node ; Solid 45

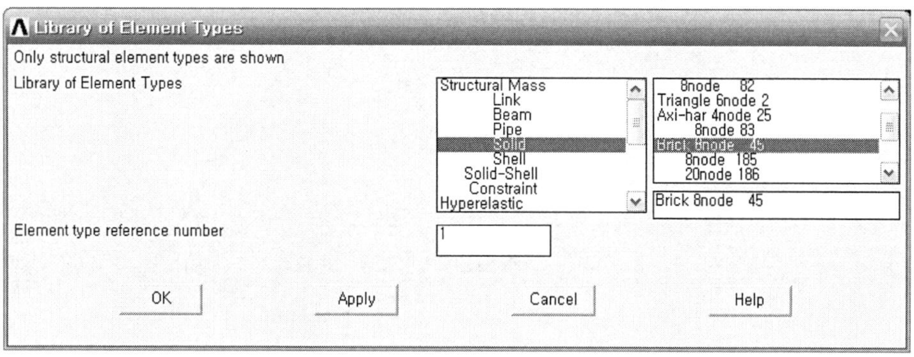

2) 재료물성치(탄성계수, 프와송 비)를 입력
3) 기하 모델 생성 -가로 20, 세로 10, 높이 1인 입방체 생성
   Preprocessor > Modeling-Create > Volume-Block > By Dimensions...

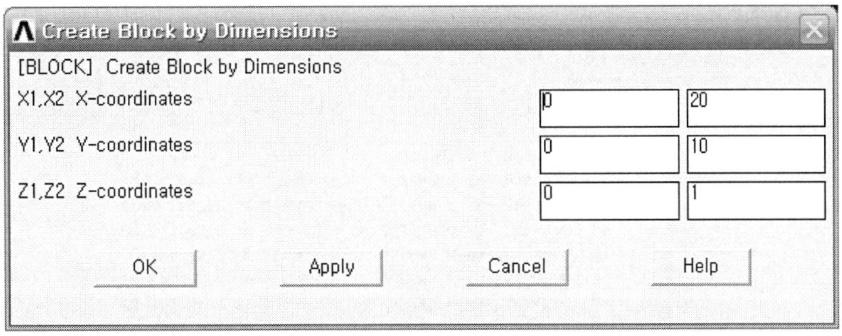

4) 생성될 요소의 크기

Preprocessor > Meshing-Size Cntrls > Global-Size(Global Size = 1)

5) 입방체에 3차원 입방체 요소 자동 생성

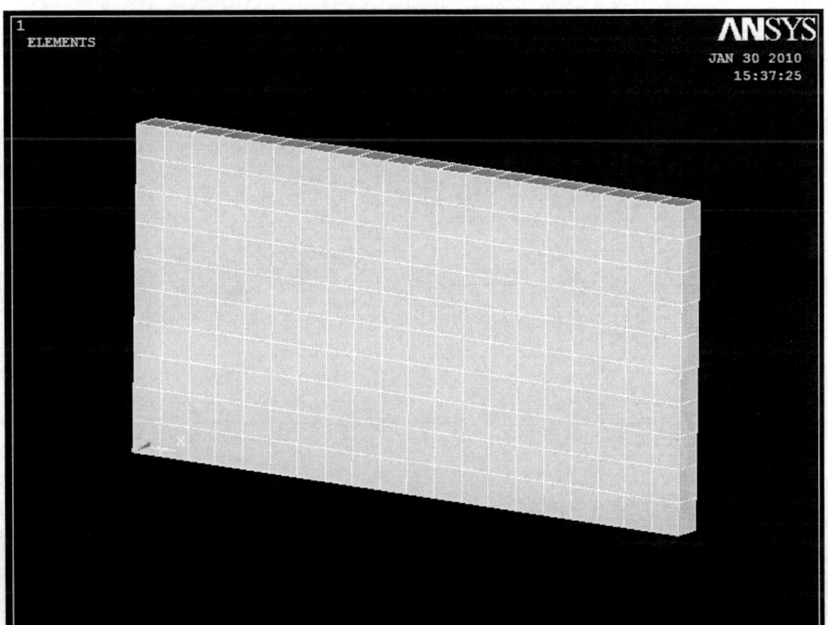

6) 왼쪽 면에 경계 조건을 적용하기 위해 x 좌표가 0인 절점들 선택

7) 선택된 절점들에 All DOFs = 0 적용

8) 오른쪽 자유 단의 절점에 pressure p = -1,000 적용

9) 변위와 응력의 계산

Solution > Solve-Current LS

10) 결과 출력

PRNSOL Command

File

```
 11   0.0000      0.0000      0.0000      0.0000
 12  0.66069E-03-0.49983E-04 0.50000E-05 0.66260E-03
 13  0.62736E-03-0.49994E-04 0.50002E-05 0.62937E-03
 14  0.59403E-03-0.50003E-04 0.50004E-05 0.59615E-03
 15  0.56069E-03-0.50015E-04 0.50008E-05 0.56294E-03
 16  0.52735E-03-0.50032E-04 0.50009E-05 0.52974E-03
 17  0.49401E-03-0.50059E-04 0.50007E-05 0.49656E-03
 18  0.46067E-03-0.50099E-04 0.49996E-05 0.46342E-03
 19  0.42735E-03-0.50157E-04 0.49971E-05 0.43031E-03
 20  0.39405E-03-0.50236E-04 0.49922E-05 0.39727E-03
 21  0.36079E-03-0.50336E-04 0.49836E-05 0.36432E-03
 22  0.32761E-03-0.50448E-04 0.49693E-05 0.33150E-03
 23  0.29454E-03-0.50548E-04 0.49472E-05 0.29889E-03
 24  0.26165E-03-0.50583E-04 0.49143E-05 0.26654E-03
 25  0.22902E-03-0.50458E-04 0.48700E-05 0.23456E-03
 26  0.19674E-03-0.49998E-04 0.48079E-05 0.20305E-03
 27  0.16488E-03-0.48934E-04 0.47515E-05 0.17205E-03
 28  0.13352E-03-0.46795E-04 0.46303E-05 0.14156E-03
 29  0.10251E-03-0.42994E-04 0.47776E-05 0.11126E-03
 30  0.71924E-04-0.35966E-04 0.40532E-05 0.80517E-04
```

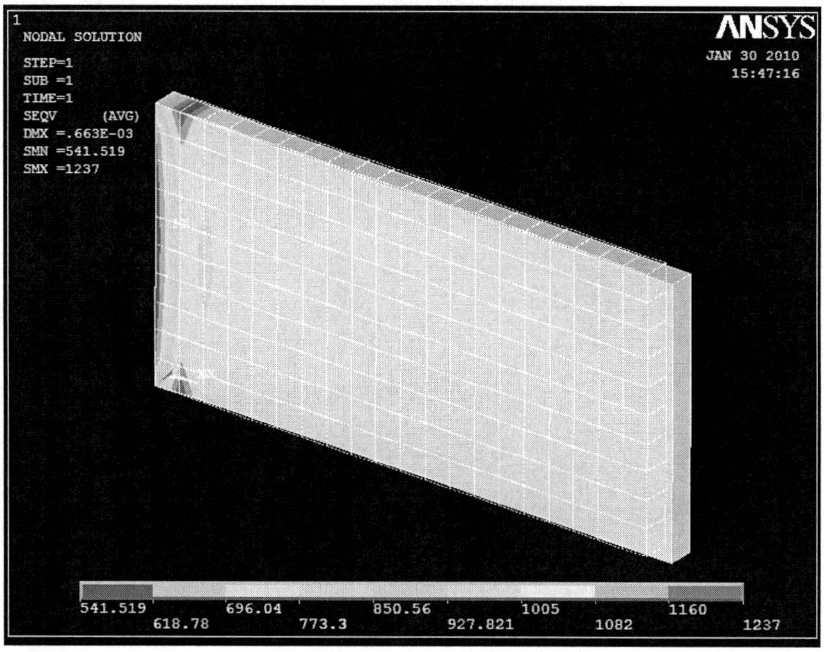

예제 2

집중하중을 받는 3차원 직육면체(그림 3.105)에 나타나는 응력 분포를 구하시오. 단, $E=30\times10^6$psi이고 $\nu=0.3$임.

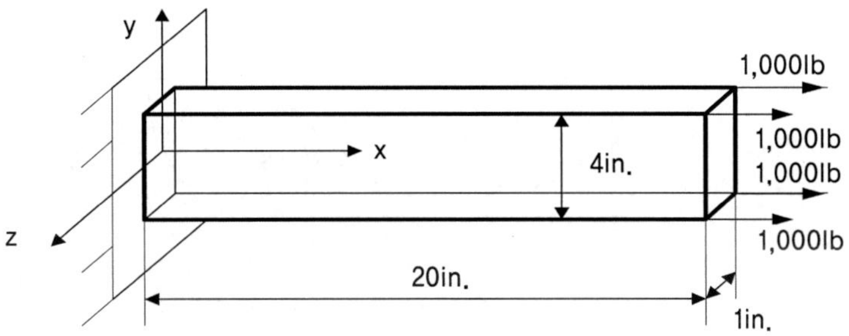

그림 3.105 집중 하중을 받는 3차원 직육면체

해석 과정

1) 요소의 선택 : Structural Solid-Brick 8 Node ; Solid 45
2) 재료물성치(탄성계수, 프와송 비)를 입력
3) 기하 모델 생성 -가로 20, 세로 4, 높이 1인 입방체 생성
   Preprocessor > Modeling-Create > Volume-Block > By Dimensions...
4) 생성될 요소의 크기
   Preprocessor > Meshing-Size Cntrls > Global-Size(Global Size = 1)
5) 입방체에 3차원 입방체 요소 자동 생성
6) 왼쪽 면에 경계 조건을 적용하기 위해 x 좌표가 0인 절점들 선택
7) 선택된 절점들에 All DOFs = 0 적용
8) 오른쪽 자유 단의 4개의 절점에 각각 Fx = 1,000의 하중 적용
9) 변위와 응력의 계산
   Solution > Solve-Current LS
10) 결과 출력
    - 변위 형상 출력
    - 각 절점의 변형량 출력
    - von Mises 응력의 출력

예제 3

그림 3.106과 같은 3차원 보에 압력 $p=500\text{kPa}$가 균일하게 보의 오른쪽 절반에 작용하고 있다. $E=210\text{GPa}$, $\nu=0.3$임.

1) 유한요소 모델링 과정을 기술하고
2) 최대 처짐을 구하시오.

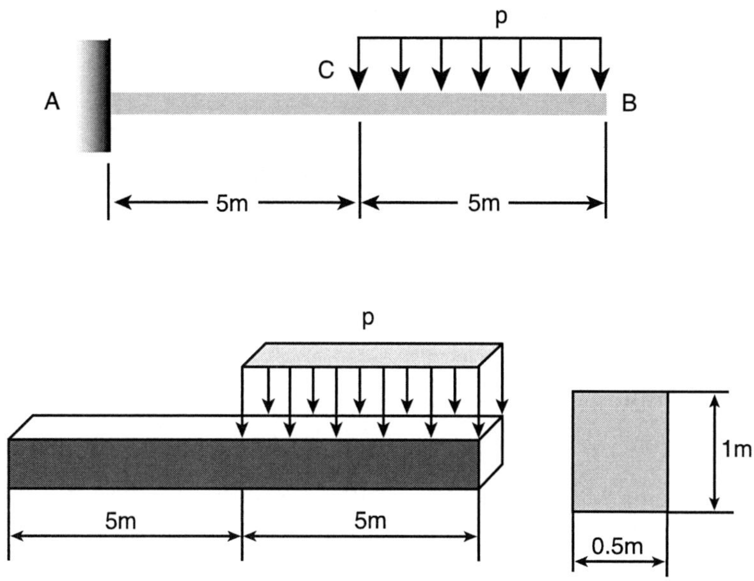

【그림 3.106】 부분적으로 분포 하중을 받는 3차원 직육면체 보

해석 과정

1) 요소의 선택 : Structural Solid-Brick 8 Node ; Solid 45
2) 재료물성치(탄성계수, 프와송 비)를 입력
3) 기하 모델 생성 -압력이 오른쪽 절반에만 작용하므로 두 부분으로 나눠서 모델링함.

   Preprocessor > Modeling-Create > Volume-Block > By Dimensions...

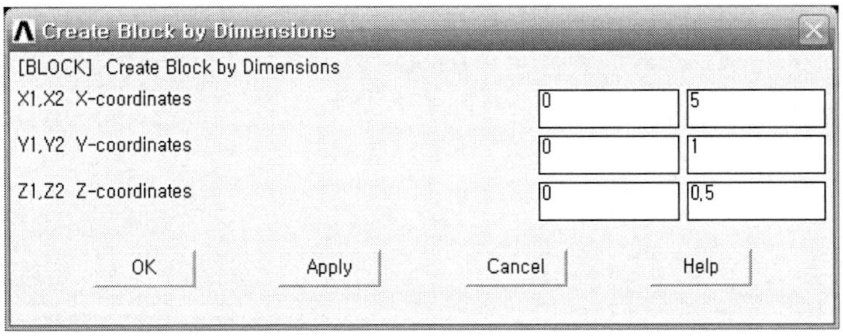

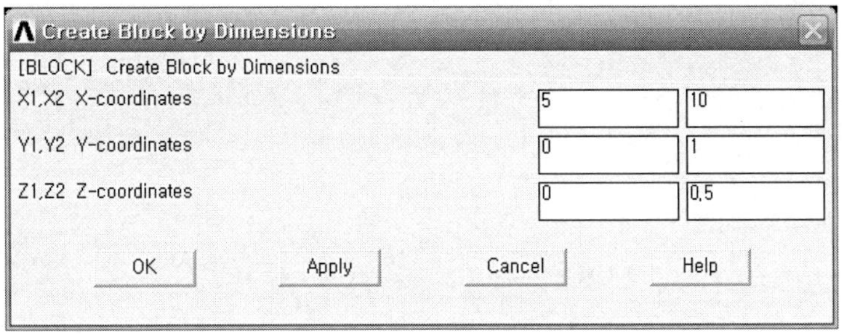

4) 두 부분을 Glue 해줘야 함 - Glue할 Volume 선택 후 Apply

Preprocessor > Modeling-Operat > Booleans-Glue > Volumes

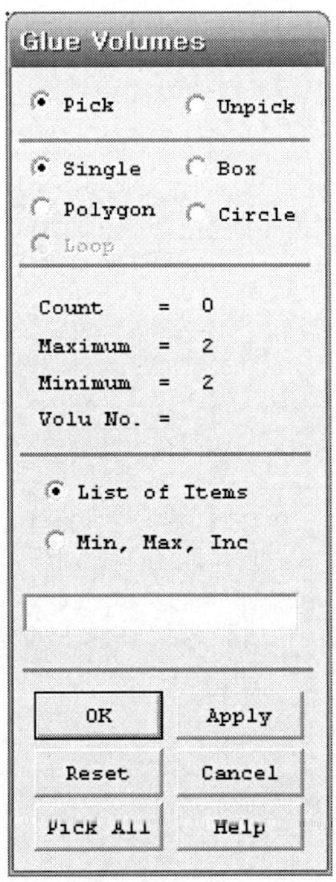

5) 생성될 요소의 크기

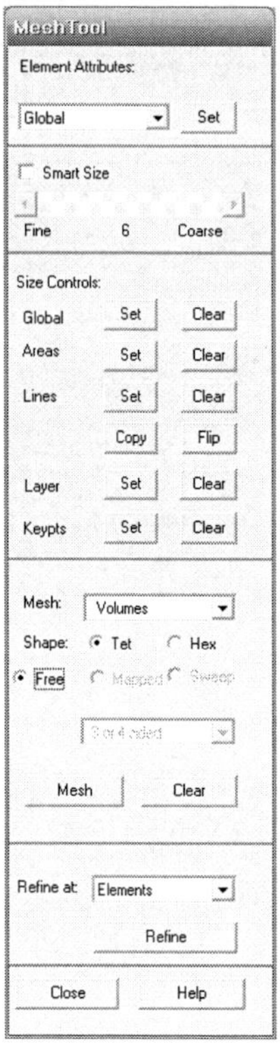

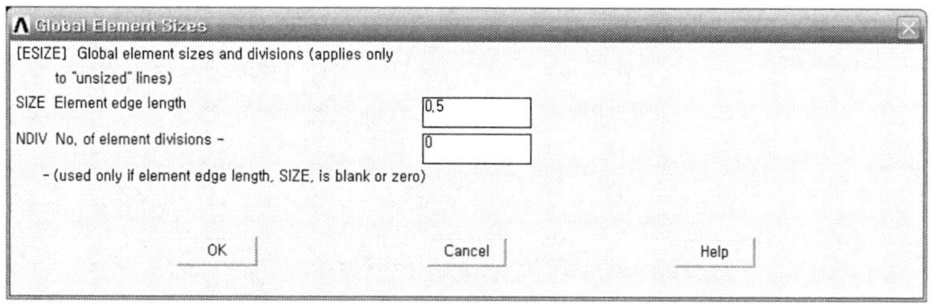

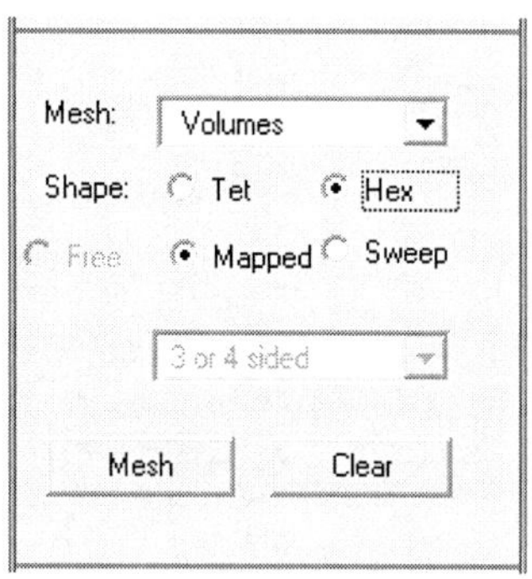

6) 입방체에 3차원 입방체 요소 자동 생성 - Mesh를 생성할 Volume 선택 후 Apply

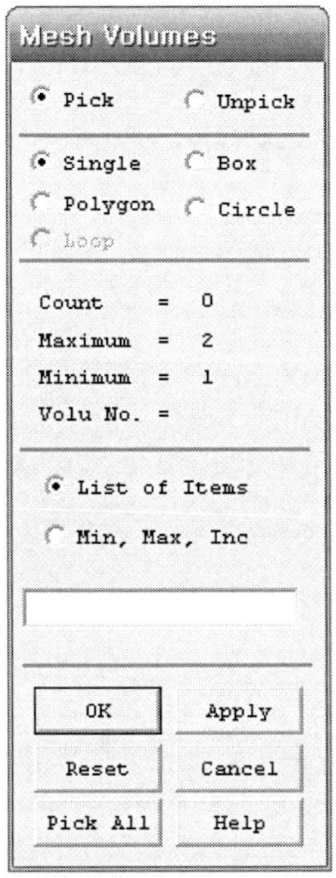

7) 왼쪽 면에 경계 조건을 적용하기 위해 x 좌표가 0인 절점들 선택
8) 선택된 절점들에 All DOFs = 0 적용
9) 압력을 주려는 면적을 선택한 후 Apply

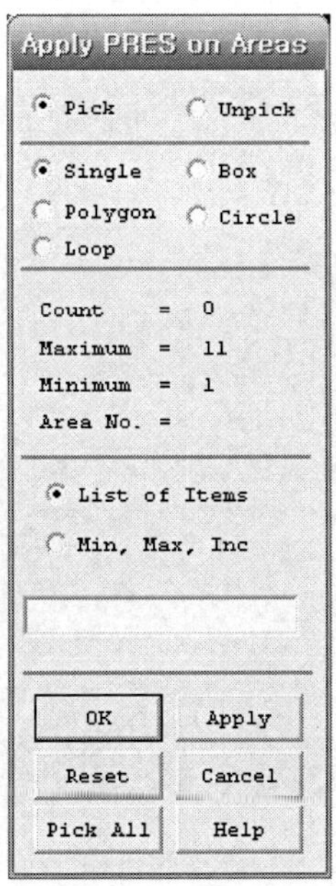

10) 선택된 면적 위에 압력 p = 500,000 적용

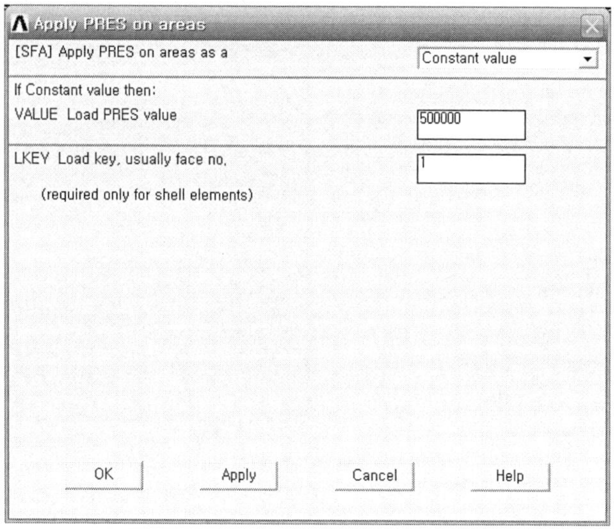

11) 변위와 응력의 계산

Solution > Solve-Current LS

12) 결과 출력

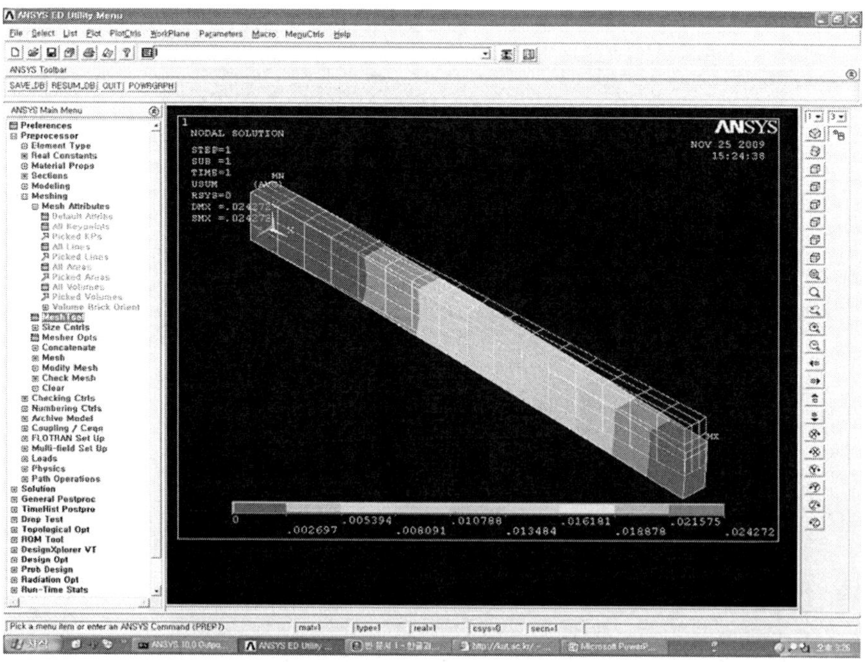

연습문제

1. 분포 하중을 받는 3차원 직육면체(그림 3.107)에 나타나는 응력 분포를 구하시오.
E=200GPa, ν=0.3

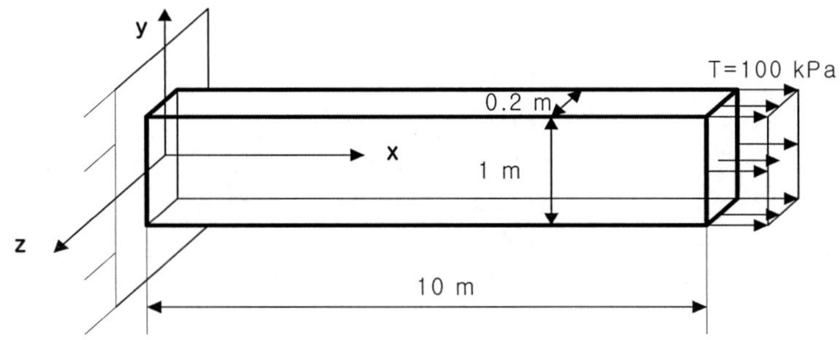

[그림 3.107] 분포 하중을 받는 3차원 직육면체

2. 내압을 받는 3차원 중공의 실린더(그림 3.108)에 나타나는 응력 분포를 구하시오.
P=100N/mm^2 ; r_1=10mm ; r_2=25mm
E=200,000N/mm^2 ; ν=0.25

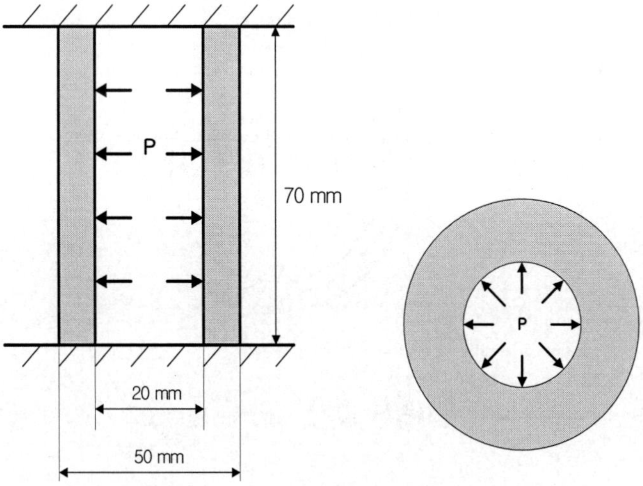

[그림 3.108] 내압을 받는 3차원 중공의 실린더

3. 내압을 받는 3차원 압력 용기(그림 3.109)에 나타나는 응력 분포를 구하시오.
   E=200GPa ; ν=0.3

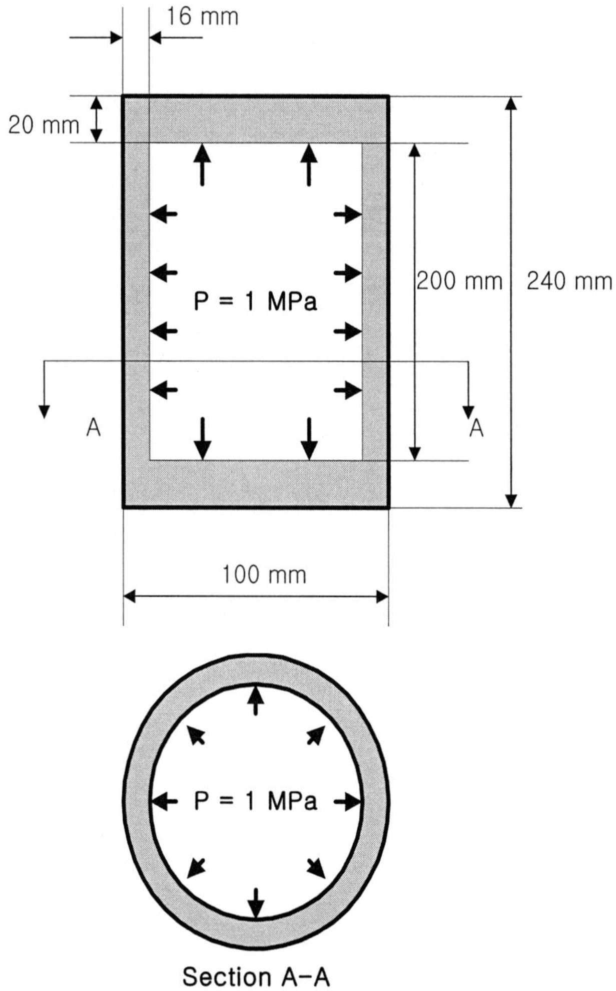

그림 3.109 내압을 받는 3차원 압력 용기

4. 내압을 받는 3차원 복합 압력 용기(그림 3.110)에 나타나는 응력 분포를 구하시오.

P=500psi

E_C=5×10^{6}psi ; ν_C=0.15

E_S=29×10^{6}psi ; ν_S=0.25

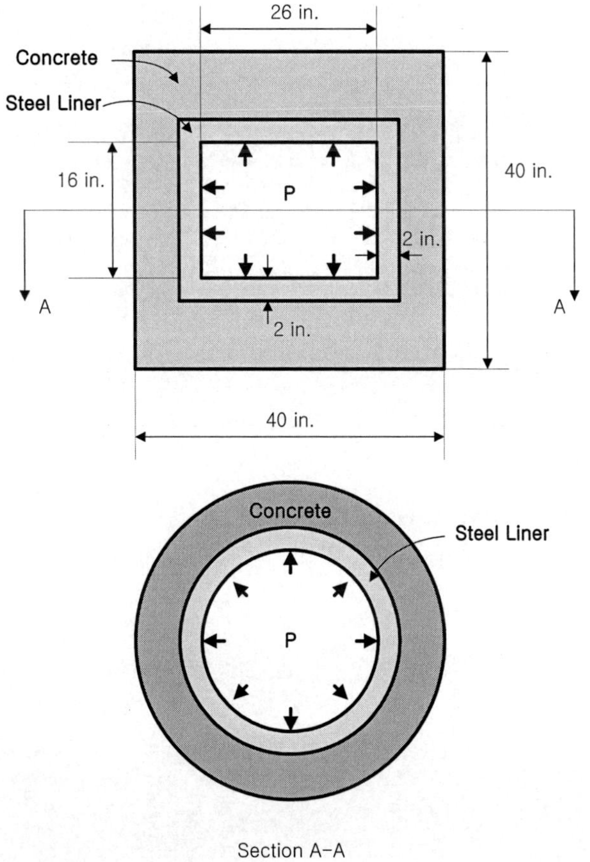

[그림 3.110] 내압을 받는 3차원 복합 압력 용기

프로젝트 1

그림 3.111은 평판형 집광판을 사용한 태양광 발전시스템 구조물을 보여주고 있다. 3차원 유한요소 모델을 사용하여 자중과 풍압에 의한 응력 분포를 구하시오.

그림 3.111 평판형 집광판을 사용한 태양광 발전시스템 구조물

프로젝트 2

그림 3.54'는 평판형 집광판을 사용한 가로등 구조물을 보여주고 있다. 3차원 유한요소 모델을 사용하여 자중과 풍압에 의한 응력 분포를 구하시오.

그림 3.54' 평판형 집광판을 사용한 가로등 구조물

3.6 축 대칭(Axisymmetric) 문제의 해석

ANSYS에서 2차원 구조-솔리드 해석에 사용되는 선형 사변형 요소(Plane 42), 2차 사변형 요소(Plane 82), 그리고 2차 삼각형 요소(Plane 2)가 축 대칭 문제를 해석할 때도 사용된다.

a) Plane 42 : 4절점을 갖는 사변형 요소이다. 각 절점은 2개의 자유도(U_x, U_y)를 갖는다.

b) Plane 82 : 8절점을 갖는 사변형 요소이다. 이 요소는 Plane 42의 고차요소에 해당한다. 각 절점은 2개의 자유도(U_x, U_y)를 갖는다.

c) Plane 2 : 6절점을 갖는 삼각형 요소이다. 각 절점은 2개의 자유도(U_x, U_y)를 갖는다.

다음 예제들은 ANSYS를 사용하여 축 대칭 응력 문제를 해석하는 과정을 설명하고 있다.

예제 1

내압을 받는 3차원 압력 용기(그림 3.112)에 나타나는 응력 분포를 축 대칭 모델을 사용하여 구하시오.

P=100N/mm^2 ; r_1=10mm ; r_2=25mm

E=200,000N/mm^2 ; ν=0.25

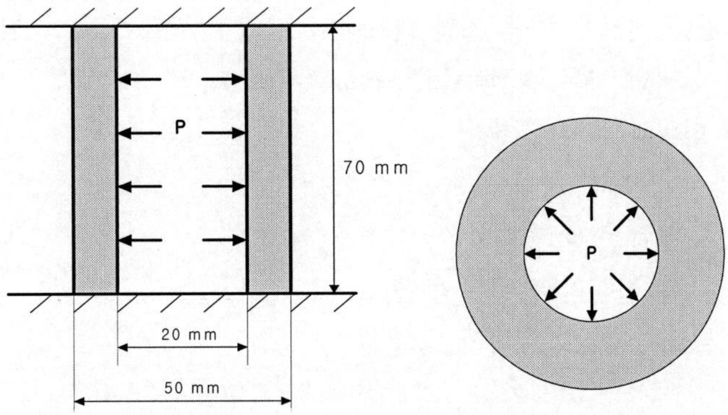

그림 3.112 내압을 받는 3차원 압력 용기

해석 과정

대칭성을 이용하여 실린더의 절반에 대해서만 축 대칭 모델을 적용한다.

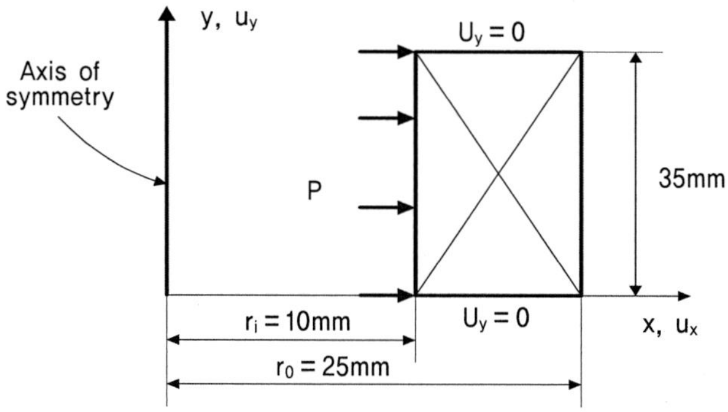

그림 3.113

1) 요소의 선택 : Structural Solid-Quad 4 Node ; Plane 42
2) 요소 거동 양식 Option을 축 대칭(Axisymmetic)으로 설정
3) 재료물성치(탄성계수, 프와송 비)를 입력
4) 기하 모델 생성 - 사각형
   X1, X2(10, 25), Y1, Y2(0, 35)
5) 생성될 요소의 크기(Global Size = 0.2)
6) 사각형 면상에 평면 요소의 자동 생성
7) 상, 하면에 경계 조건을 적용하기 위해 상, 하면의 절점들 선택
8) 선택된 절점들에 Uy = 0 적용
9) 왼쪽 면상에 하중 조건 적용하기 위해 x 좌표가 10인 절점들 선택
10) 선택된 모든 절점들에 Pressure = 100 적용
11) 변위와 응력의 계산
12) 결과 출력
    - 변위 형상 출력
    - 각 절점의 변형량 출력
    - von Mises 응력의 출력

예제 2

회전하는 원판(그림 3.114)의 응력과 변위 분포를 축 대칭 모델을 이용하여 구하시오.

$E=30\times10^6$psi ; $\nu=0.25$; $\rho=0.00073 lb\,sec^2/in^4$

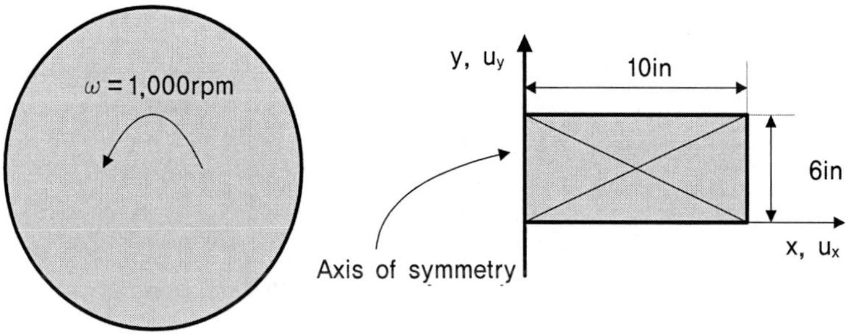

그림 3.114 회전하는 원판

해석 과정

1) 요소의 선택 : Structural Solid-Quad 4 Node ; Plane 42
2) 요소 거동 양식 Option을 축 대칭(Axisymmetic)으로 설정
3) 재료물성치(탄성계수, 프와송 비, 밀도)를 입력
   밀도 $\rho=0.00073 lb\,sec^2/in^4$
4) 기하 모델 생성 - 사각형
   X1, X2(0, 10), Y1, Y2(0, 6)
5) 생성될 요소의 크기(Global Size = 0.6)
6) 사각형 면상에 평면 요소의 자동 생성
7) y축에 대한 회전 각속도 적용
   Solution > Load-Apply > Other > Angular Velocity
8) 변위와 응력의 계산
9) 결과 출력

연습문제

1. 내압을 받는 3차원 압력 용기(그림 3.115)에 나타나는 응력 분포를 축 대칭 모델을 이용하여 구하시오. 단, E=200GPa이고 ν=0.3임

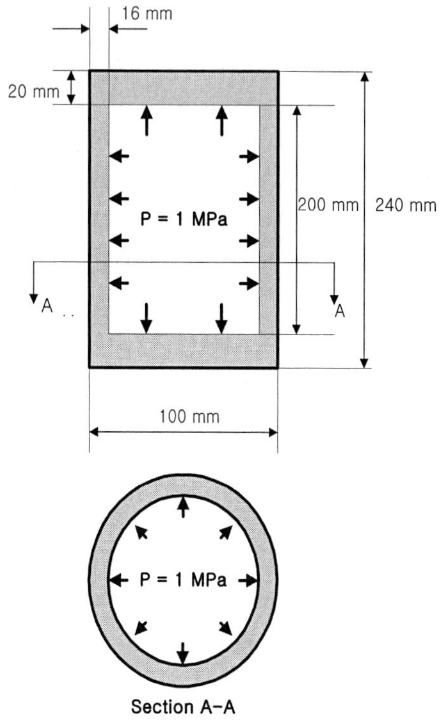

그림 3.115 내압을 받는 3차원 압력 용기

2. 내압을 받는 3차원 복합 압력 용기(그림 3.116)에 나타나는 응력 분포를 축 대칭 모델을 이용하여 구하시오.

   P=500psi

   $E_C=5\times10^6$psi ; $\nu_C=0.15$

   $E_S=29\times10^6$psi ; $\nu_S=0.25$

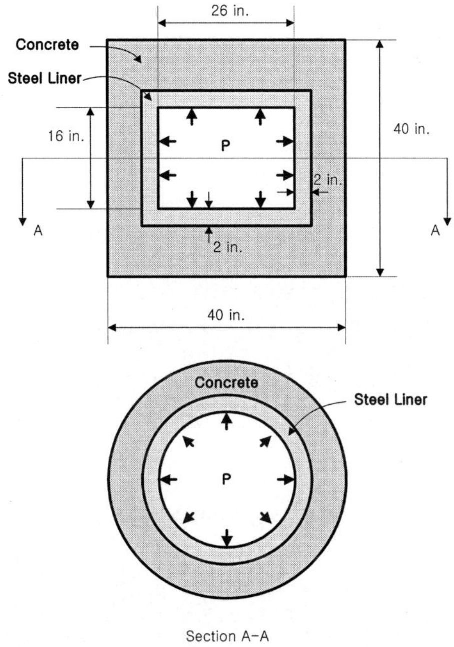

그림 3.116 내압을 받는 3차원 복합 압력 용기

3. 회전하는 플라이휠(그림 3.117)의 응력과 변위 분포를 축 대칭 모델을 이용하여 구하시오. ω=1,000rpm E=210GPa ; ν=0.25 ; ρ=7,800kg/m^3

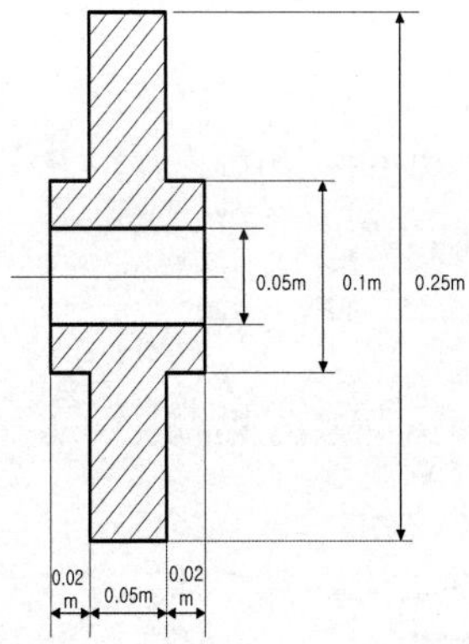

그림 3.117 회전하는 플라이휠

3.7 열 응력(Thermal Stress) 문제

다음 예제들은 ANSYS를 사용하여 열 응력 문제를 해석하는 과정을 설명하고 있다.

예제 1

왼쪽이 그림 3.118처럼 구속된 평판에 온도변화 $\Delta T=120$℃가 균일하게 발생하였다. 온도 변화가 발생하기 전에 강체 벽과 평판의 자유 단 사이에는 $\delta=1$mm의 간격이 있다. 평판에서 발생하는 최대 응력(von Mises stress)을 구하시오. 평판의 두께는 $t=0.5$mm이고 평면 응력 조건임. $E=210$GPa, $\nu=0.3$, $\alpha=12\times10^{-6}$℃

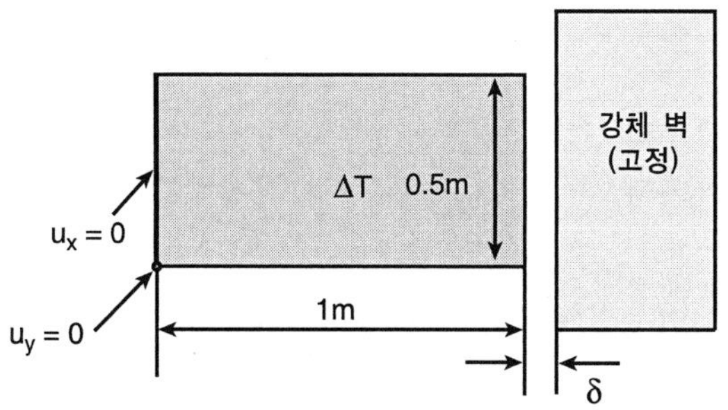

[그림 3.118] 균일한 온도 변화가 발생한 평판

해석 과정

1) 요소의 선택 : Structural Solid-Quad 4 Node ; Plane 42
2) 요소물성치(두께) 입력
   Options 클릭하여 두께를 입력

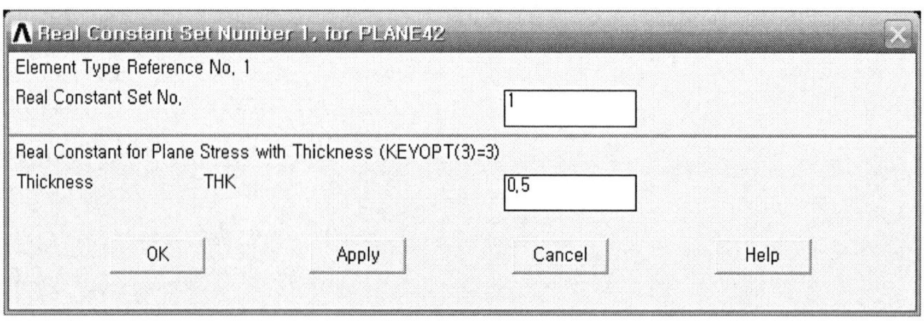
Real Constant Set Number 1, for PLANE42
Element Type Reference No. 1
Real Constant Set No. [1]
Real Constant for Plane Stress with Thickness (KEYOPT(3)=3)
Thickness THK [0.5]
OK Apply Cancel Help

3) 재료물성치(탄성계수, 프와송 비, 열 팽창계수)와 기준 온도(T = 0) 입력

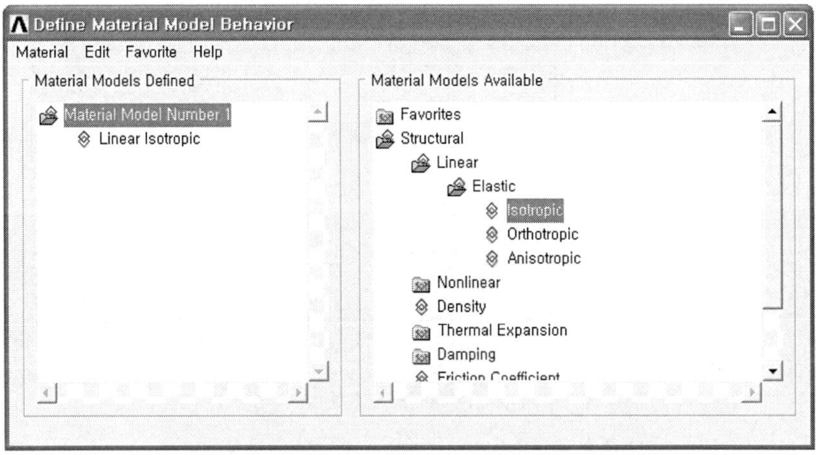

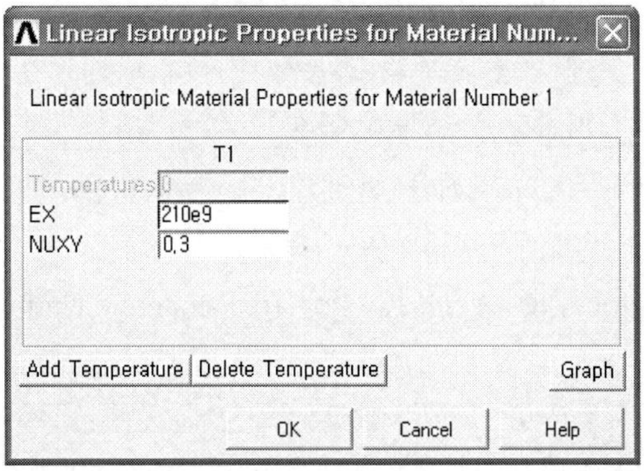

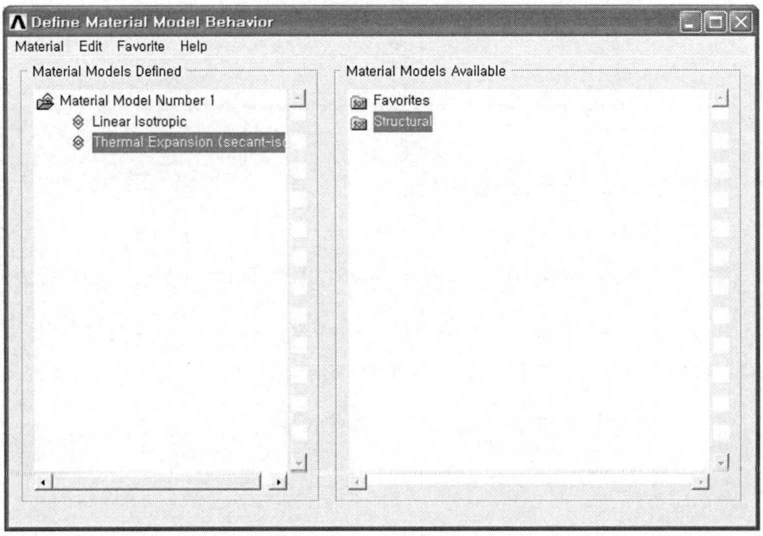

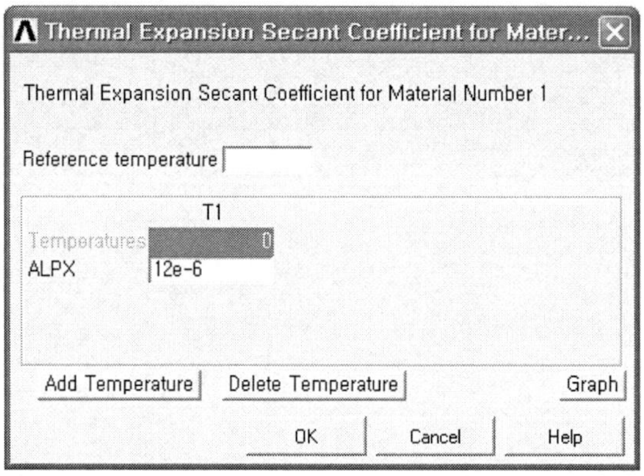

4) 기하 모델 생성 - 사각형(가로 1.0m, 세로 0.5m)

5) 생성될 요소의 크기

6) 사각형 면상에 평면 요소의 자동 생성

7) 왼쪽 면에 경계 조건을 적용하기 위해 x 좌표가 0인 절점들 선택

8) 선택된 절점들에 Ux = 0 적용

9) x = 0, y = 0인 절점을 선택하고 Uy = 0 적용

10) 모델 전체에 균일한 온도 적용

Preprocessor > Load-Apply > Temperature > Uniform Temp...

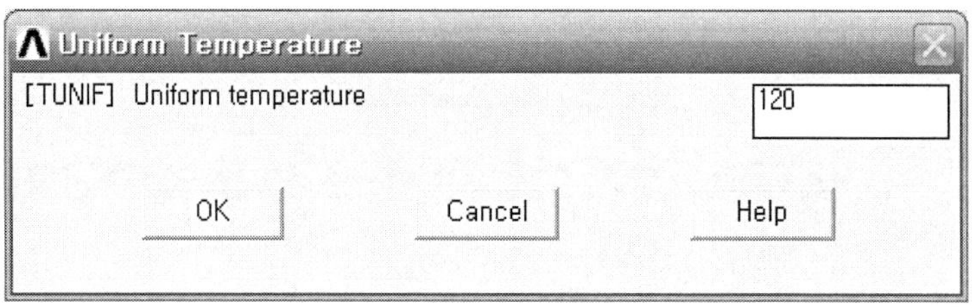

11) 변위와 응력의 계산

12) 결과 출력 :

오른쪽 최대 변위가 0.001m를 넘어가므로 0.001m로 구속 준 뒤 다시 해석

13) 오른쪽 면에 경계 조건을 적용하기 위해 x 좌표가 1.0인 절점들 선택

14) 선택된 절점들에 Ux = 0.001 적용

15) 변위와 응력을 계산한 후 결과 출력

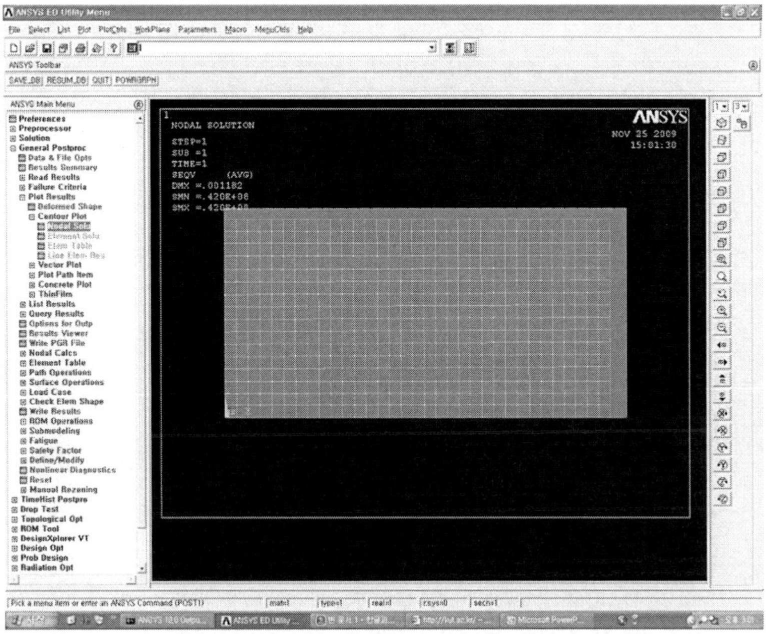

예제 2

양쪽이 고정된 평판(그림 3.119)에 발생하는 열 응력을 구하시오(평판은 평면 응력 상태에 있음).

$E = 200\text{GPa}$, $\nu = 0.3$, $\alpha = 5\times10^{-6}$℃

$t = 5\text{mm}$; $\Delta T = 200$℃

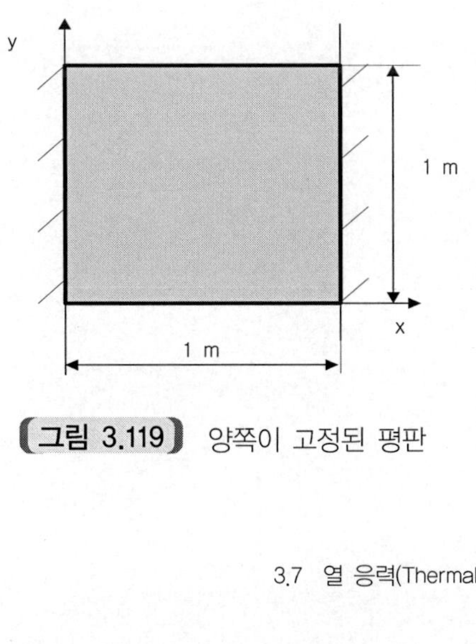

그림 3.119 양쪽이 고정된 평판

해석 과정

1) 요소의 선택 : Structural Solid-Quad 4 Node ; Plane 42
2) 요소물성치(두께) 입력
   Options 클릭하여 두께를 입력
3) 재료물성치(탄성계수, 프와송 비, 열 팽창계수)와 기준 온도 입력(T = 0)
4) 기하 모델 생성 - 사각형(가로 1.0, 세로 1.0)
5) 생성될 요소의 크기(Global Size = 0.2)
6) 사각형 면상에 평면 요소의 자동 생성
7) 왼쪽 면에 경계 조건을 적용하기 위해 x 좌표가 0인 절점들 선택
8) 오른쪽 면에 경계 조건을 적용하기 위해 x 좌표가 1.0인 절점들 선택
9) 선택된 절점들에 All DOFs = 0 적용
10) 모델 전체에 균일한 온도 적용
    Preprocessor > Load-Apply > Temperature > Uniform Temp...
11) 변위와 응력의 계산
12) 결과 출력

연습문제

1. 다음 복합 실린더(그림 3.120)에 발생하는 응력과 변위 분포를 1) 2차원 모델(평면 변형률), 2) 3차원 모델, 3) 축 대칭 모델을 사용하여 구하고 비교하시오.

$E_I = 30 \times 10^6$psi ; $\nu_I = 0.33$; $\alpha_I = 10 \times 10^{-6}$/°F

$E_{II} = 15 \times 10^6$psi ; $\nu_{II} = 0.25$; $\alpha_{II} = 50 \times 10^{-6}$/°F

$\Delta T = -100$°F

$r_1 = 12$in. ; $r_2 = 24$in. ; $r_3 = 36$In. ; $L = 48$in

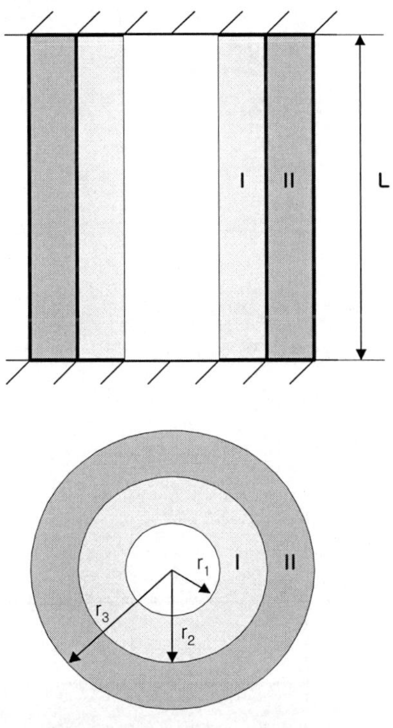

【그림 3.120】 복합 실린더

2. 다음 조립 구조물(그림 3.121)에서 발생하는 잔류 열응력을 1) 축 대칭 모델, 2) 3차원 모델을 이용하여 구한 후 비교하시오.

$E_I = 200$GPa ; $\nu_I = 0.25$; $\alpha_I = 10 \times 10^{-6}$/℃

$E_{II} = 70$GPa ; $\nu_{II} = 0.3$; $\alpha_{II} = 50 \times 10^{-6}$/℃

$\Delta T = -300$℃

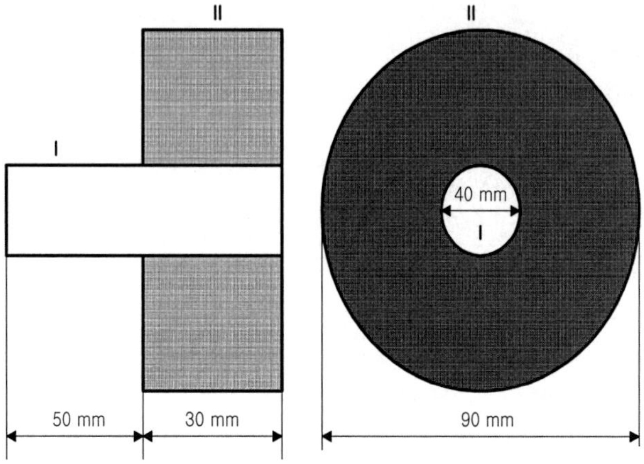

[그림 3.121] 조립 구조물

3. 다음 복합재료(그림 3.122)의 잔류 열 응력을 구하시오.
   $E_I = 210$GPa ; $\nu_I = 0.25$; $\alpha_I = 10\times10^{-6}$/℃
   $E_{II} = 110$GPa ; $\nu_{II} = 0.3$; $\alpha_{II} = 50\times10^{-6}$/℃
   $\Delta T = -200$℃

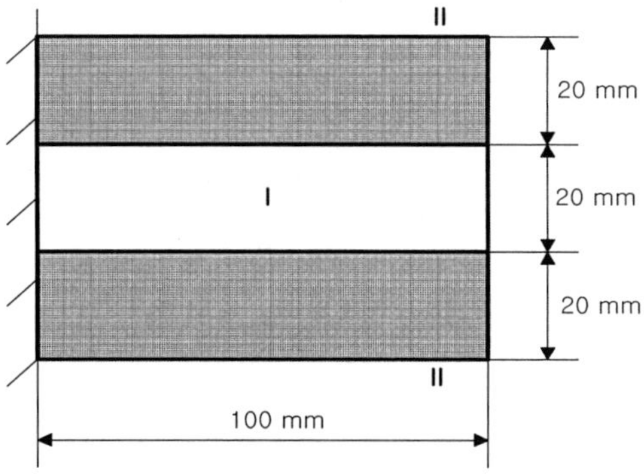

[그림 3.122] 복합재료

3.8 열전달 문제

3.8.1 전도 열전달(Conduction Heat Transfer)

열은 고온에서 저온으로 이동하는 에너지의 한 형태인데, 열전달에서는 열전달률(heat flow rate)과 열유속(heat flux), 그리고 온도로 측정한다. 열전달률은 단위 시간당 전달되는 열이다. 열유속은 열전달률을 단위 면적으로 나눈 값이다.

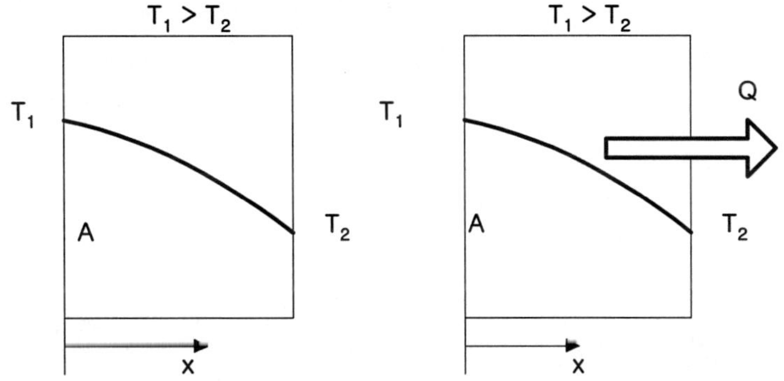

면적 A를 통해 양의 x 방향으로의 열전달률은 다음과 같이 표현된다.

$$Q = Q_x = -kA\frac{dT}{dx} \tag{3.25}$$

위 식에서 T는 온도, 그리고 k는 열전도계수(thermal conductivity)를 나타낸다. 열전달률의 단위는 $W\,(=J/\sec)$, Btu/h으로 표현되고, 열전도계수의 단위는 $W/(m\ {}^{o}C)$, $J/(\sec\ m\ {}^{o}C)$, 또는 $Btu/(hr-ft-{}^{o}F)$로 나타낸다.

양의 x 방향으로의 열유속은 다음과 같이 표현된다.

$$q_x = \frac{Q_x}{A} = -k\frac{dT}{dx} \tag{3.26}$$

열유속의 단위는 $W/m^2\,[=J/(\sec - m^2)]$, $Btu/(h - ft^2)$이다.

1차원 열전도 방정식은 다음과 같이 표현된다.

$$\frac{\partial}{\partial x}\left(k\frac{\partial T}{\partial x}\right) = \rho c\frac{\partial T}{\partial t} \tag{3.27}$$

위 식에서 ρ는 밀도를 나타내고, c는 비열(어떤 물질 1g의 온도를 1℃ 올리는데 필요한 열량)을 나타낸다.

정상 상태(steady state)의 경우는 $\frac{\partial T}{\partial t}=0$이므로, 1차원 열전도 방정식은 다음과 같이 표현된다.

$$k\frac{d^2 T}{dx^2}=0 \tag{3.28}$$

정상 상태의 2차원과 3차원 열전도 방정식은 다음과 같다.

$$k_{xx}\frac{\partial^2 T}{\partial x^2}+k_{yy}\frac{\partial^2 T}{\partial y^2}=0 \quad \text{(2차원)} \tag{3.29}$$

$$k_{xx}\frac{\partial^2 T}{\partial x^2}+k_{yy}\frac{\partial^2 T}{\partial y^2}+k_{zz}\frac{\partial^2 T}{\partial z^2}=0 \quad \text{(3차원)} \tag{3.30}$$

3.8.2 전도와 대류가 섞인 경우

(1) 대류 열전달

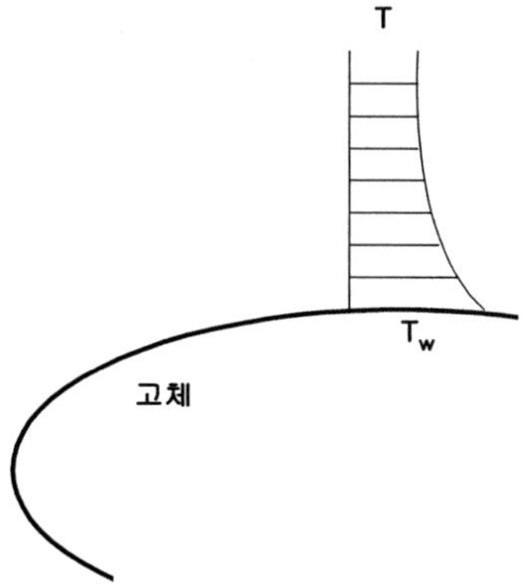

온도 T_w인 고온 물체 위를 온도 T_∞인 유체가 흐를 때, 물체로부터 유체에 전달되는 열유속은 다음과 같이 표현된다.

$$q=h(T_w-T_\infty) \tag{3.31}$$

위 식에서 h는 대류 열전달계수(convection coefficient)인데, 단위는 $W/(m^2\,{}^oC)$, $J/(\sec\ m^2\,{}^oC)$ 또는 $Btu/(hr-ft^2-{}^oF)$이다.

(2) 대류와 전도가 같이 있는 경우

대류와 전도가 같이 있는 경우 1차원 지배 방정식은 다음과 같다.

$$\frac{\partial}{\partial x}\left(k\frac{\partial T}{\partial x}\right)=\rho c\frac{\partial T}{\partial t}+h(T-T_{\infty}) \tag{3.32}$$

정상 상태(steady state)의 경우에는 $\frac{\partial T}{\partial t}=0$이므로, 1차원의 지배 방정식은 다음과 같이 표현된다.

$$\frac{\partial}{\partial x}\left(k\frac{\partial T}{\partial x}\right)=h(T-T_{\infty}) \tag{3.33}$$

3.8.3 ANSYS에서 열전달에 사용되는 경계 조건

Load Type	Category	Command
Temperature(TEMP)	Constraints(자유도 구속)	D
열전달률(HEAT)	Forces(집중 하중)	F
Convection(CONV), 열유속(HFLUX)	Surface Loads(분포 하중)	SF
Heat Generation Rates(HGEN) 내부열원	Body Loads	BF

● **온도 조건, Temperature**

고정된 온도를 경계 조건으로 한다. Keypoints, Areas, Nodes에 적용한다.

On Keypoints, On Lines, On Areas

On Nodes, Uniform

Main Menu > Solution > -Load-Apply > -Thermal-Temperature

● **열전달률, Heat Flow Rate**

집중 하중과 같은 형태의 집중 열하중이며, 절점(node)을 통한 단위 시간당 열의 흐름을 나타낸다. (+) 값은 모델에 에너지가 공급되는 것이며, (-) 값은 모델로 부터 에너지가 나오는 것이다. 이 값은 convection이나 heat flux를 사용할 수 없을 때 사용된다. Line element에는 대류나 열속이 지정되지 않으므로 열전달률을 사용하여 열하중을 준다.

주의해야 할 점은, 온도 조건과 열전달률이 같은 절점에 같이 사용되면 우선권은 온도 조건이 된다.

On Keypoints

On Nodes

Main Menu > Solution > -Load-Apply > -Thermal-Heat Flow

● 내부 열원, Heat Generation Rates

내부 열원은 단위 부피당, 단위 시간당 생성되는 열이다. 그러므로 체적력(body loads)으로 적용된다. 이것은 solid model entities, node, element에 적용되고 이 값은 elemental load로 바뀐다.

On Keypoints, On Areas, On Volumes

On Nodes, On Elements, Uniform

Main Menu > Solution > -Load-Apply > -Thermal-Heat Generat

● 대류 조건, Convection

대류 열전달은 모델의 바깥 면에 분포 하중으로 적용된다. 모델의 표면과 주위 유체와의 열전달에 사용된다. 대류 열전달 계수와 주변 온도가 반드시 지정되어야 한다.

On Line(2D), On Area(3D)

On Nodes, On Elem ents

Main Menu > Solution > -Load-Apply > -Thermal-Convection

● 열전달계수, Film coefficients

열전달계수는 보통 온도에 의존하지만, 선형해석에서는 일정한 값으로 가정하여 해석한다.

● 열유속, Heat Flux :

분포 하중으로 적용되며, 면을 지나는 Heat Flow Rate를 알 때 사용된다. 단위 면적당, 단위 시간당 전달되는 열의 흐름을 나타낸다. (+) 값은 모델에 에너지가 공급되는 것이며, (-) 값은 모델로부터 에너지가 나오는 것이다. Heat Flux와 Convection Load가 같은 Entity에 사용되면, 마지막에 적용된 Load가 사용된다.

On Line(2D), On Area(3D)

On Nodes, On Elements

Main Menu > Solution > -Load-Apply > -Thermal-Heat Flux

● 단열(Adiabatic)

단열이란 면에 수직(normal)한 방향으로 열의 흐름이 없는 것이다. 하중이 적용되지 않은 부분은 단열이 된다.

● 대칭 경계 조건, Symmetric Condition

대칭이란 평형 상태에서 열의 오가는 것이 없는 것이다. 구조 문제에서 대칭 경계조건을 준 부분은 그 면에 수직한 방향으로 변위가 없게 된다. 구조 문제에서 자유도가 변위라면, 열 문제에서는 자유도가 온도이다. 그러므로 열이 오가는 것이 없는 것이므로 단열과 같이 된다. 열적 대칭성이 있다면 온도 분포는 대칭 축에서 대칭을 이루게 된다. 이때에는 대칭 축에서 축에 수직인 방향의 온도구배(temperature gradient)는 0이 된다.

3.8.4 열전달에 사용되는 Elements

a) PLANE 35 : 그림 3.123에 표현된 것처럼 6절점을 갖는 삼각형 열-솔리드 요소이다. 각 절점은 1개의 자유도(온도)를 갖는다. 요소 표면에 열유속을 하중으로 부과할 수 있고 대류 경계 조건을 부과할 수 있다.

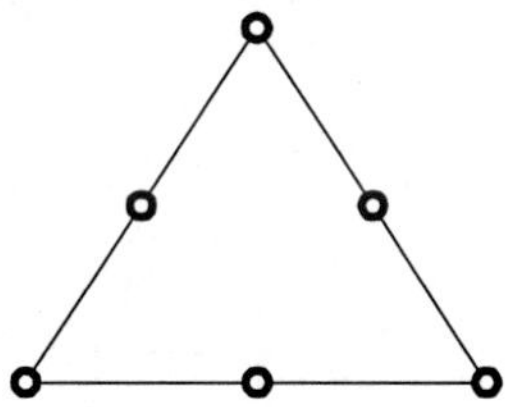

【그림 3.123】 PLANE 35

b) PLANE 55 : 그림 3.124에 표현된 것처럼 2차원 전도 문제를 해석하는데 사용되는 4절점을 갖는 사변형 열-솔리드 요소이다. 각 절점은 1개의 자유도(온도)를 갖는다. 요소 표면에 열유속을 하중으로 부과할 수 있고 대류 경계 조건을 부과할 수 있다.

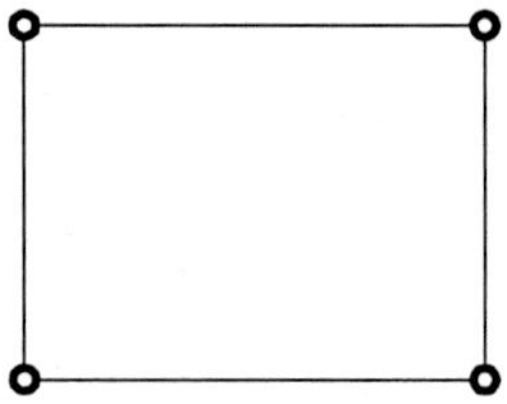

【그림 3.124】 PLANE 55

c) PLANE 77 : 그림 3.125에 표현된 것처럼 2차원 전도 문제를 해석하는데 사용되는 8절점을 갖는 사변형 열-솔리드 요소이다. 이 요소는 PLANE 55의 고차 요소에 해당한다. 각 절점은 1개의 자유도(온도)를 갖는다. 요소 표면에 열유속을 하중으로 부과할 수 있고 대류 경계 조건을 부과할 수 있다.

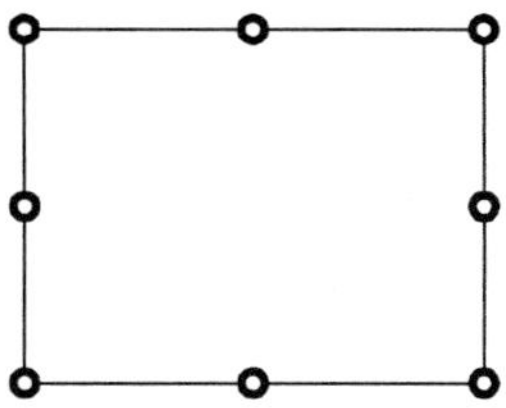

【그림 3.125】 PLANE 77

d) SOLID 70 : 그림 3.126에 표현된 것처럼 3차원 열전도 문제를 해석하는데 사용되는 8절점을 갖는 육면체 열-솔리드 요소이다. 각 절점은 1개의 자유도(온도)를 갖는다. 요소 표면에 열유속을 하중으로 부과할 수 있고 대류 경계 조건을 부과할 수 있다. 또한 내부 열원(heat generation rate)도 각 절점에 가할 수 있다.

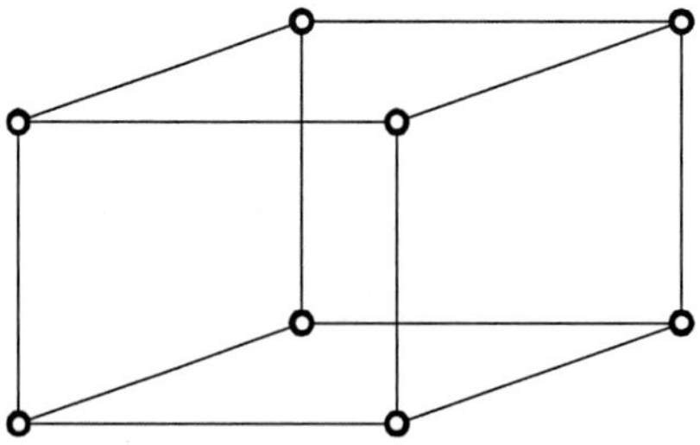

【그림 3.126】 SOLID 70

e) SOLID 87 : 그림 3.127에 표현된 것처럼 3차원 열전도 문제를 해석하는데 사용되는 10절점을 갖는 사면체 열-솔리드 요소이다. 각 절점은 1개의 자유도(온도)를 갖는다.

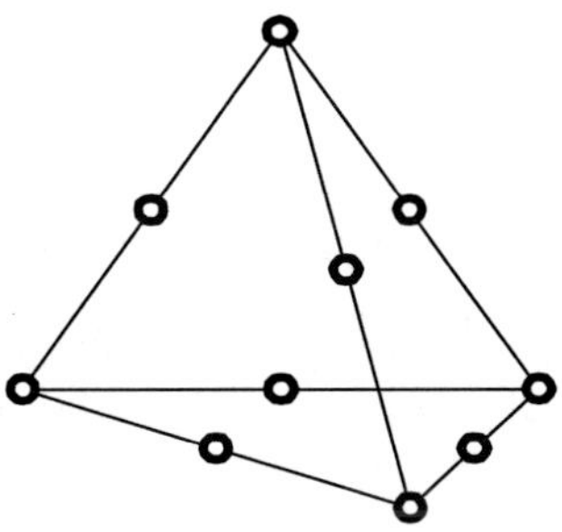

그림 3.127 SOLID 87

f) SOLID 90 : 그림 3.128에 표현된 것처럼 3차원 열전도 문제를 해석하는데 사용되는 20절점을 갖는 육면체 열-솔리드 요소이다. 각 절점은 1개의 자유도(온도)를 갖는다.

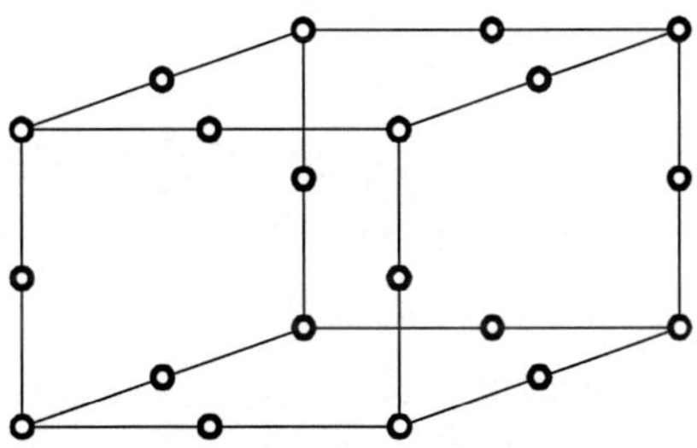

그림 3.128 SOLID 90

g) LINK 32, LINK 33 : 그림 3.129에 표현된 것처럼, LINK 32는 2차원 전도 막대 요소이고, LINK 33은 3차원 전도 막대 요소이다. 각 절점은 1개의 자유도(온도)를 갖는다.

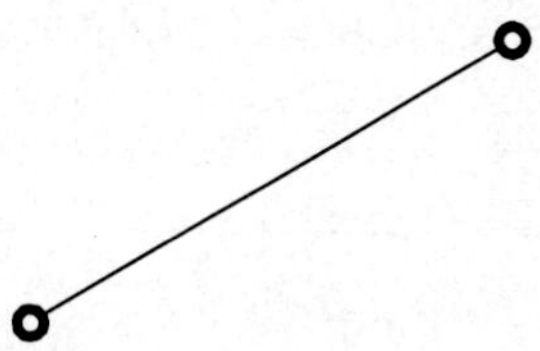

그림 3.129 LINK 32(2D), LINK 33(3D)

다음 예제들은 ANSYS를 사용하여 열전달 문제를 해석하는 과정을 설명하고 있다.

예제 1

그림 3.130과 같이 직사각형의 2차원 평판이 있다. 상부 면과 하부 면은 단열되어 있고, 왼쪽 면은 온도 200°F로 유지되고, 오른쪽 면은 0°F로 유지된다. 평판의 열전도계수 $k = 1.0\ Btu/(h - in - {}^oF)$이다. 이때 평판의 온도 분포를 계산하여 보시오.

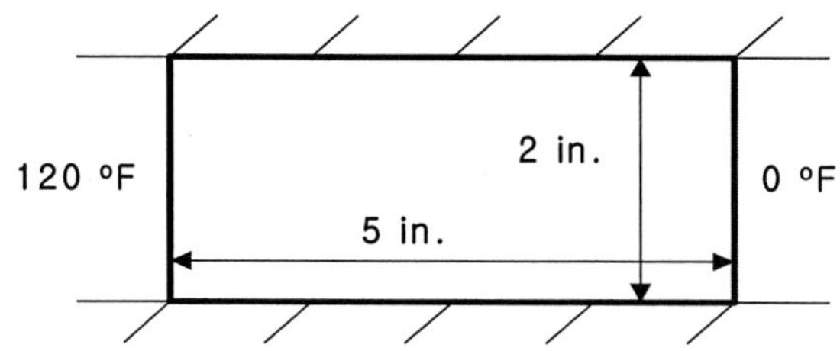

그림 3.130 2차원 평판

1) 요소의 선택 : Thermal Solid-Quad 4 Node; Plane 55
2) 재료물성치(열전도계수; k)를 입력
3) 가로 5, 세로 2인 사각형 생성
4) 생성될 요소의 크기 설정
5) 사각형 면에 2차원 평면 열전달 요소의 자동 생성
6) 왼쪽 면에 온도 경계 조건을 적용하기 위해서 $x = 0$인 위치의 절점들을 선택
7) 선택된 모든 절점에 $Temp = 120$의 경계 조건 적용
   Solution > -Loads-Apply > -Thermal-Temperature > On Nodes+
8) 오른쪽 면에 온도 경계 조건을 적용하기 위해서 $x = 5$인 위치의 절점들을 선택
9) 선택된 모든 절점에 $Temp = 0$의 경계 조건 적용
   Solution > -Loads-Apply > -Thermal-Temperature > On Nodes+
10) 해석 수행(단열 조건은 Default임)
    Solution > Solve-Current LS
11) 온도 분포의 그래픽 출력

추가 문제) 대칭 모델을 이용하여 온도 분포를 구하시오.

해를 구한 후 전체 모델의 온도 분포 출력(전역좌표계의 $x-z$ 평면에 대한 대칭 확장)
Utility Menu: PlotCtrls > Style > Symmetry Expansion

예제 2

그림 3.131과 같이 왼쪽 면에 일정 온도 150°F가 작용하고, 오른쪽 면은 대류 열전달이 일어나는 평판이 있다. 오른쪽 면 주위의 온도(자유 유동 온도)는 50°F, 대류 열전달계수 $h=20\ Btu/(h-ft^2-{}^oF)$이며, 평판의 열전도계수 $k=25\ Btu/(h-ft-{}^oF)$이다. 이때 평판의 온도 변화를 계산하여 보시오. 두께는 $1\ ft$로 가정한다.

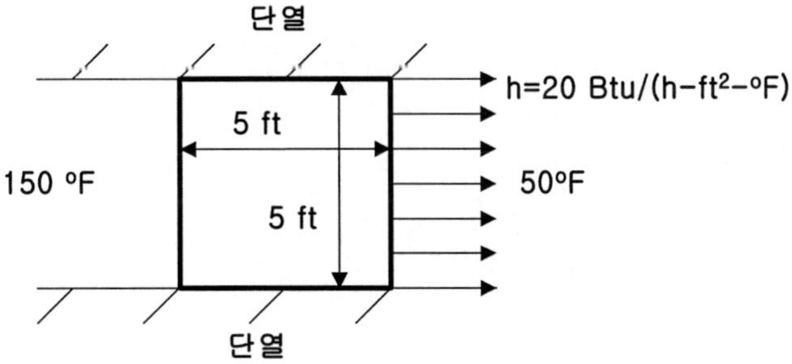

그림 3.131 2차원 평판

1) 요소의 선택 : Thermal Solid-Quad 4 Node; Plane 55
2) 재료물성치(열전도계수; k) 입력
3) 가로 5, 세로 5인 사각형 생성
4) 생성될 요소의 크기 설정
5) 사각형 면에 2차원 평면 열전달 요소의 자동생성
6) 온도 경계 조건을 적용하기 위해서 $x=0$인 위치의 절점들을 선택
7) 선택된 모든 절점에 $Temp=150$의 경계 조건 적용
Solution > -Loads-Apply > -Thermal-Temperature > On Nodes+
8) 오른쪽 면에 대류 열전달을 적용하기 위해서 $x=5$인 위치의 절점들을 선택

9) 선택된 모든 절점에 대류 열전달 하중을 적용(자유 유동 온도와 대류 열전달계수)
   Solution > -Loads-Apply > -Thermal-Convection > On Nodes+
10) 해석 수행(단열 조건은 Default임)
    Solution > Solve-Current LS
11) 온도 분포의 그래픽 출력
12) 거리에 따른 온도구배를 그래프로 출력하기 위하여 경로 설정
    General Postproc > Path Operations > Define Path > By Nodes+
    (왼쪽과 오른쪽 끝단의 두 절점을 잇는 경로를 설정)
13) 설정된 경로를 따라 그래프로 출력할 항목의 선택
    General Postproc > Path Operations > Map onto Path...
    (제목을 입력하고, DOF solution의 Temperature를 항목으로 선택)
14) 지정한 항목을 그래프로 출력
    General Postproc > Path Operations > - Plot Path Item-On Graph...

연습문제

1. 그림 3.132의 세 가지 재료가 연결되어 있는 구조물을 나타낸다. 서로 다른 재료들이 연결되어 있는 계면에서의 온도들을 구하시오. 재료의 두께는 1m이다.
   재료 1의 열전도계수 : $k=150$W/(m-℃)
   재료 2의 열전도계수 : $k=100$W/(m-℃)
   재료 3의 열전도계수 : $k=50$W/(m-℃)

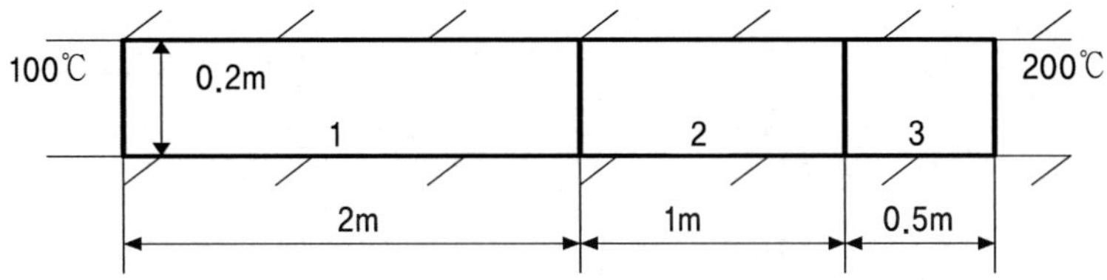

【그림 3.132】 세 가지 재료가 연결되어 있는 구조물

2. 그림 3.133과 같이 정사각형의 2차원 평판이 있다. 상부 면은 400°F로 유지되고, 나머지 면은 50°F로 유지된다. 평판의 열전도계수 $k=10\ Btu/(h-ft-{}^{o}F)$이다. 이때 평판의 온도 분포를 계산하여 보시오.

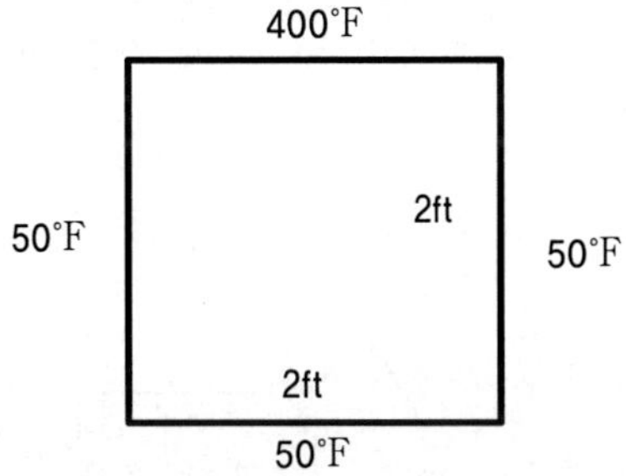

【그림 3.133】 정사각형의 2차원 평판

3. 그림 3.134와 같이 왼쪽 면에 일정 온도 150°F가 작용하고, 오른쪽 면은 대류 열전달이 일어나는 평판이 있다. 오른쪽 면 주위의 온도(자유 유동 온도)는 50°F, 대류 열전달계수 $h=20Btu/(h-ft^2-{}^oF)$이며, 평판의 열전도계수 $k=25Btu/(h-ft-{}^oF)$이다. 이때 평판의 온도 변화를 계산하여 보시오. 두께는 $1\,ft$로 가정한다.

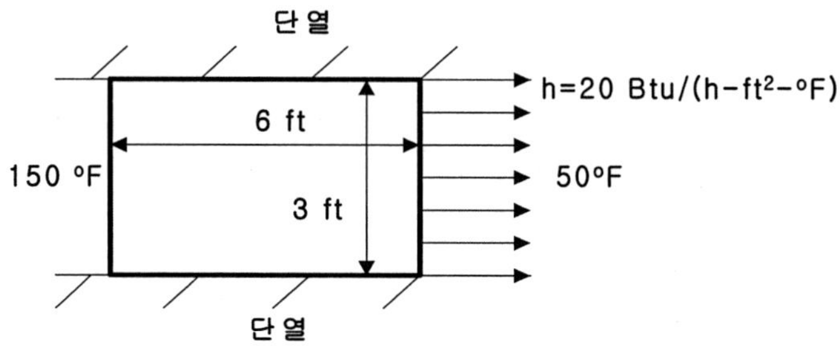

【그림 3.134】 2차원 평판

4. 그림 3.135와 같이 600°F의 뜨거운 가스를 수송하는 덕트가 열전도계수 $k=0.02Btu/(h-ft-{}^oF)$인 원형 유리 섬유층으로 둘러싸여 있다. 외부는 대류 열전달계수 $h=5Btu/(h-ft^2-{}^oF)$의 값을 가지고 주위 온도 100°F로 대류 열전달이 일어나고 있다. 이때 유리 섬유층의 온도 분포를 계산하시오(대칭성을 이용하여 1/4만 모델링).

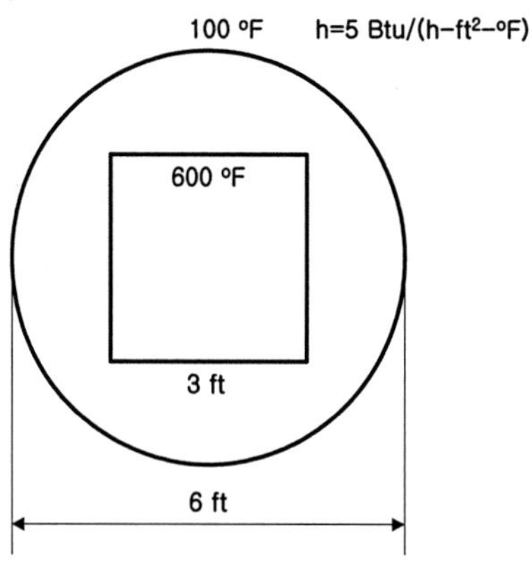

【그림 3.135】 뜨거운 가스를 수송하는 덕트

3.9 진동 해석 문제

다음 예제들은 ANSYS를 사용하여 구조 진동 문제를 해석하는 과정을 설명하고 있다.

예제 1

그림 3.136과 같이 길이 100in.의 길이를 가진 1차원 봉의 고유 진동수를 구하시오.
단, $E=29\times10^{-6}$psi, $\rho=0.00073lb\sec^2/in^4$, $A=1in^2$이다.

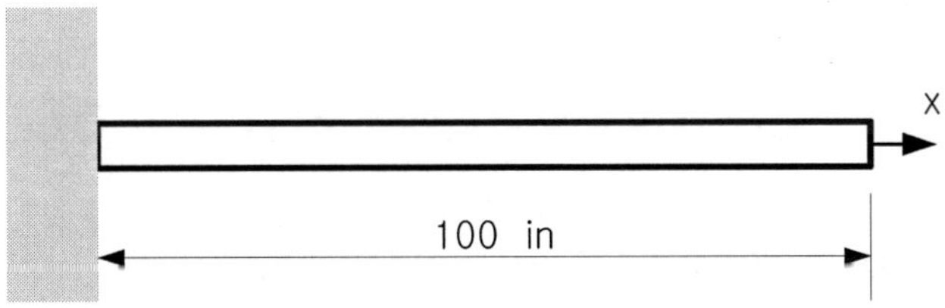

【그림 3.136】 100in.의 길이를 가진 1차원 봉

해석 과정

1단계 : 요소 정의, 요소물성치, 재료물성치 정의

1) 요소의 종류 : (Structural Link-2D Spar; Link 1)
   Preprocessor > Element Type > Add/Edit/Delete...
2) 요소물성치(단면적) 입력
   Preprocessor > Real Constants
3) 재료물성치(탄성계수, 밀도 등)의 입력
   Preprocessor > Material Props > -Constant-Isotropic

2단계 : 유한요소 모델 생성

4) 다섯 개의 node 생성 - 1(0, 0), 2(25, 0), 3(50, 0), 4(75, 0), 5(100, 0)
   Preprocessor > Modeling-Create > Nodes > In Active CS..

5) 1-2, 2-3, 3-4, 4-5 등 각각 두 개의 절점으로 연결된 4개의 봉 요소 생성
Preprocessor > Modeling-Create > Elements > Thru Nodes+

3단계 : 하중과 경계 조건의 적용

6) 절점 1에 Ux = Uy = 0
Preprocessor > Loads > Loads-Apply > Structural-Displacement > On Nodes

7) 1차원 문제이므로 절점 2, 3, 4, 5에 Uy = 0
Preprocessor > Loads > Loads-Apply > Structural-Displacement > On Nodes

4단계 모드와 고유 진동수 계산

8) 해석의 종류 선택(Modal Analysis)
Solution > - Analysis Type - New Analysis..

9) 모드 추출 방법의 선택 및 추출할 모드의 개수 지정
Solution > Analysis Options ...
 Method - Reduced
 No. of modes to extract - 2
 Expansion mode shapes - Yes
 Use lumped mass approx - Yes

5단계 : 계산 실행

10) Solution > Solve-Current LS

6단계 : 결과 출력과 분석

11) 고유 진동수 출력
General Postproc > Results Summary

예제 2

그림 3.137에서와 같이 40in의 길이를 가진 단순 외팔보의 처음 4개의 고유 진동수를 구하시오. 단, $E=29\times10^6$psi, $I=0.08$in^4, $\rho=0.00073 lb$sec^2/in^4, $A=2$in^{2}이다.

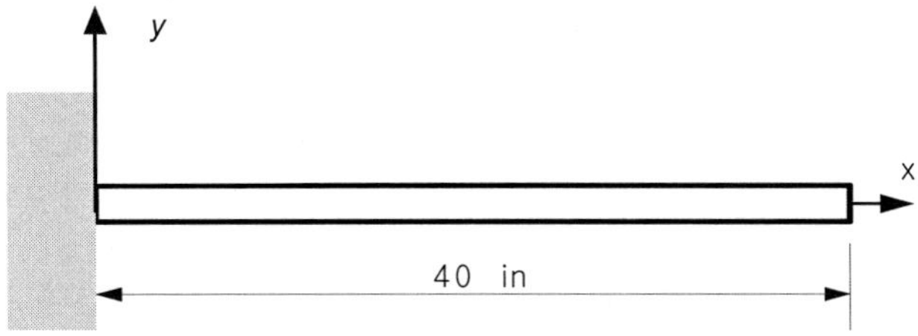

그림 3.137 40in.의 길이를 가진 단순 외팔보

해석 과정

1단계 : 요소 정의, 요소물성치, 재료물성치 정의

1) 요소의 종류 : (Structural Beam-2D elastic; Beam 3)
   Preprocessor > Element Type > Add/Edit/Delete...
2) 요소물성치(단면적, 관성 모멘트 등) 입력
   Preprocessor > Real Constants
3) 재료물성치(탄성계수, 밀도 등)의 입력
   Preprocessor > Material Props > -Constant-Isotropic

2단계 : 유한요소 모델 생성

4) 다섯 개의 Node 생성 - 1(0, 0), 2(10, 0), 3(20, 0), 4(30, 0), 5(40, 0)
   Preprocessor > Modeling-Create > Nodes > In Active CS..
5) 1-2, 2-3, 3-4, 4-5 등 각각 두 개의 절점으로 연결된 4개의 보 요소 생성
   Preprocessor > Modeling-Create > Elements > Thru Nodes+

3단계 : 하중과 경계 조건의 적용

6) 절점 1에 All DOF = 0
   Preprocessor > Loads > Loads-Apply > Structural-Displacement > On Nodes

4단계 모드와 고유 진동수 계산

7) 해석의 종류 선택(Modal Analysis)
   Solution > -Analysis Type-New Analysis..
8) 모드 추출 방법의 선택 및 추출할 모드의 개수 지정

Solution > Analysis Options ...
Method - Reduced
No. of modes to extract - 4
Expansion mode shapes - 4
Use lumped mass approx - Yes

5단계 : 계산 실행
9) Solution > Solve-Current LS

6단계 : 결과 출력과 분석
10) 고유 진동수 출력
General Postproc>Results Summary

예제 3

그림 3.138에서와 같이 40in의 길이를 가진 평판의 처음 5개의 고유 진동수를 평면 요소를 사용하여 구하시오. 단, $E=29\times10^6$psi, $\nu=0.3$, $\rho=0.00073 lb\sec^2/in^4$이다.

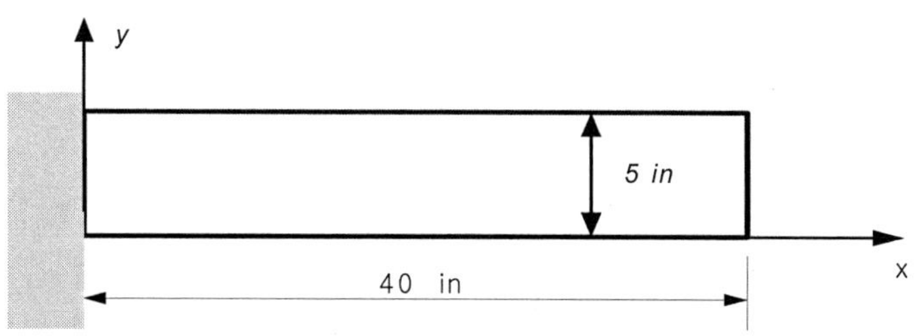

[그림 3.138] 2차원 평판

해석 과정

1단계 : 요소 정의, 재료물성치 정의
1) 요소의 종류 : (Structural Solid-Quad 4 Node; Plane 42)
Preprocessor > Element Type > Add/Edit/Delete...

2) 재료물성치(탄성계수, 밀도 등)의 입력

Preprocessor > Material Props > -Constant-Isotropic

2단계 : 유한요소 모델 생성

3) 기하 모델 생성 - 사각형

Preprocessor > Modeling-Create > Areas-Rectangle > By Dimensions...

X1, X2(0, 40), Y1, Y2(0, 5)

4) 생성될 요소의 크기

Preprocessor > Meshing-Size Cntrls > Global-Size

5) 사각형 면상에 평면 요소의 자동 생성

Preprocessor > Meshing-Mesh > Areas-Mapped > 3 or 4 sided+

3단계 : 경계 조건의 적용

6) 왼쪽 면에 경계 조건을 적용하기 위해 x 좌표가 0인 모든 절점 선택

7) 선택된 절점에 All DOFs = 0 적용

4 단계 모드와 고유 진동수 계산

8) 해석의 종류 선택(Modal Analysis)

Solution > -Analysis Type-New Analysis..

9) 모드 추출 방법의 선택 및 추출할 모드의 개수 지정

Solution > Analysis Options ...

Method - Block Lanczos

No. of modes to extract - 10

Expansion mode shapes - 10

Use lumped mass approx - Yes

5단계 : 계산 실행

10) Solution > Solve-Current LS

6단계 : 결과 출력과 분석

11) 고유 진동수 출력

General Postproc > Results Summary

예제 4

그림 3.139에서와 같이 40in의 길이를 가진 3차원 직육면체의 처음 10개의 고유 진동수를 구하시오. 단, $E=29\times10^6$psi, $\nu=0.3$, $\rho=0.00073 lb\sec^2/in^4$이다.

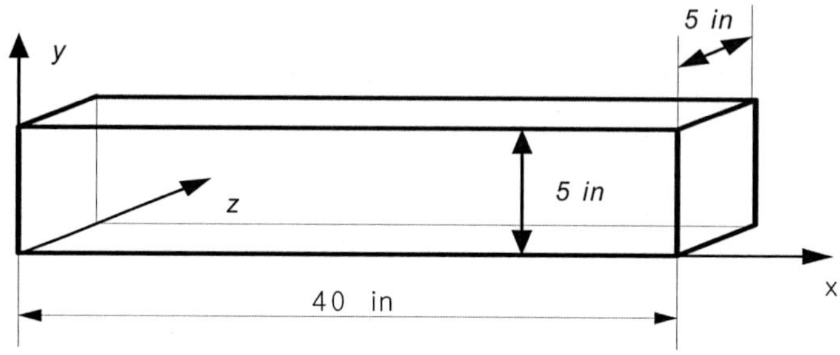

【그림 3.139】 3차원 직육면체

해석 과정

1단계 : 요소 정의, 재료물성치 정의

1) 요소의 종류 : (Structural Solid-Brick 8 Node ; Solid 45)
   Preprocessor > Element Type > Add/Edit/Delete...
2) 재료물성치(탄성계수, 밀도 등)의 입력
   Preprocessor>Material Props>-Constant-Isotropic

2단계 : 유한요소 모델 생성

3) 기하 모델 생성 - 가로 40, 세로 5, 높이 5인 입방체 생성
   Preprocessor > Modeling-Create > Volume-Block > By Dimensions...
4) 생성될 요소의 크기
   Preprocessor > Meshing-Size Cntrls > Global-Size
5) 입방체에 3차원 입방체 요소 자동 생성

3단계 : 경계 조건의 적용

6) 왼쪽 면에 경계 조건을 적용하기 위해 x 좌표가 0인 모든 절점 선택
7) 선택된 절점에 All DOFs = 0 적용

4단계 모드와 고유 진동수 계산

8) 해석의 종류 선택(Modal Analysis)

Solution > -Analysis Type - New Analysis..

9) 모드 추출 방법의 선택 및 추출할 모드의 개수 지정

Solution > Analysis Options ...

Method - Block Lanczos

No. of modes to extract - 10

Expansion mode shapes - 10

Use lumped mass approx - Yes

5단계 : 계산 실행

10) Solution > Solve-Current LS

6단계 : 결과 출력과 분석

11) 고유 진동수 출력

General Postproc > Results Summary

예제 5

그림 3.140은 길이가 긴 9개의 보(beam)가 여러 개의 격자에 의해 지지가 되어 있는 형상을 나타낸다. 그림 3.141은 단면 형상을 보여 주고 있다. 보와 격자의 물성은 서로 다르다. ANSYS를 사용하여 고유 진동수를 구하시오(물성과 치수는 각 학생이 선택하여 해석함).

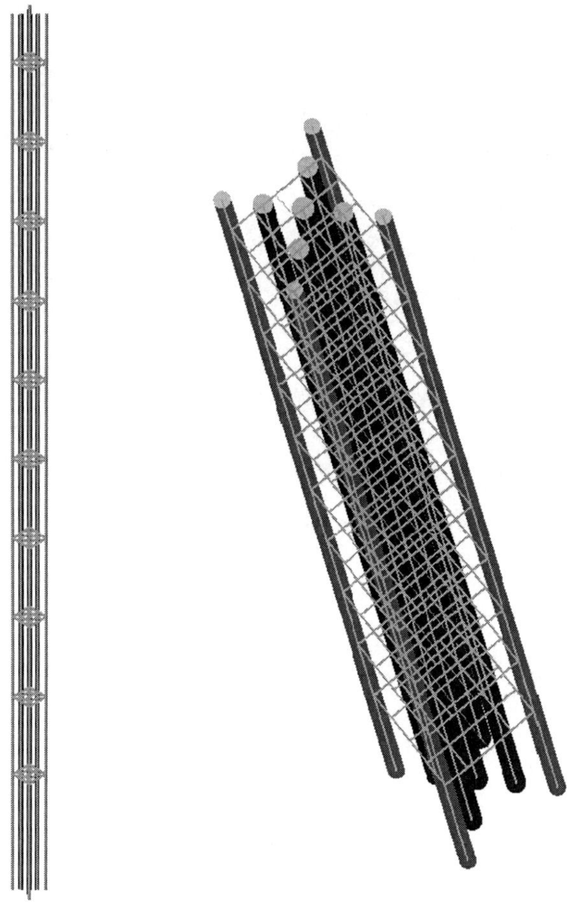

【그림 3.140】 여러 개의 격자로 지지된 9개의 긴 보(beam)

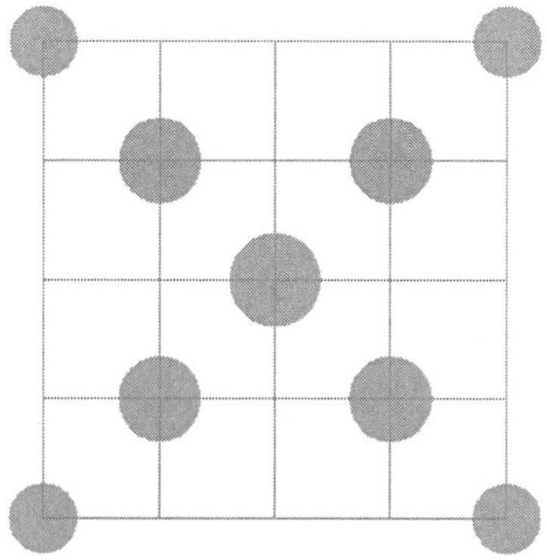

【그림 3.141】 단면 형상

다음은 ANSYS를 사용한 해석 과정을 설명한다.

1) Preprocessor > Element Type > Add/Edit/Delete

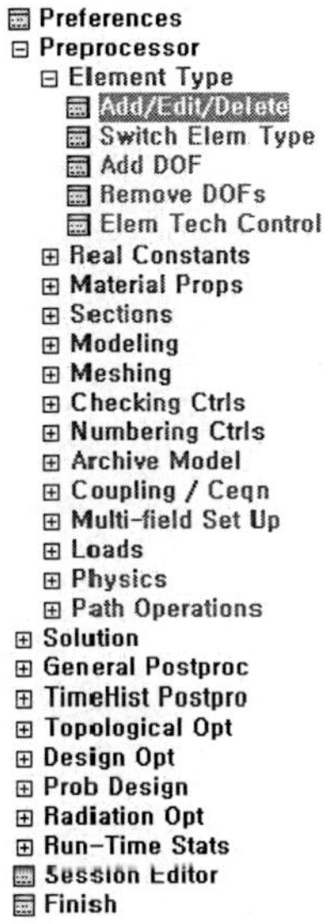

2) Beam-3D elastic 4를 선택하고 OK를 클릭

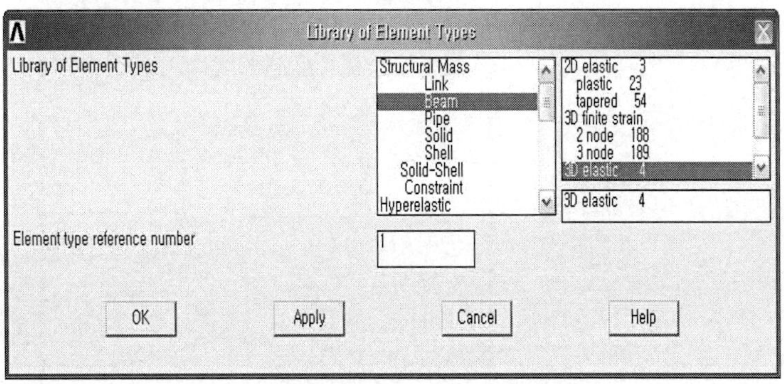

3) 요소물성치를 입력

Preprocessor > Real Constants > Add/Edit/Delete

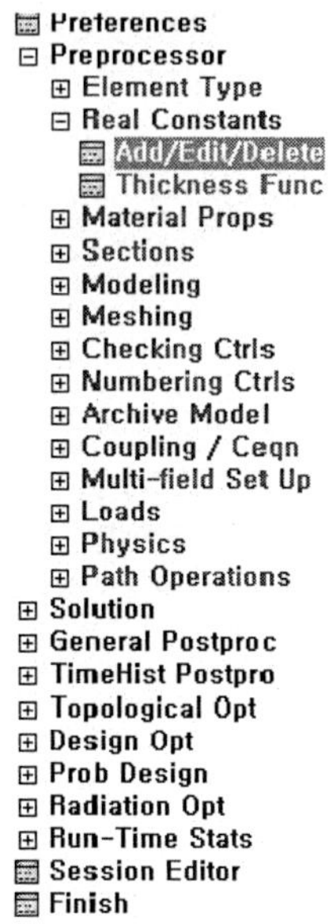

4) 다음과 같은 창이 뜨면 Add를 클릭

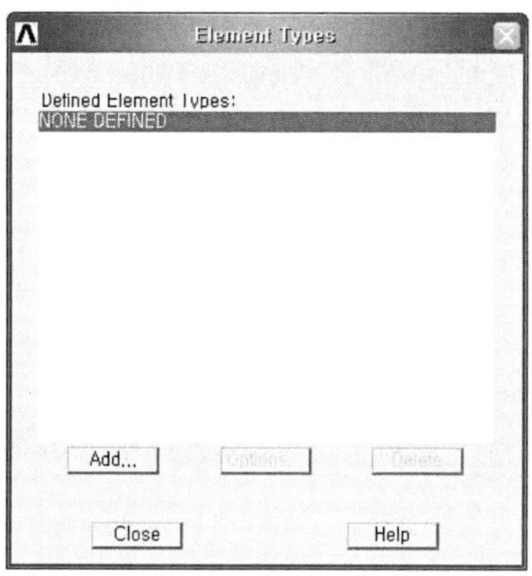

5) Real constant에서 보의 요소물성 값 입력

6) 입력하면 다음과 같은 창이 뜬다. 또 다른 보 요소(지지 격자)의 요소물성 값을 입력하기 위해 다시 Add 클릭

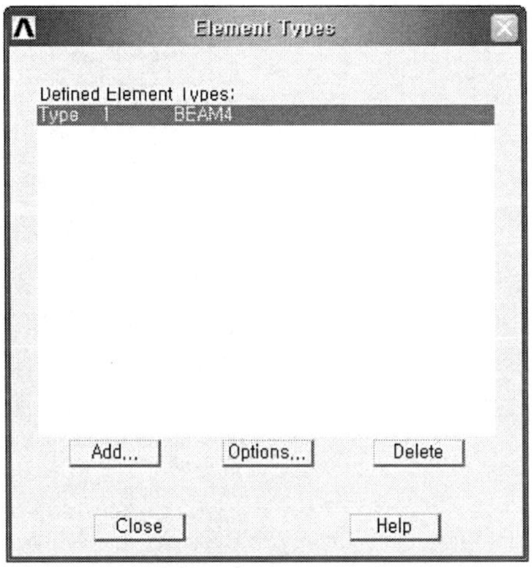

7) Real Constant에서 지지 격자의 요소물성 값을 입력

8) 다음과 같은 창이 뜬다.

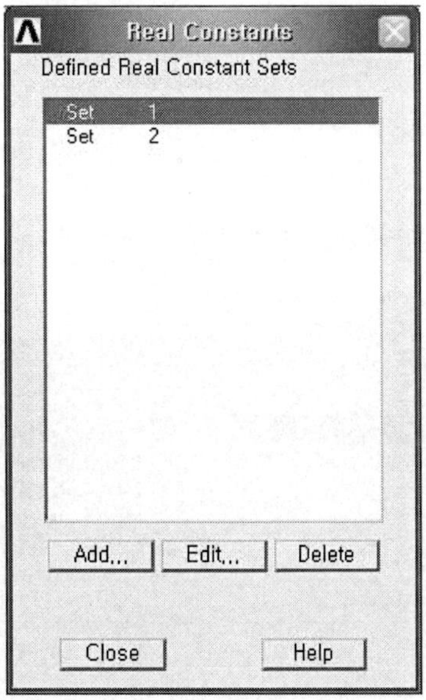

9) 재료물성 값 입력

Preprocessor > Material props > Material Models

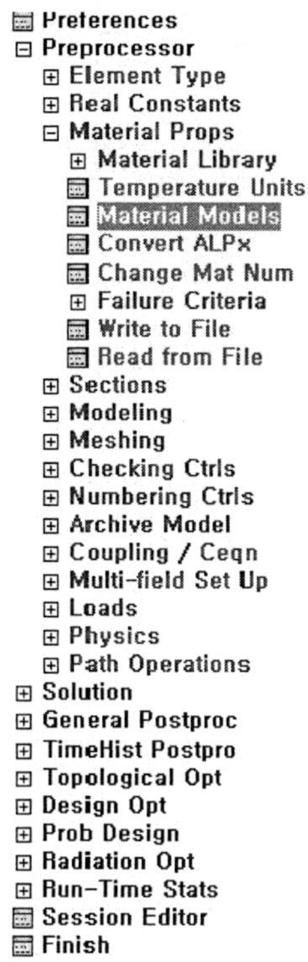

10) 다음과 같은 창이 뜨면

Structural > Linear > Elastic-Isotropic

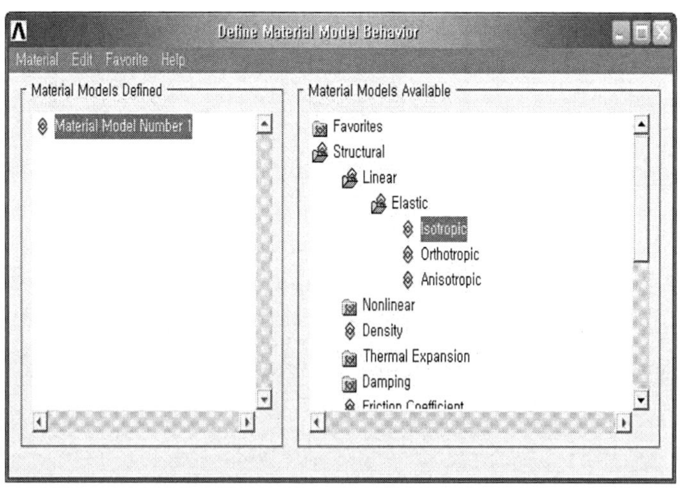

11) 탄성계수와 Poisson 비 입력

12) 밀도를 입력하기 위해 Density 클릭

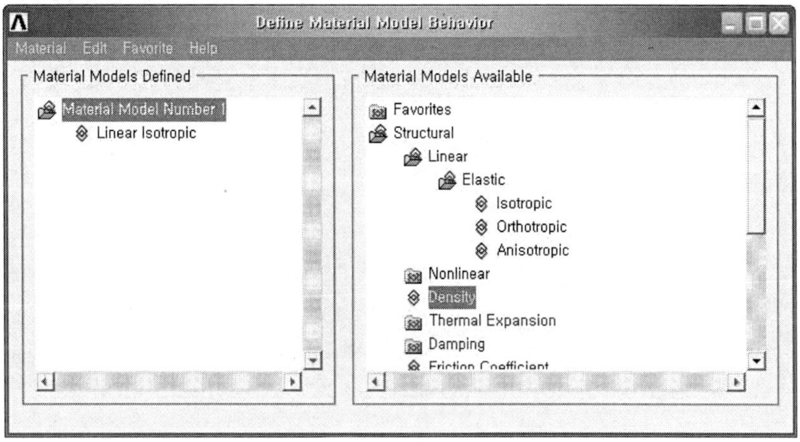

13) DENS에 밀도 입력

14) 또 다른 재료물성 값을 입력하기 위해 그림과 같이 New Model를 클릭

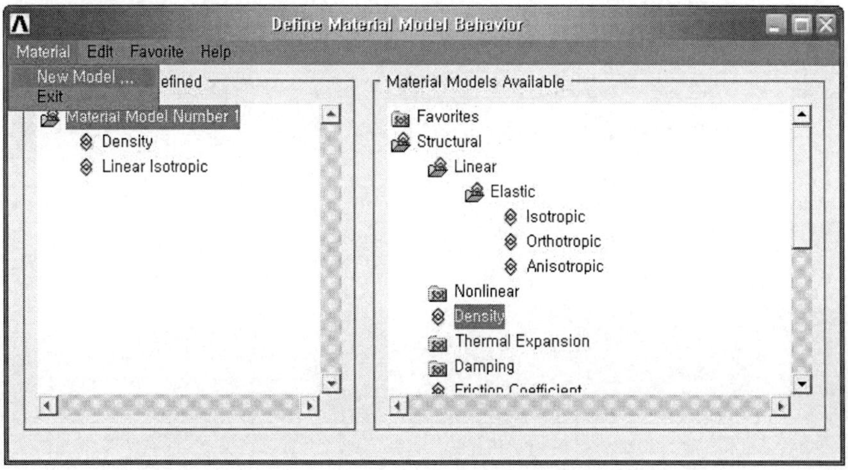

15) Structural > Linear > Elastic > Isotropic

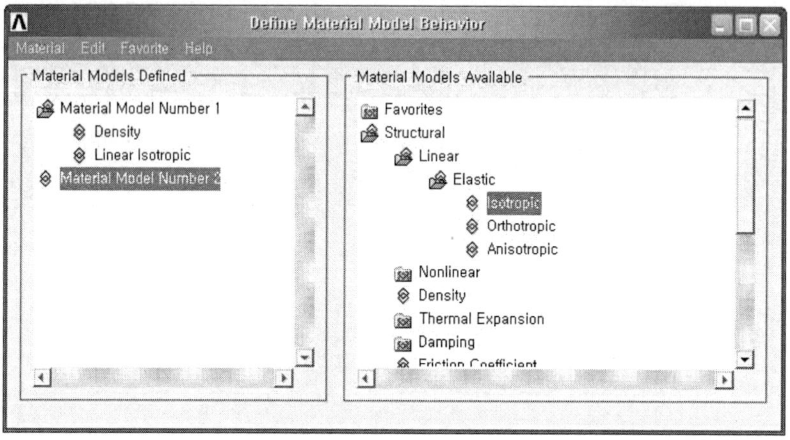

16) 탄성계수와 Poisson 비 입력
17) 밀도를 입력하기 위해 Density를 클릭
18) DENS에 밀도를 입력
19) 모델링 과정은 아래와 같다. ANSYS에서 직접 모델링을 하지 않고 엑셀 파일과 텍스트 파일로 좌표를 지정하여 텍스트 파일을 ANSYS로 불러와서 모델링을 할 수 있다. 엑셀에서 다음과 같은 방법으로 좌표를 지정할 수 있었다. 밑으로도 많은 좌표들이 있지만 여기에서는 일부만 캡처를 하였다.

	B	C	D	E	F	G	H	I	J
1	,		,	0.05	,	0	,	0.05	,,,,
2	,		,	0.15	,	0	,	0.05	,,,,
3	,		,	0.1	,	0	,	0.1	,,,,
4	,		,	0.05	,	0	,	0.15	,,,,
5	,		,	0.15	,	0	,	0.15	,,,,
6	,		,	0	,	0.58	,	0	,,,,
7	,		,	0.05	,	0.58	,	0	,,,,
8	,		,	0.1	,	0.58	,	0	,,,,
9	,		,	0.15	,	0.58	,	0	,,,,
10	,		,	0.2	,	0.58	,	0	,,,,
11	,		,	0	,	0.58	,	0.05	,,,,
12	,		,	0.05	,	0.58	,	0.05	,,,,
13	,		,	0.1	,	0.58	,	0.05	,,,,
14	,		,	0.15	,	0.58	,	0.05	,,,,
15	,		,	0.2	,	0.58	,	0.05	,,,,
16	,		,	0	,	0.58	,	0.1	,,,,
17	,		,	0.05	,	0.58	,	0.1	,,,,
18	,		,	0.1	,	0.58	,	0.1	,,,,
19	,		,	0.15	,	0.58	,	0.1	,,,,
20	,		,	0.2	,	0.58	,	0.1	,,,,
21	,		,	0	,	0.58	,	0.15	,,,,
22	,		,	0.05	,	0.58	,	0.15	,,,,
23	,		,	0.1	,	0.58	,	0.15	,,,,
24	,		,	0.15	,	0.58	,	0.15	,,,,
25	,		,	0.2	,	0.58	,	0.15	,,,,
26	,		,	0	,	0.58	,	0.2	,,,,
27	,		,	0.05	,	0.58	,	0.2	,,,,
28	,		,	0.1	,	0.58	,	0.2	,,,,
29	,		,	0.15	,	0.58	,	0.2	,,,,
30	,		,	0.2	,	0.58	,	0.2	,,,,
31	,		,	0	,	0.97	,	0	,,,,
32	,		,	0.05	,	0.97	,	0	,,,,

이것을 복사하여 메모방으로 불러옴

```
파일(F) 편집(E) 서식(O) 보기(V) 도움말(H)
N     ,         ,    0.05   ,    0      ,    0.05    ,,,,
N     ,         ,    0.15   ,    0      ,    0.05    ,,,,
N     ,         ,    0.1    ,    0      ,    0.1     ,,,,
N     ,         ,    0.05   ,    0      ,    0.15    ,,,,
N     ,         ,    0.15   ,    0      ,    0.15    ,,,,
N     ,         ,    0      ,    0.58   ,    0       ,,,,
N     ,         ,    0.05   ,    0.58   ,    0       ,,,,
N     ,         ,    0.1    ,    0.58   ,    0       ,,,,
N     ,         ,    0.15   ,    0.58   ,    0       ,,,,
N     ,         ,    0.2    ,    0.58   ,    0       ,,,,
N     ,         ,    0      ,    0.58   ,    0.05    ,,,,
N     ,         ,    0.05   ,    0.58   ,    0.05    ,,,,
N     ,         ,    0.1    ,    0.58   ,    0.05    ,,,,
N     ,         ,    0.15   ,    0.58   ,    0.05    ,,,,
N     ,         ,    0.2    ,    0.58   ,    0.05    ,,,,
N     ,         ,    0      ,    0.58   ,    0.1     ,,,,
N     ,         ,    0.05   ,    0.58   ,    0.1     ,,,,
N     ,         ,    0.1    ,    0.58   ,    0.1     ,,,,
N     ,         ,    0.15   ,    0.58   ,    0.1     ,,,,
N     ,         ,    0.2    ,    0.58   ,    0.1     ,,,,
N     ,         ,    0      ,    0.58   ,    0.15    ,,,,
N     ,         ,    0.05   ,    0.58   ,    0.15    ,,,,
N     ,         ,    0.1    ,    0.58   ,    0.15    ,,,,
N     ,         ,    0.15   ,    0.58   ,    0.15    ,,,,
N     ,         ,    0.2    ,    0.58   ,    0.15    ,,,,
N     ,         ,    0      ,    0.58   ,    0.2     ,,,,
N     ,         ,    0.05   ,    0.58   ,    0.2     ,,,,
N     ,         ,    0.1    ,    0.58   ,    0.2     ,,,,
N     ,         ,    0.15   ,    0.58   ,    0.2     ,,,,
N     ,         ,    0.2    ,    0.58   ,    0.2     ,,,,
N     ,         ,    0      ,    0.97   ,    0       ,,,,
N     ,         ,    0.05   ,    0.97   ,    0       ,,,,
N     ,         ,    0.1    ,    0.97   ,    0       ,,,,
N     ,         ,    0.15   ,    0.97   ,    0       ,,,,
N     ,         ,    0.2    ,    0.97   ,    0       ,,,,
N     ,         ,    0      ,    0.97   ,    0.05    ,,,,
N     ,         ,    0.05   ,    0.97   ,    0.05    ,,,,
N     ,         ,    0.1    ,    0.97   ,    0.05    ,,,,
N     ,         ,    0.15   ,    0.97   ,    0.05    ,,,,
N     ,         ,    0.2    ,    0.97   ,    0.05    ,,,,
```

위와 같이 모든 절점과 요소 부분을 txt 파일로 만든다. 그리고 txt 파일을 ANSYS로 불러옴

20) Read File/Read input from을 클릭. 그러면 다음과 같은 창이 뜬다. 밑에 그림과 같이 node.txt 파일을 선택하고 OK를 클릭하면 절점들이 생성

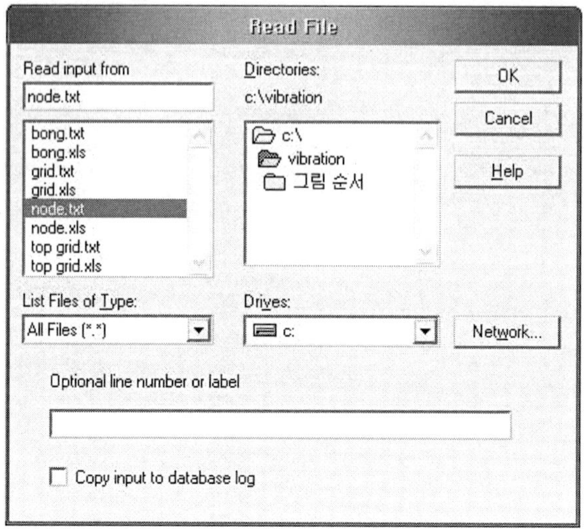

21) Read File/Read input from을 클릭하면 다음과 같은 창이 뜨고 그림과 같이 bong.txt를 선택하고 OK를 클릭하면 긴 보에 대한 보 요소들이 생성

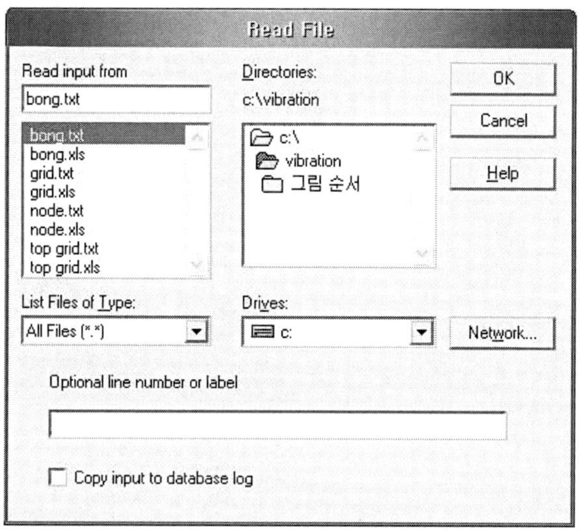

22) 물성과 요소를 바꿔주기 위해

Preprocessor > Meshing > Mesh Attributes > Default Attrib

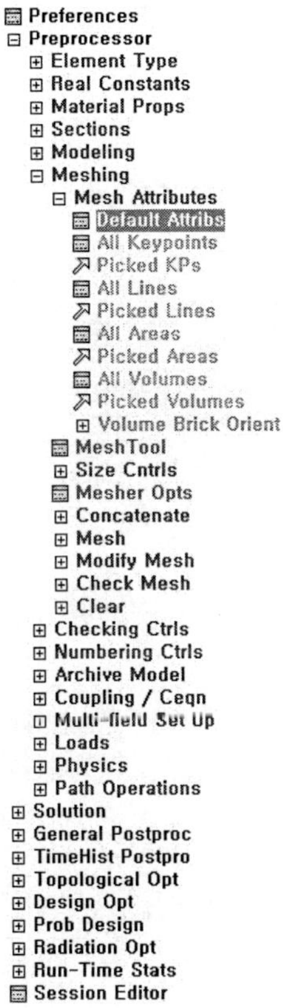

23) 다음과 같은 창이 뜨면 Material number와 Real constant set number을 2번으로 바꿔줌

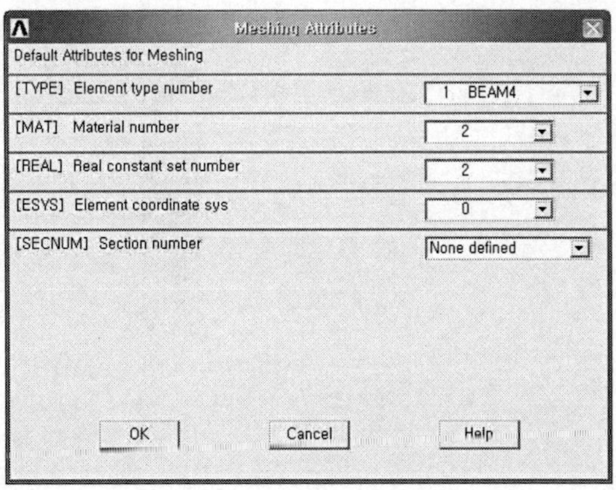

24) Read File/Read input from을 클릭하면 다음과 같은 창이 뜨고 그림과 같이 grid.txt를 선택하고 OK를 클릭하면 격자에 대해 보 요소가 생성

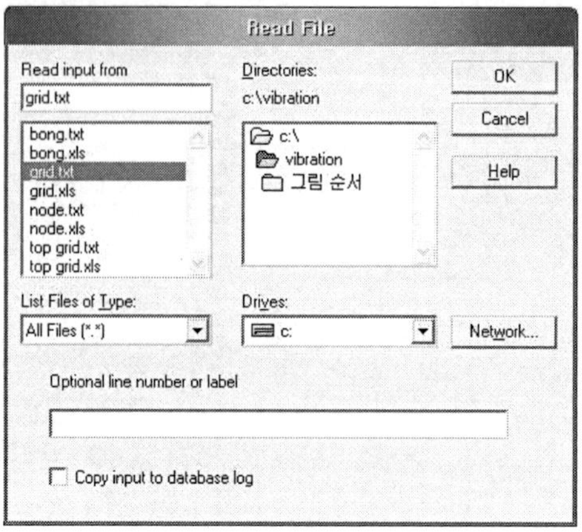

25) 다음과 같이 유한요소 모델링이 완성

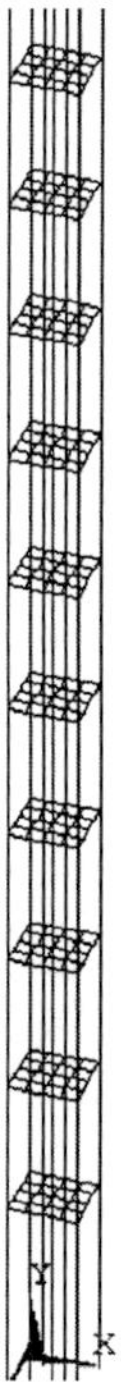

26) 구조물 아래 부분에 대한 경계 조건 입력

Solution > Define Loads > Apply > Structural > displacement > On-Nodes

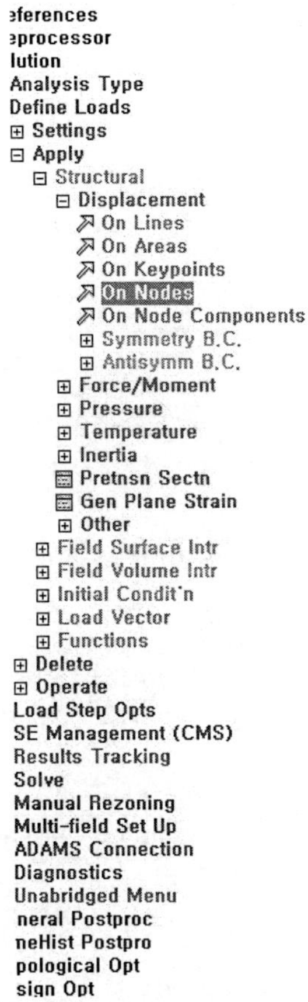

27) 다음과 같은 창이 뜸

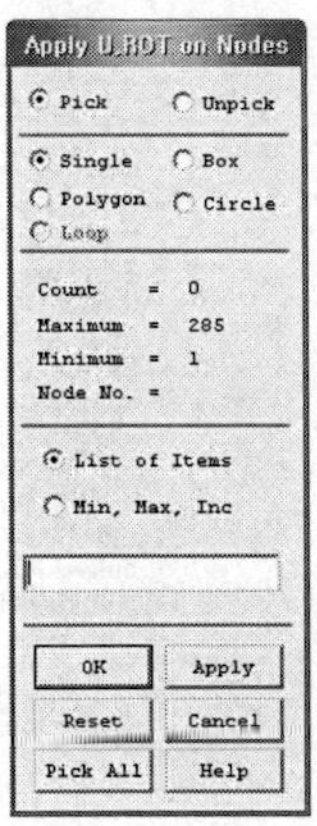

28) 아랫부분에 가운데 노드를 제외하고 나머지 8개 노드를 선택하고 27)번 그림 에서 OK를 클릭

29) UX, UY, UZ를 선택하고 OK를 클릭하면 경계 조건이 입력

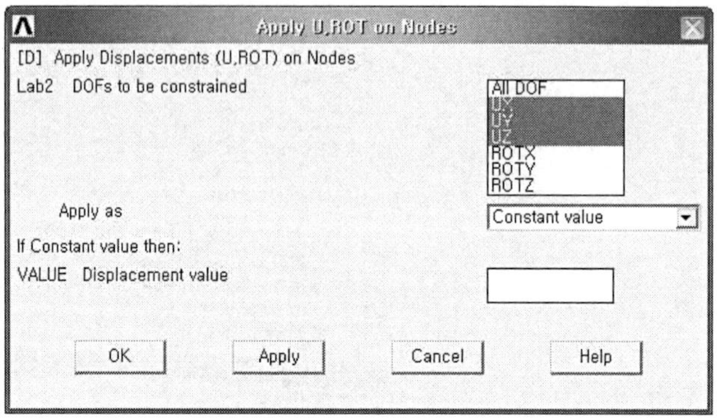

30) 상단에 대한 경계 조건 입력

Solution > Define Loads > Apply > Structural > Displacement > On Nodes

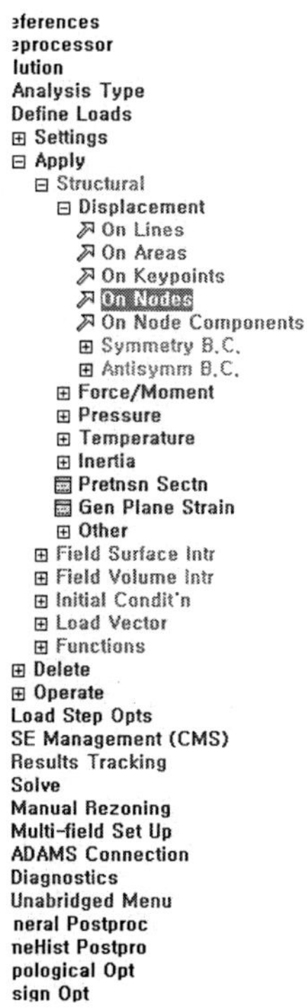

31) 다음과 같은 창이 뜨고 가운데를 제외하고 나머지 8개의 노드를 선택 그리고 OK를 클릭

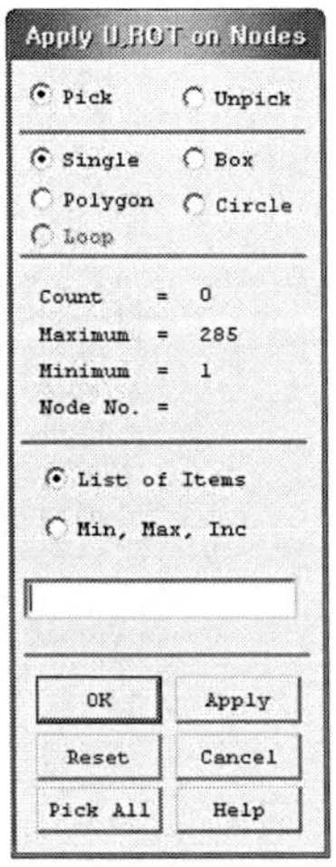

32) 아래 그림에서 UX, UZ를 선택하고 OK를 클릭하면 경계 조건이 입력

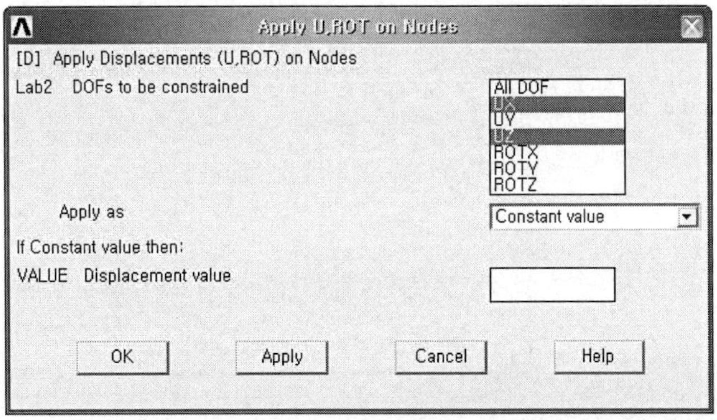

33) Solution > Analysis Type > New Analysis

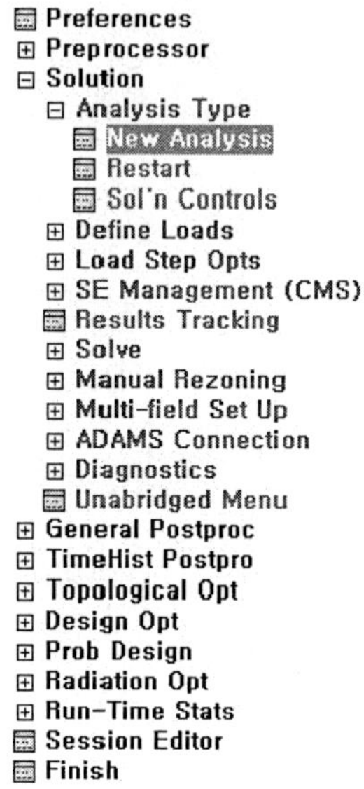

34) 다음 창이 뜨면 Modal를 체크하고 OK를 클릭

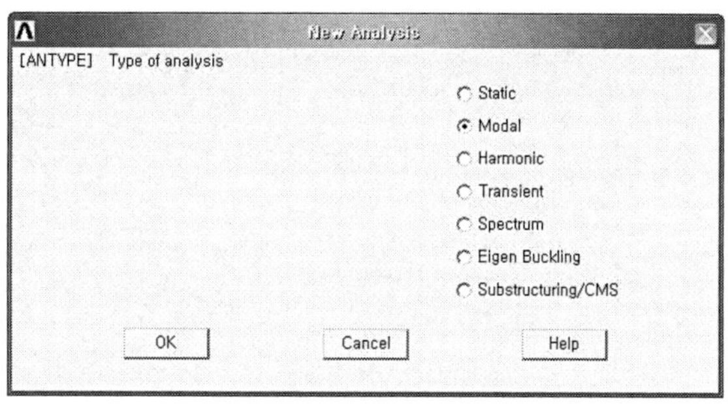

35) Solution > Analysis Type > Analysis Options

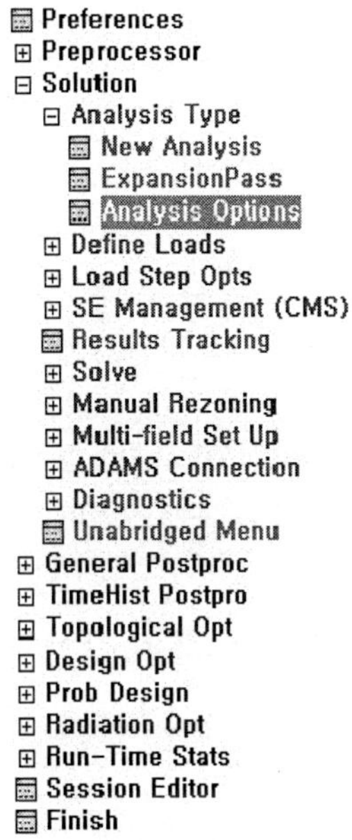

36) 다음 그림이 뜨면 Block Lanczos 체크

No. of modes to extract 15

Expand mode shapes 체크

NMODE No. of modes to expand 15

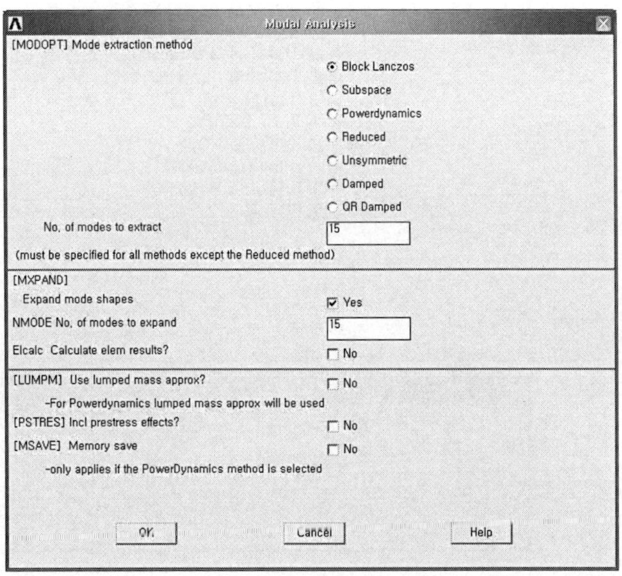

37) End Frequency에 10,000을 입력

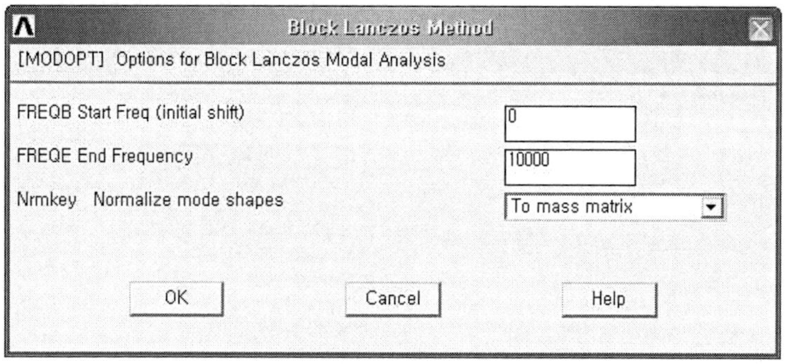

38) 해석

Solution>Solve>Current LS

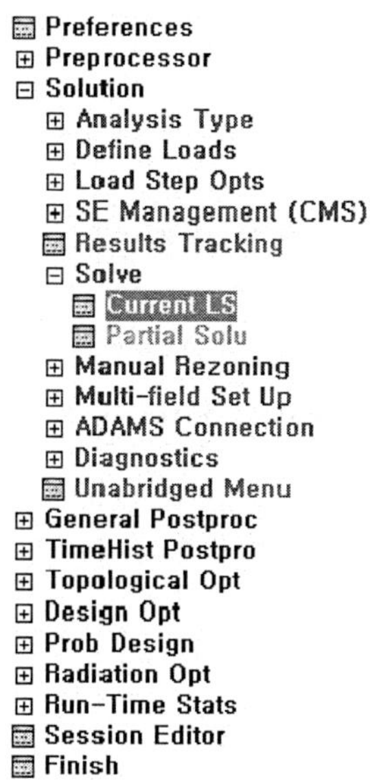

39) 해석 완료

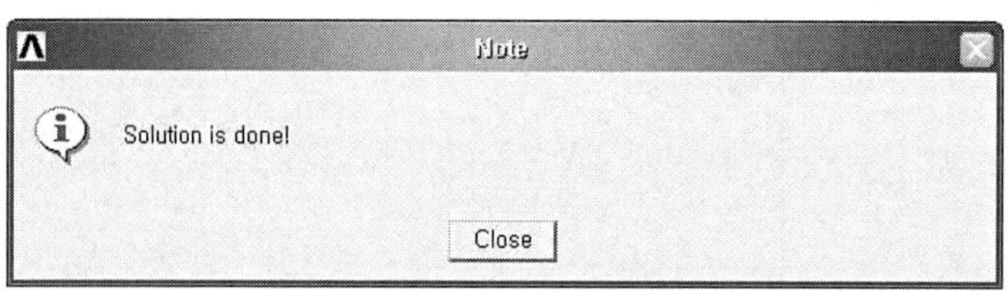

40) 첫 번째 mode shape을 보기 위해

General Postproc > Read Results > First Set

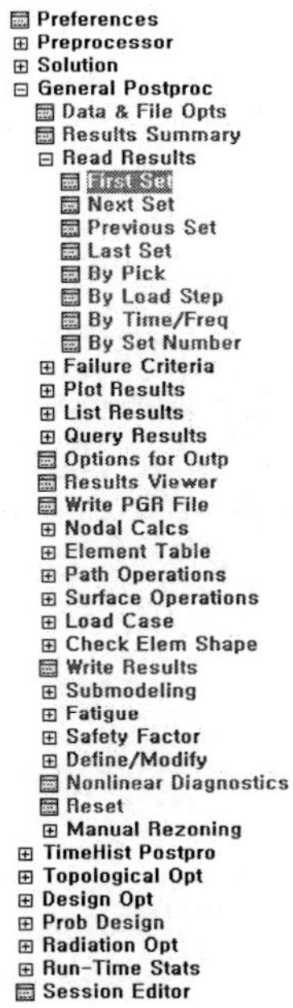

41) General Postproc > Plot Results > Contour Plot > Nodal Solu

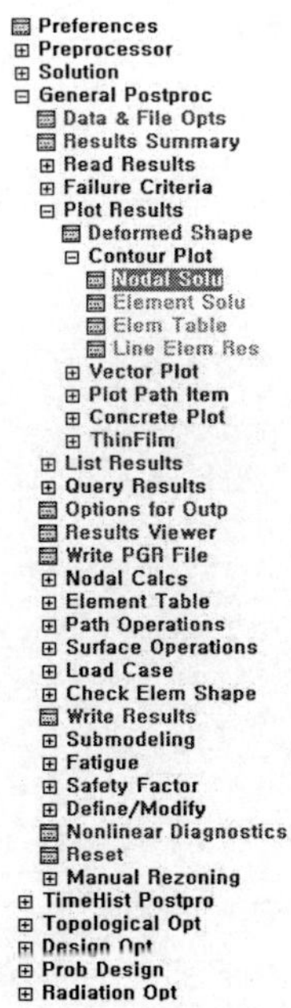

42) 아래 그림이 뜨면 Displacement vector sum을 선택
Undisplaced shape key는 Deformed shape with undeformed model로 놓음
그리고 나서 OK를 클릭

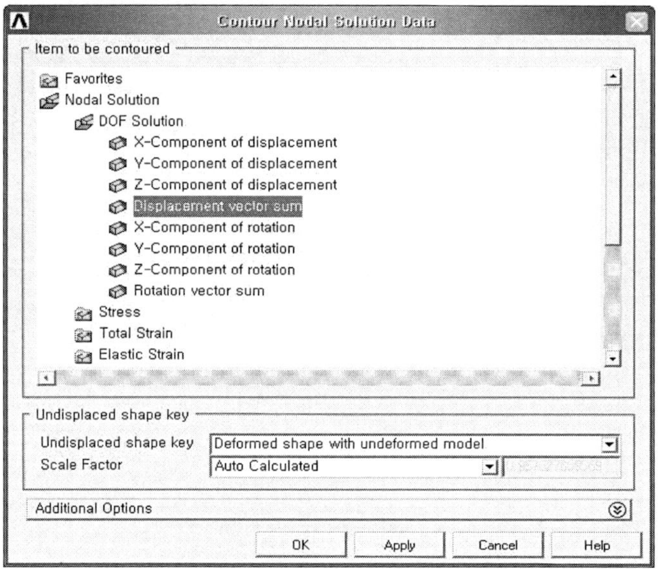

43) 다음과 같은 형상을 얻을 수 있음

44) 다음 단계의 shape mode를 보기 위해

General Postproc > Read Results > Next Set

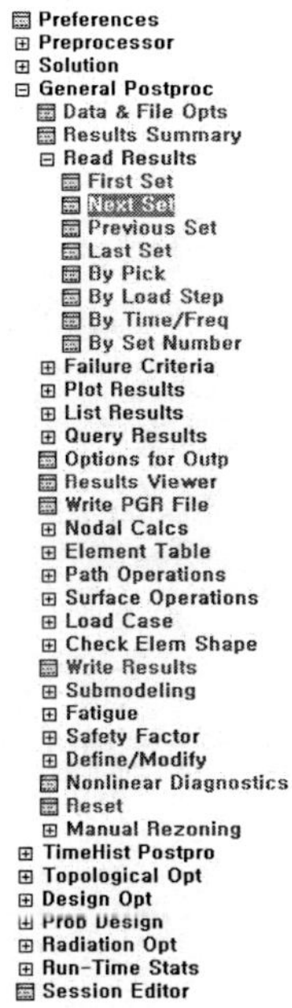

45) General Postproc > Plot Results > Contour Plot-Nodal Solu

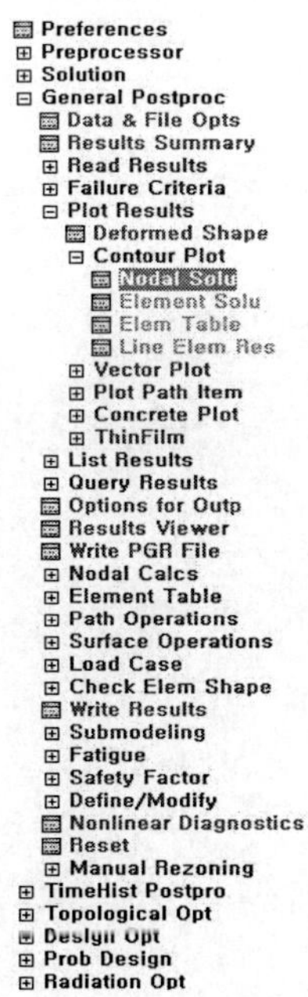

46) 아래 그림이 뜨면 Displacement vector sum을 선택
Undisplaced shape key는 Deformed shape with undeformed model로 놓음
그리고 나서 OK를 클릭

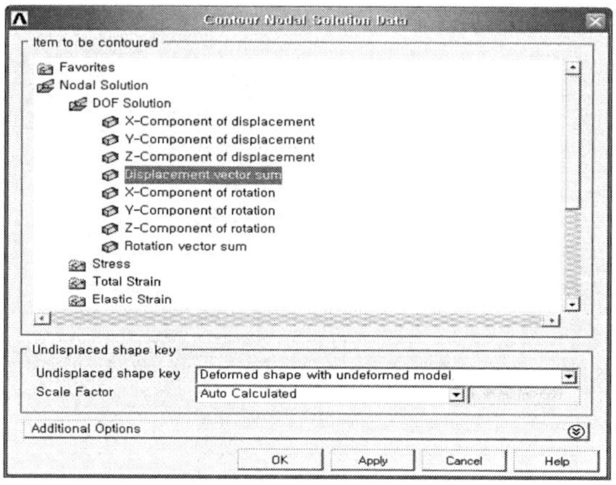

47) 다음과 같은 형상을 얻음

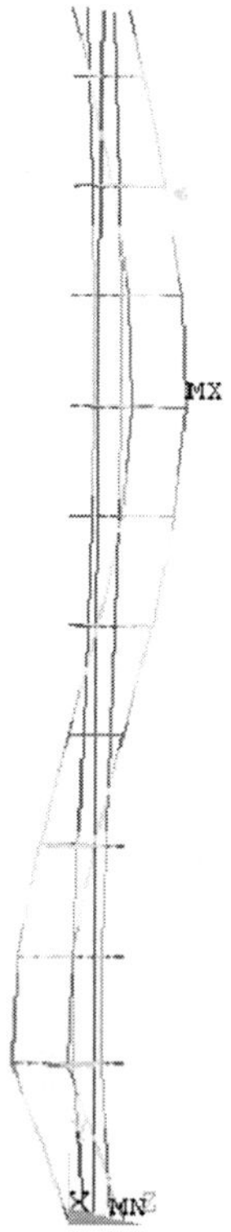

CHAPTER

04

3D CAD와 연계한 해석

3차원 문제를 ANSYS를 사용하여 해석할 때 발생하는 문제점은 기하 모델링 과정이 쉽지 않다는 점이다. ANSYS에서 제공되는 기능들만 가지고 복잡한 3차원 형상을 구현하는 일은 많은 시간과 숙달을 필요로 하고 있으며, 필렛이나 챔퍼와 같은 세밀한 부분들의 모델링은 쉽지 않거나 거의 불가능하다. 근래에는 3D CAD를 활용한 솔리드 모델링 기법에 의해 복잡한 기하 모델을 생성하는 방법이 급속도로 발전하고 있다. 이러한 방법을 사용하면 우선 기하 모델링이 쉽고, 해석 결과에 따라 부분적인 형상 변화가 필요할 때 변화된 형상을 곧바로 확인할 수 있게 된다.

한 예로서, 그림 4.1은 자동차 휠의 한 종류인 핀 휠(pin wheel)과 핀 휠을 Soild-Works를 사용하여 기하 모델링한 결과를 나타내고 있다. 그림 4.2는 기하 모델링한 결과를 ANSYS에서 유한요소로 모델링한 결과를 보여주고 있다. 생성된 유한요소 모델에 구속 조건과 하중 조건을 입력하면 변형 형상과 응력 상태를 얻을 수 있게 된다. 이러한 과정을 통해서 복잡한 3차원 구조물을 효율적으로 해석할 수 있게 된다.

【 그림 4.1 】 핀 휠

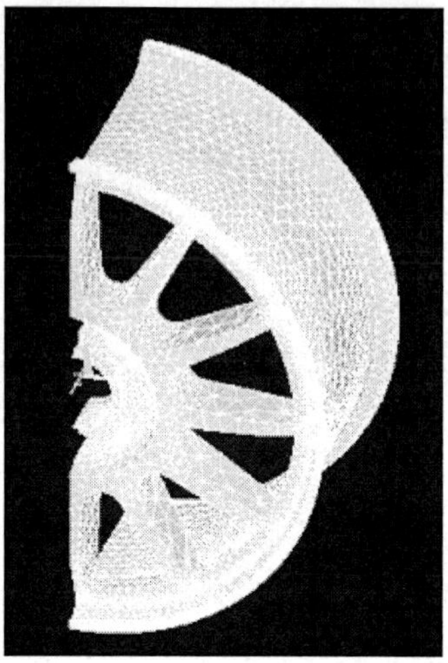

【 그림 4.2 】 핀 휠에 대한 유한요소 모델

또 다른 예로서, 태양열 발전에서 사용되는 평판형 집열판을 고려해 본다(그림 4.3). 평판형은 가장 기본적인 집열판으로서 전 세계적으로 가장 많이 보급되어 있는 형태이며 투과체, 흡수판, 열매체관 단열재로 구성되어 있다. 그림 4.4는 평판 집열판의 상세한 구조를 보여주고 있다. 이러한 집열판의 거동을 예측하기 위해서는 정확한 기하 모델링 결과를 얻어야 한다. SolidWorks를 활용하여 기하 모델링한 과정을 살펴본다.

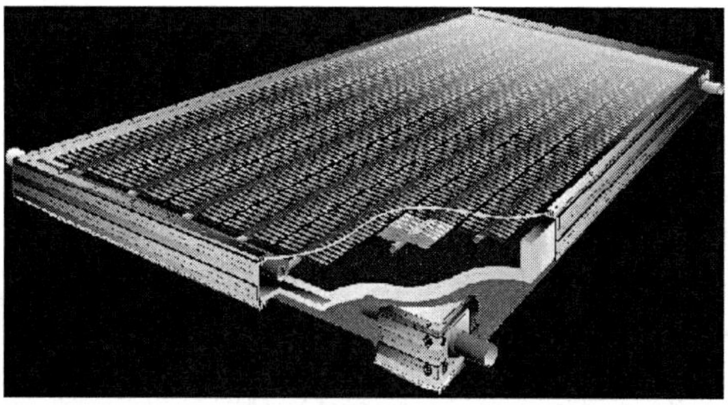

【 그림 4.3 】 태양열 발전에서 사용되는 평판형 집열판

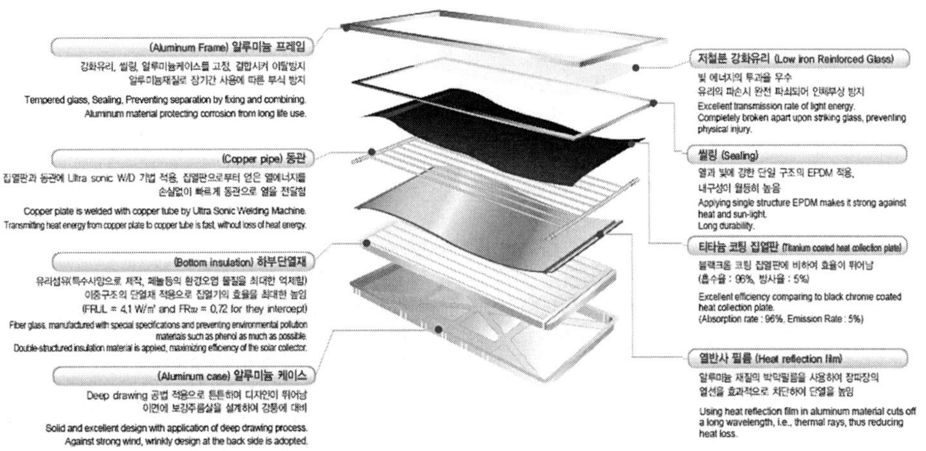

그림 4.4 평판형 집열판의 구조

1) 먼저, 두께 30mm의 알루미늄 프레임을 모델링한다(그림 4.5).

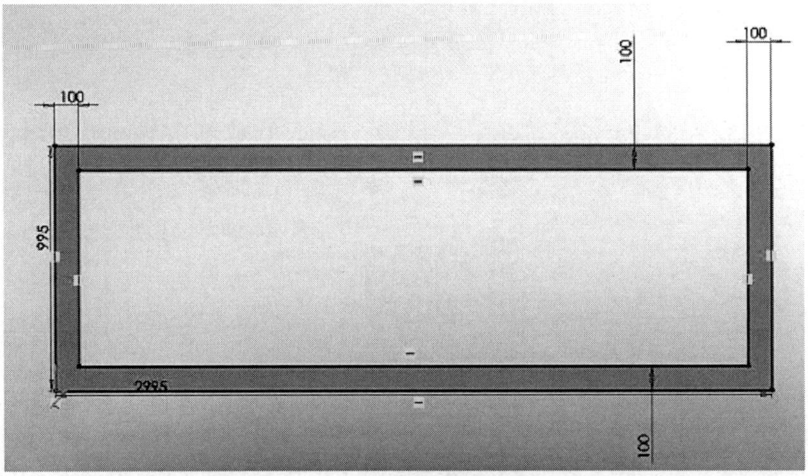

그림 4.5 알루미늄 프레임

2) 두께 2mm의 저철분 강화유리와 두께 2mm의 실링을 모델링한다(그림 4.6).

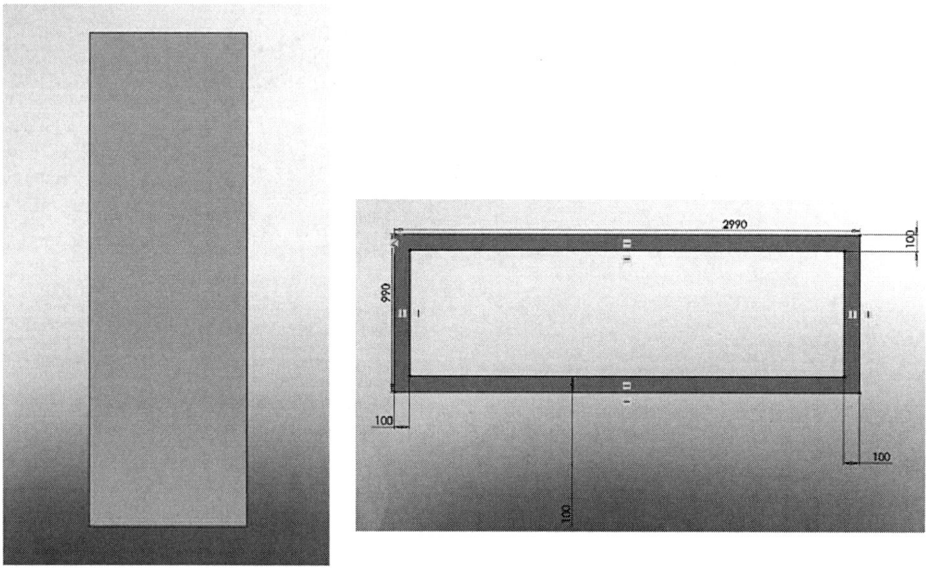

【 그림 4.6 】 저철분 강화유리와 실링

3) 두께 2mm의 티타늄 코팅 집열판과 바깥지름 10mm, 안지름 8mm의 동관을 모델링한다(그림 4.7).

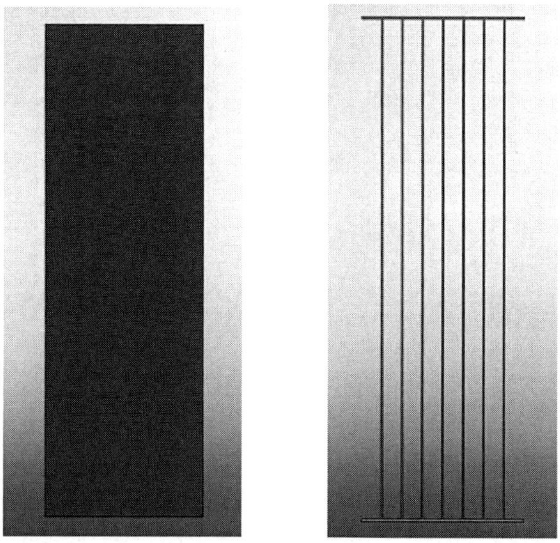

【 그림 4.7 】 티타늄 코팅 집열판과 바깥지름 10mm, 안지름 8mm의 동관

4) 두께 2mm의 열반사 필름과 두께 10mm의 하부 단열재를 모델링한다(그림 4.8).

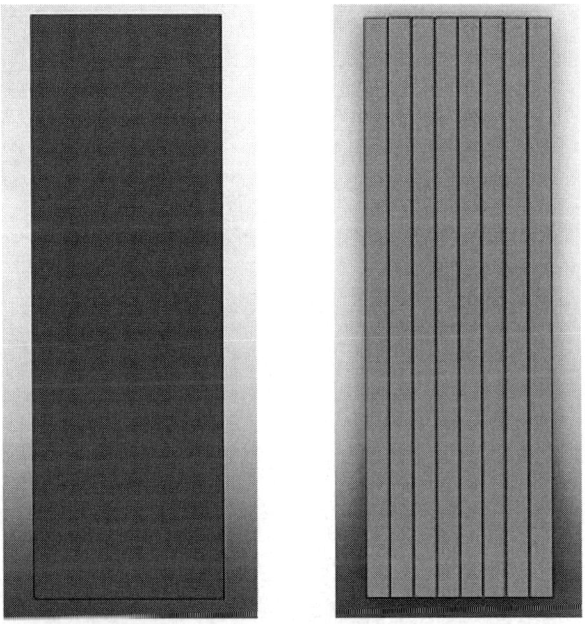

【 그림 4.8 】 열반사 필름과 하부 단열재

5) 두께 33mm의 알루미늄 케이스를 모델링한다(그림 4.9).

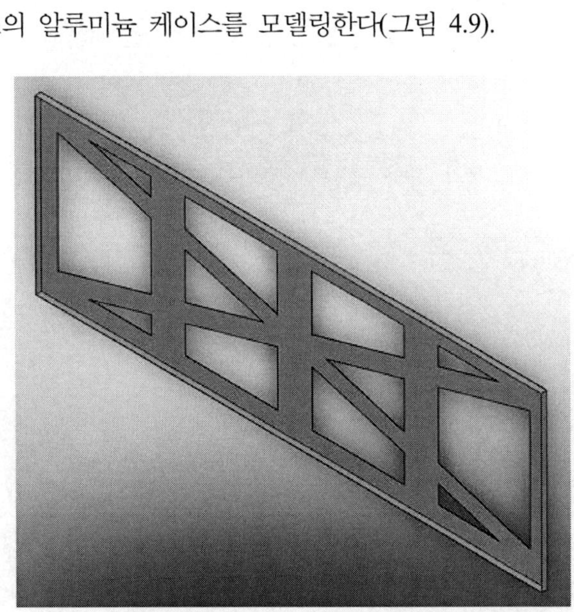

【 그림 4.9 】 알루미늄 케이스

6) 각 부품(part)들을 결합(assembly)한다(그림 4.10).

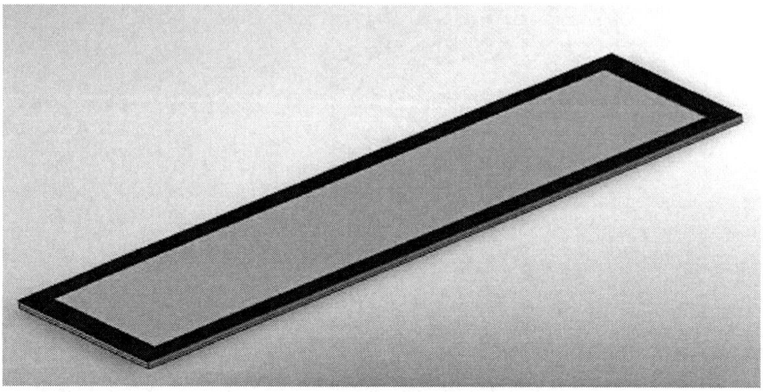

【그림 4.10】 평판형 집열판 모델

그림 4.11과 그림 4.12는 각각 CPC(Compound Parabolic Concentrator)형 집열기와 진공관형 집열기의 기하 모델링 결과를 보여주고 있다.

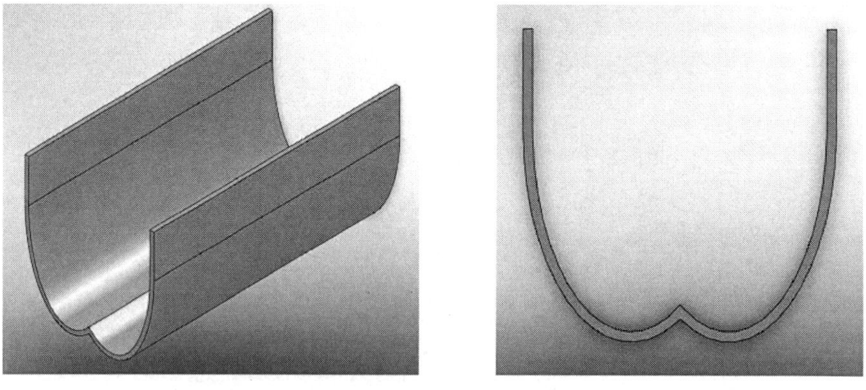

【그림 4.11】 CPC형 집열기 기하 모델링

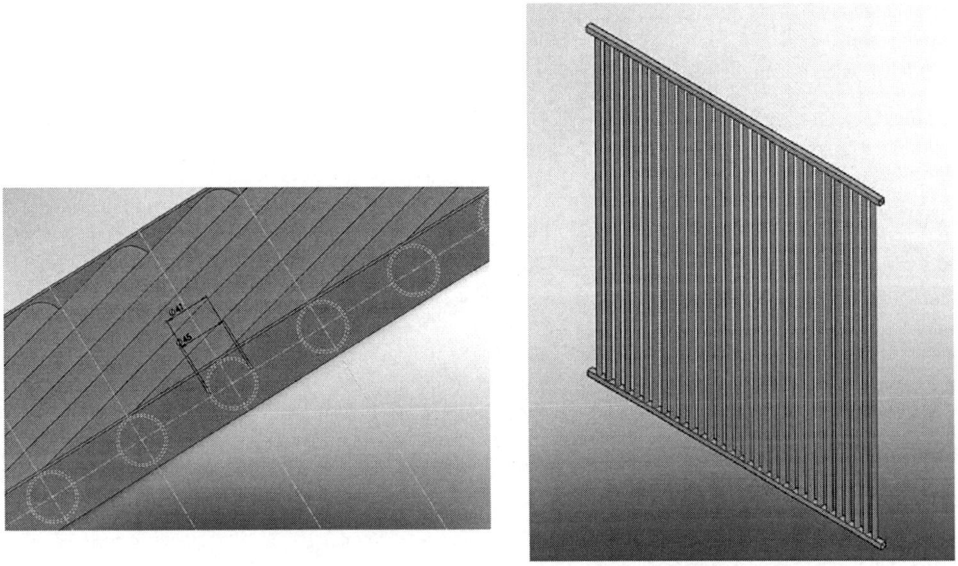

그림 4.12 진공관형 집열기 기하 모델링

다음 예제들은 3D CAD를 사용하여 모델링한 결과를 ANSYS에서 해석하는 과정을 설명하고 있다.

예제 1

그림 4.13은 반도체 웨이퍼를 화학 증착시킬 때 사용하는 실리콘 보트를 나타낸다. 균일한 온도 변화 $\Delta T=800$℃를 가정할 때, 보트에 발생하는 변형량과 응력을 구하시오. 탄성계수와 Poisson비는 각각 $E=131$GPa와 $\nu=0.2$로 가정한다. 아래 플레이트의 열팽창계수는 $\alpha_2=2.67\times10^{-6}$/℃, 나머지 부분의 열팽창계수는 $\alpha_1=4.0\times10^{-6}$/℃로 가정한다.

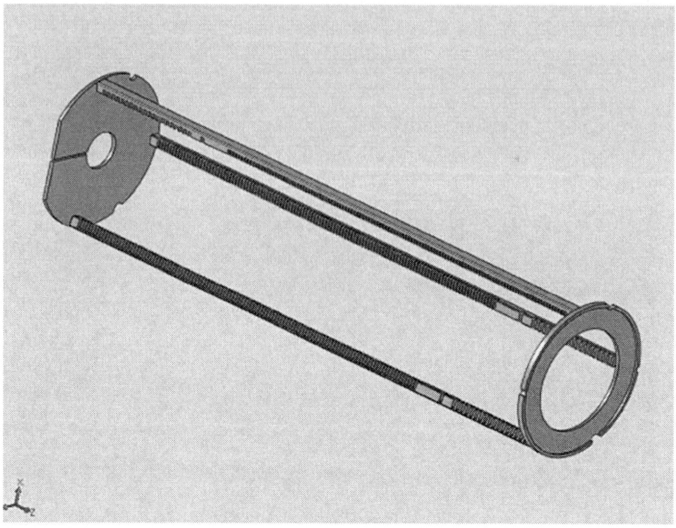

【그림 4.13】 반도체 웨이퍼를 화학 증착시킬 때 사용하는 실리콘 보트

대칭성을 고려하여 1/2만 모델링한다. 3D CAD인 SolidWorks로 모델링한 그림이 아래에 나타나 있다(그림 4.14).

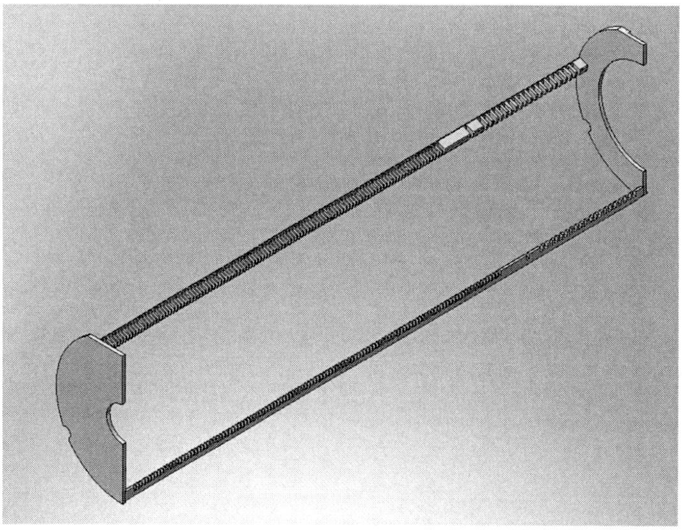

【그림 4.14】 1/2만 모델링한 실리콘 보트

해석 과정

1) File-Import-PARA....에서 parasolid(x_t)로 저장된 파일을 불러들임.
2) wireframe으로 되어 있는 상태를 solid 형태로 바꾸기 위해서 PlotCtrls-Style-Solid Model Facets.......에서 다음과 같이 설정

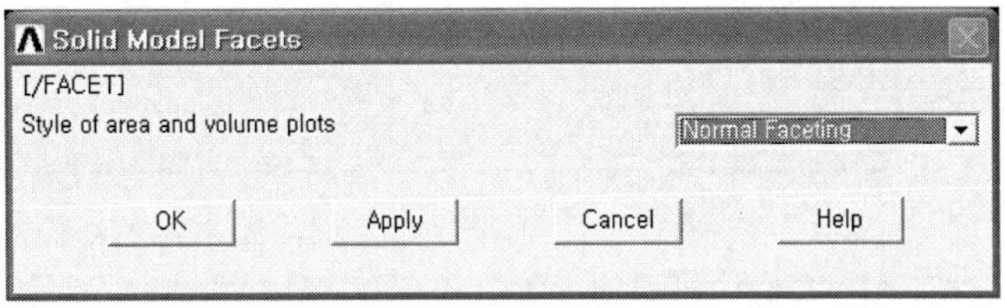

설정이 바뀐 것을 반영하기 위해서 Plot-Replot함

3) Preference for GUI Filtering을 다음과 같이 설정

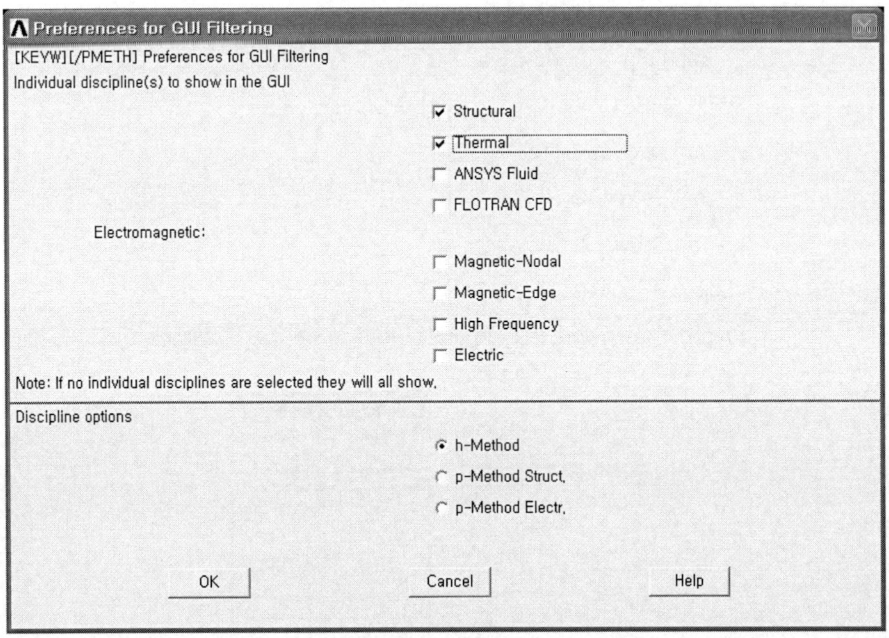

4) 요소를 선택함

Preferences-Preprocessor-Element Type-Add/Edit/Delete

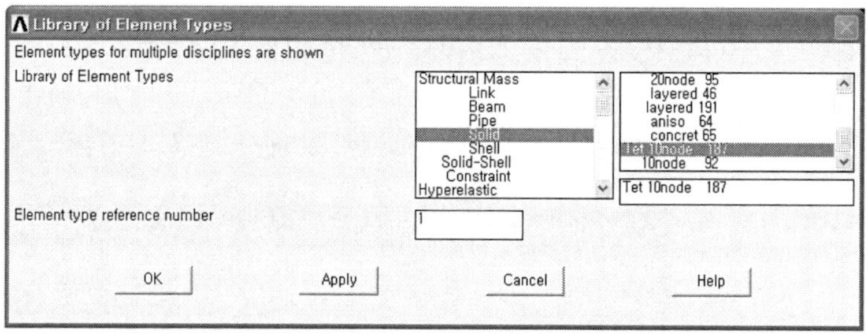

5) 재료의 물성을 입력함. 입력 방법은 앞에서 했던 방법 이외에 다음과 같이 직접 입력 창에 입력해도 됨

위 플레이트와 지지 막대에 대하여(물성 번호 1),

mp, ex, 1, 131e9

mp, nuxy, 1, 0.2

mp, alpx, 1, 4e-6

아래 플레이트에 대하여(물성 번호 2),

mp, ex, 2, 131e9

mp, nuxy, 2, 0.2

mp, alpx, 2, 2.67e-6

6) Glue를 이용하여 각 부피들을 붙여줌

Preprocessor-Modeling-Operate-Booleans-Glue-Volumes

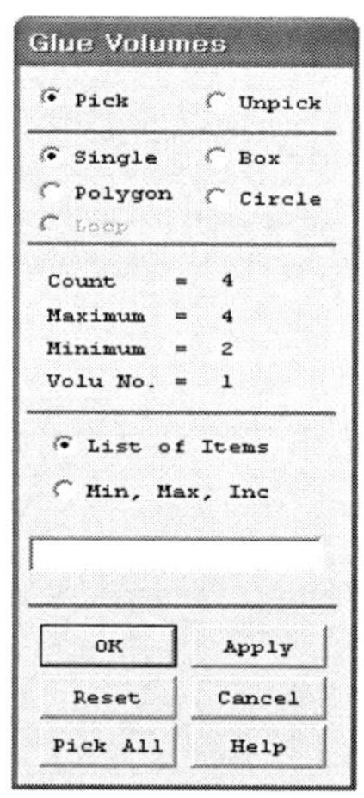

7) 유한요소를 생성함. 먼저 물성 번호 1번을 따르는 part들(위 플레이트와 지지 막대들)만 Mesh를 줌

Preprocessor-Meshing-Mesh Tool

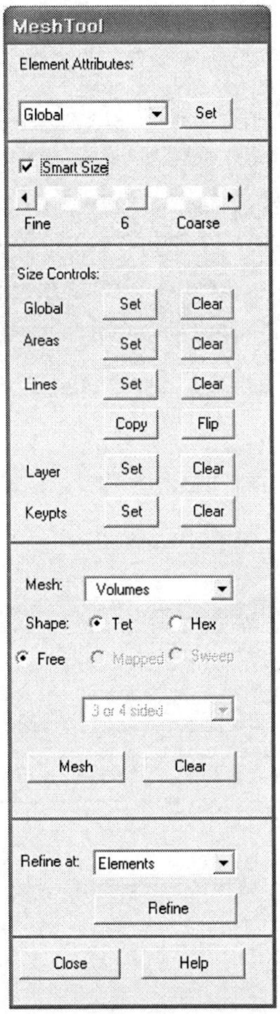

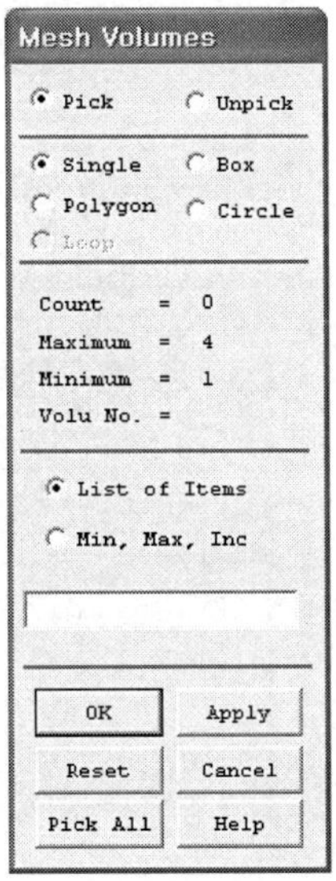

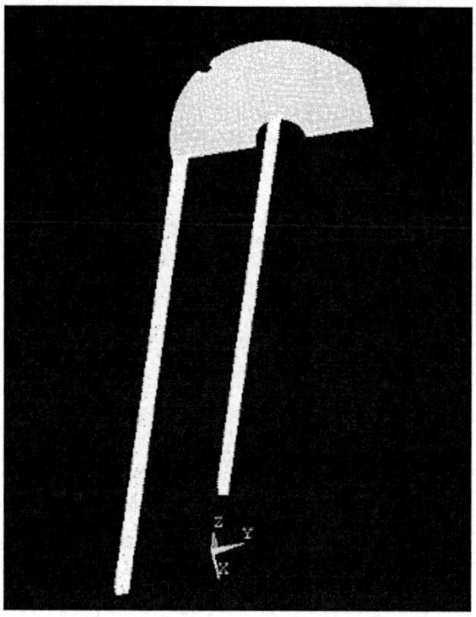

8) 아래 플레이트(물성 번호 2)에 Mesh를 주기 위해서 속성을 바꿔줌
Preprocessor-Meshing-Mesh Attributes-Picked Volume

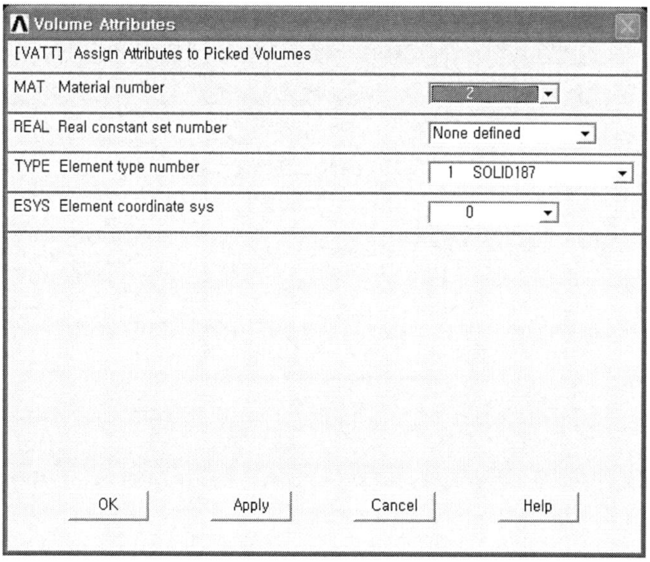

9) 물성 번호 2번을 따르는 아래 플레이트에 Mesh를 줌

Preprocessor-Meshing-Mesh Tool

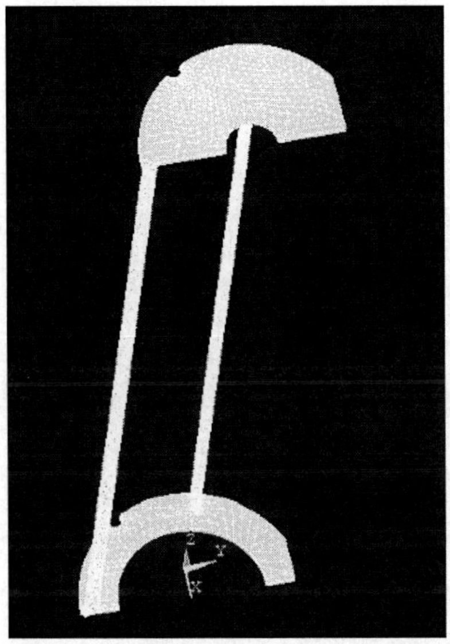

10) 대칭인 면을 선택하여 대칭 조건을 줌

Solution-Define Loads-Apply-Structural-Displacement-Symmetry B.C.-On Areas

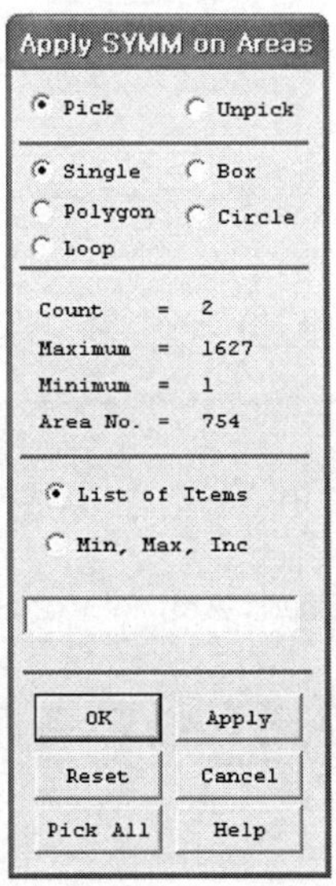

11) 아래 플레이트의 바닥 면에는 Uz=0, 아래 플레이트 앞부분(편평한 평면)에는 Uy = 0의 구속 조건을 줌

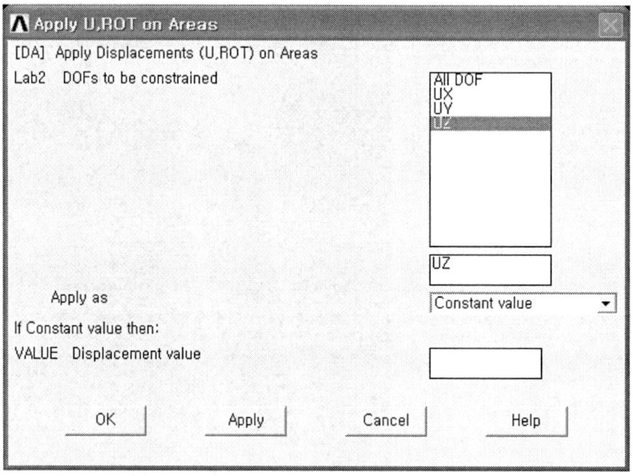

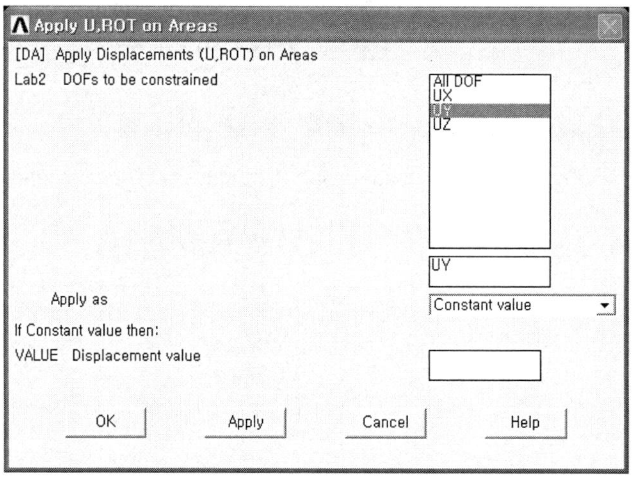

12) 온도 조건을 줌

Solution-Define Loads-Apply-Structural-Temperature-Uniform Temp

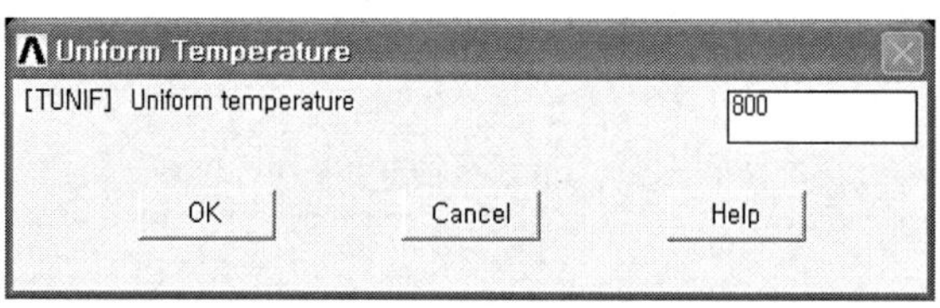

13) 해석을 수행함.

Solution-Solve-Current LS

14) 변위량과 응력에 대한 해석 결과를 출력함.

General Postproc-Plot Results-Contour Plot-Nodal Solu

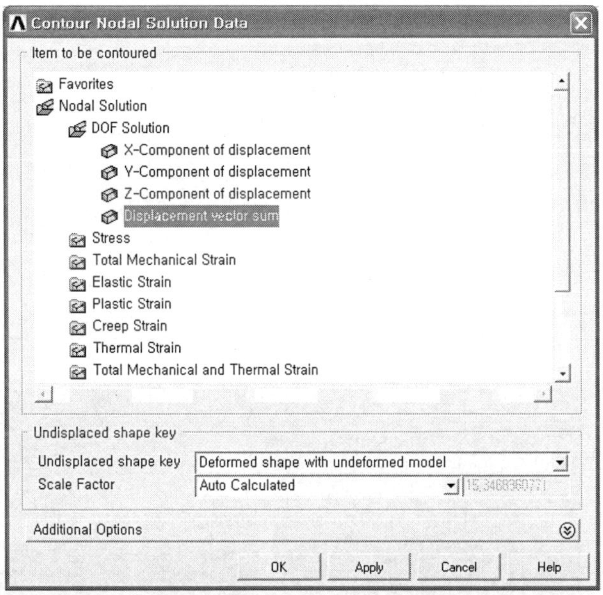

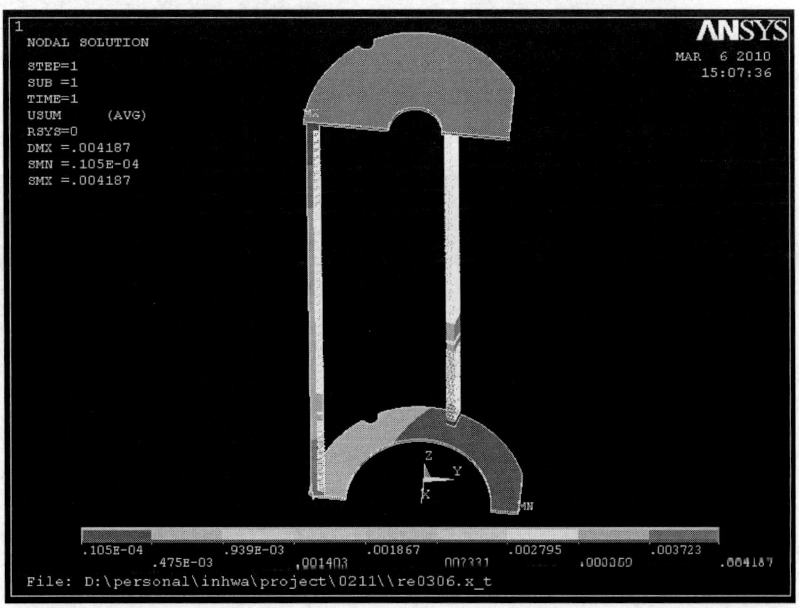

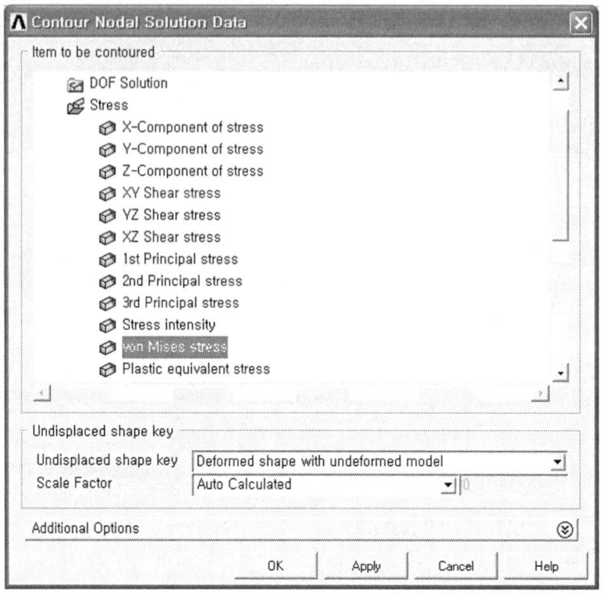
Contour Nodal Solution Data
Item to be contoured
DOF Solution
Stress
X-Component of stress
Y-Component of stress
Z-Component of stress
XY Shear stress
YZ Shear stress
XZ Shear stress
1st Principal stress
2nd Principal stress
3rd Principal stress
Stress intensity
von Mises stress
Plastic equivalent stress
Undisplaced shape key
Undisplaced shape key
Deformed shape with undeformed model
Scale Factor
Auto Calculated
Additional Options
OK
Apply
Cancel
Help

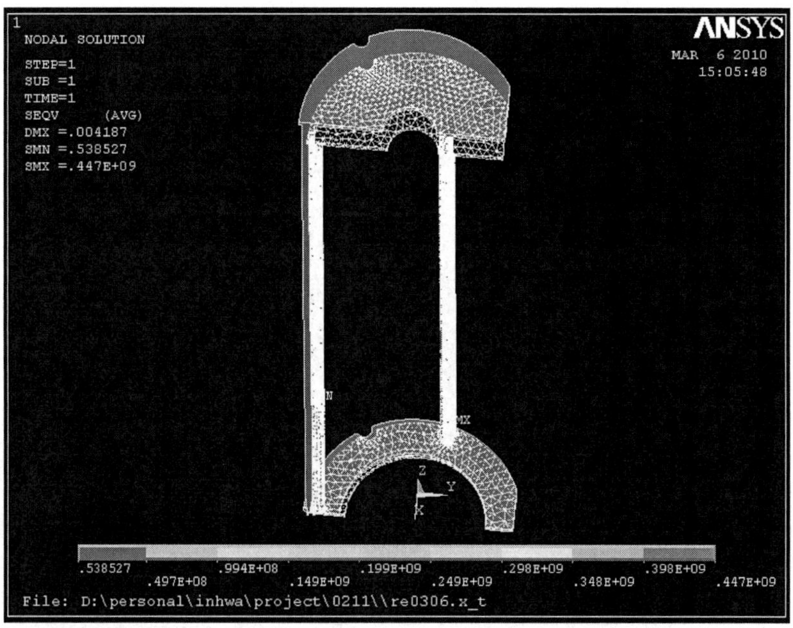
1
NODAL SOLUTION
STEP=1
SUB =1
TIME=1
SEQV (AVG)
DMX =.004187
SMN =.538527
SMX =.447E+09
ANSYS
MAR 6 2010
15:05:48
N
MX
Z
Y
X
.538527
.497E+08
.994E+08
.149E+09
.199E+09
.249E+09
.298E+09
.348E+09
.398E+09
.447E+09
File: D:\personal\inhwa\project\0211\\re0306.x_t

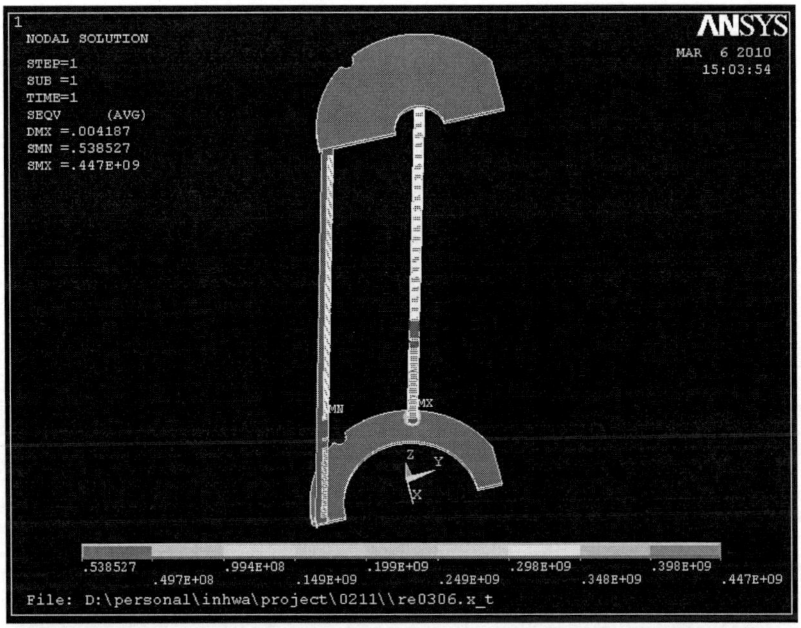
1
NODAL SOLUTION
STEP=1
SUB =1
TIME=1
SEQV (AVG)
DMX =.004187
SMN =.538527
SMX =.447E+09
ANSYS
MAR 6 2010
15:03:54
MN
MX
.538527
.497E+08
.994E+08
.149E+09
.199E+09
.249E+09
.298E+09
.348E+09
.398E+09
.447E+09
File: D:\personal\inhwa\project\0211\\re0306.x_t

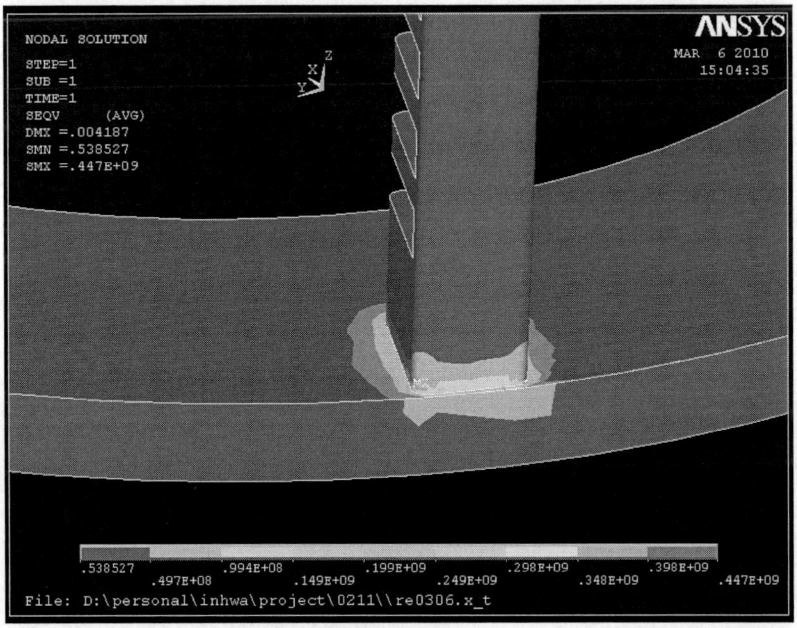
NODAL SOLUTION
STEP=1
SUB =1
TIME=1
SEQV (AVG)
DMX =.004187
SMN =.538527
SMX =.447E+09
ANSYS
MAR 6 2010
15:04:35
.538527
.497E+08
.994E+08
.149E+09
.199E+09
.249E+09
.298E+09
.348E+09
.398E+09
.447E+09
File: D:\personal\inhwa\project\0211\\re0306.x_t

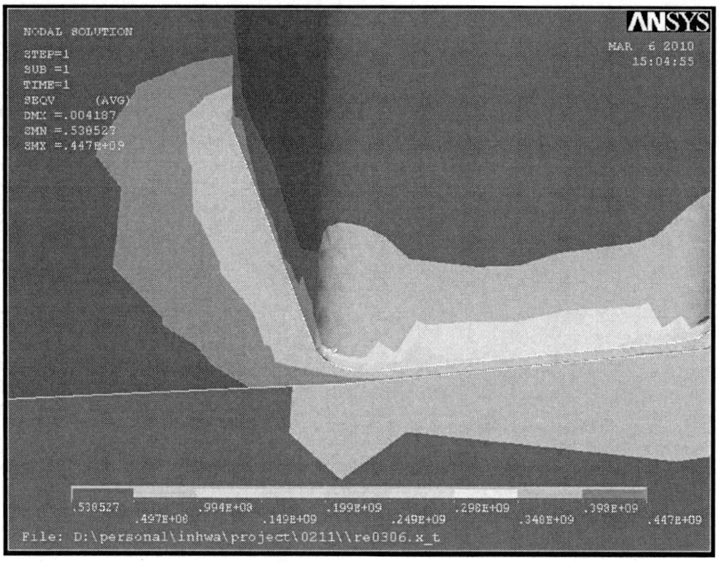

예제 2

그림 4.15는 이탈리아 피사에 있는 사탑을 보여주고 있다. 3D CAD를 사용하여 기하 모델링한 후 자중에 의한 변형량과 응력을 구하시오. 재질은 대리석(E=60GPa, ν=0.25, ρ=0.0000276kg/mm^3)으로 균일하다고 가정한다.

그림 4.15 피사의 사탑

1) SolidWorks로 기하 모델링

2) ANSYS에서 유한요소 모델링

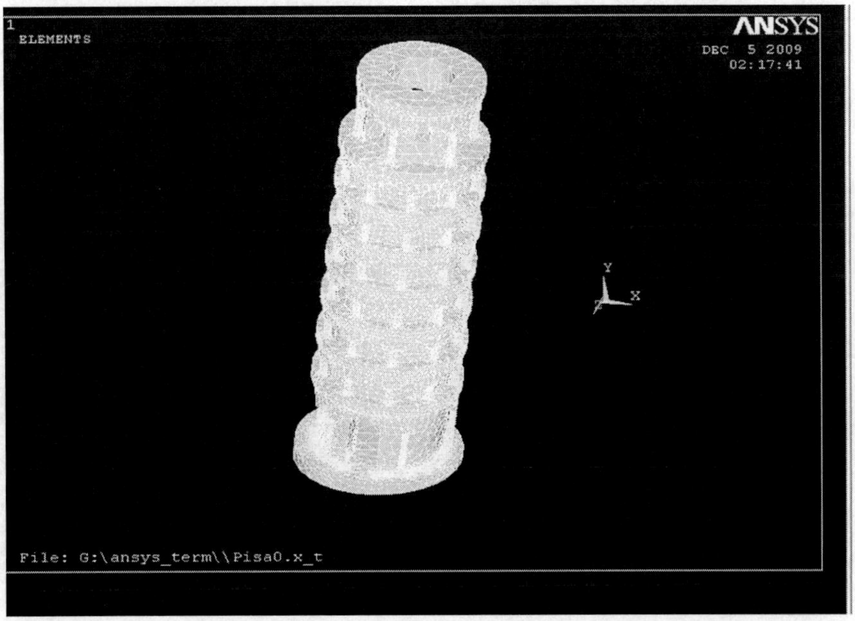

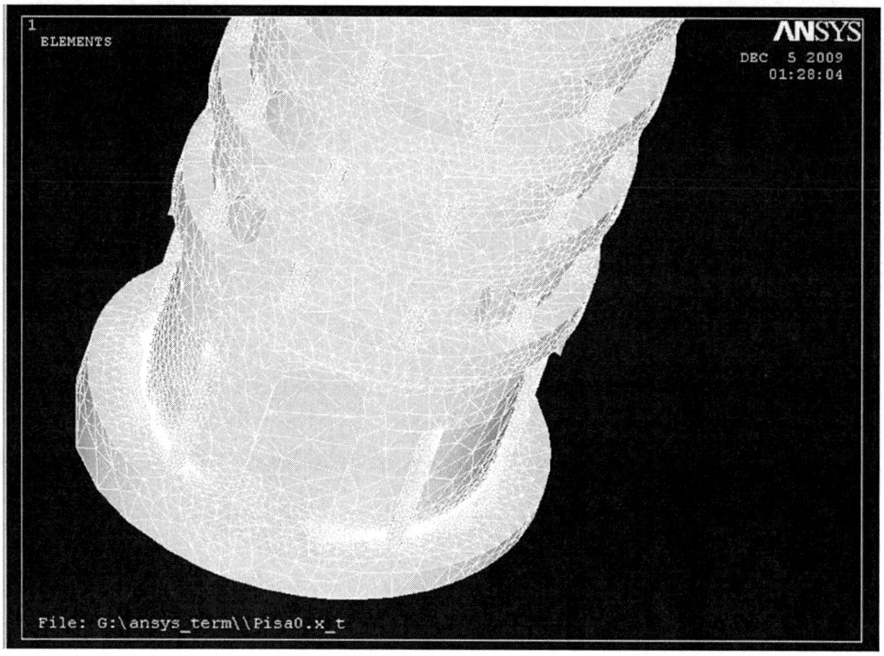
1
ELEMENTS
ANSYS
DEC 5 2009
01:28:04
File: G:\ansys_term\\Pisa0.x_t

3) 해석 결과

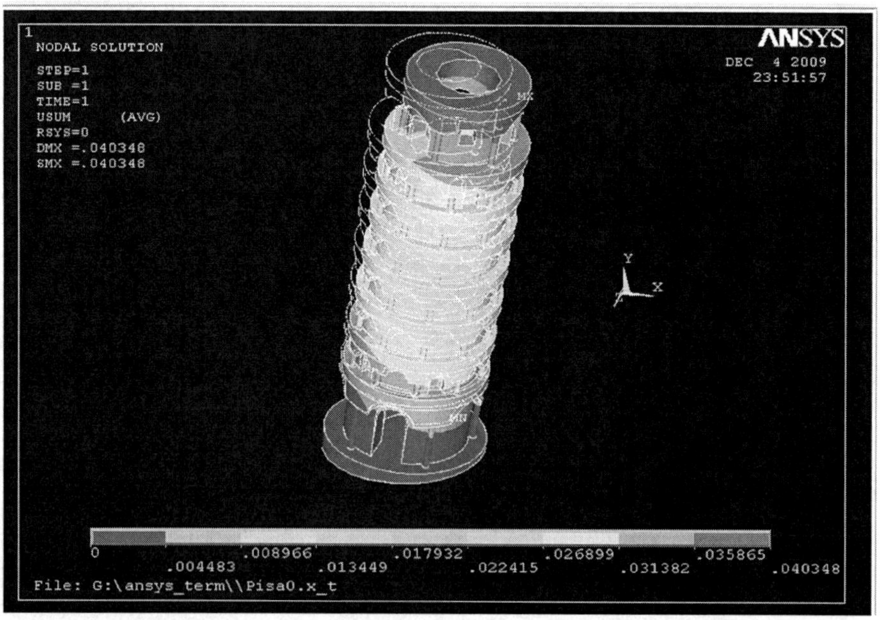
1
NODAL SOLUTION
STEP=1
SUB =1
TIME=1
USUM (AVG)
RSYS=0
DMX =.040348
SMX =.040348
ANSYS
DEC 4 2009
23:51:57
MX
MN
Y
X
0
.004483
.008966
.013449
.017932
.022415
.026899
.031382
.035865
.040348
File: G:\ansys_term\\Pisa0.x_t

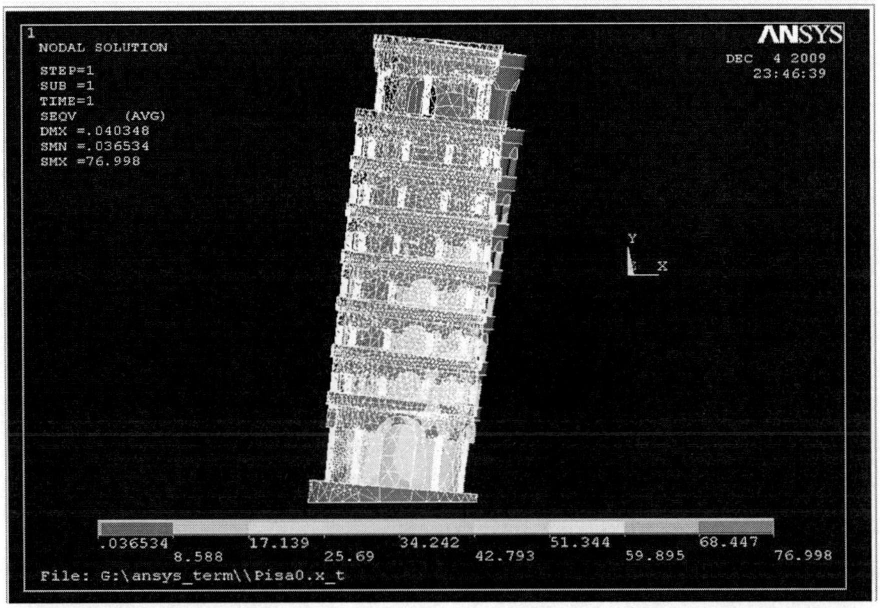
NODAL SOLUTION
STEP=1
SUB =1
TIME=1
SEQV (AVG)
DMX =.040348
SMN =.036534
SMX =76.998
ANSYS
DEC 4 2009
23:46:39
Y
X
.036534
8.588
17.139
25.69
34.242
42.793
51.344
59.895
68.447
76.998
File: G:\ansys_term\\Pisa0.x_t

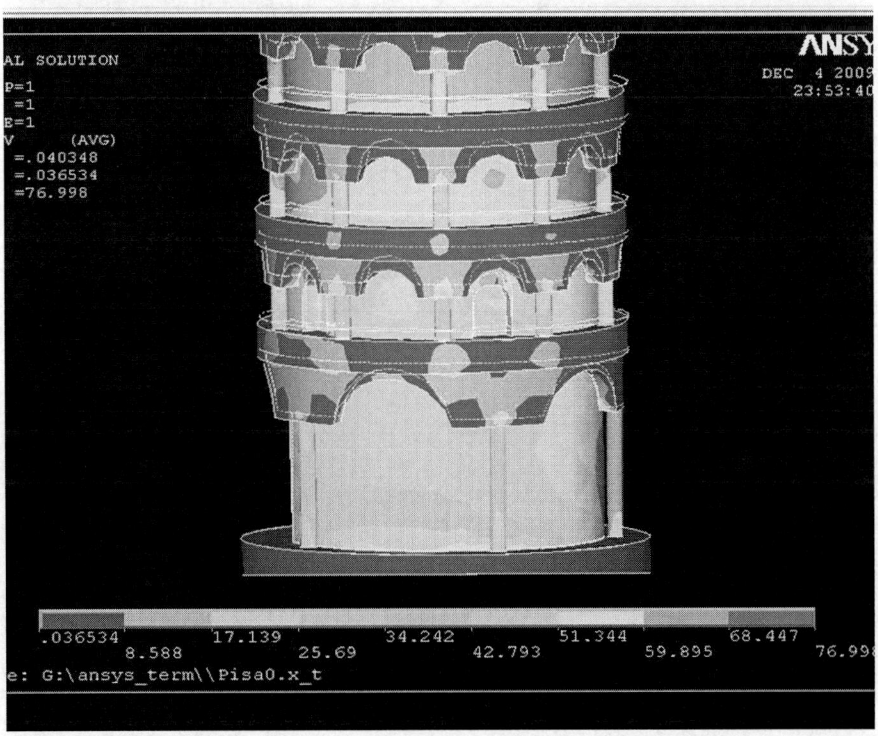
DEC 4 2009
23:53:40
(AVG)
=.040348
=.036534
=76.998
.036534
8.588
17.139
25.69
34.242
42.793
51.344
59.895
68.447
G:\ansys_term\\Pisa0.x_t

예제 3

그림 4.16은 농구 림을 나타낸다. 일반적으로 농구 림의 높이는 305cm, 백 보드의 면적은 180cm×105cm, 백 보드 아크릴의 두께는 1.5cm, 농구 림의 지름은 45cm, 농구 림의 두께는 2cm, 백 보드와 농구 림의 거리는 15cm이다. 무게 140kg의 선수가 한 손으로 농구 림에 매달릴 때 농구 림에 발생하는 응력을 구하시오. 단, 농구 림의 탄성계수와 Poisson 비는 각각 $E=200\text{GPa}$이고 $\nu=0.3$임.

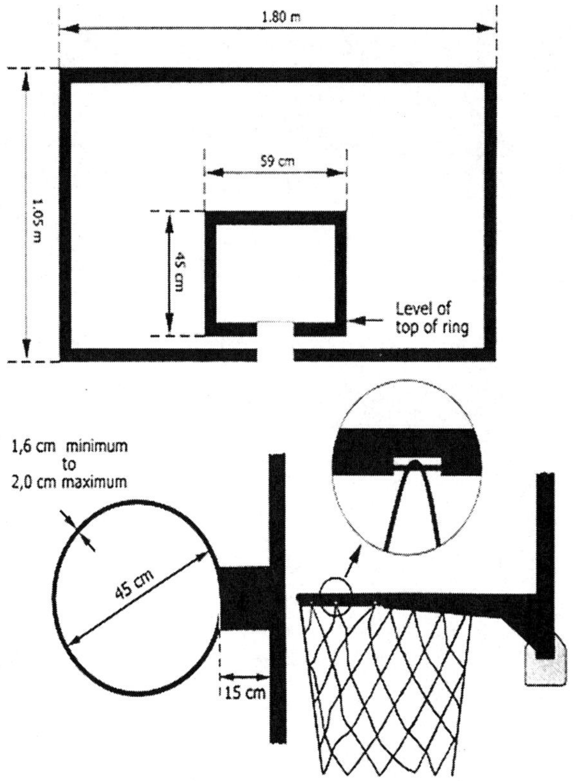

【그림 4.16】 농구 림

1) 기하 모델링

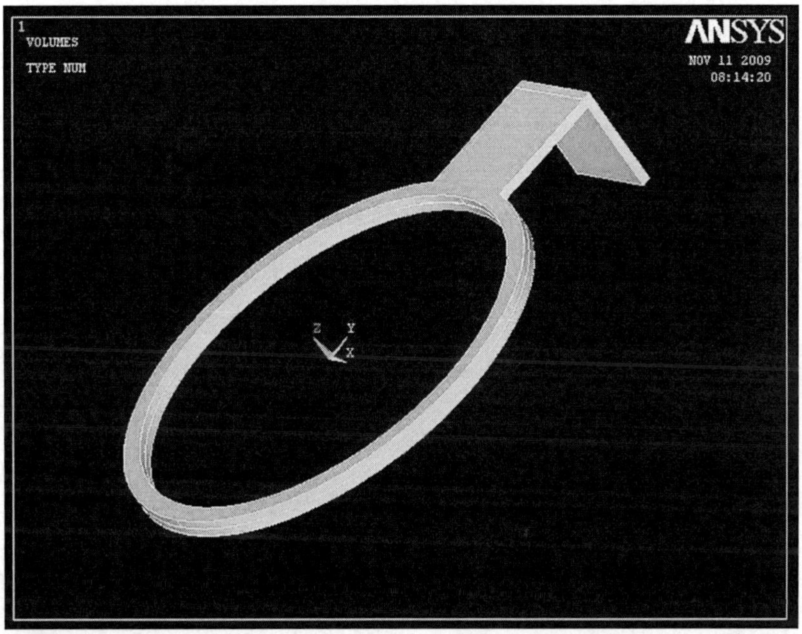

2) 해석 결과

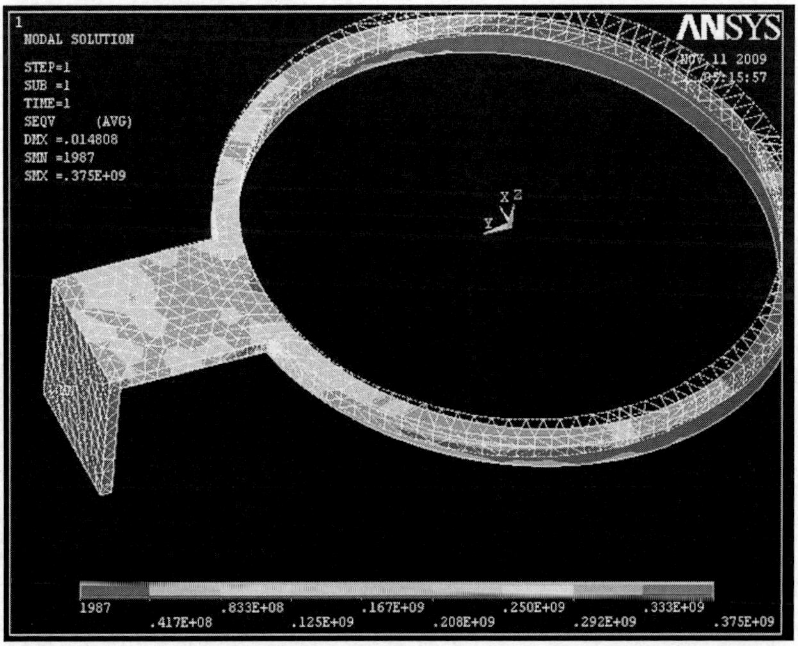

예제 4

그림 4.17과 4.18은 각각 이집트에 있는 쿠푸왕 피라미드의 외부 형상과 내부 구조를 나타낸다. 피라미드는 석회암과 일부 화강암으로 구성되어 있다. 피라미드를 석회암으로 가정하고 자중에 의한 변형량과 응력을 구하시오. 단, 탄성계수와 Poisson 비는 각각 $E=40$GPa와 $\nu=0.25$이고 밀도는 $\rho=2400\text{kg/m}^3$임.

그림 4.17 피라미드

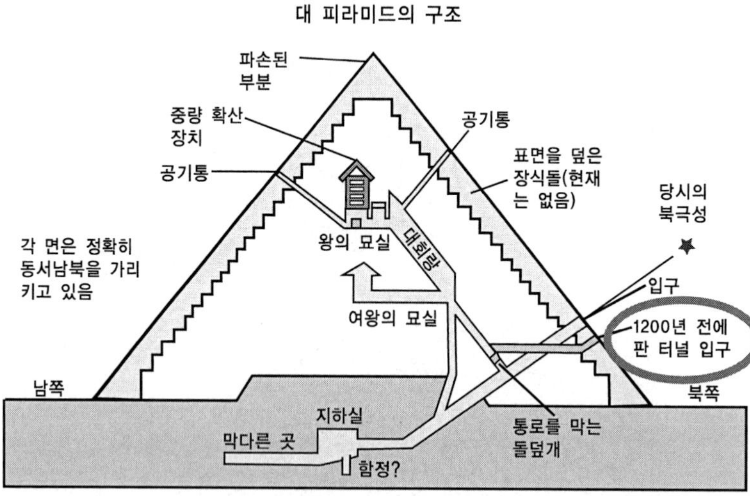

그림 4.18 피라미드 단면도

1) 3D 모델링 : 대칭으로 가정하고 1/2만 모델링함

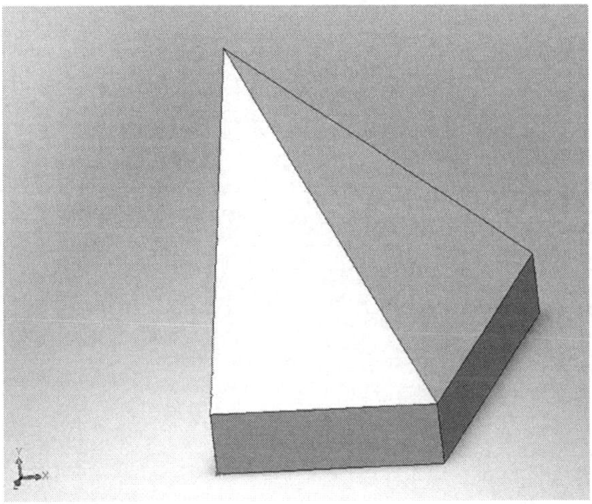

2) 유한요소 생성

3) 변형량과 응력 해석 결과

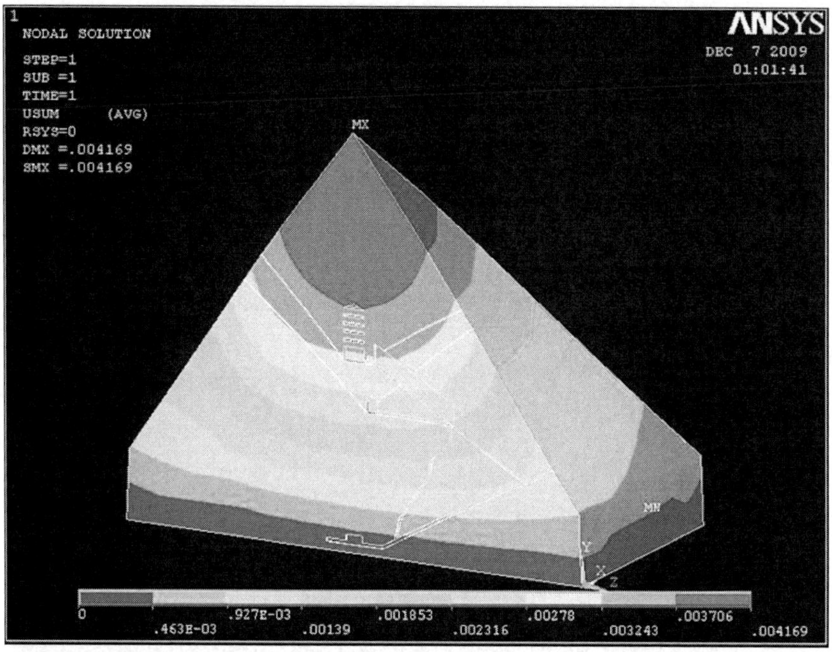

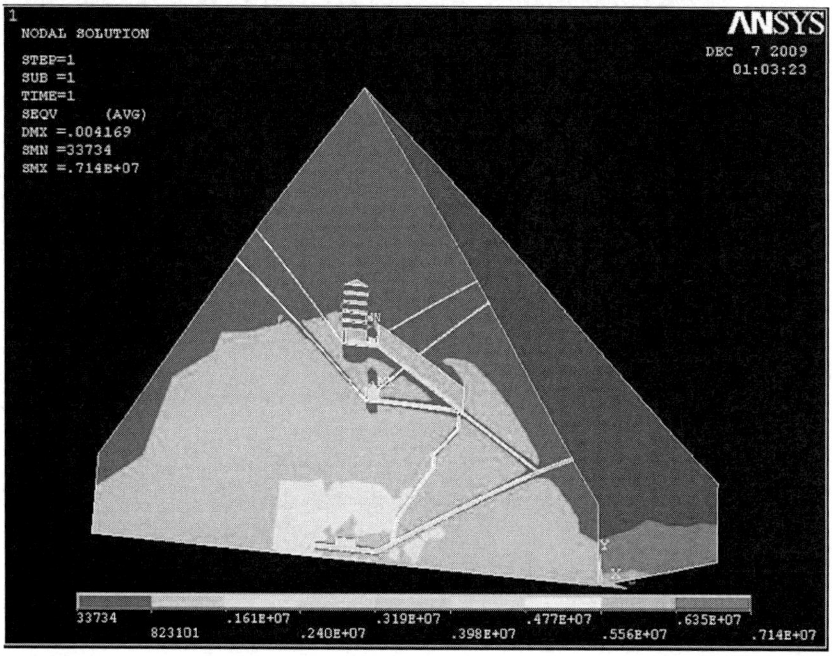

예제 5

그림 4.19는 중동의 요르단에 있는 알 카즈네(Al Khazneh)를 나타내고 있다. 너비와 높이는 28m×40m로 UNESCO 세계문화유산으로 등재되어 있는데, 재질은 붉은 사암 (E=50GPa, ν=0.17, ρ=2,000kg/m^3)이다. 자중에 의한 변형량과 응력을 구하시오.

그림 4.19 알 카즈네(Al Khazneh)

1) 3D 모델링

2) 주요 건축물을 분리하여 ANSYS에서 유한요소 모델링

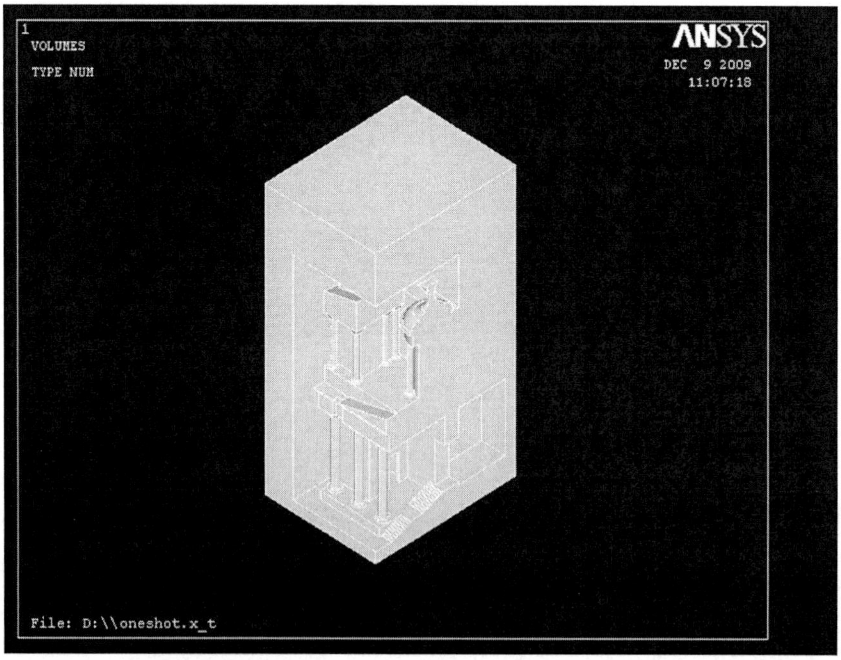

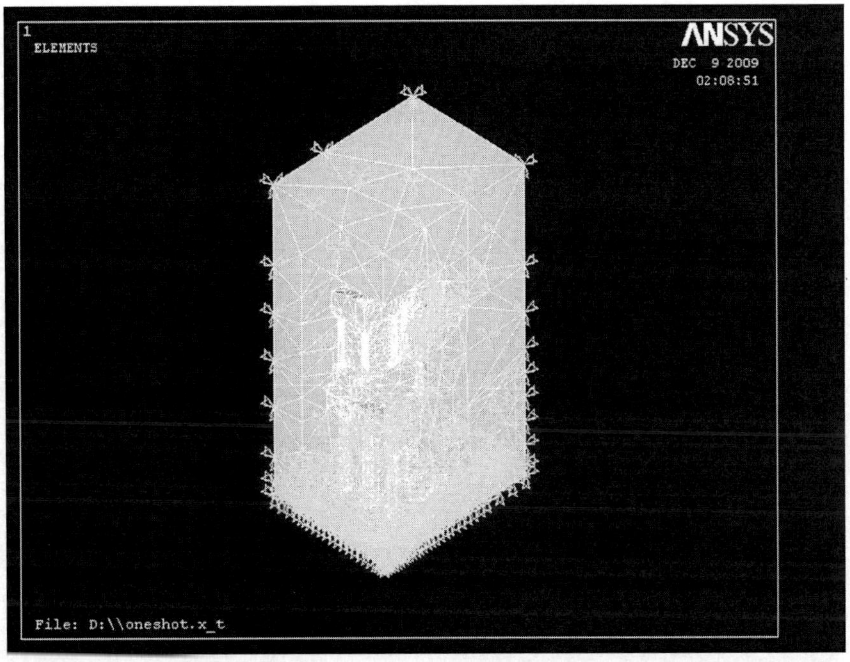
1
ELEMENTS
ANSYS
DEC 9 2009
02:08:51
File: D:\\oneshot.x_t

3) 변형량과 응력 해석

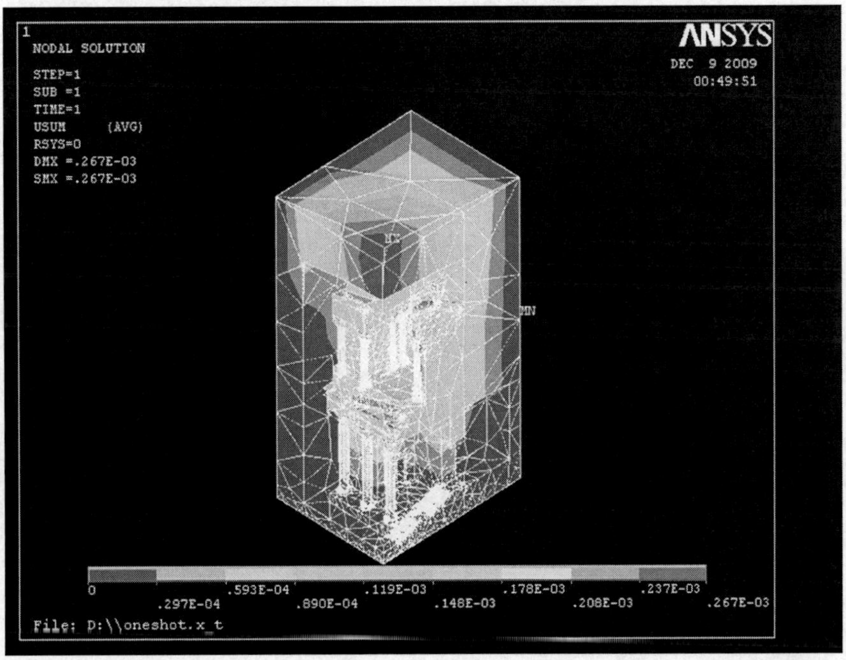
1
NODAL SOLUTION
STEP=1
SUB =1
TIME=1
USUM (AVG)
RSYS=0
DMX =.267E-03
SMX =.267E-03
ANSYS
DEC 9 2009
00:49:51
MN
0
.297E-04
.593E-04
.890E-04
.119E-03
.148E-03
.178E-03
.208E-03
.237E-03
.267E-03
File: D:\\oneshot.x_t

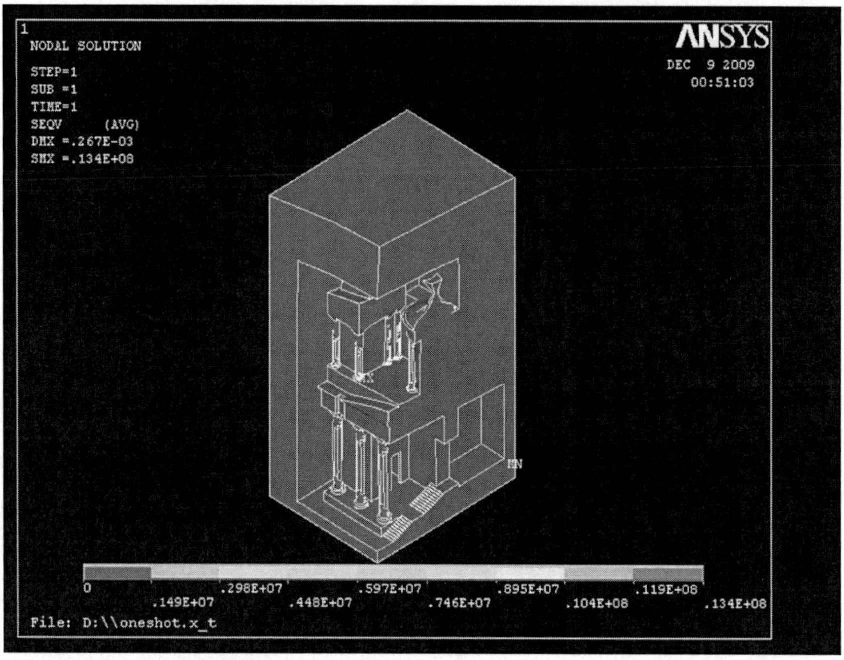
1
NODAL SOLUTION
STEP=1
SUB =1
TIME=1
SEQV (AVG)
DMX =.267E-03
SMX =.134E+08
ANSYS
DEC 9 2009
00:51:03
MN
0
.149E+07
.298E+07
.448E+07
.597E+07
.746E+07
.895E+07
.104E+08
.119E+08
.134E+08
File: D:\\oneshot.x_t

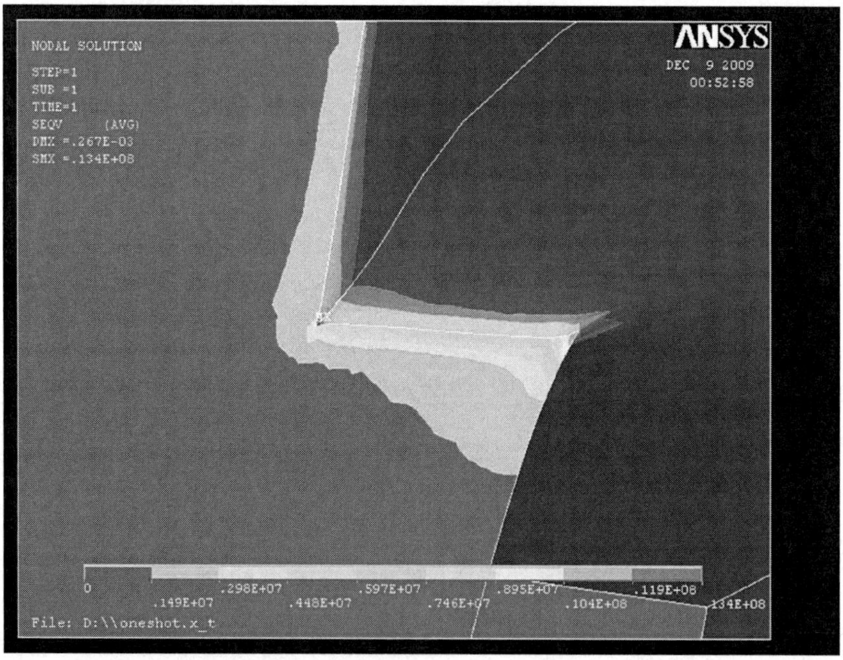
NODAL SOLUTION
STEP=1
SUB =1
TIME=1
SEQV (AVG)
DMX =.267E-03
SMX =.134E+08
ANSYS
DEC 9 2009
00:52:58
0
.149E+07
.298E+07
.448E+07
.597E+07
.746E+07
.895E+07
.104E+08
.119E+08
File: D:\\oneshot.x_t

4) 윗부분을 떼어내고 ANSYS에서 유한요소 모델링

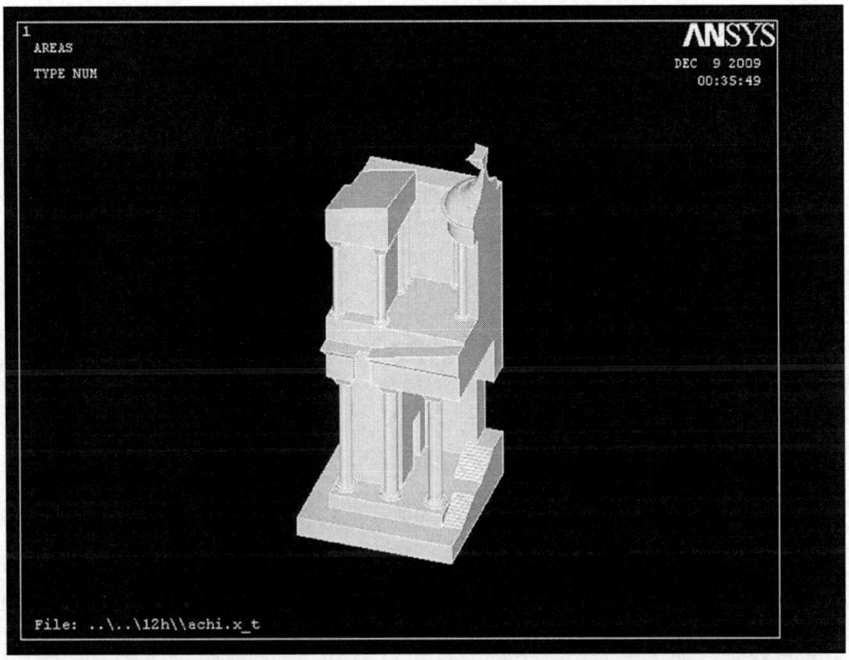

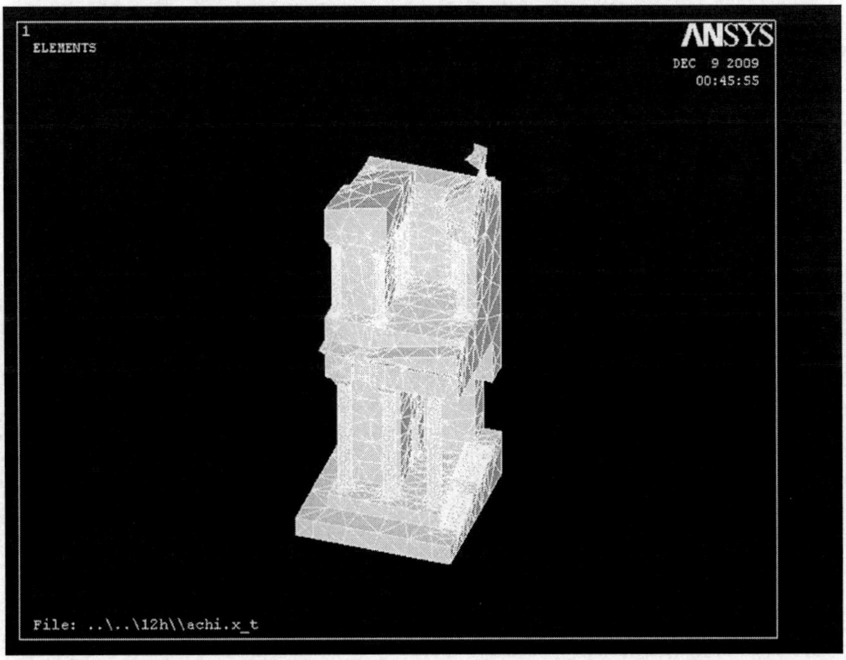

5) 변형량과 응력 해석

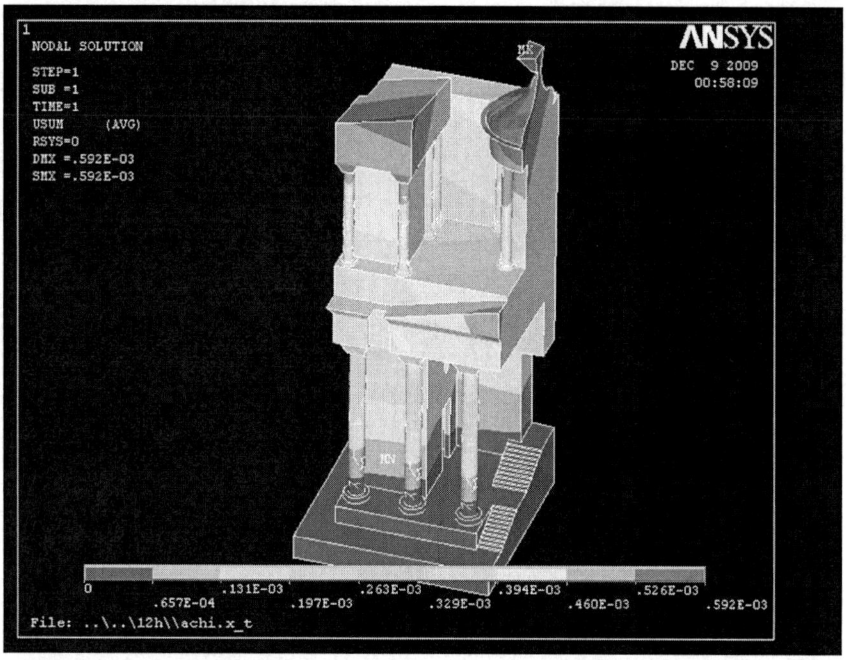
1
NODAL SOLUTION
STEP=1
SUB =1
TIME=1
USUM (AVG)
RSYS=0
DMX =.592E-03
SMX =.592E-03
ANSYS
DEC 9 2009
00:58:09
MX
MN
0
.657E-04
.131E-03
.197E-03
.263E-03
.329E-03
.394E-03
.460E-03
.526E-03
.592E-03
File: ..\..\12h\\achi.x_t

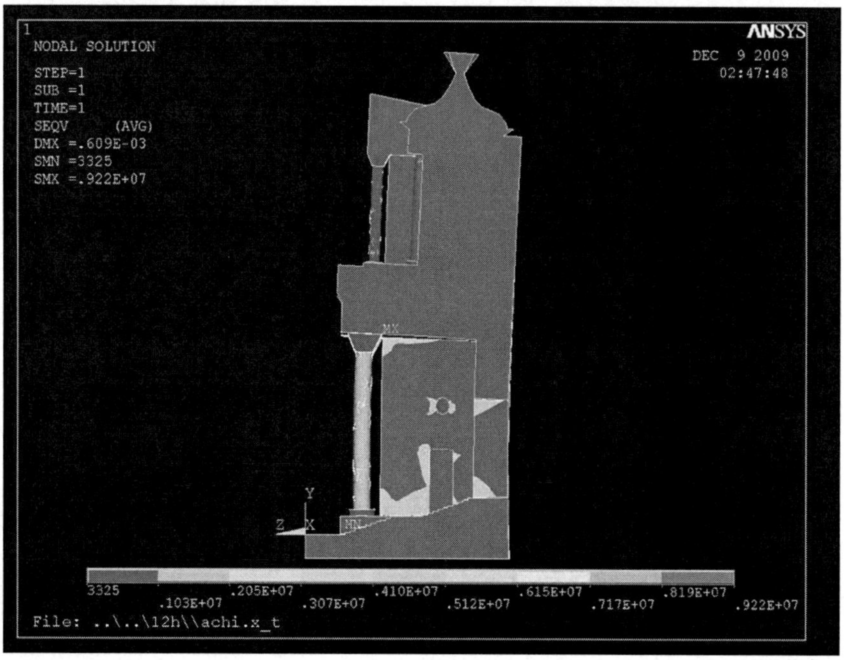
1
NODAL SOLUTION
STEP=1
SUB =1
TIME=1
SEQV (AVG)
DMX =.609E-03
SMN =3325
SMX =.922E+07
ANSYS
DEC 9 2009
02:47:48
MX
MN
Y
Z X
3325
.103E+07
.205E+07
.307E+07
.410E+07
.512E+07
.615E+07
.717E+07
.819E+07
.922E+07
File: ..\..\12h\\achi.x_t

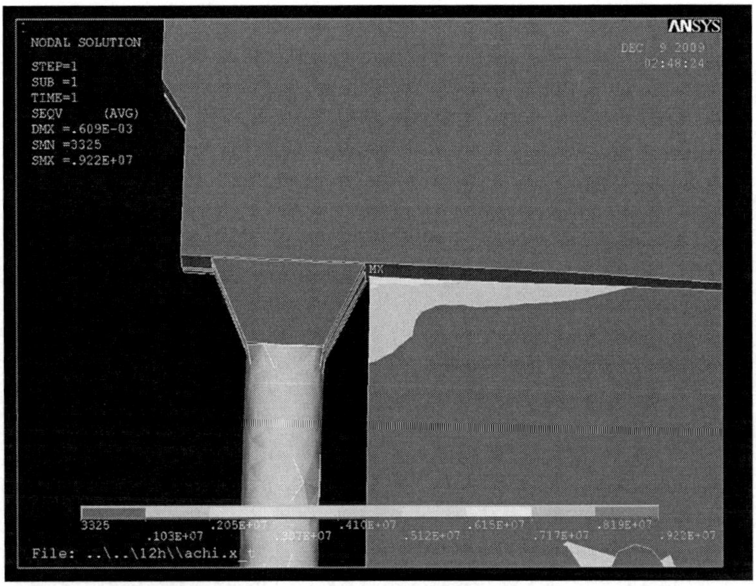

예제 6

그림 4.20은 석굴암 단면을 나타내고 있다. 석굴암은 자연석의 화강암(E=60GPa, ν=0.3, ρ=1500kg/m^3)을 다듬어 인공적으로 축조되었는데, 천장은 궁륭형의 둥근 양식이며, 그 위에 연화문의 원판을 두어 천개로 사용하고 있다. 입구인 직사각형의 전실과 원형의 주실이 복도 역할을 하는 통로이다. UNESCO 세계문화유산으로 등재되어 있다. 자중에 의한 변형량과 응력을 구하시오.

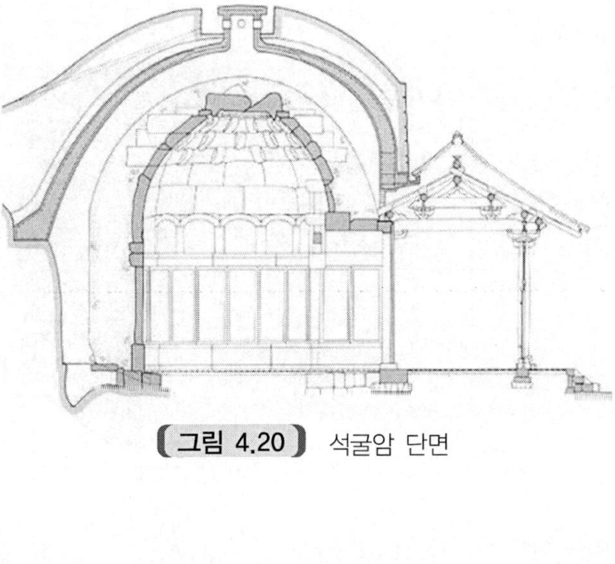

그림 4.20 석굴암 단면

1) 3D 기하 모델링

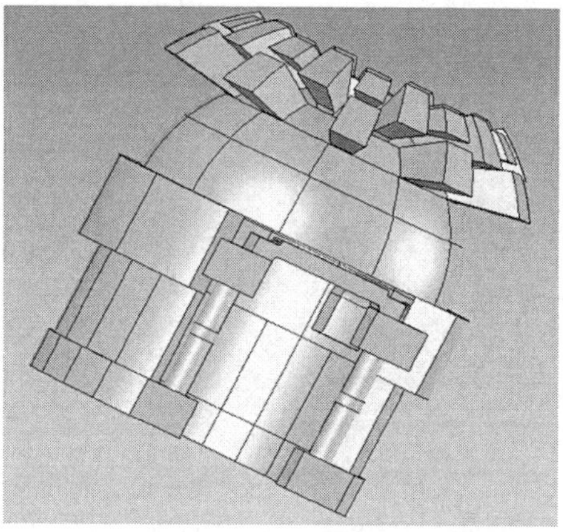

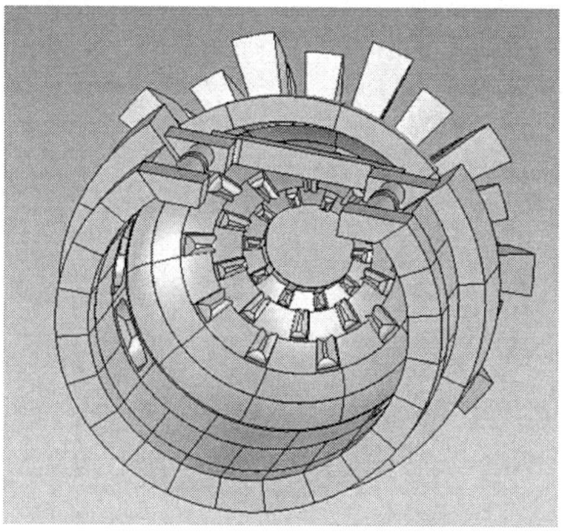

2) 유한요소 모델링

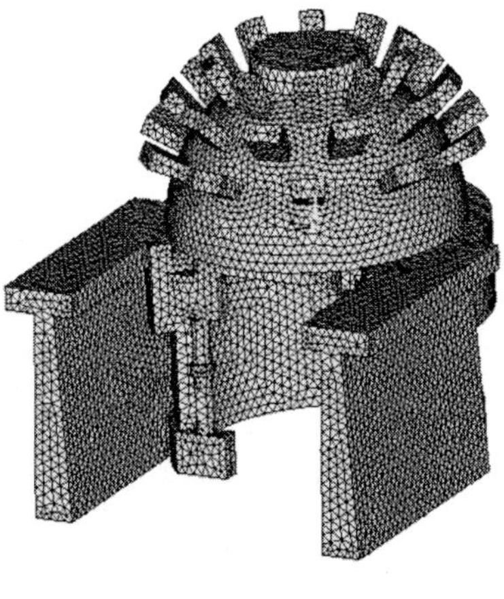

3) 변형량과 응력 해석

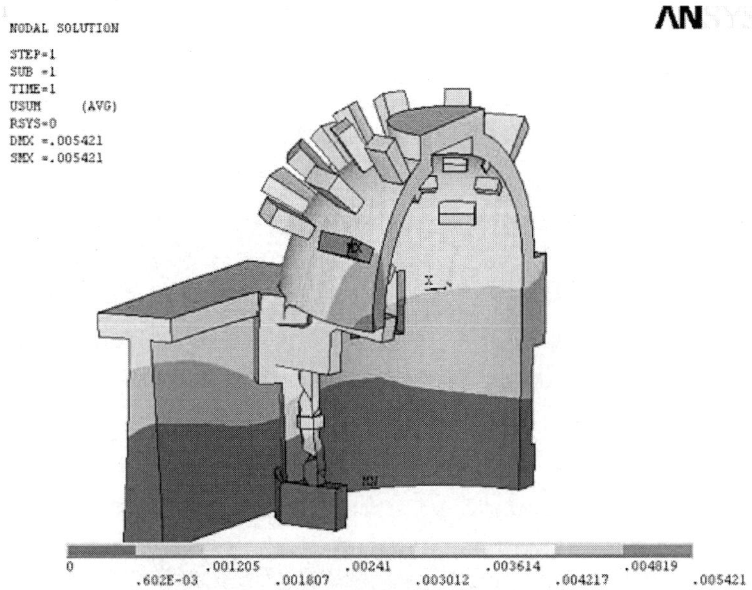
NODAL SOLUTION
STEP=1
SUB =1
TIME=1
USUM (AVG)
RSYS=0
DMX =.005421
SMX =.005421
0
.602E-03
.001205
.001807
.00241
.003012
.003614
.004217
.004819
.005421

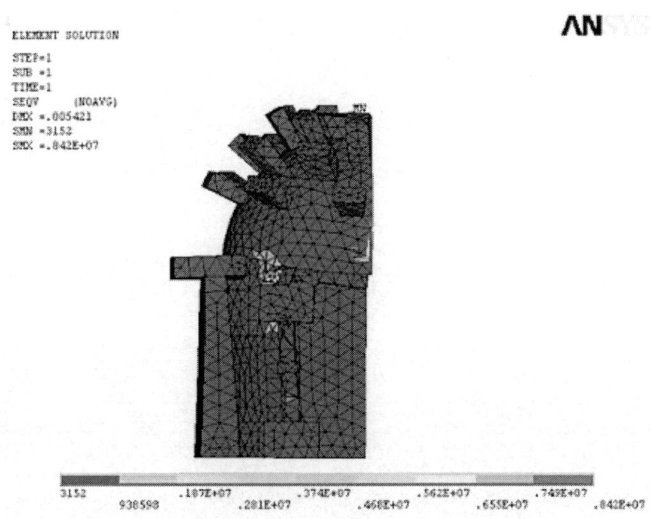
ELEMENT SOLUTION
STEP=1
SUB =1
TIME=1
SEQV (NOAVG)
DMX =.005421
SMN =3152
SMX =.842E+07
3152
938598
.187E+07
.281E+07
.374E+07
.468E+07
.562E+07
.655E+07
.749E+07
.842E+07

프로젝트 1

그림 4.21은 PTC형 태양열 발전시스템의 집열판을 3D CAD로 모델링한 결과이다. 이러한 형상을 직접 모델링한 후 열로 인한 응력 발생을 해석하시오.

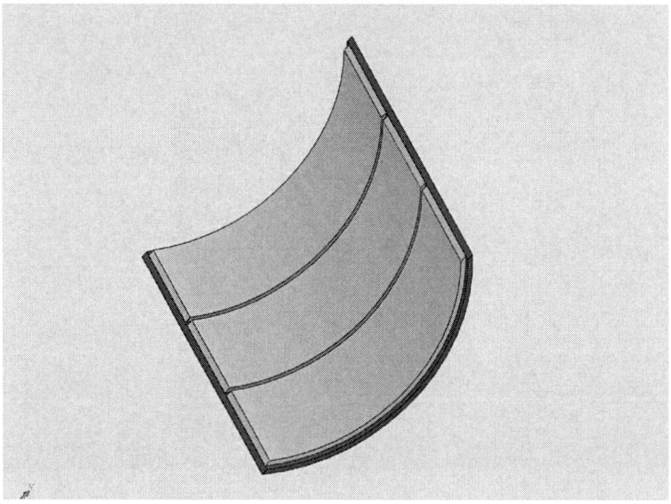

【그림 4.21】 PTC형 태양열 발전시스템의 집열판

프로젝트 2

그림 4.22는 Dish형 태양열 발전시스템의 집열판을 3D CAD로 모델링한 결과이다. 이러한 형상을 직접 모델링한 후 열로 인한 응력 발생을 해석하시오.

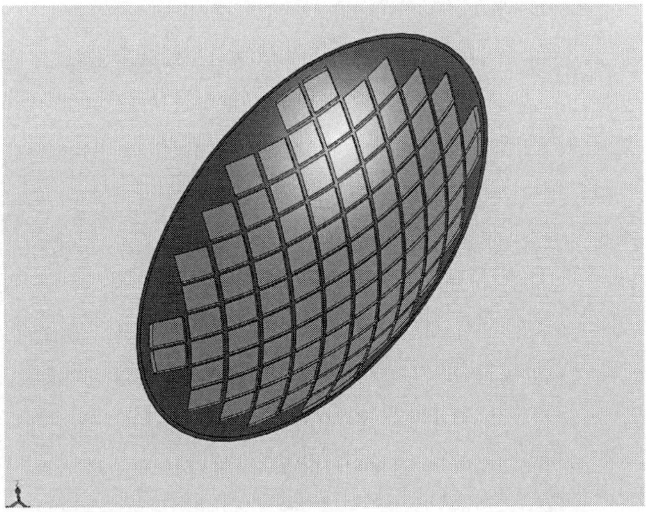

그림 4.22 Dish형 태양열 발전시스템의 집열판

프로젝트 3

그림 4.10 평판형 집판형 모델을 직접 모델링한 후 열로 인한 응력 발생을 해석하시오.

프로젝트 4

그림 4.11 CPC형 집열기 기하 모델링을 직접 모델링한 후 열로 인한 응력 발생을 해석하시오.

프로젝트 5

그림 4.12 진공관형 집열기 기하 모델링을 직접 모델링한 후 열로 인한 응력 발생을 해석하시오.

프로젝트 6

그림 4.23은 타워 크레인(Tower Crane)을 3D CAD로 모델링한 결과이다. 직접 모델링한 후 자중과 풍하중으로 인한 응력 발생을 해석하시오.

프로젝트 7

그림 4.24는 메시 휠(mesh wheel)을 3D CAD로 모델링한 결과이다. 직접 모델링한 후 자동차 무게로 인한 응력 발생을 해석하시오.

그림 4.23 타워 크레인(Tower Crane) 3D 모델링

[그림 4.24] Mesh Wheel 3D 모델링

프로젝트 8

그림 4.25는 프랑스에 있는 루브르 박물관의 피라미드를 3D CAD로 모델링한 결과이다. 직접 모델링한 후 자중으로 인한 응력 발생을 해석하시오.

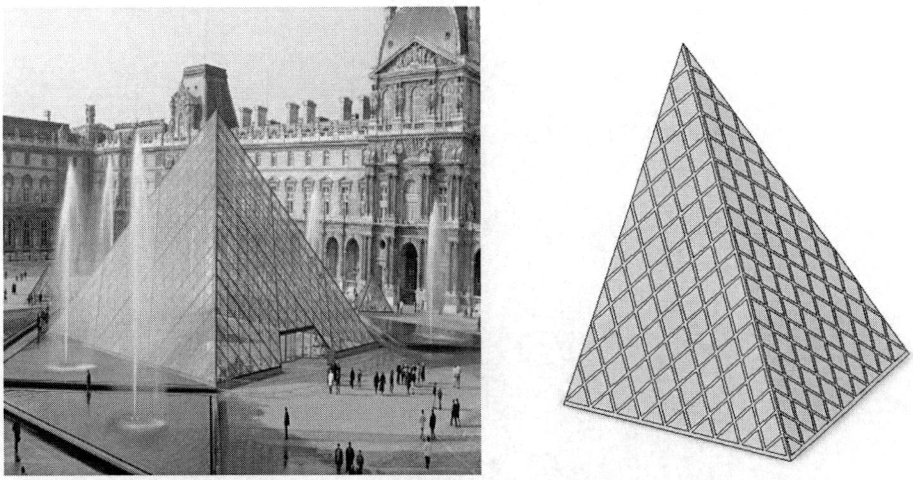

[그림 4.25] 루브르 박물관의 피라미드 3D CAD 모델링

프로젝트 9

그림 4.26은 고장력 볼트를 3D CAD로 모델링한 결과이다. 직접 모델링한 후 체결력으로 인해 볼트에 발생하는 응력을 해석하시오.

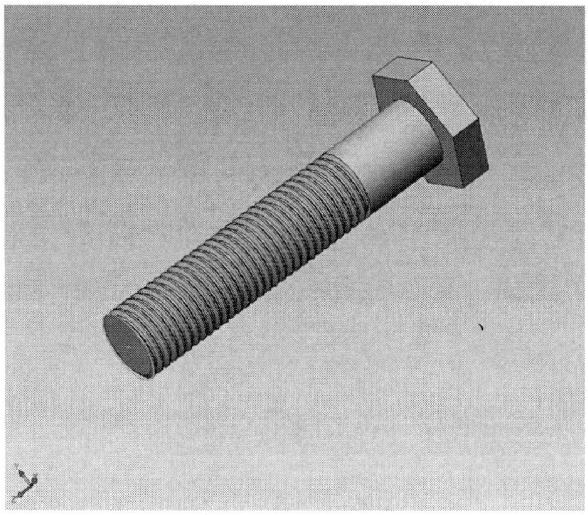

[그림 4.26] 고장력 볼트 3D 모델링

프로젝트 10

그림 4.27은 다보탑을 3D CAD로 모델링한 결과이다. 직접 모델링한 후 자중으로 인해 발생하는 응력을 해석하시오.

[그림 4.27] 다보탑 3D 모델링

CHAPTER

05

HyperMesh를 활용한 해석 예제

전문 메시 생성 프로그램인 HyperMesh를 상용 유한요소 프로그램과 연계하여 사용하는 과정을 예제를 통해서 설명한다.

예제 1

내압을 받는 3차원 압력 용기(그림 5.1)에 나타나는 응력 분포를 구하시오.

P=100N/mm^2 ; r_1=10mm ; r_2=25mm

E=200,000N/mm^2 ; ν=0.25

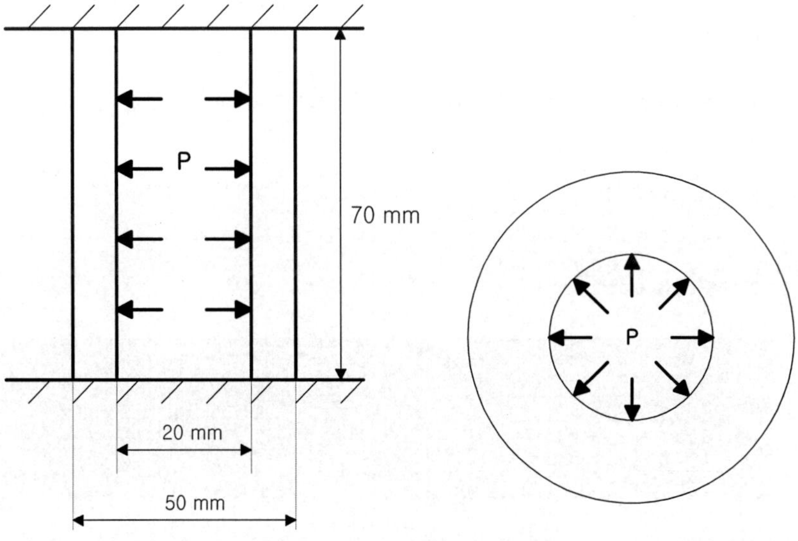

그림 5.1

3차원 모델링 1/8

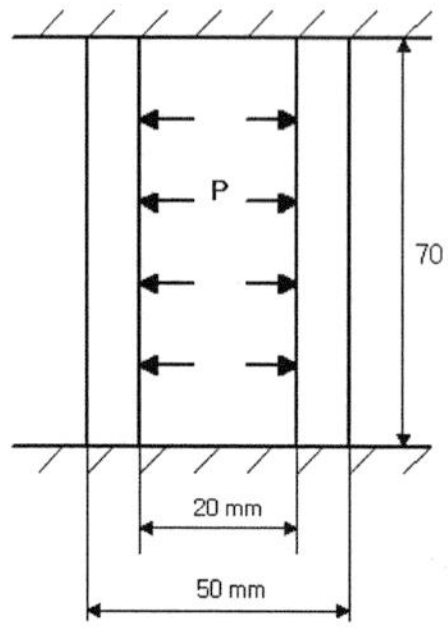

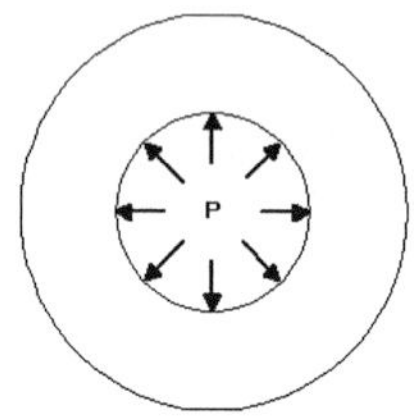

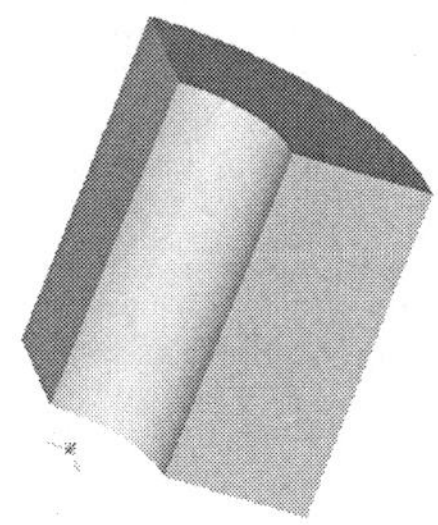

$P = 100\ N/\ mm^2$; $r_1 = 10\ mm$; $r_2 = 25\ \ mm$

$E = 200,000\ N/\ mm^2$; $\nu = 0.25$

HyperMesh

● 해석 후처리기 지정

1. Permanent Menu에서 global click
2. template file double click
3. ansys₩ click
4. ansys.tpl click
5. return click

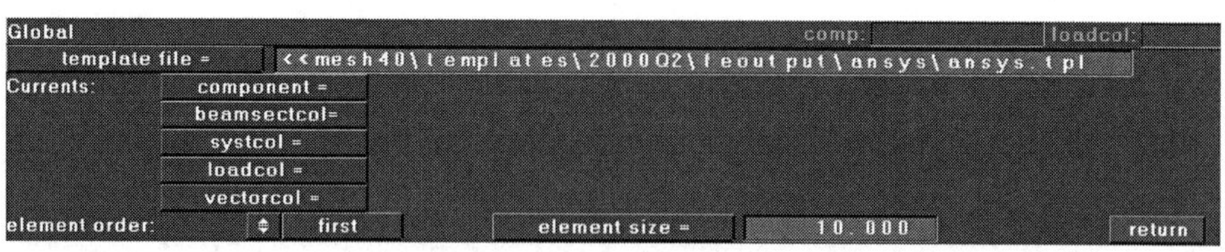

● 요소물성치 정의

1. Main menu에서 collectors 선택

2. collector type에서 mats 선택(switch button)
3. name 정의 ex) steel
4. card image에서 MATERIAL 선택(switch button)
5. create/edit click
6. EX_FLAG 지정 2.0e5(탄성계수 입력)
   NUXY_FLAG 지정 0.25(프와송 비)

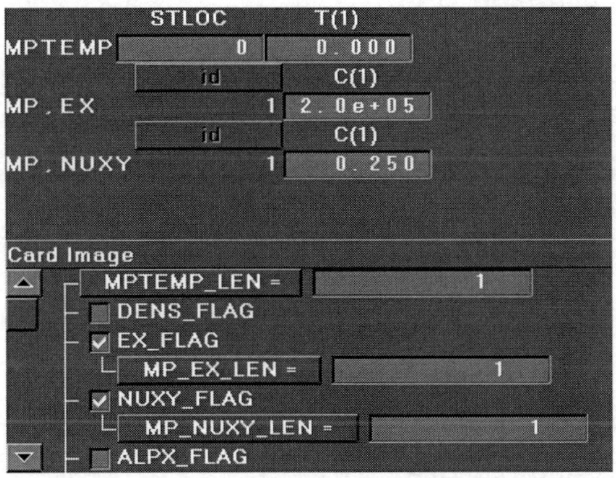

7. return > return

● 몸체 특성 정의

1. Main menu에서 collector 선택
2. collector type에서 comps 선택(switch button)
3. name 정의 ex) cylinder
4. color 지정
5. card image에서 SOLID95 선택
6. material을 click하여 steel 선택
7. return

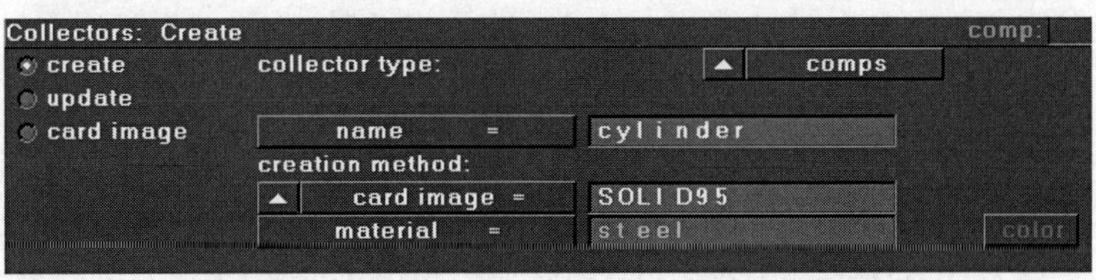

압력 및 경계 조건 정의

1. Main menu에서 collector 선택
2. collector type에서 loadcols 선택(switch button)
3. card image를 no card image로 변경
4. name 정의 ex) pressure
5. color 지정(압력 조건 지정)
6. create/edit click

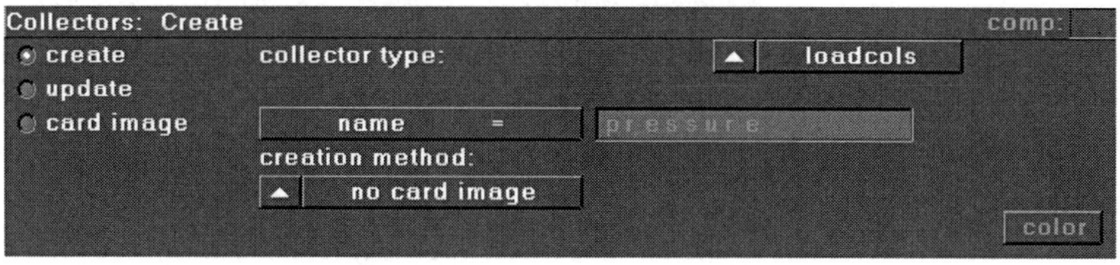

7. name 정의 ex) constrain
8. color 지정(경계 조건 지정)
9. create/edit click

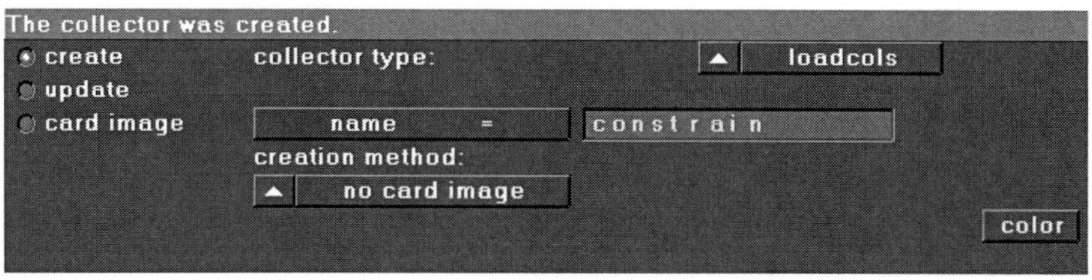

10. return

Create node

1. Geom page에서 create nodes 선택
2. type in을 click한 후 x=, x= ,z=에 node의 절대값 입력
   A(0, 0, 0) create node
   B(10, 0, 0) create node
   C(25, 0, 0) create node
3. return
   (화면 상에 생성된 node가 보이지 않을 경우 permanent menu의 f를 click)

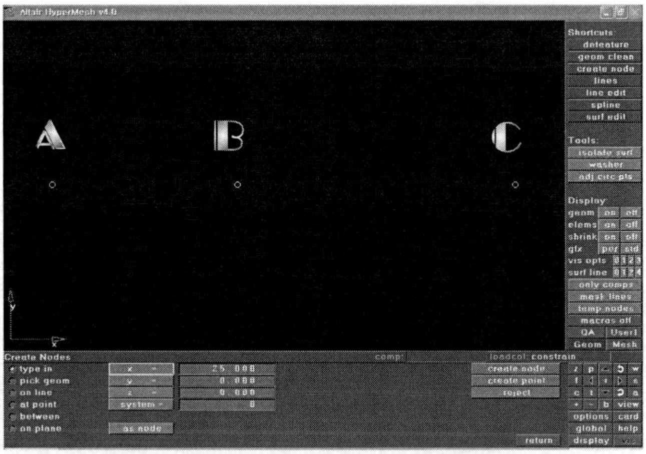

● Create line

1. Geom page에서 lines 선택
2. create line sub panel을 선택
3. node B의 C를 선택(node가 선택되면 선택된 node는 흰색으로 변함)
4. create를 click하여 line 생성
5. return

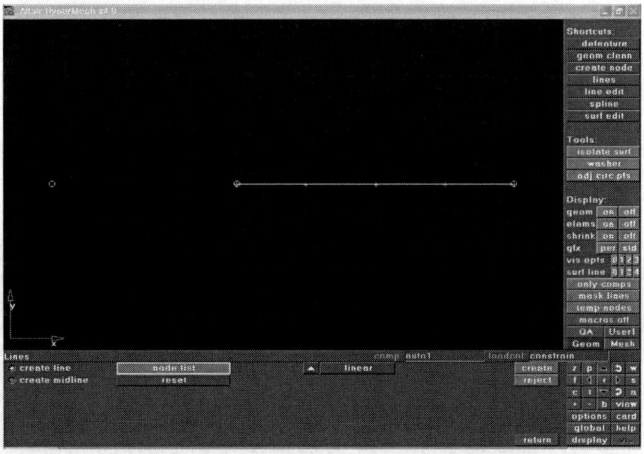

● Spin

1. 2D page에서 spin 선택
2. spin geoms sub panel을 선택
3. line list 선택(switch button) line 선택(흰색으로 바뀜)

4. z-axis 선택(switch button)
5. base click 후 A node 선택(A node 보라색으로 바뀜)
6. angle 90 입력 mesh w/o surf 선택(switch button)
7. spin + 선택

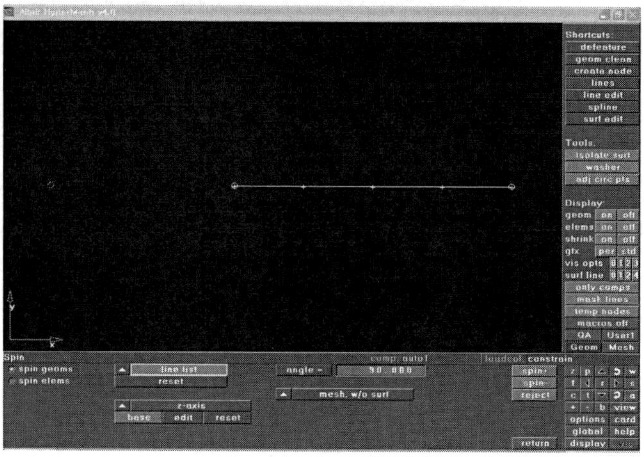

● Mesh

1. spin 실행 후 mesh 적용 화면으로 바뀜
2. elem density 5 입력
3. line과 arc를 선택하면 간격 5로 바뀜
4. mesh click(25개 element와 36개 node 생성)
5. return
6. return

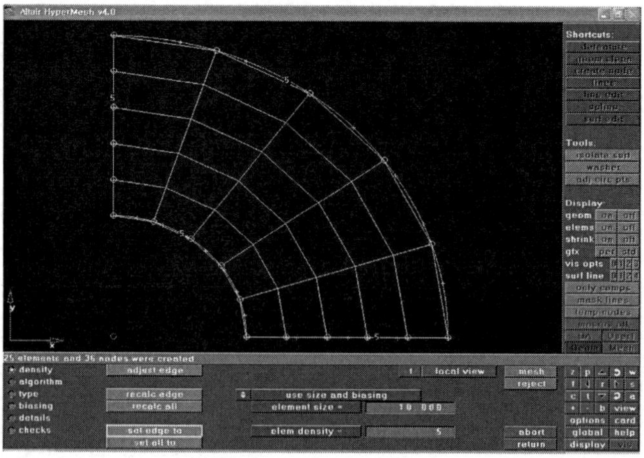

Element offset

1. 2D page에서 elem offset 선택
2. solid layers sub panel 선택
3. elem click후 all 선택(element 희색으로 바뀜)
4. number of layers 5 입력
5. total thickness 35 입력
6. offset–click
7. return

※ view를 iso1 Display에서 gfx의 per를 click한 화면

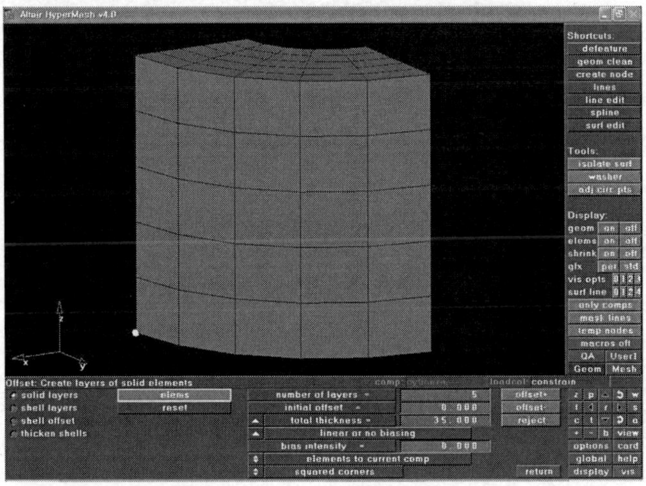

겹치는 Element 삭제

(spin으로 돌려서 생성된 elemen가 겹치므로 지워줌)

1. F2 (Delete)
2. elem 선택 후 선택 조건을 by window로 지정
3. 선택을 위해 view를 left로 바꿈
4. 아래 그림과 같이 window로 범위 선택
5. select entity click
6. delete entity click(25 entity가 지워짐)
7. return

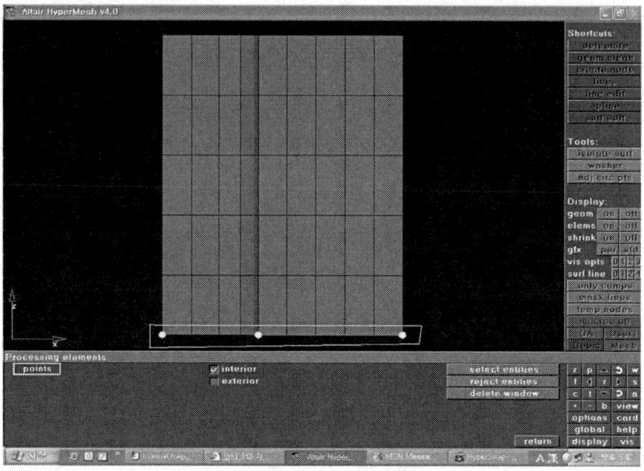

● 모델링에 사용된 Line 삭제

1. F2(Delete)
2. entity sub panel 선택
3. lines 선택 후 선택 조건을 all로 지정
4. delete entity click(1개 entity 지워짐)
5. return

● 모델링에 사용된 Node 삭제

1. Geom page에서 temp Node 선택
2. 화면 상의 3개의 노란색 Node 선택(흰색으로 반전됨)
3. clear all
4. return

● 경계 조건 지정

[참고]

x dof1 y dof2 z dof3

x 회전 dof4 y 회전 dof4 z 회전 dof4

[바닥부]

1. global에서 loadcol의 constrain을 선택 return
2. BCs page에서 constraints 선택

3. create sub panel 선택

4. nodes를 by window에 의해 선택

5. size 1 입력

5. dof 1~6 선택

7. create

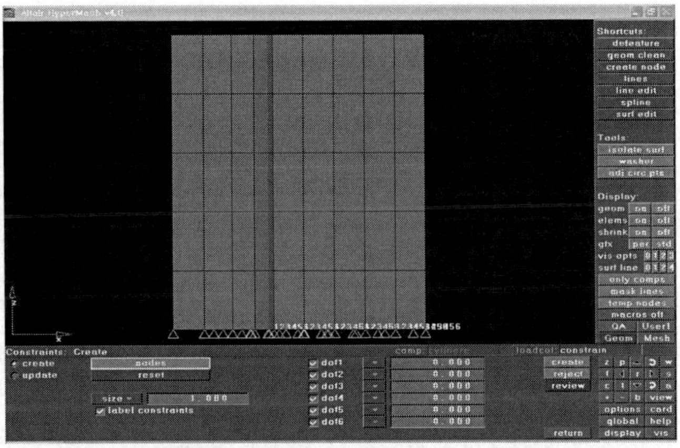

[x 축 대칭부]

그림과 같이 상단 edge 상의 node와 하단 edge 상의 node를 제외한 node를 선택 (상단과 하단 node를 선택하면 구속 조건이 겹치게 된다.)

1. 24개의 node를 직접 선택

2. dof1 dof5 dof6을 선택

3. create

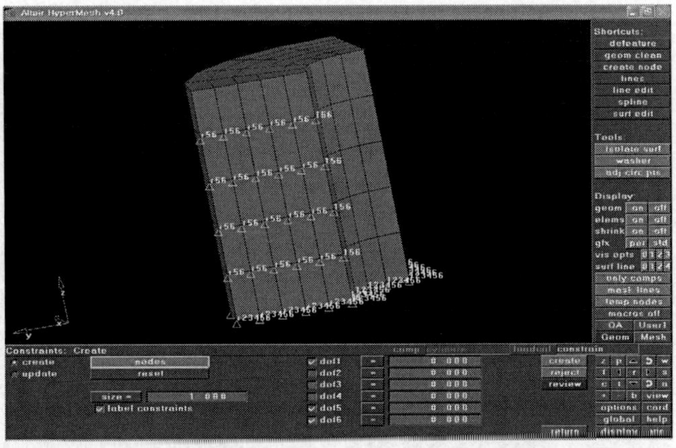

[y 축 대칭부]

상하 edge 상의 node를 제외한 24개 node 선택

1. 24개의 node를 직접 선택
2. dof2 dof4 dof6을 선택
3. create

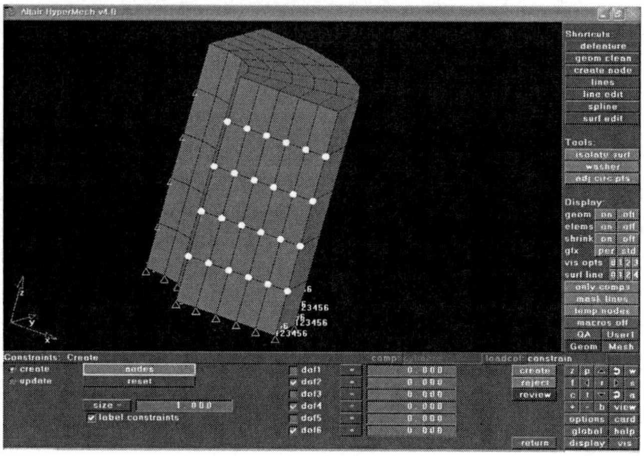

[z 축 대칭부]

좌우 edge 상의 node를 제외한 24개 node 선택

1. 24개의 node를 직접 선택
2. dof3 dof4 dof5를 선택
3. create

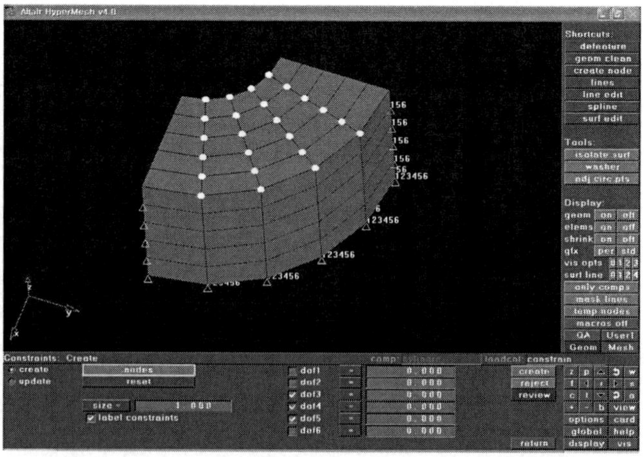

[yz 평면상 상단부 edge]

좌우 edge 상의 node를 제외한 6개 node 선택

1. 6개의 node를 직접 선택
2. dof1 dof3 dof4 dof3 dof5 dof6을 선택
3. create

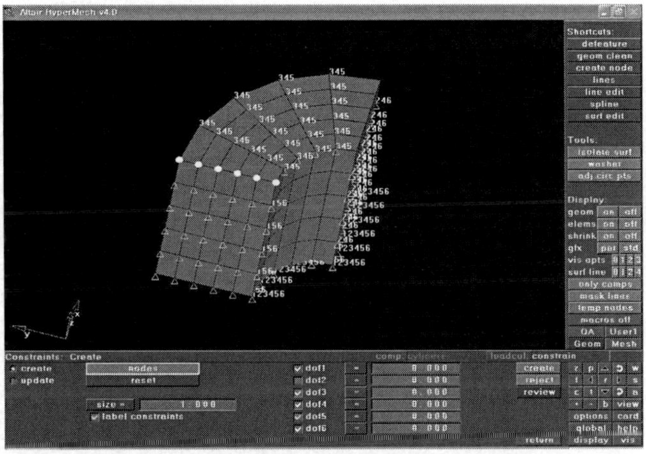

[xz 평면상 상단부 edge]

좌우 edge상의 node를 제외한 6개 node 선택

1. 6개의 node를 직접 선택
2. dof2 dof3 dof4 dof3 dof5 dof6을 선택
3. create

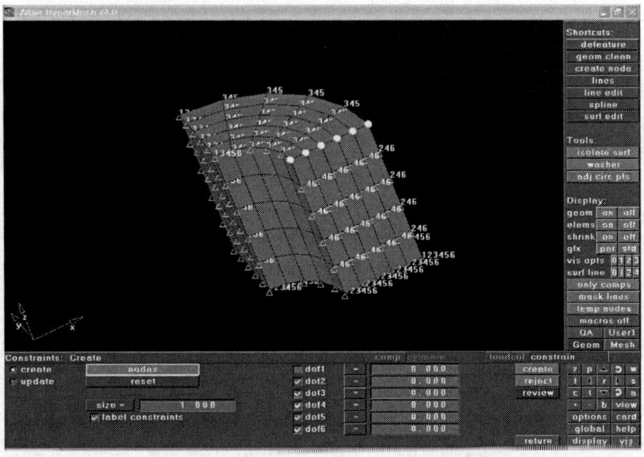

4. return

압력 조건 지정

1. global에서 loadcol의 pressure를 선택 후 return
2. BCs page에서 pressures 선택
3. create sub panel 선택
4. view를 top에 두고 element를 by window에 의해 선택

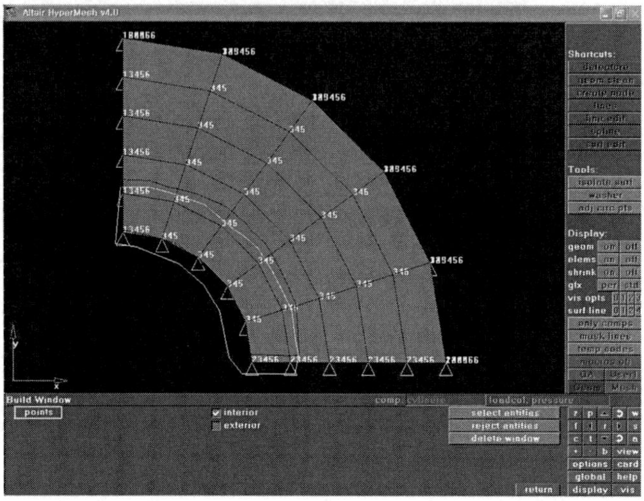

5. magnitude에 100 입력
6. magnitude%를 10로 입력
7. view를 rev에 놓고 nodes on face의 nodes를 선택
8. 3개의 point 지정

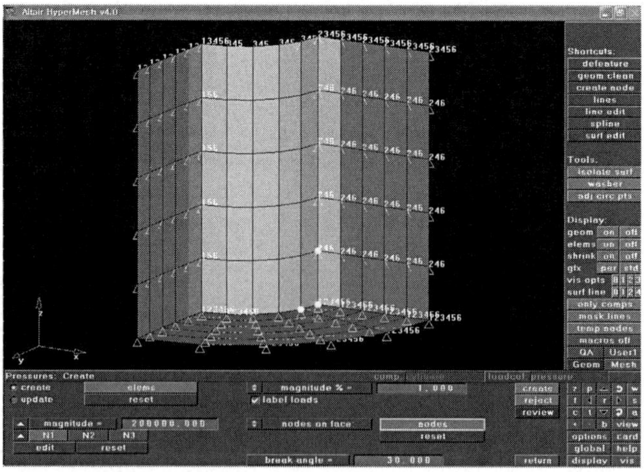

9. create
10. return

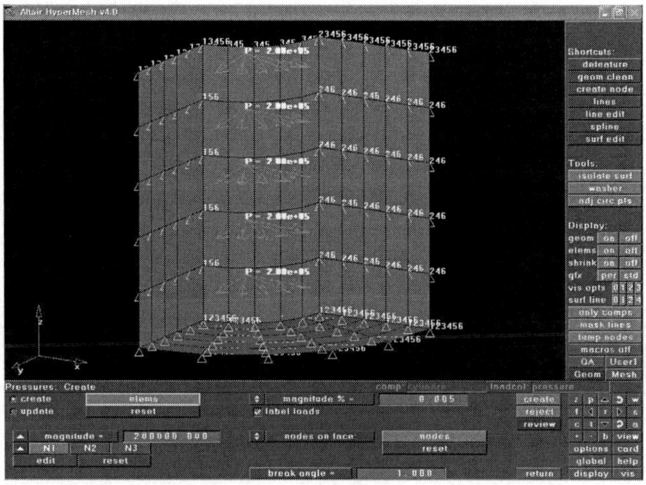

Delete Edges

1. tool page에서 edges 선택
2. elems 선택 후 선택 조건을 all로 지정
3. fine을 free edge로 선택
4. fine edges 선택(free edge가 빨간색으로 선택됨)

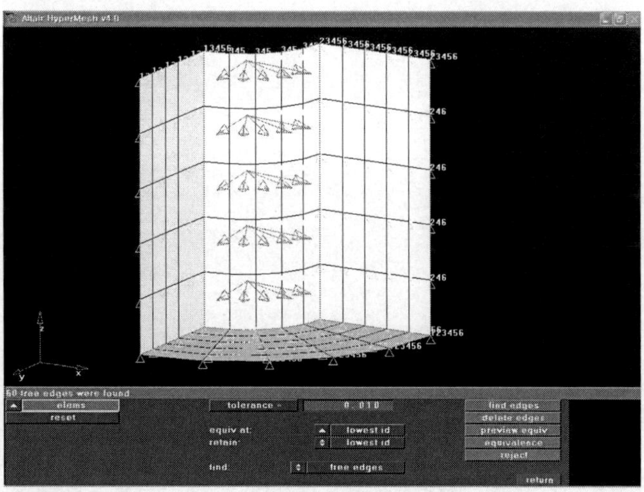

5. delete edges 선택
6. return

Create load steps

1. BCs page에서 load steps를 click
2. name = pressure1을 입력한 후 loadcols를 click하여 새로운 창에 나타나는 load collectors 중 pressure를 선택
3. return하여 새로운 창을 나온 후 create click
4. name = constrain1을 입력한 후 loadcols를 click하여 새로운 창에 나타나는 load collectors 중 constrain을 선택
5. return하여 새로운 창을 나온 후 create click
6. return

Count

1. Tool page에서 count 선택
2. all 선택
3. elems / nodes / loadcols / loadsteps 등 확인

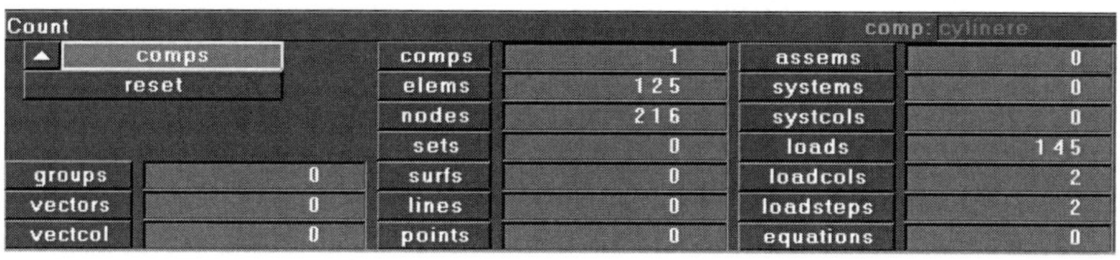

4. return

Save

1. files 선택
2. hm file 선택
3. 경로 및 file = name 지정
4. save
5. return

● Exprot

1. files 선택
2. exprot 선택
3. 경로 및 filename = 지정(확장자 ans로)
4. write
5. return

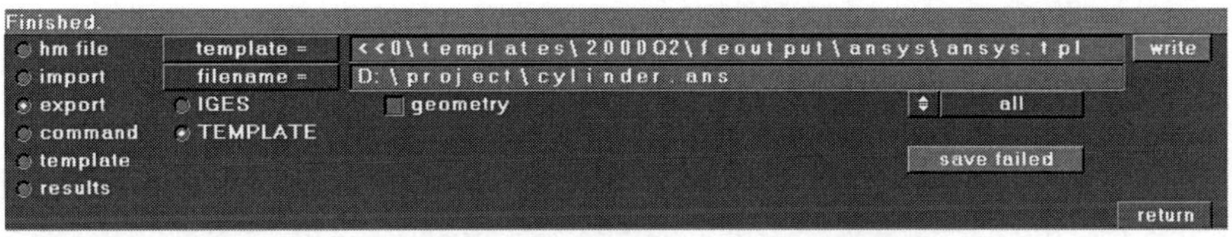

ANSYS 해석

● File input & Display

1. file menu에서 Read Input form.. 선택
2. hyper mesh에서 저장했던 clylinder.ans 선택
3. OK

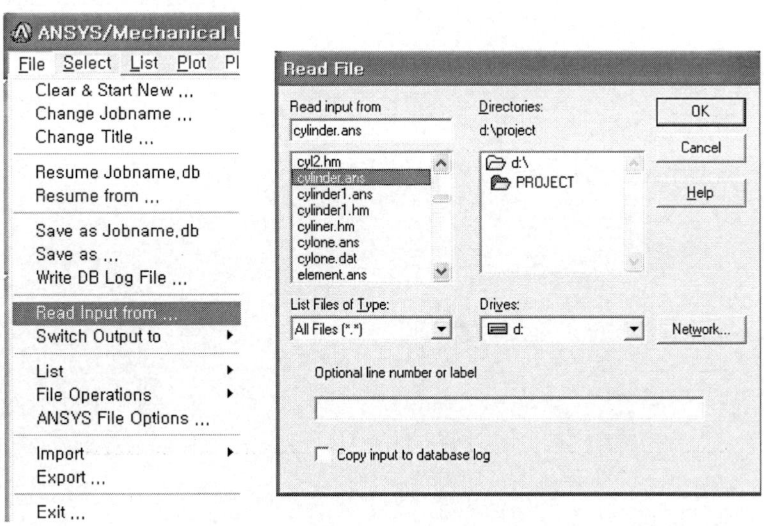

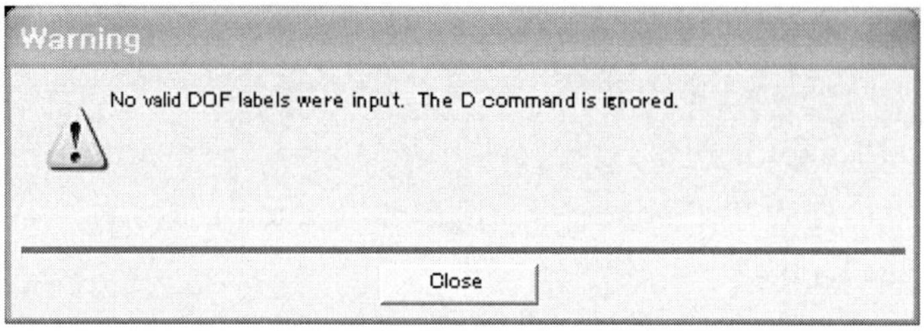

※ 파일을 불러들이고 plot menu의 element 선택
plotCtrls menu의 Symbols를 아래 그림과 같이 선택

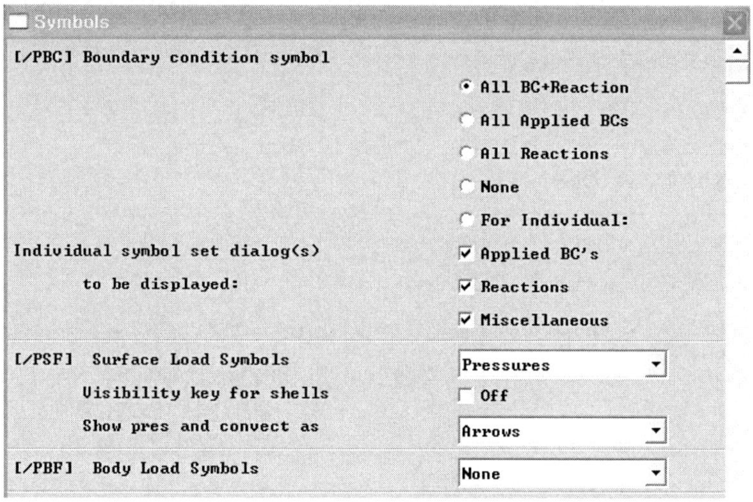

※ 구속 조건은 넘어오지 않고 압력 조건만 넘어왔다. 경우에 따라 반대의 현상 즉 압력 및 힘은 넘어 오지 않고 구속 조건만 넘어오는 경우도 있다.

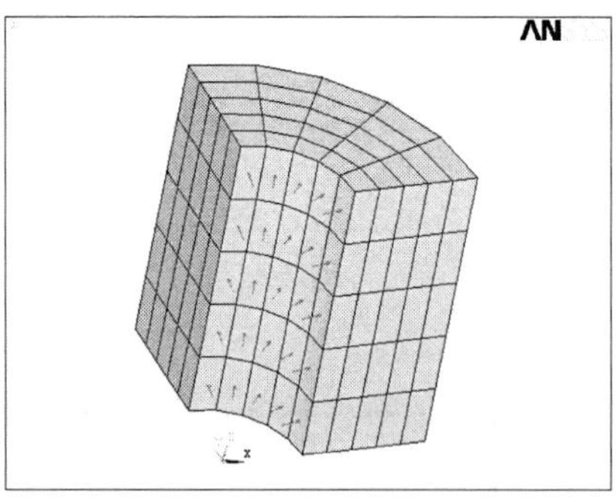

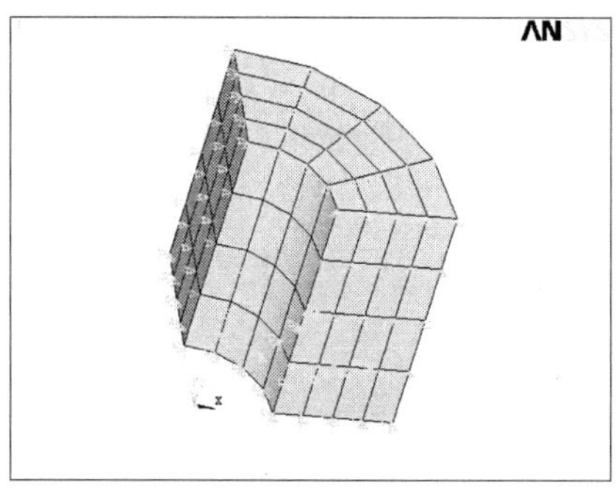

Solve

넘어오지 않은 조건을 ANSYS에서 지정하여 해석한 결과

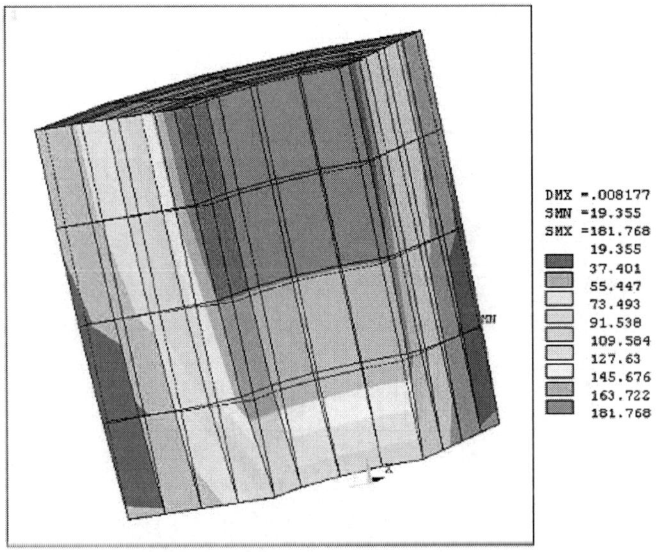

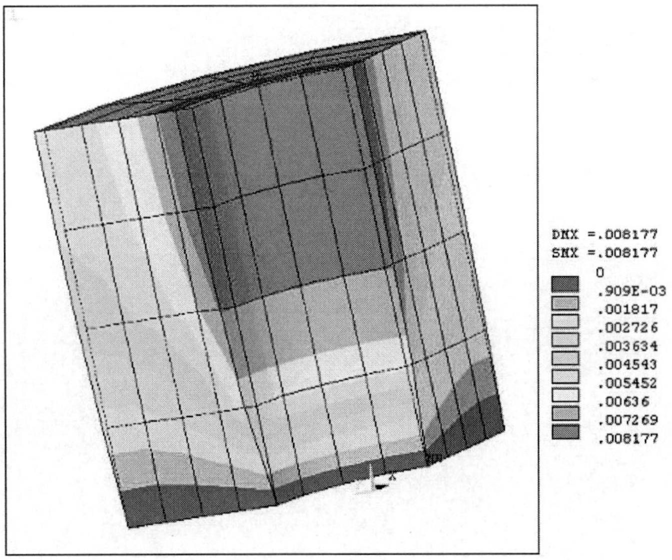

예제 2

그림 5.2와 같이 중앙에 구멍이 나 있는 평판에 인장 응력이 작용하고 있다. 평판에 나타나는 응력 분포를 구하시오.

$E=30\times10^6$psi, $\nu=0.3$; $t=1$in.

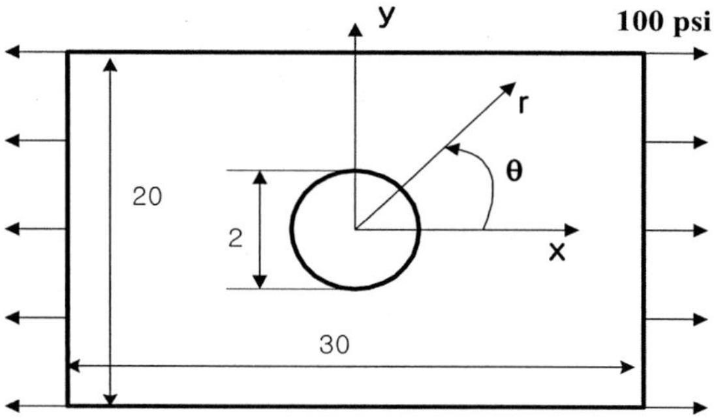

[그림 5.2]

3차원 모델링 1/8

$E=30\times10^6$psi, $\nu=0.3$

● 해석 후처리기 지정

1. Permanent Menu에서 global click
2. template file double click
3. ansys₩ click
4. ansys.tpl click
5. return click

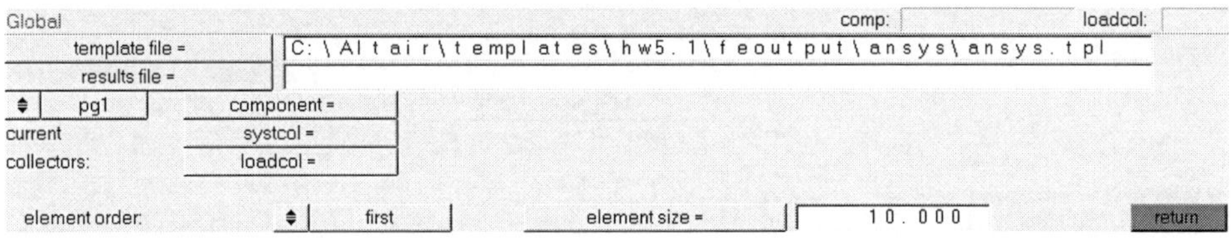

● 요소물성치 정의

1. Main menu에서 collectors 선택
2. collector type에서 mats 선택(switch button)
3. name 정의 steel
4. card image에서 MATERIAL 선택(switch button)
5. create/edit click

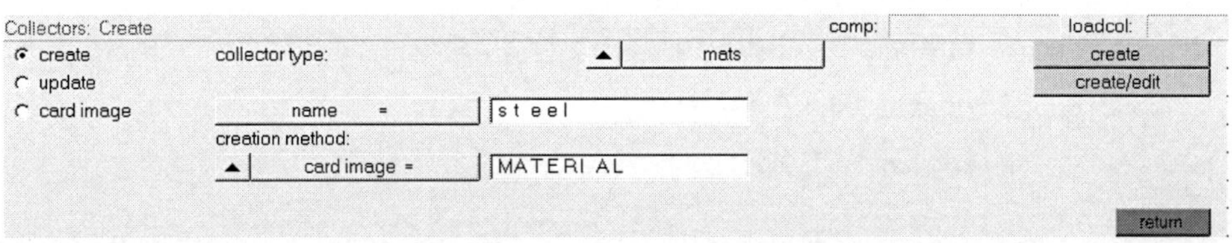

6. EX_FLAG 지정 3.0e7(탄성계수 입력)
   NUXY_FLAG 지정 0.3(프와송 비)

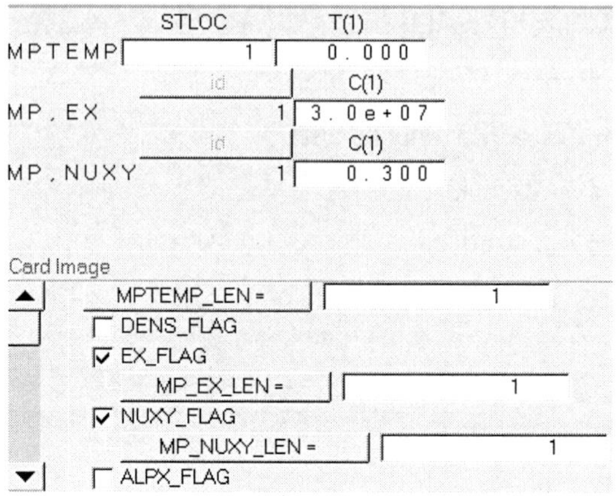

7. return > return

● 몸체 특성 정의

1. Main menu에서 collector 선택
2. collector type에서 comps 선택(switch button)
3. name 정의 testpanels
4. color 지정
5. card image에서 SOLID95 선택
6. material을 click하여 steel 선택
7. create click
8. return

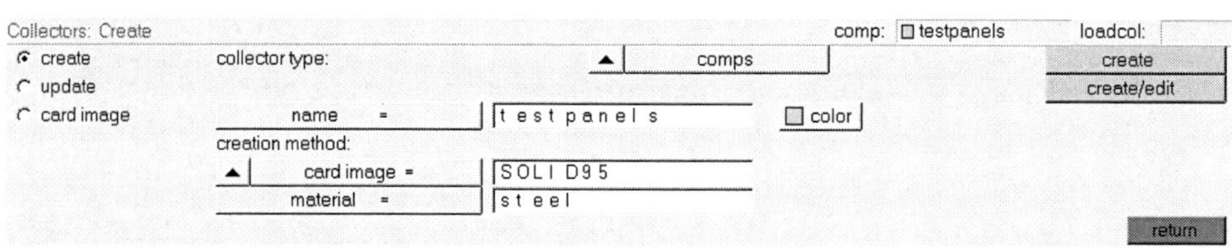

● Create node

1. Geom page에서 create nodes 선택
2. type in을 click한 후 x=, x= ,z=에 node의 절대값 입력

A(0,0,0) create node click
B(0,6,0) create node click
C(6,1,0) create node click
D(2,1,0) create node click
E(1.5,0.75,0) create node click
F(0,0.75,0) create node click
G(1.5,1.75,0) create node click
(화면 상에 생성된 node가 보이지 않을 경우 permanent menu의 f를 click)

[Tip. view]

f 전체 화면 보기 v view 선택

ctrl + mouse left button rotation

ctrl + mouse right button fan

ctrl + mouse center button zoom

3. return

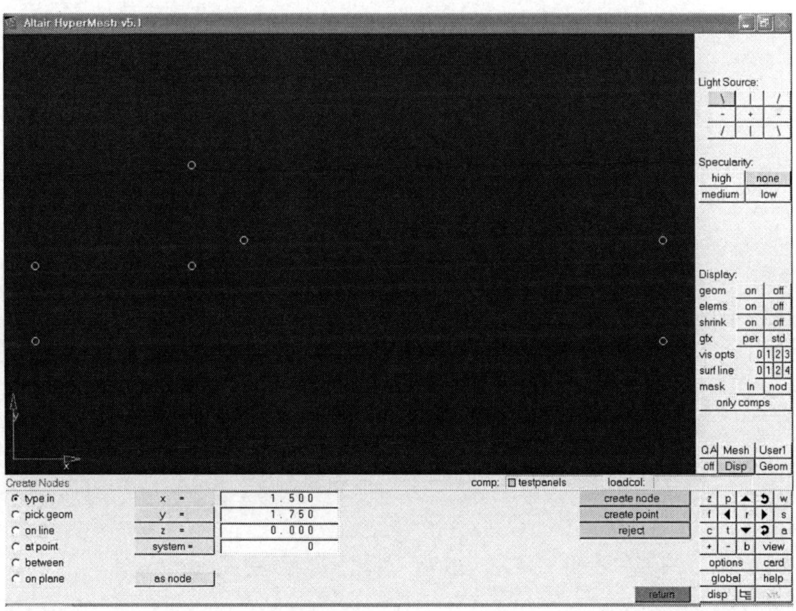

Create line

1. Geom page에서 lines 선택
2. create line sub panel을 선택
3. node B와 C를 선택(node가 선택되면 선택된 node는 흰색으로 변함)
4. create를 click하여 line 생성
   같은 방법으로 CD DE EF FG GH 연결
5. return

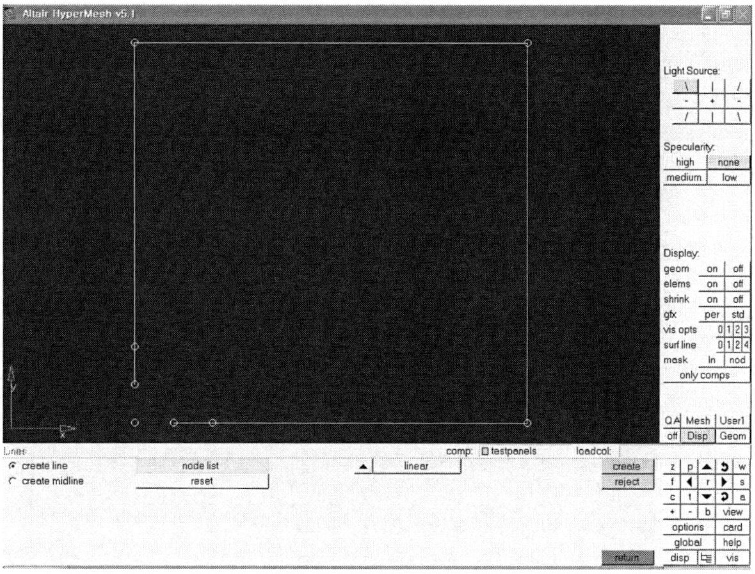

Circles

1. 2D page에서 circles를 선택
2. points & vector sub panel을 선택
3. node list 선택 B node 선택(흰색으로 바뀜)
4. 축을 z-axis로 선택(switch button)
5. base click 후 A node 선택(A node 보라색으로 바뀜)
6. circles를 arc로 바꾸고 각도 angle 90 입력
7. create click
   같은 방법으로 C node 선택 후 두 번째 arc 생성
8. return

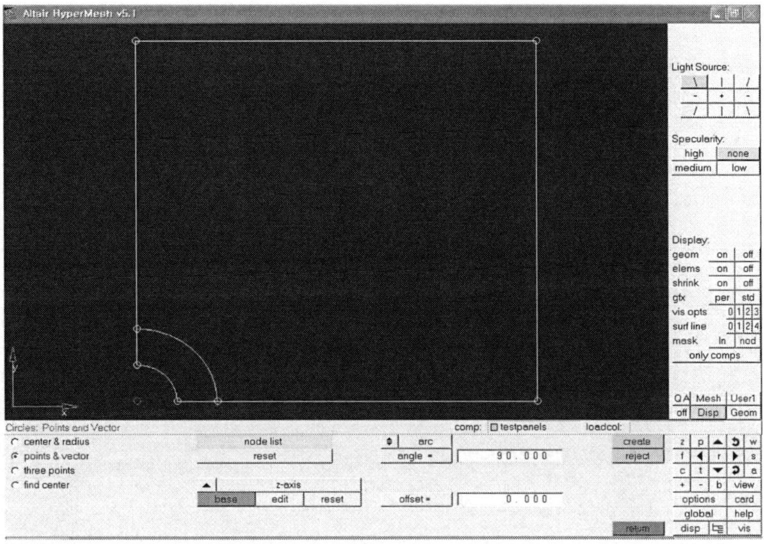

● Create line

(호를 반으로 나누기 위한 선 생성)

1. Geom page에서 lines 선택
2. create line sub panel을 선택
3. node A와 E를 선택(node가 선택되면 선택된 node는 흰색으로 변함)
4. create를 click하여 line 생성
5. return

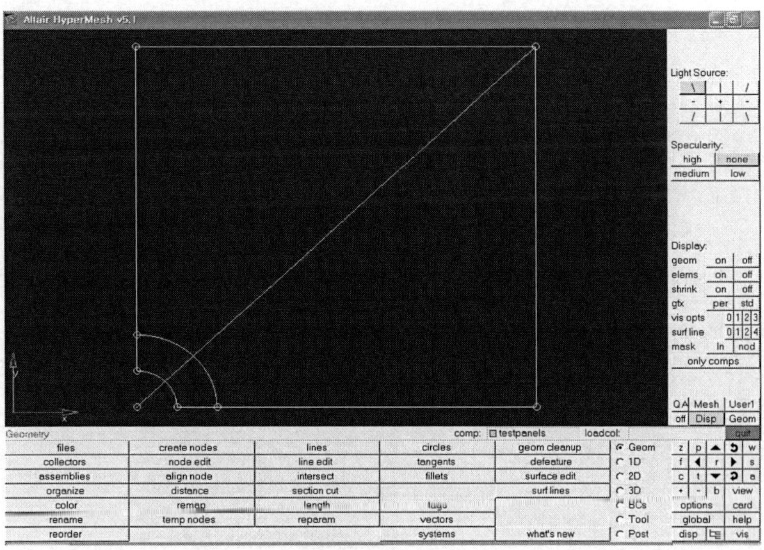

Line edit

(두 개의 호를 각각 반으로, 대각선을 3개의 선으로 나누기 위한 절차)

1. Geom page에서 lines edit 선택
2. split at line sub panel을 선택
3. line을 선택 후 두 개의 arc 선택(arc가 선택되면 선택된 arc는 흰색으로 변함)
4. cut line을 선택한 후 하여 대각선 line 선택
5. split click

   같은 방법에 의해 대각선을 3개의 line으로 분할
6. return

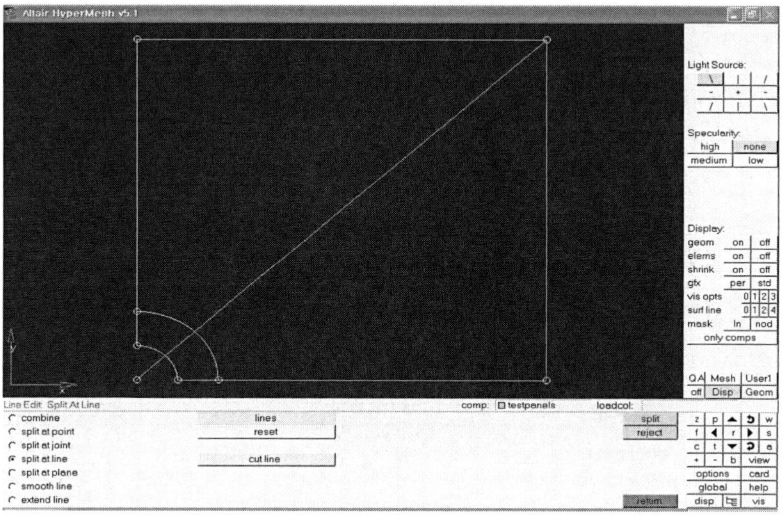

Spline

(각각의 surface를 만들기 위함)

1. 2D page에서 spline 선택
2. split at line sub panel을 선택
3. line을 선택 후 아래 그림과 같이 4개의 line 선택(선택되면 흰색으로 반전)

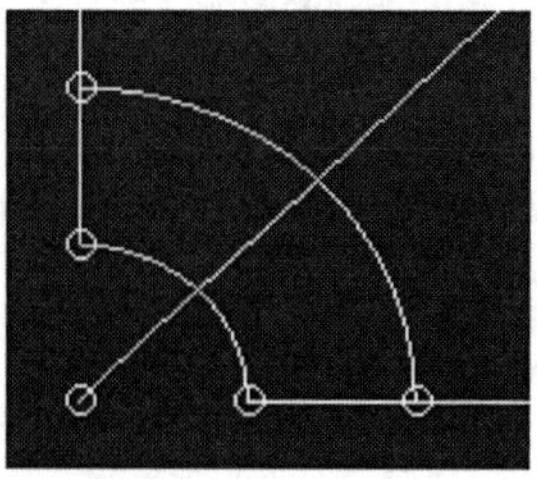

4. switch button을 선택하여 surface only로 선택
5. create click -> Yes

   같은 방법에 의해 나머지 3개의 구역도 surface로 만듦
6. return

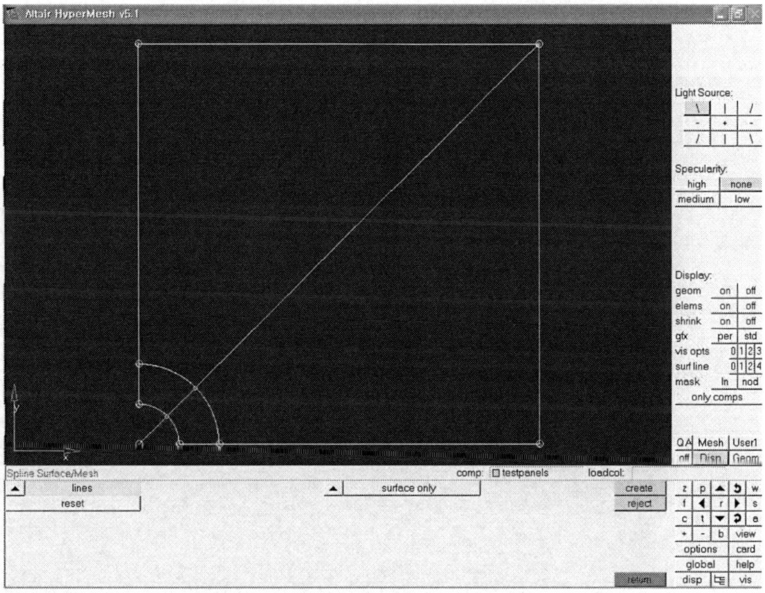

● Automesh

1. 2D page에서 automesh 선택
2. create mesh sub panel 선택
3. surf 선택 후 아래 그림과 같이 1개의 surface를 선택(흰색 반전)

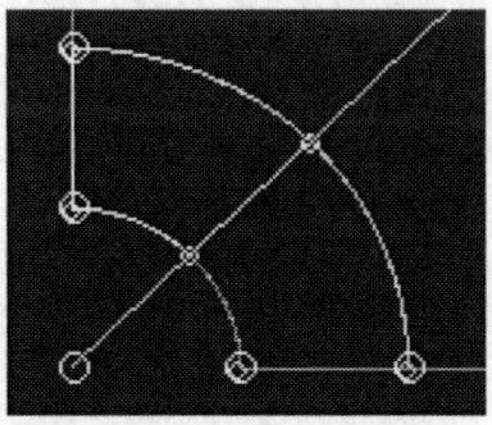

4. elem size 10 / quads(switch button)로 선택 다른 옵션은 아래 그림과 같이 선택

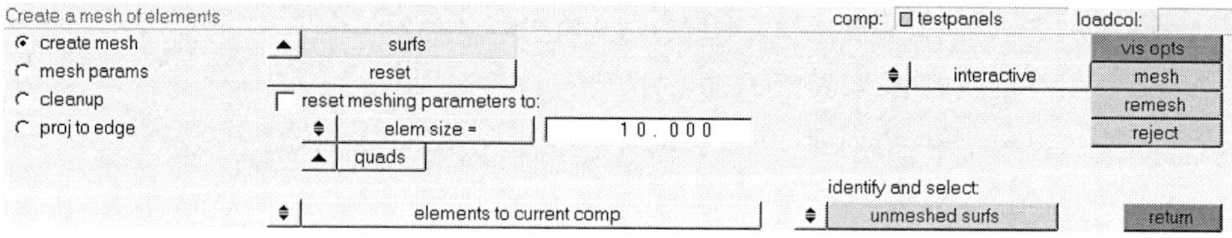

5. mesh click
6. density를 아래 그림과 같이 설정
   (숫자 mouse 오른쪽 click은 node 수 증가 왼쪽은 감소)

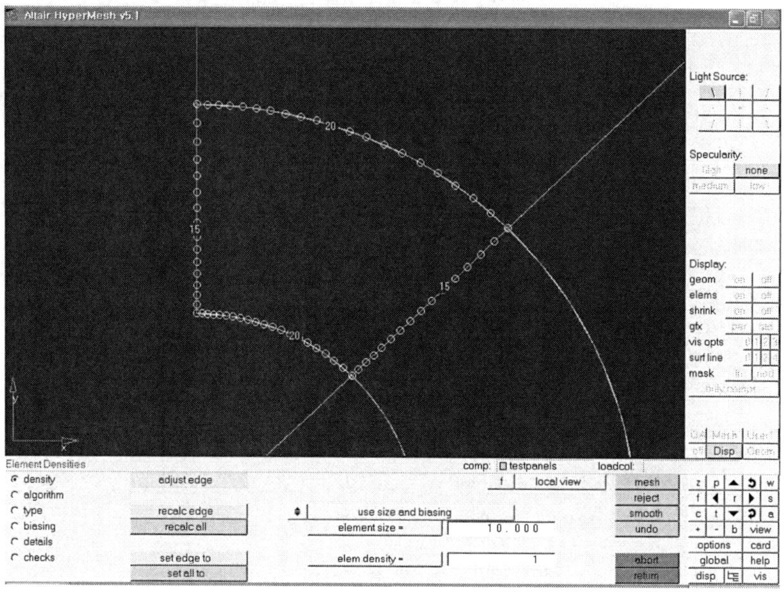

7. algorithm은 아래 그림과 같이 설정
   map as rectangle / no smoothing(switch button) 설정 후 set surf click

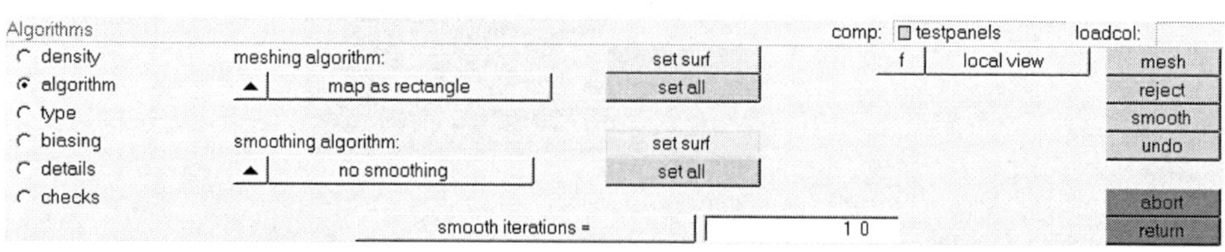

8. type은

elem type은 quards

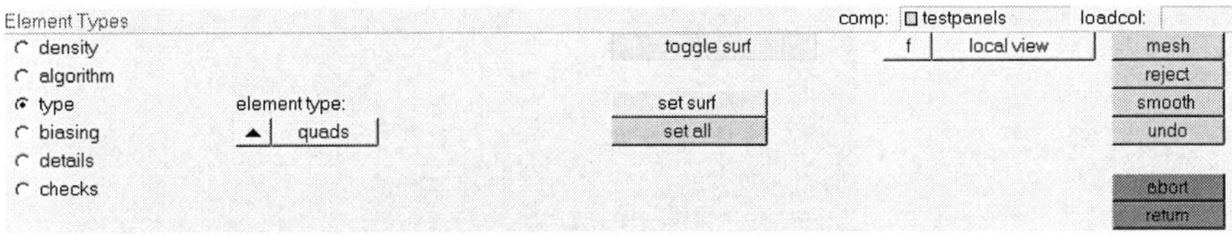

9. biasing은 아래 그림과 같이 설정

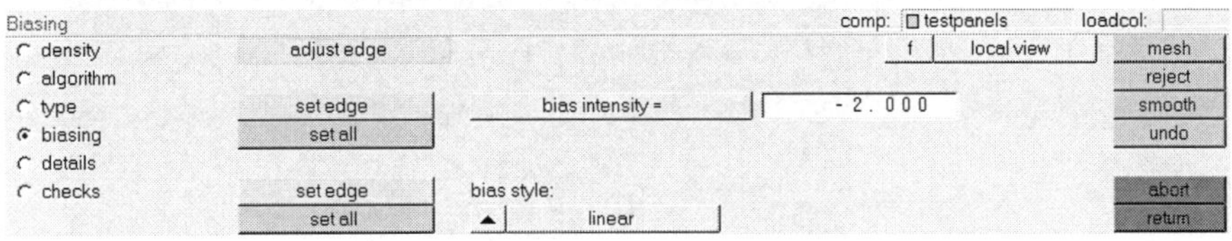

※ 아래 그림과 같이 왼쪽 하단부 구석에서 응력 집중이 발생하기 때문에 밀도를 크게 함

※ 너무 조밀하게 설정하면 메시 형상이 찌그러지기 때문에 적당하게 설정해 주어야 함

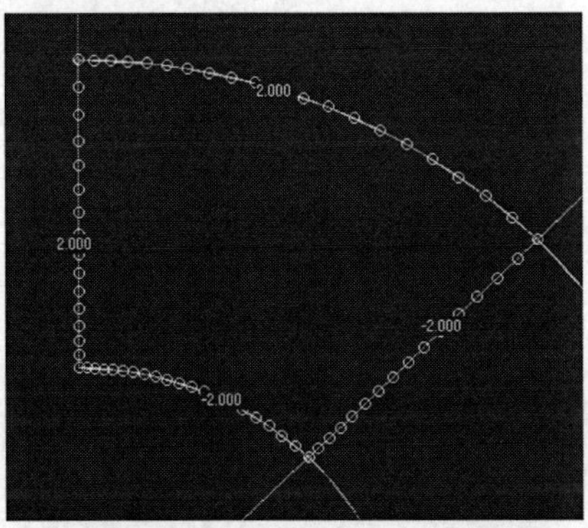

10. details는 아래 그림과 같이 설정

skew control 설정 해제 해줌

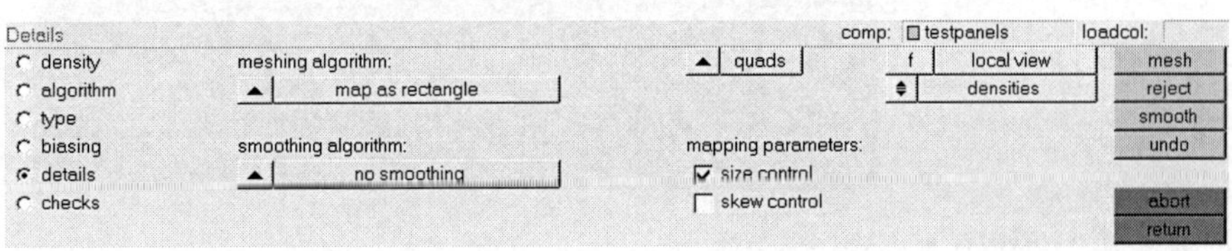

11. mesh click

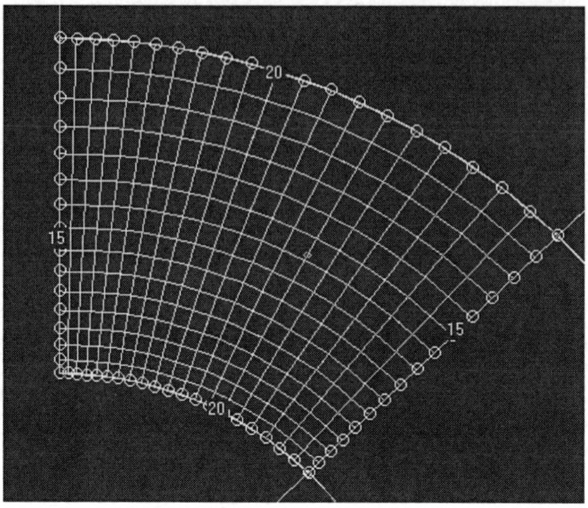

12. return click

13. 같은 절차에 의해 두 번째 surface에 mesh 생성

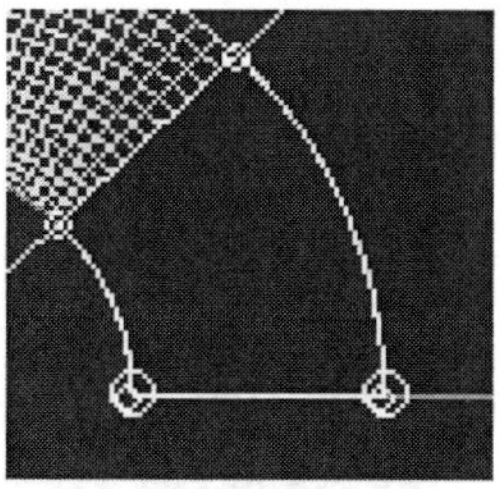

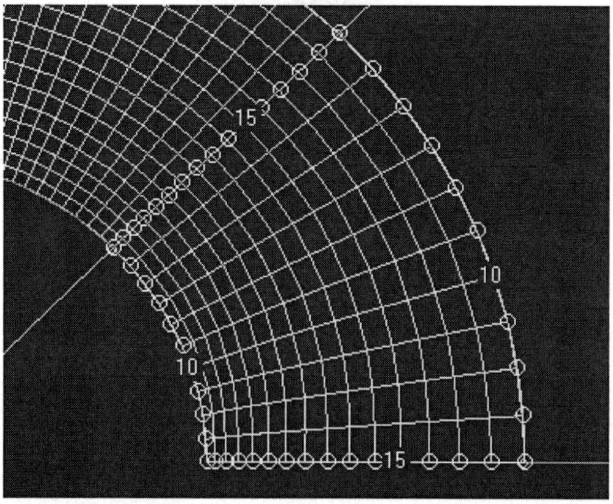

return

14. 같은 절차에 의해 3번째 surface에 mesh 생성

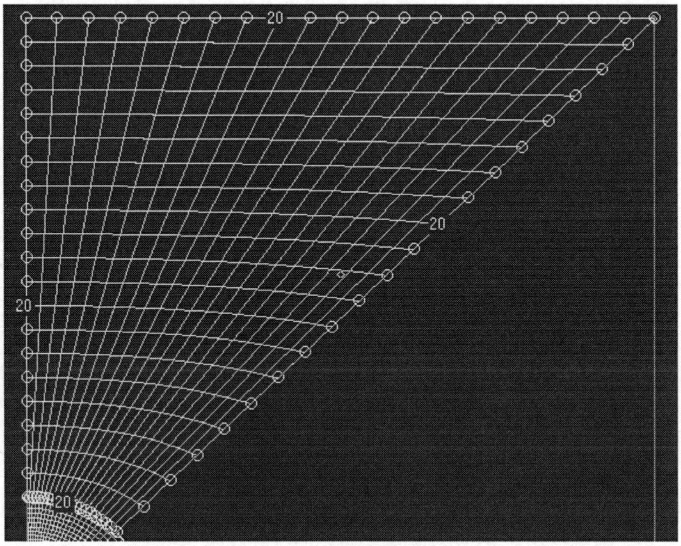

return

15. 같은 절차에 의해 4번째 surface에 mesh 생성

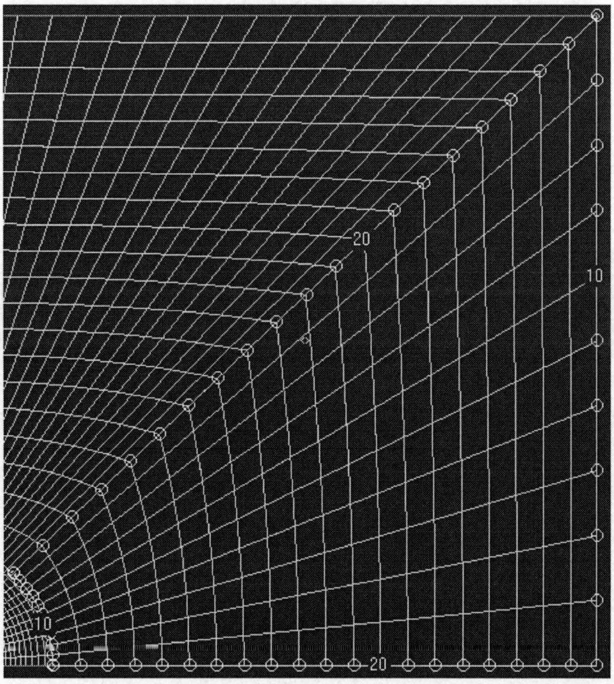

16. return > return

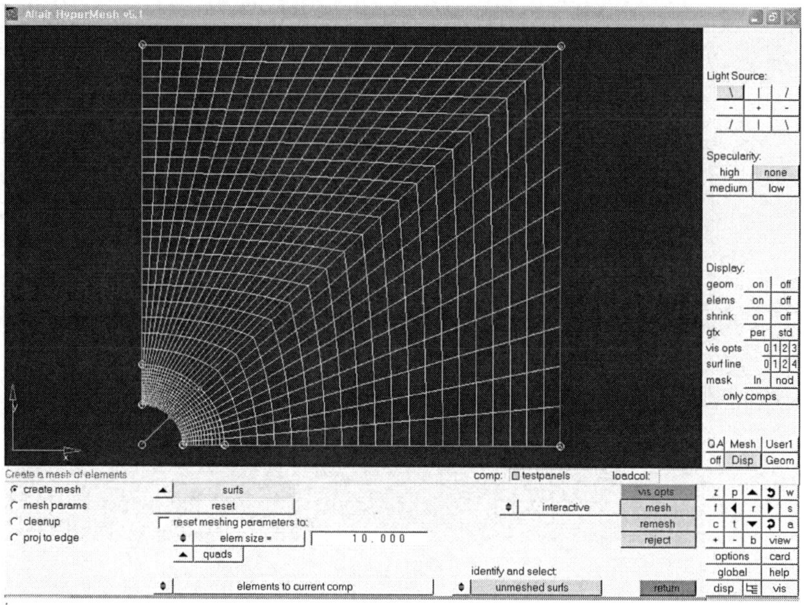

Element offset

1. 2D page에서 elem offset 선택
2. solid layers sub panel 선택
3. elem click 후 선택 옵션을 all로 선택(element 희색으로 바뀜)
4. number of layers 20 입력
5. total thickness 2.5 입력

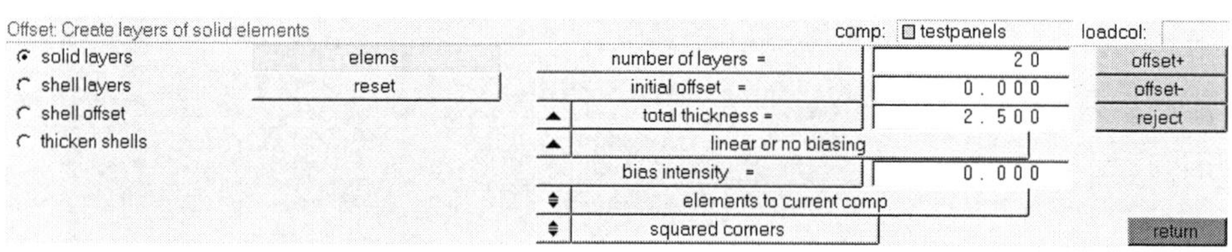

6. offset-click
7. return

※ gfx의 per를 click한 화면 ctrl+left mouse 이용 화면을 적절히 돌림

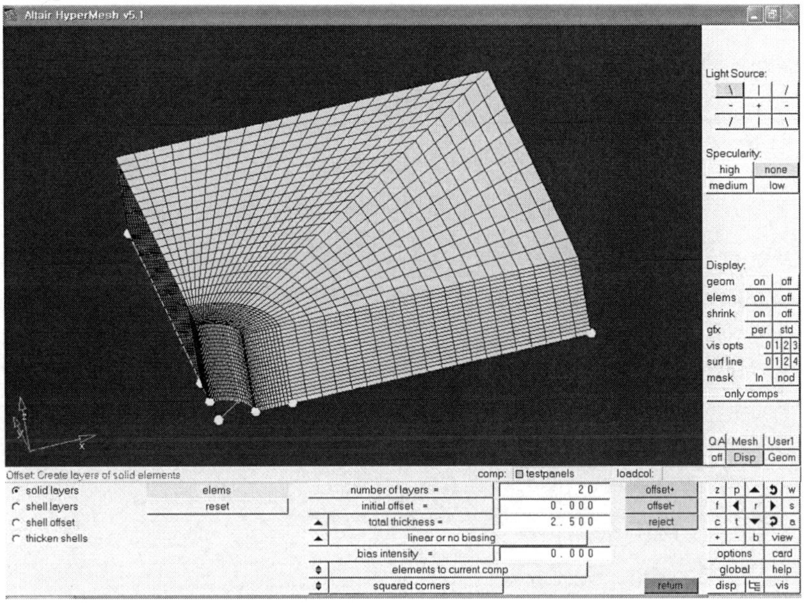

겹치는 Element 삭제

(element offset 위해 사용된 element가 겹치므로 지워줌)

1. F2(Delete)
2. elem 선택 후 선택 조건을 by window로 지정
3. 선택을 위해 view를 left로 바꿈
4. 아래 그림과 같이 window로 범위 선택

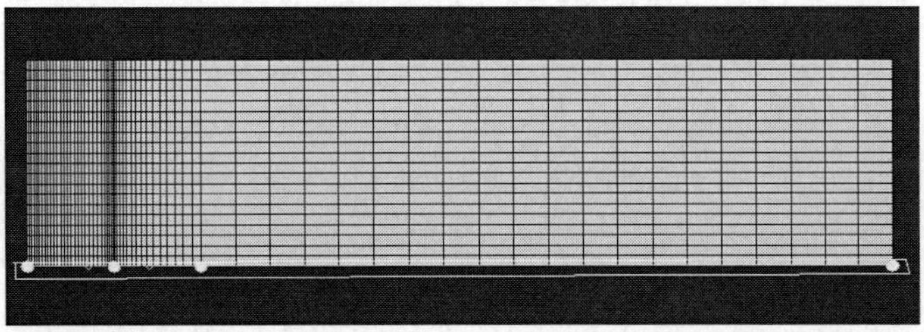

5. select entity click
6. delete entity click(1050 entity가 지워짐)
7. return

● 모델링에 사용된 Line 삭제

1. F2(Delete)
2. entity sub panel 선택
3. lines 선택 후 선택 조건을 all로 지정
4. delete entity click(13개 entity 지워짐)
5. return

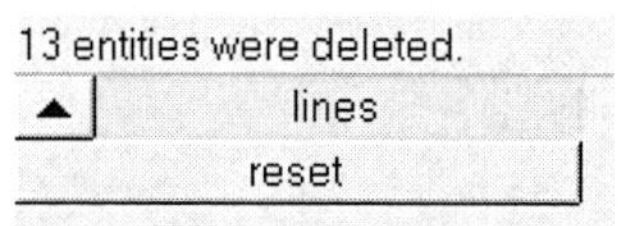

● 모델링에 사용된 Surface 삭제

1. F2(Delete)
2. entity sub panel 선택
3. surface 선택 후 선택 조건을 all로 지정
4. delete entity click(4개 entity 지워짐)
5. return

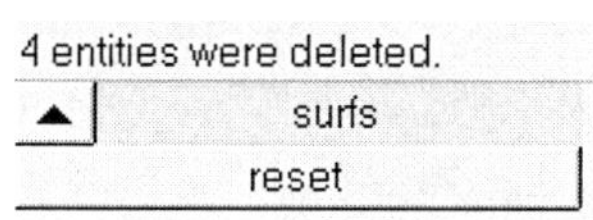

● 모델링에 사용된 Node 삭제

1. Geom page에서 temp node 선택
2. 화면 상의 8개의 노란색 node 선택(흰색으로 반전됨)
   선택 시 ctrl+mouse center(zoom)와 f를 이용하면 편리함
3. clear all click
4. return

● Delete edges

1. tool page에서 edges 선택
2. elems 선택 후 선택 조건을 all로 지정
3. fine을 free edge로 선택
4. fine edges 선택(840개의 free edge가 빨간색으로 선택됨)

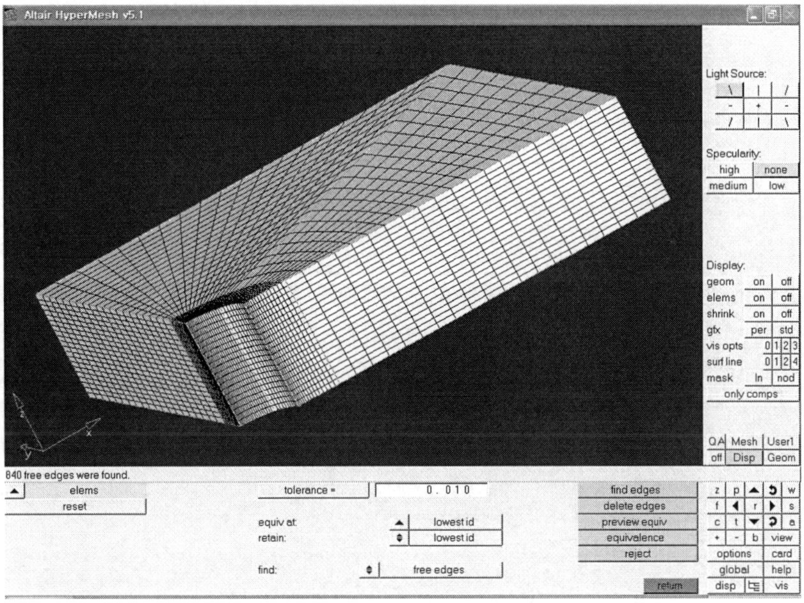

5. delete edges 선택
6. return

● Count

1. Tool page에서 count 선택
2. all 선택
3. elems / nodes 등 확인

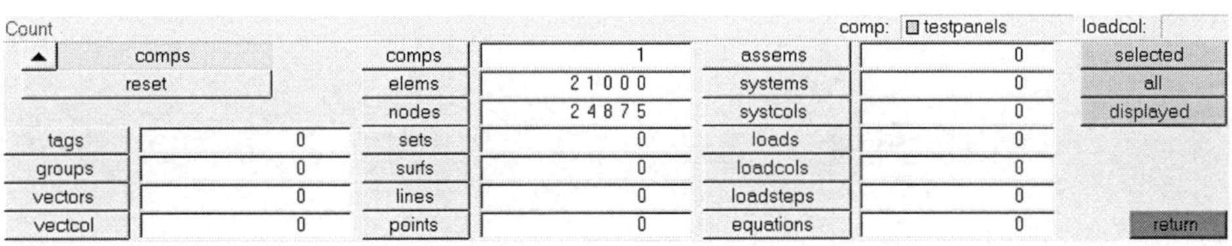

4. return

● Save

1. files 선택
2. hm file 선택

3. 경로 및 file = name 지정

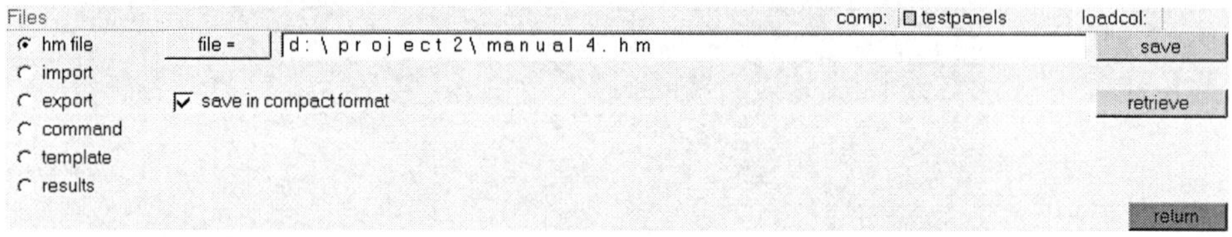

4. save
5. return

Exprot

1. files 선택
2. exprot 선택
3. 경로 및 filename = 지정(확장자 ans로)
4. write
5. return

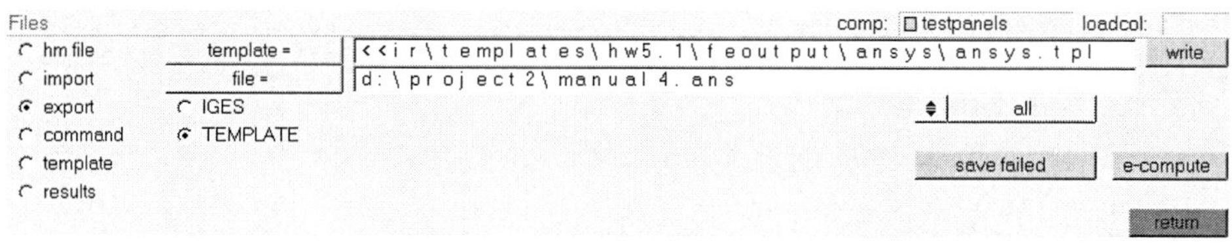

ANSYS 해석

File input & Display

1. file menu에서 Read Input form.. 선택
2. hyper mesh에서 저장했던 manual4.ans 선택
3. OK

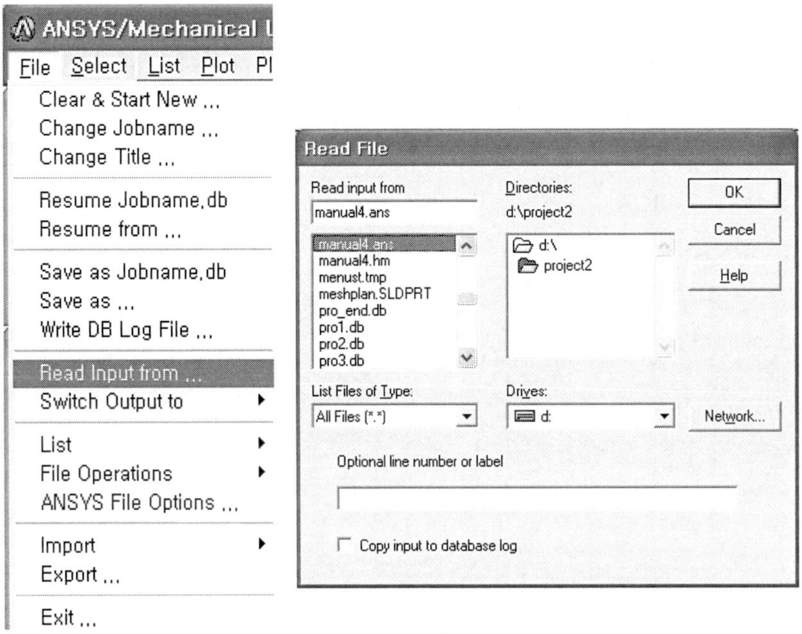

Merge item

preprocessor 〉 Numbering Ctrls 〉 Merge Items...〉

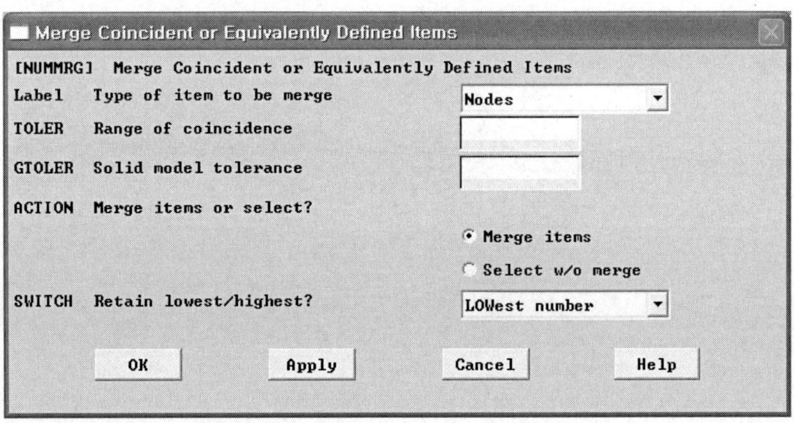

ok click

- Constrains

Solution 〉 Loads 〉 Apply 〉 Displacement 〉 On nodes +

※ select option pick / Box

1. y 축 대칭 조건

   OK

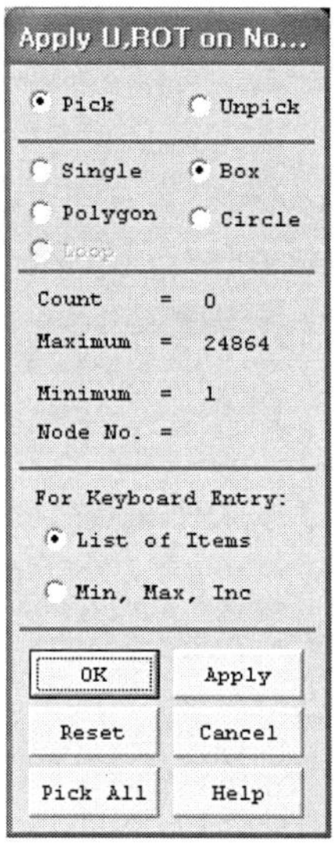

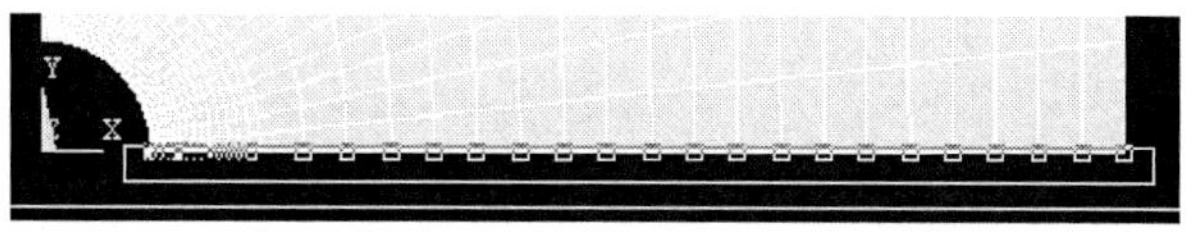

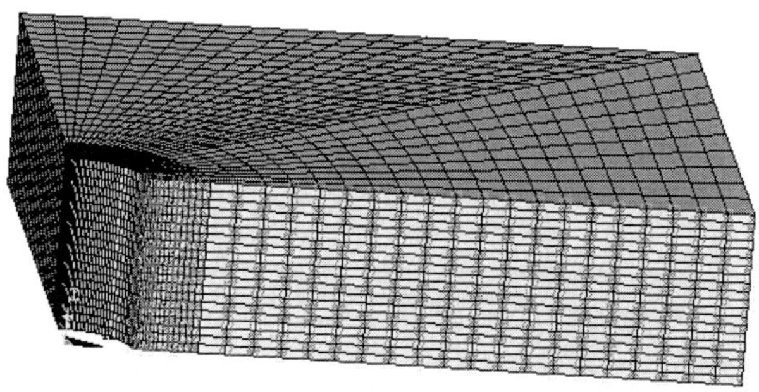

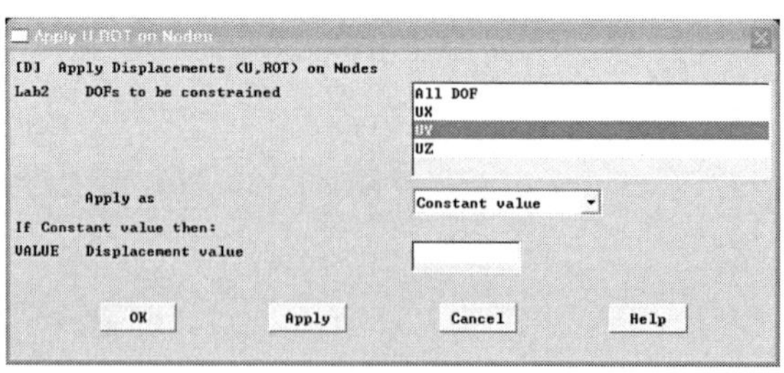

2. x 축 대칭 조건

OK

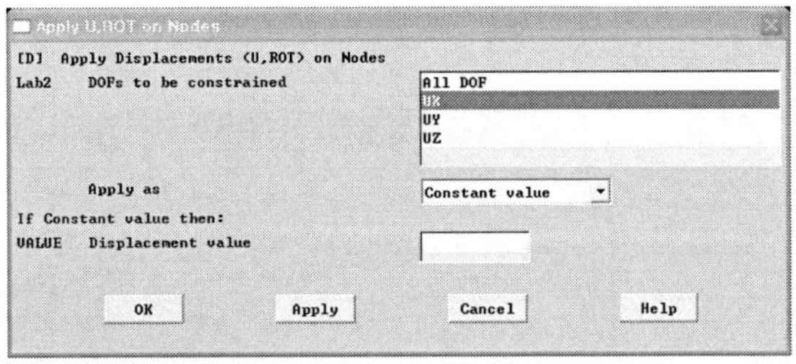

3. z 축 대칭 조건

OK

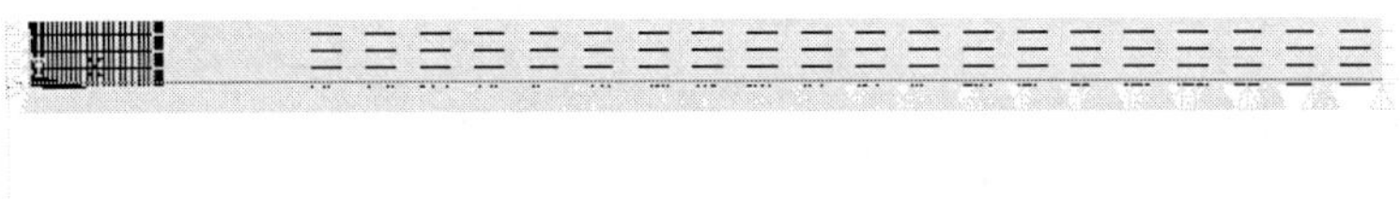

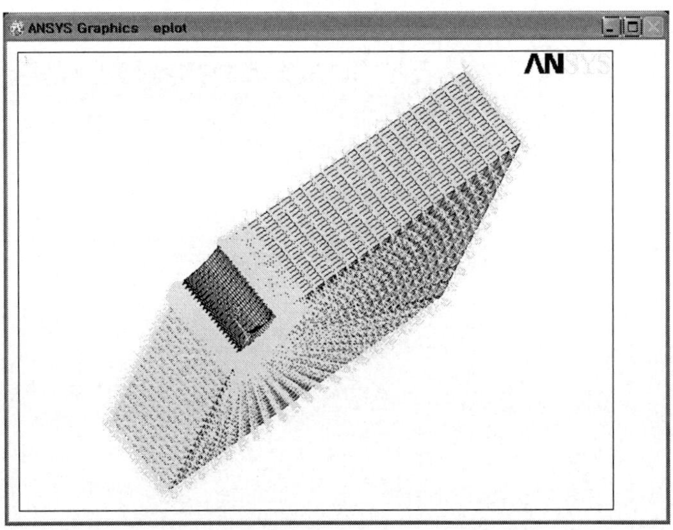

● Pressure

Solution 〉 Loads 〉 Apply 〉 Pressure 〉 On nodes +

※ select option pick / Box

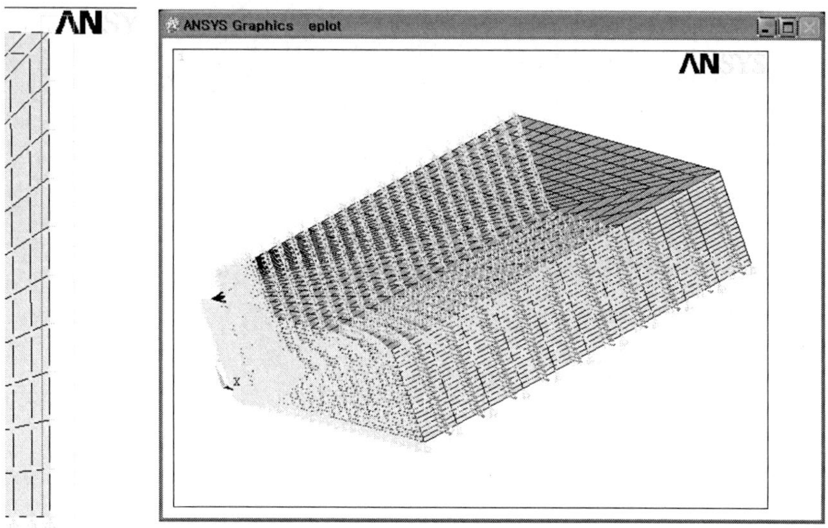

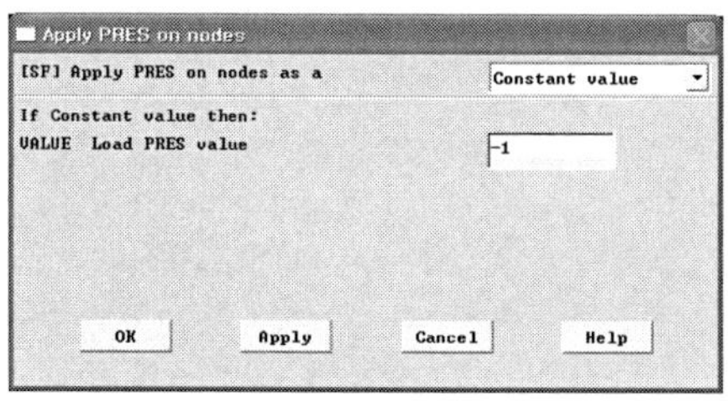

ok

해석 결과

Solution 〉 Solve 〉 Current LS

von Mises stress

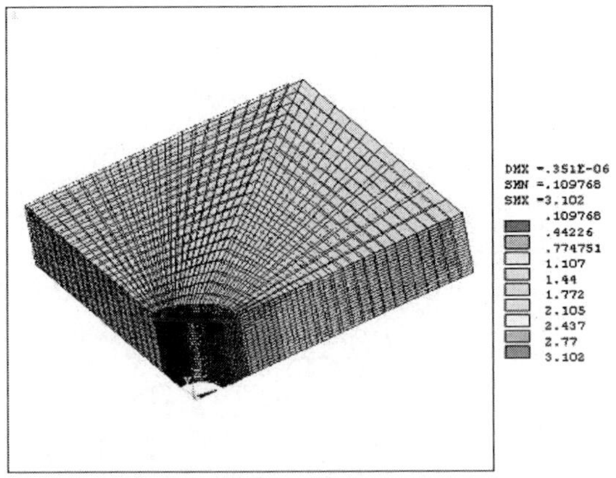

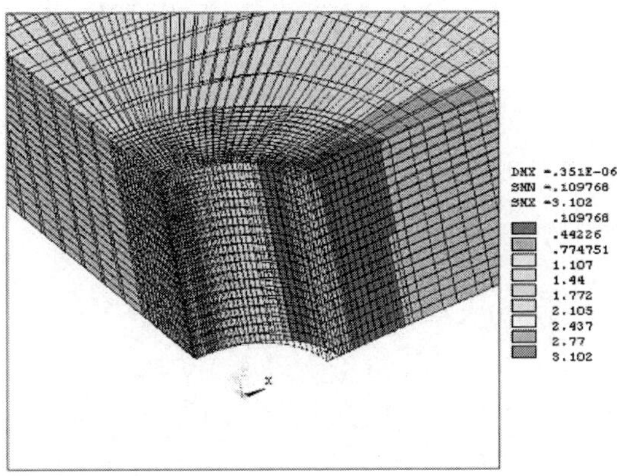

Translation USUM

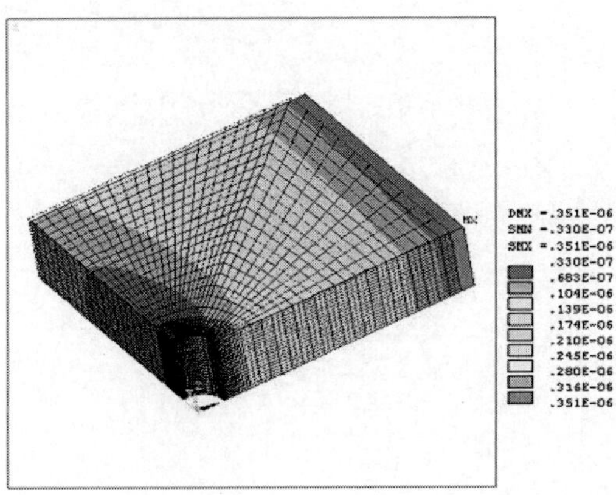

예제 3

다음 복합 실린더(그림 5.3)에 발생하는 응력과 변위 분포를 1) 2차원 모델(평면 변형률), 2) 3차원 모델, 3) 축 대칭 모델을 사용하여 구하고 비교하시오.

$E_I = 30 \times 10^6$psi ; $\nu_I = 0.33$; $\alpha_I = 10 \times 10^{-6}$/°F

$E_{II} = 15 \times 10^6$psi ; $\nu_{II} = 0.25$; $\alpha_{II} = 50 \times 10^{-6}$/°F

$\Delta T = -100$°F

$r_1 = 12$in. ; $r_2 = 24$in. ; $r_3 = 36$in.

$L = 48$in.

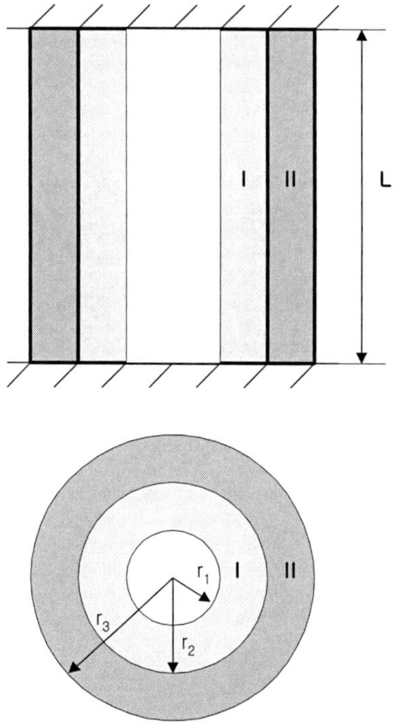

【 그림 5.3 】

모델링

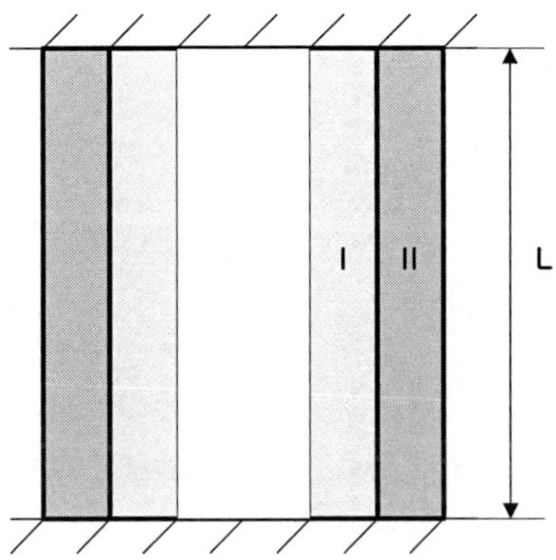

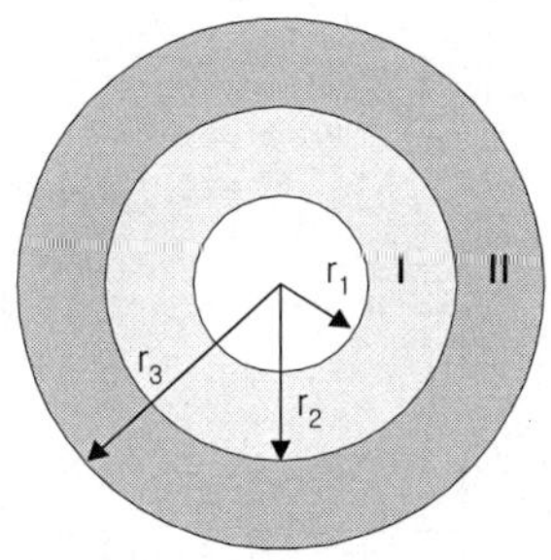

$E_I = 30 \times 10^6$psi ; $\nu_I = 0.33$; $\alpha_I = 10 \times 10^{-6}$/°F

$E_{II} = 15 \times 10^6$psi ; $\nu_{II} = 0.25$; $\alpha_{II} = 50 \times 10^{-6}$/°F

$\Delta T = -100$°F

$r_1 = 12$in. ; $r_2 = 24$in. ; $r_3 = 36$in.

$L = 48$in.

HyperMesh 모델링

해석 후처리기 지정

1. Permanent Menu에서 global click
2. template file double click
3. ansys \ click
4. ansys.tpl click
5. return click

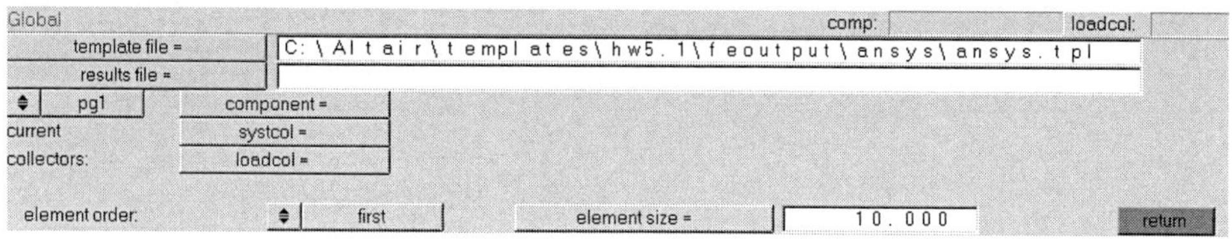

요소물성치 정의

[안쪽 재료물성치 정의]

1. Main menu에서 collectors 선택
2. collector type에서 mats 선택(switch button)
3. name 정의 ex) mat_in
4. card image에서 MATERIAL 선택(switch button)
5. create/edit click

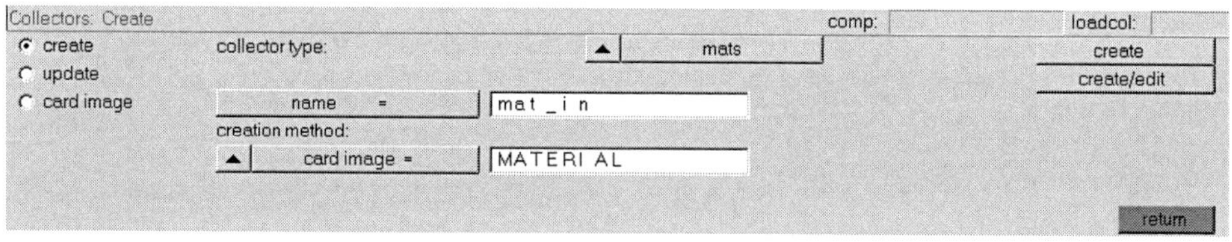

6. EX_FLAG 지정 30e6(탄성계수 입력)
   NUXY_FLAG 지정 0.33(프와송 비)
   ALPX_FLAG 지정 10×e−6

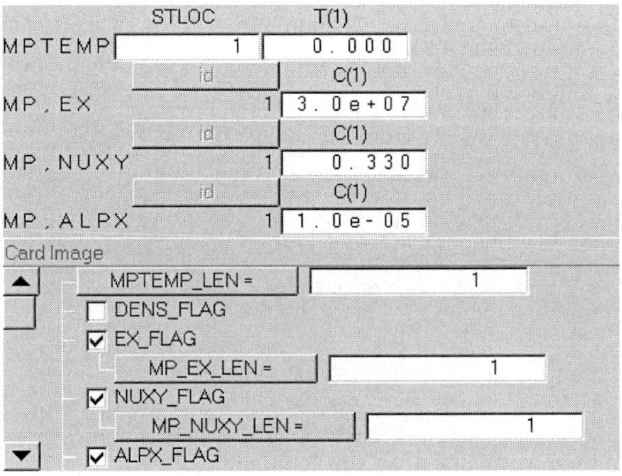

7. return

[바깥쪽 재료물성치 정의]

1. collector type에서 mats 선택(switch button)
2. name 정의 ex) mat_out
3. card image에서 MATERIAL 선택(switch button)
4. create/edit click

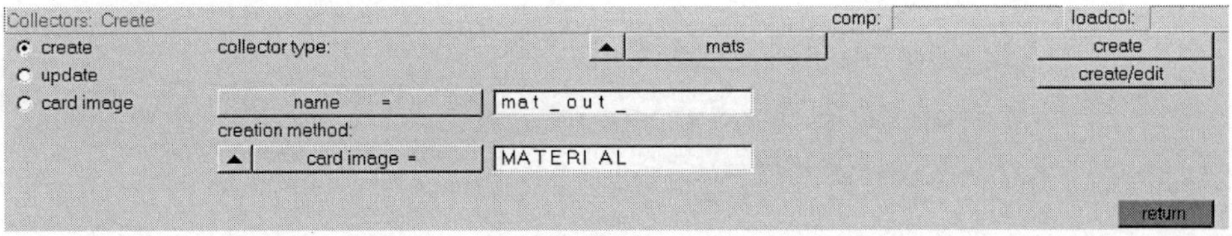

5. EX_FLAG 지정 15e6(탄성계수 입력)
   NUXY_FLAG 지정 0.25(프와송 비)
   ALPX_FLAG 지정 50×e−6

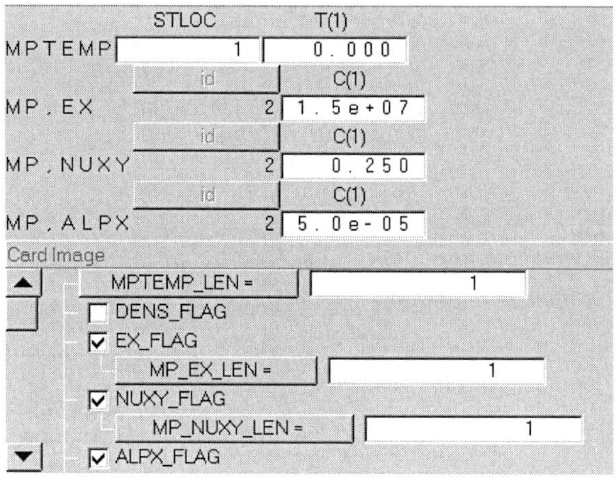

6. return > return

● 몸체 특성 정의

[안쪽 몸체 특성 정의]

1. Main menu에서 collector 선택
2. collector type에서 comps 선택(switch button)
3. name 정의 ex)comp_in
4. color 지정
5. card image에서 SOLID95 선택
6. material을 click하여 mat_in 선택
7. create/edit click

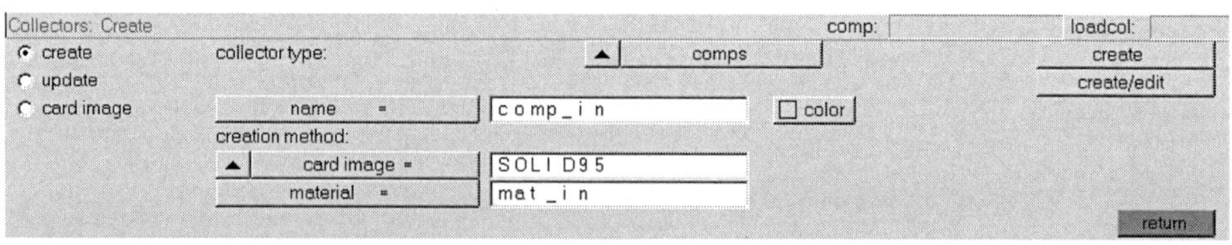

8. return > return

[바깥쪽 몸체 특성 정의]

1. Main menu에서 collector 선택
2. collector type에서 comps 선택(switch button)
3. name 정의 ex) comp_out
4. color 지정
5. card image에서 SOLID 95 선택
6. material을 click하여 mat_out 선택
7. create/edit click

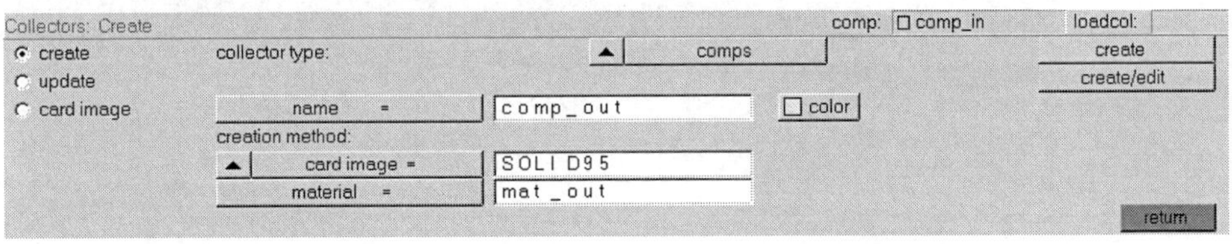

8. return > return

● Create node

1. Geom page에서 create nodes선택
2. type in을 click한 후 x=, x= ,z=에 node의 절대값 입력
   A(0, 0, 0) create node click
   B(12, 0, 0) create node click
   C(24, 0, 0) create node click
   D(36, 0, 0) create node click
   (화면 상에 생성된 node가 보이지 않을 경우 permanent menu의 f를 click)

[Tip. view]

f 전체 화면 보기　　v view 선택

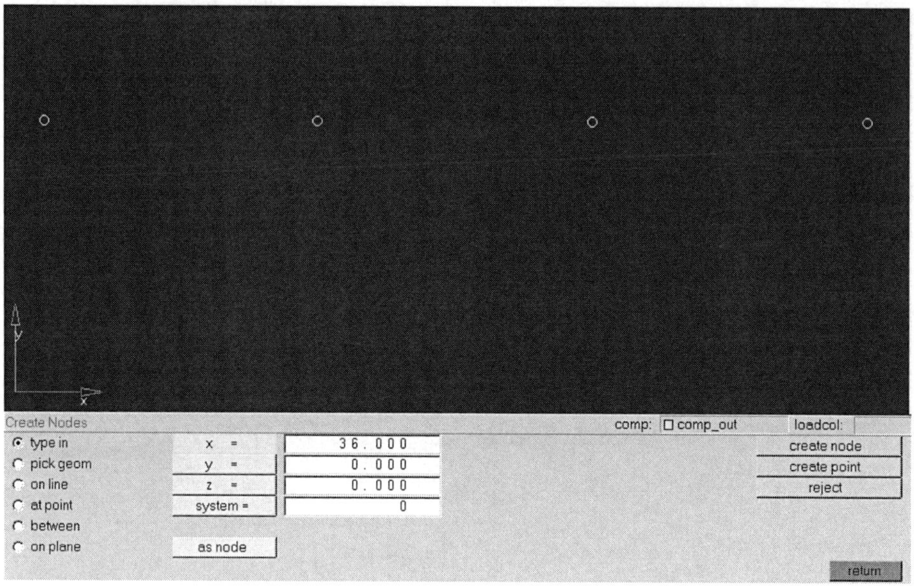

3. return

Create line

※ 안쪽 콤퍼넌트를 만들기 위해 global 선택
component를 comp_out으로 선택 후 return

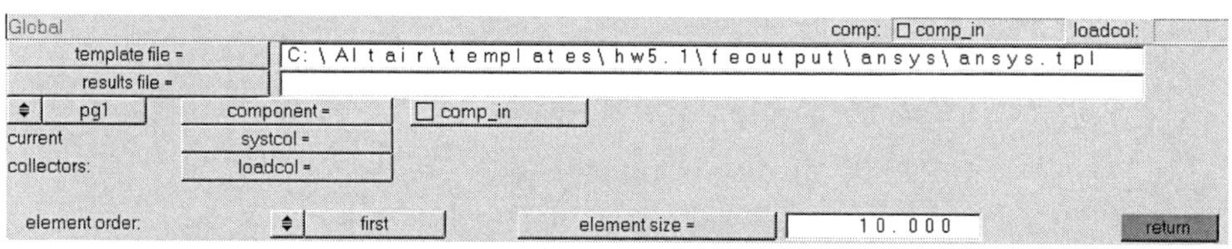

1. Geom page에서 lines 선택
2. create line sub panel을 선택
3. node B와 C를 선택(node가 선택되면 선택된 node는 흰색으로 변함)
4. create를 click하여 line 생성

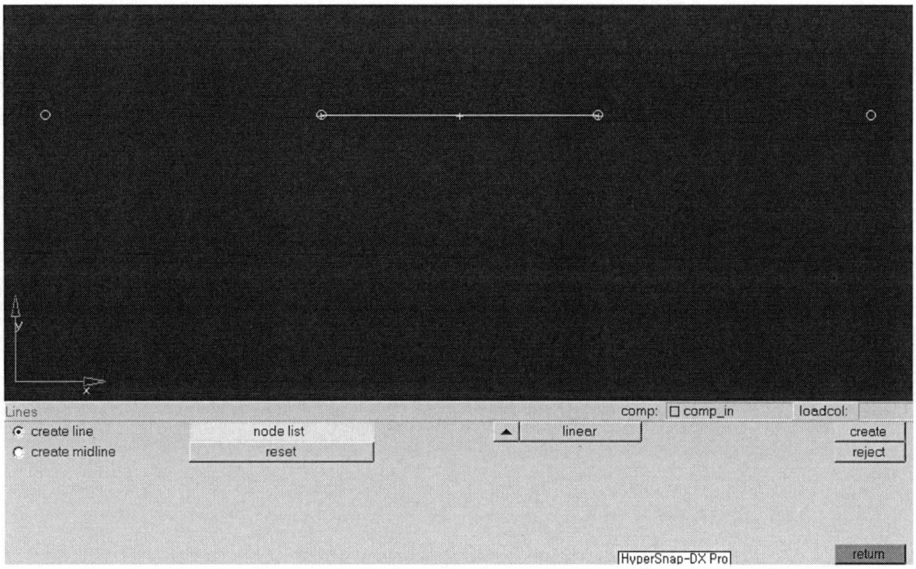

5. return

Spin

1. 2D page에서 spin(5행 2열에 위치) 선택
2. spin geoms sub panel을 선택
3. line list 선택(switch button) line 선택(흰색으로 바뀜)
4. z-axis 선택(switch button)
5. base click 후 A node 선택(A node 보라색으로 바뀜)
6. angle 90 입력
7. mesh w/o surf 선택(switch button)
8. spin + 선택

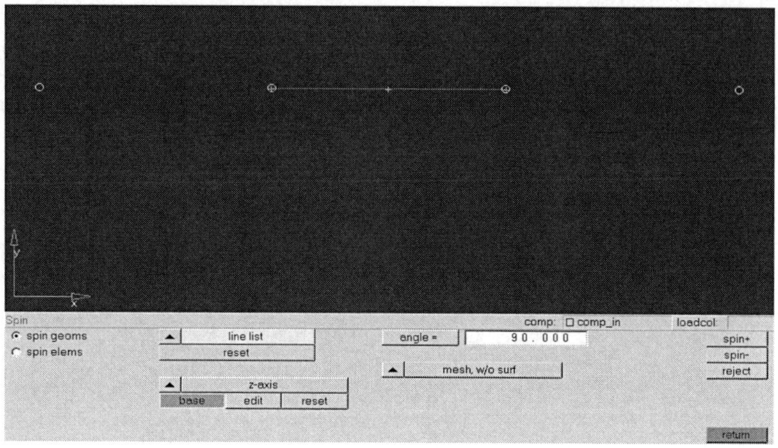

Mesh

1. spin 실행 후 mesh 적용 화면으로 바뀜
2. elem density 5 입력
3. line과 arc의 숫자를 left mouse로 선택하면 간격 5로 바뀜
4. mesh click(25개 element와 36개 node 생성)
5. return

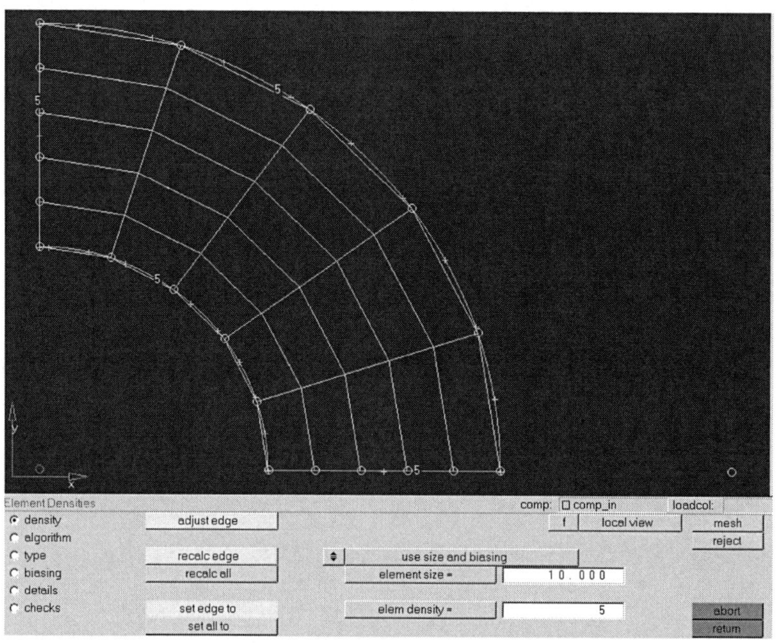

6. return

● Element offset

1. 2D page에서 elem offset 선택
2. solid layers sub panel 선택
3. elem click 후 선택 옵션을 all로 선택(element 희색으로 바뀜)
4. number of layers 5 입력
5. total thickness 24 입력
6. offset–click

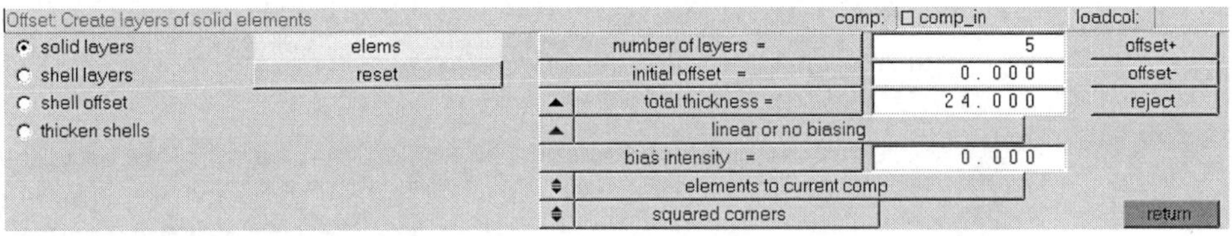

7. return

※ view를 rev Display에서 gfx의 per를 click한 화면

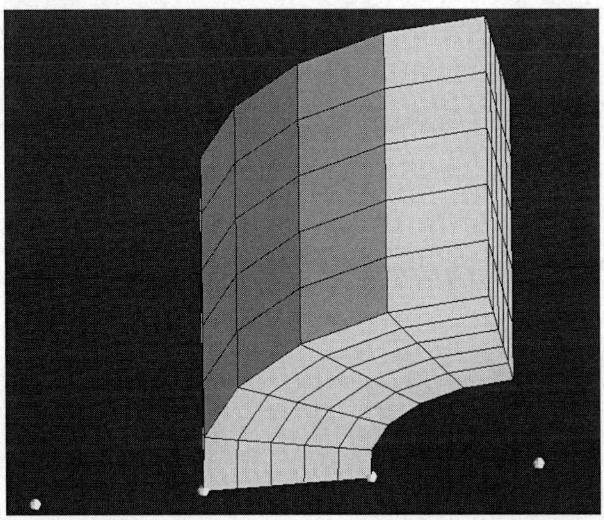

● Create line

※ 바깥쪽 콤포넌트를 만들기 위해 global 선 component를 comp_out으로 선택 후 return

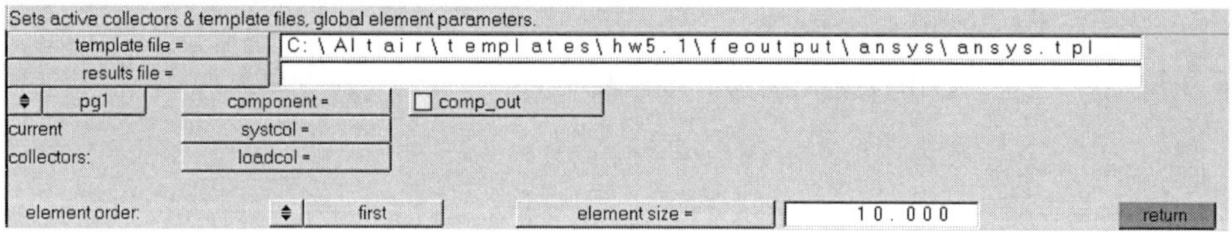

1. Geom page에서 lines 선택
2. create line sub panel을 선택
3. node C와 D를 선택(node가 선택되면 선택된 node는 흰색으로 변함)
4. create를 click하여 line 생성(View Top)

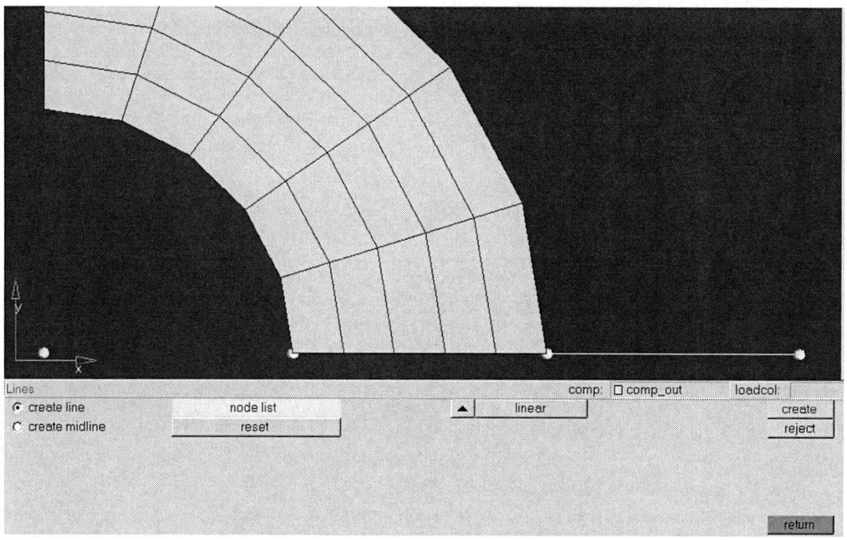

5. return

Spin

1. 2D page에서 spin 선택
2. spin geoms sub panel을 선택
3. line list 선택(switch button) line 선택(흰색으로 바뀜)
4. z-axis 선택(switch button)
5. base click 후 A node 선택(A node 보라색으로 바뀜)
6. angle 90 입력
7. mesh w/o surf 선택(switch button)

8. spin + 선택

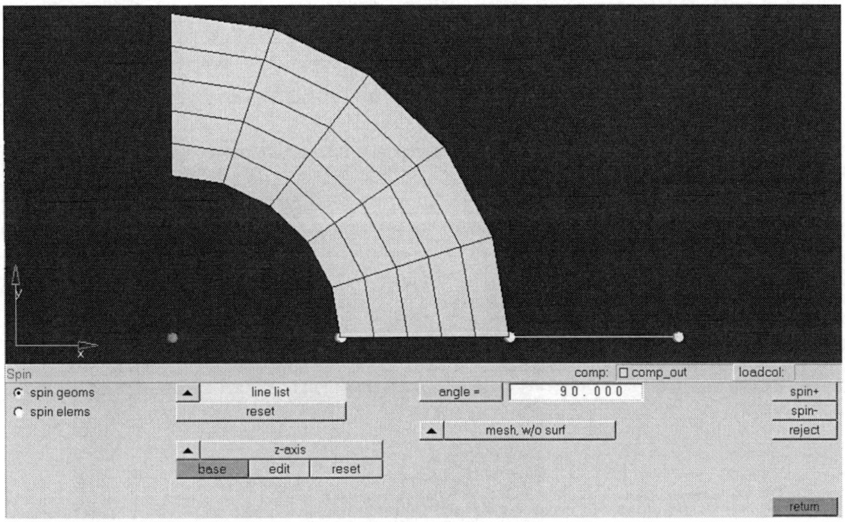

Mesh

1. spin 실행 후 mesh 적용 화면으로 바뀜
2. elem 간격 5로 지정 입력
3. mesh click(25개 element와 36개 node 생성)
4. return

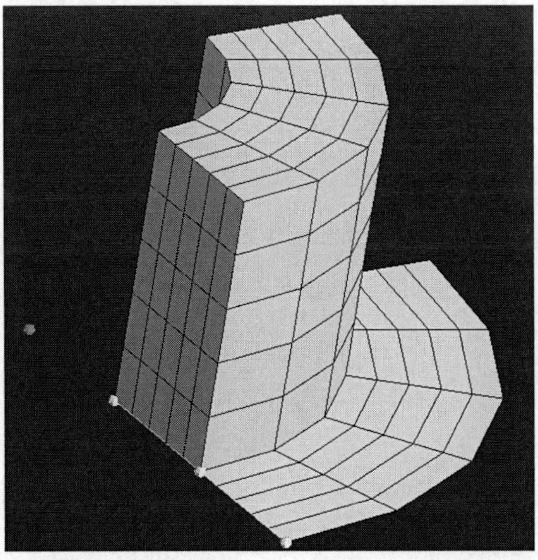

6. return

Element offset

1. 2D page에서 elem offset 선택
2. solid layers sub panel 선택
3. elem click 후 선택 옵션을 by window로 선택(element 흰색으로 바뀜)

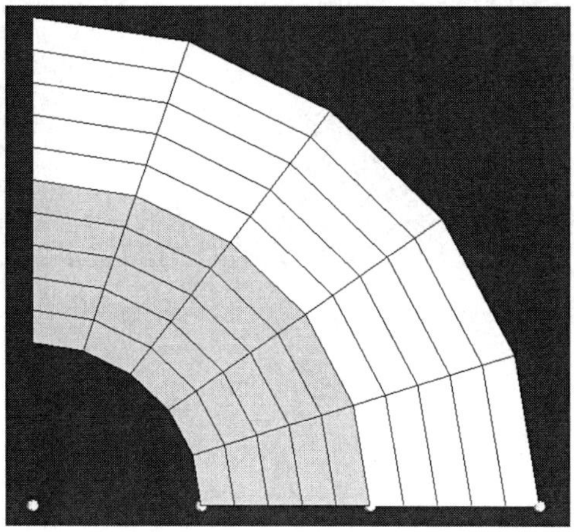

4. number of layers 5 입력
5. total thickness 24 입력
6. offset-click

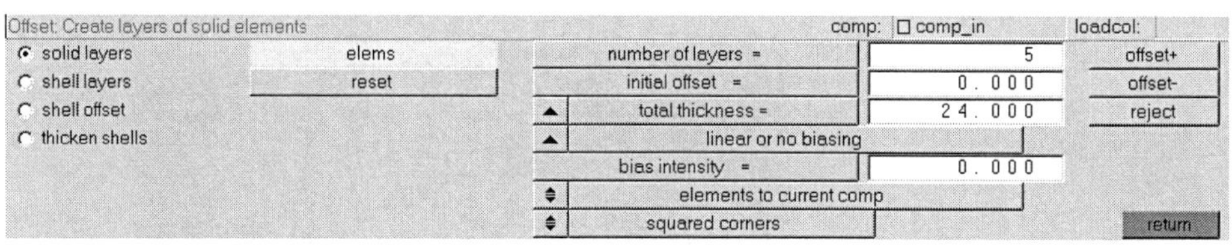

7. return

※ view를 rev Display에서 gfx의 per를 click한 화면

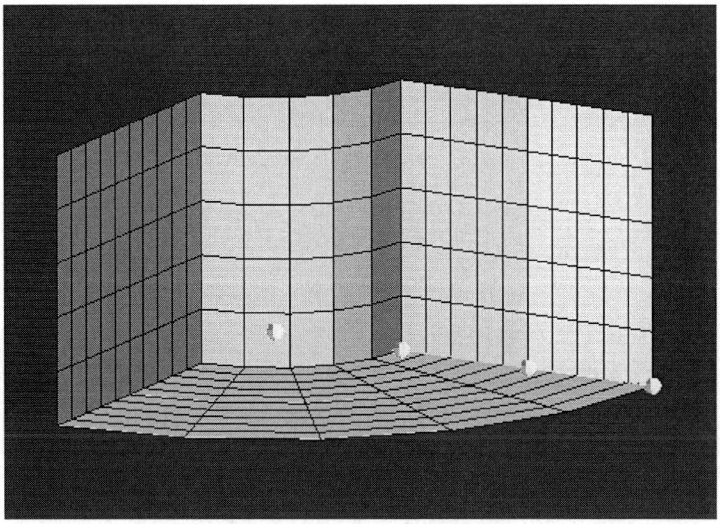

● 겹치는 Element 삭제

(spin으로 돌려서 생성된 element가 겹치므로 지워줌)

1. F2(Delete)
2. elem 선택 후 선택 조건을 by window로 지정
3. 선택을 위해 view를 left로 바꿈
4. 아래 그림과 같이 window로 범위 선택

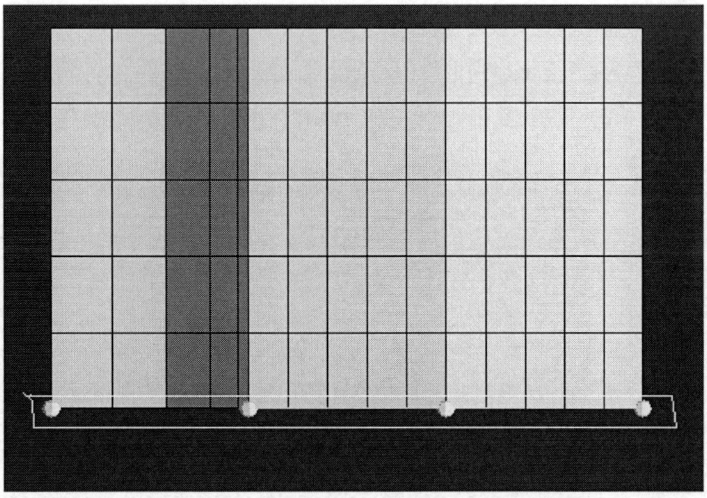

5. select entity click
6. delete entity click(50 entity가 지워짐)

7. return

● 모델링에 사용된 Line 삭제

1. F2(Delete)
2. entity sub panel 선택
3. lines 선택 후 선택 조건을 all로 지정
4. delete entity click(2개 entity 지워짐)

5. return

● 모델링에 사용된 Node 삭제

1. Geom page에서 temp node 선택
2. 화면 상의 4개의 노란색 node 선택(흰색으로 반전됨)

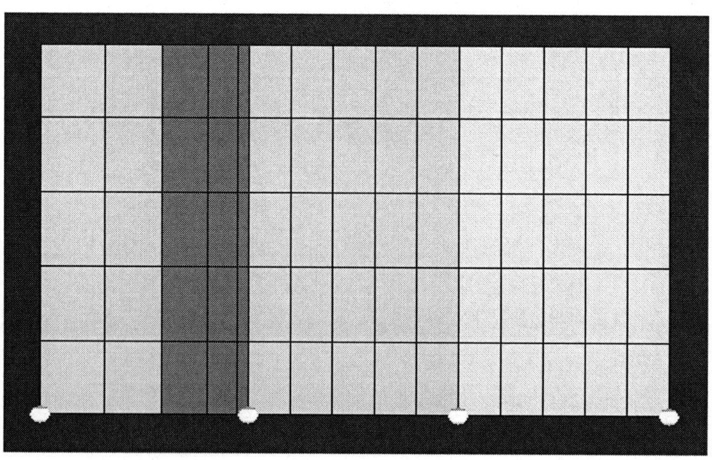

3. clear all click

4. return

● Equivalence

1. Tool page에서 faces 선택
2. comps 선택
3. comp_in과 comp_out 선택

4. select click(36개 node 선택됨)
5. preview equiv click

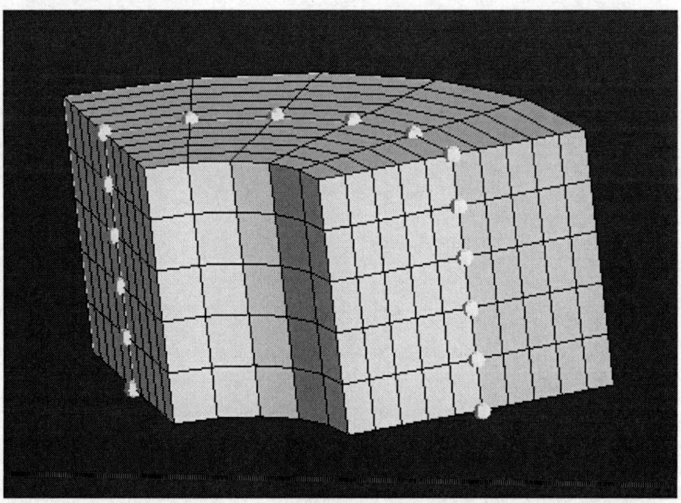

6. equivalence click

Delete edges

1. tool page에서 edges 선택
2. comps 선택 후 선택조건을 all로 지정
3. comp_in과 comp_out 선택
4. select click

5. fine edges 선택(80개의 free edge가 빨간색으로 선택됨)

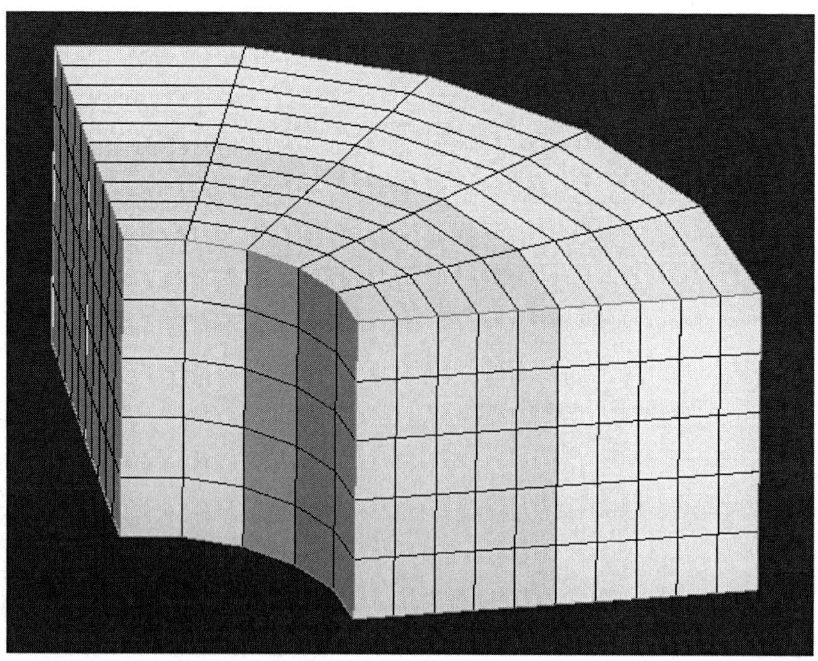

5. delete edges 선택
6. return

● Count

1. Tool page에서 count 선택
2. all 선택
3. elems / nodes 등 확인

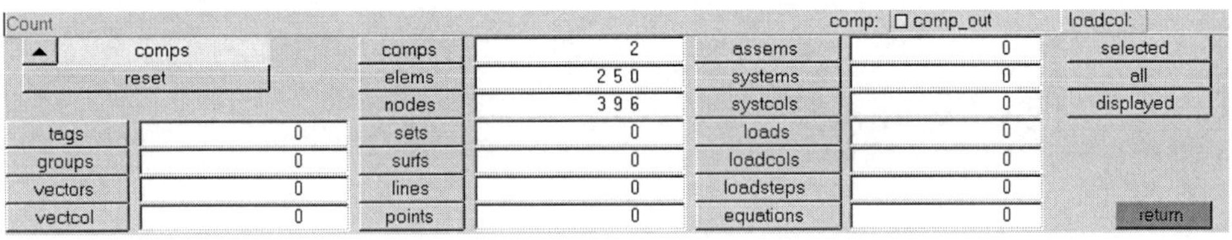

4. return

● Save

1. files 선택
2. hm file 선택
3. 경로 및 file = name 지정

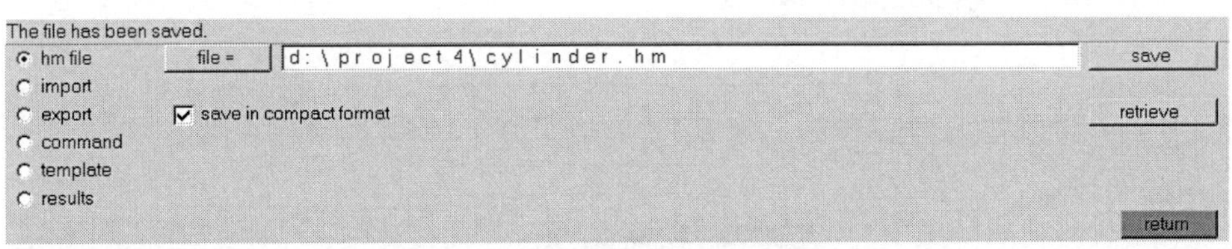

4. save
5. return

● Exprot

1. files 선택
2. exprot 선택
3. 경로 및 filename = 지정(확장자 ans로)
4. write

5. return

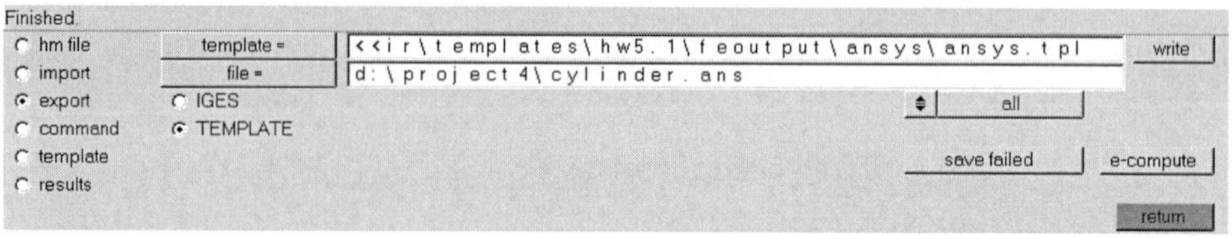

ANSYS 해석

- Read input form

- B/C 적용

  온도 및 구속 조건

- Solve

- 해석 결과

  Translation USUM

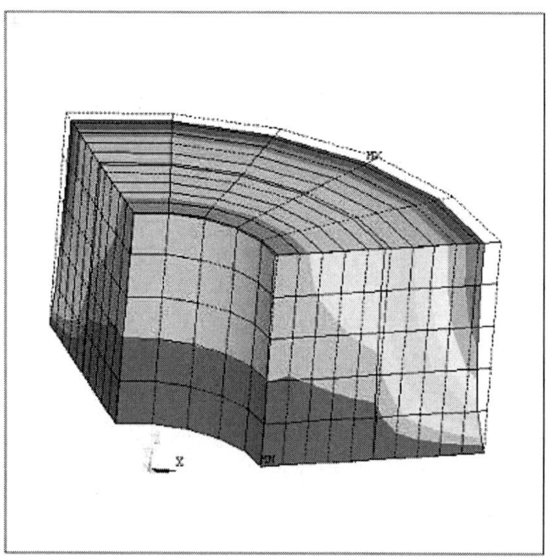

von Mises stress

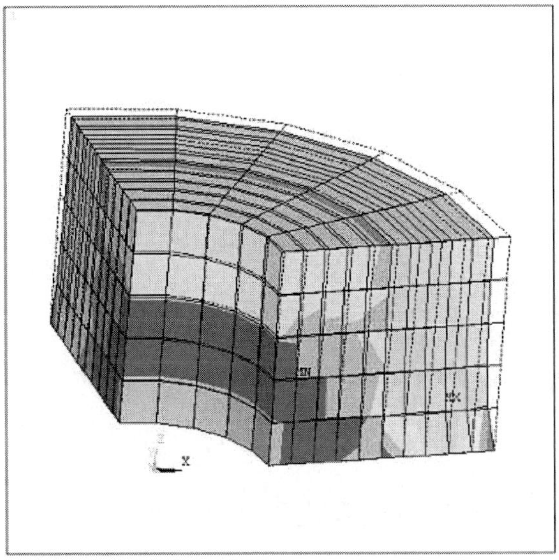

예제 4

구조물 면 일부분(그림 5.4에서 초록색 부분에만 100psi의 분포 하중 작용)에만 하중이 작용하는 문제를 해석하시오.

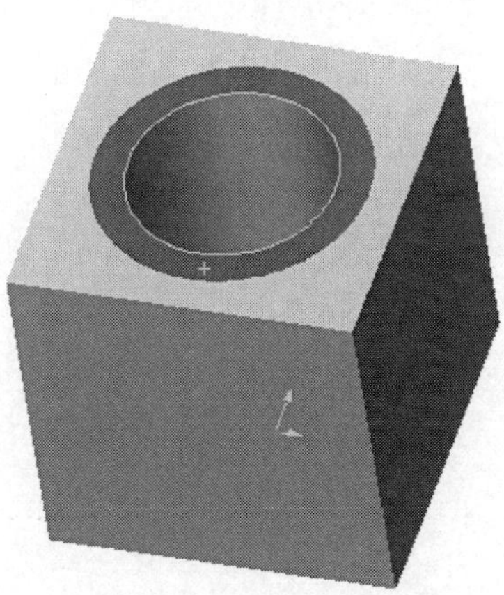

그림 5.4

기하 모델링

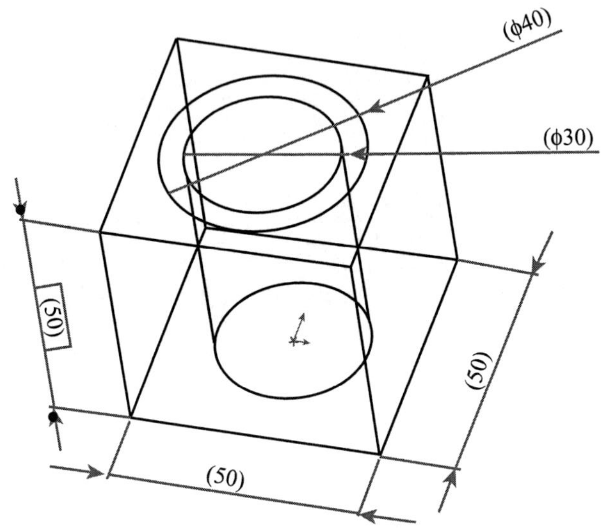

○ 재질 304 스테인레스 강
○ 탄성계수 $E=28\times10^6$psi
○ 프와송 비 $\nu=0.3$
○ 항복 강도 $\sigma_y=300{,}000$psi
○ 구속 조건 밑면 All DOF 고정
○ 하중 초록색 선택 부위 pressure 100psi

HyperMesh 모델링

● IGS file import

1. Main Menu에서 File click
2. import sub panel 선택
3. file 경로 입력 ex) d:₩project₩model.igs
4. GEOM sub panel 선택 IGES 선택
5. import click
6. return

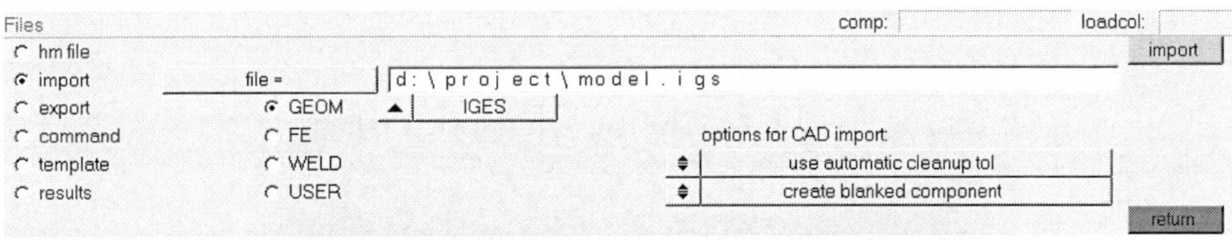

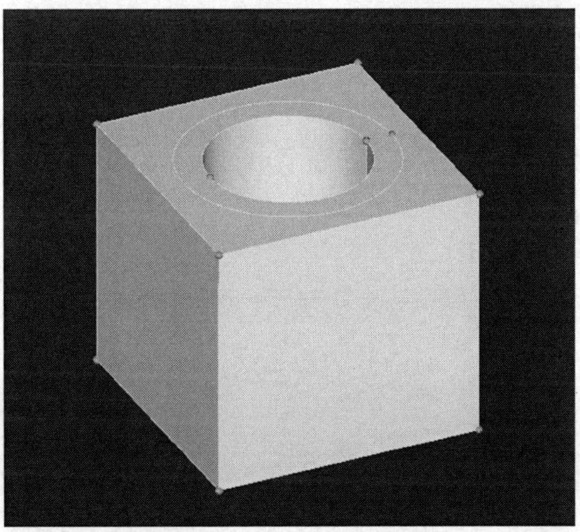

※ Display에서 vis opts를 3으로 지정

● 해석 후처리기 지정

1. Permanent Menu에서 global click
2. template file double click
3. ansys\ click

4. ansys.tpl click
5. return click

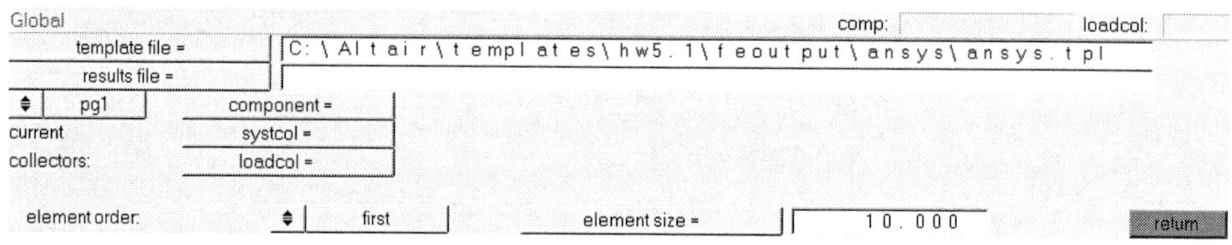

● 요소물성치 정의

1. Main menu에서 collectors 선택
2. collector type에서 mats 선택(switch button)
3. name 정의 steel
4. card image에서 MATERIAL 선택(switch button)
5. create/edit click

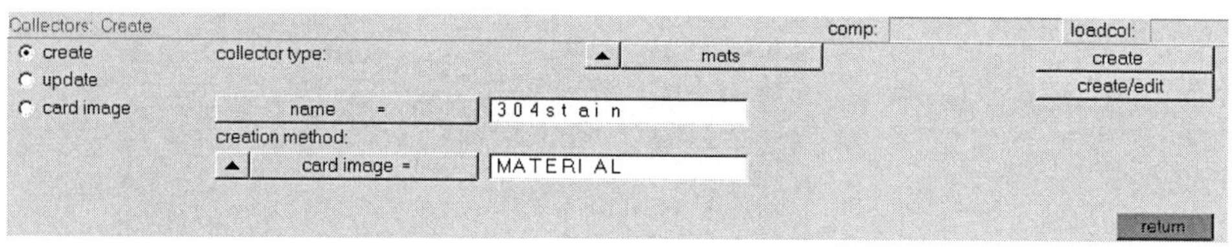

6. EX_FLAG 지정 2.8e7(탄성계수 입력)
   NUXY_FLAG 지정 0.3(프와송 비)

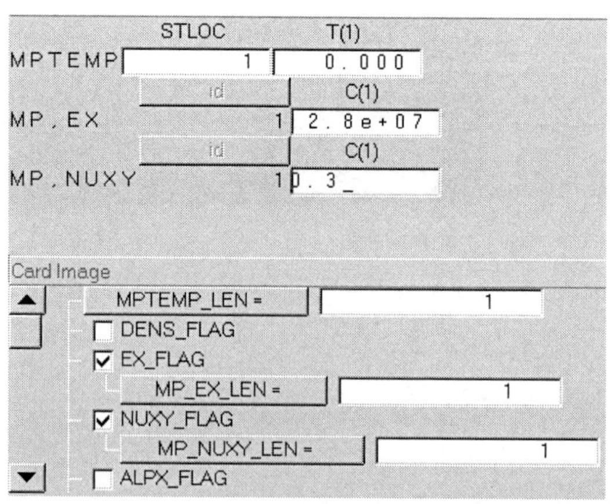

7. return > return

● Component update

1. Main menu에서 collector 선택
2. collector type에서 comps 선택(switch button)
3. update 선택
4. comps 선택하여 lvl0 체크

5. material을 click하여 304stain 선택
6. update click
7. color와 meterialid 선택 후 update

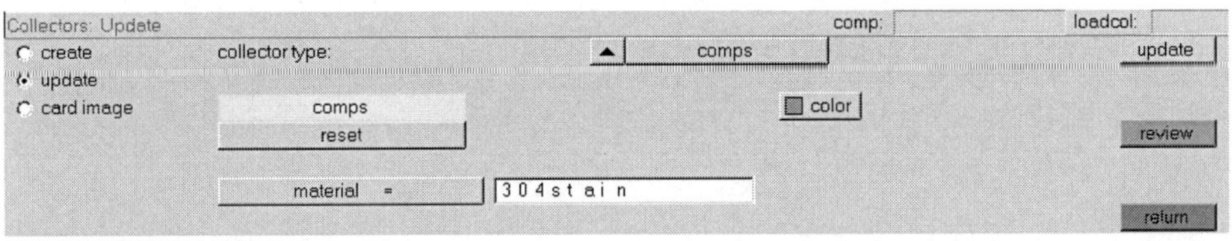

8. return

● Card image

1. Main menu에서 collector 선택
2. collector type에서 comps 선택(switch button)
3. card image에서 SOLID95 선택
4. load 선택 후 lvl0 체크

5. return click

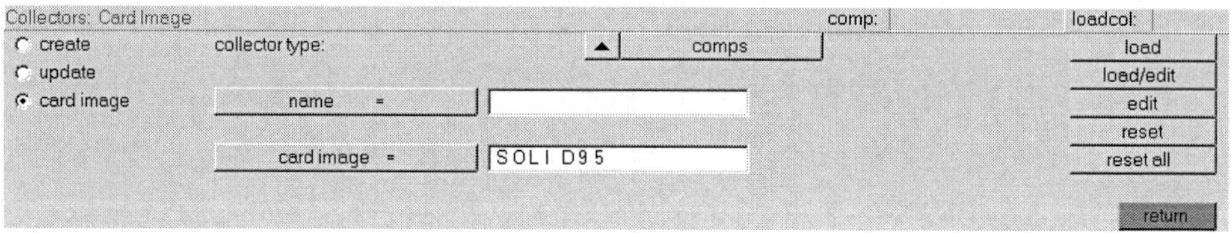

압력 및 경계 조건 정의

1. Main menu에서 collector 선택
2. collector type에서 loadcols 선택(switch button)
3. card image를 no card image로 변경
4. name 정의 ex) BC
5. color 지정(압력 조건 지정)
6. create/edit click

7. return

Global

1. Global 선택
2. component click
3. lvl0 선택

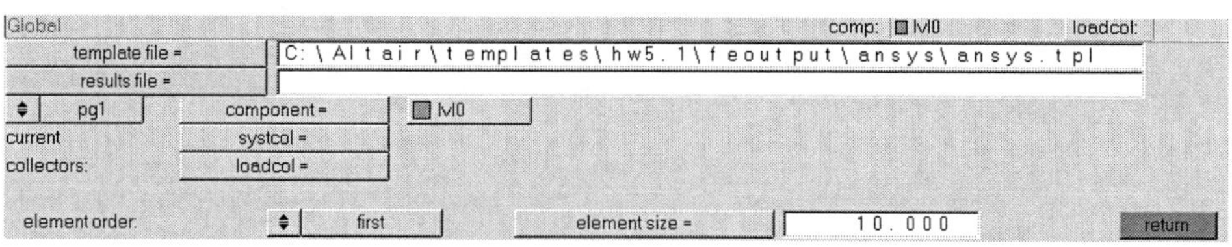

4. return

Automesh

1. 2D page에서 automesh 선택
2. create mesh sub panel 선택
3. surf click 한 후 선택 조건을 all로 지정
4. elem size 10 / trials(switch button)로 선택 다른 옵션은 아래 그림과 같이 선택

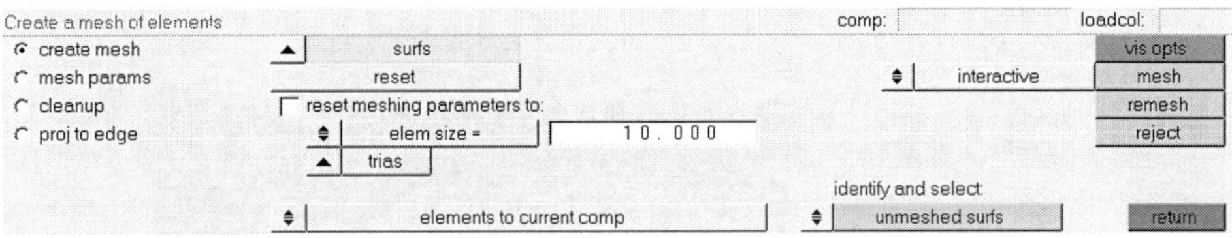

5. mesh click

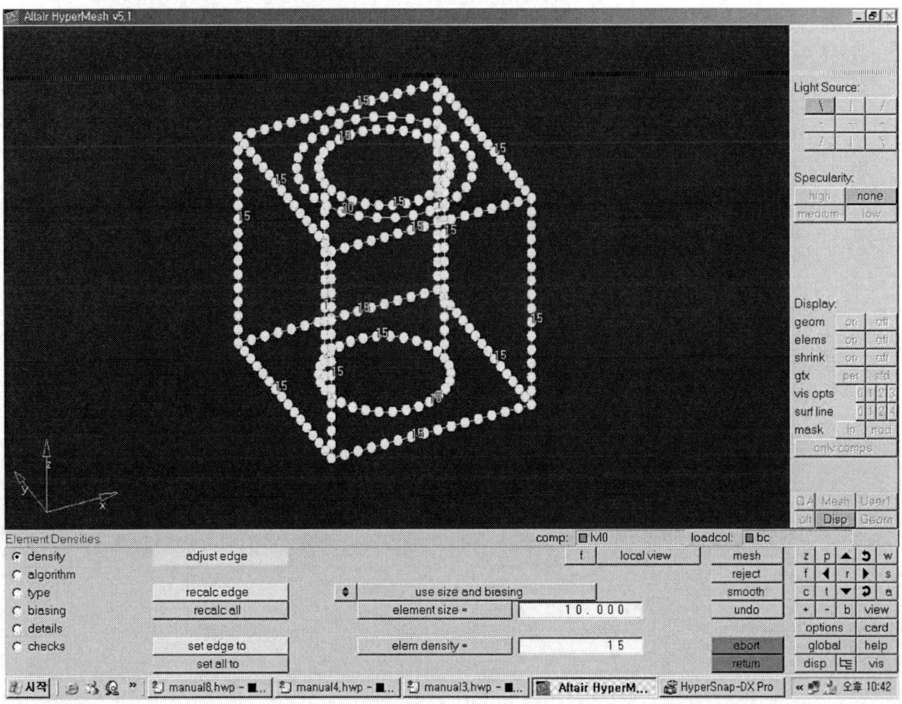

6. density sub panel 선택
7. element size 15로 입력(상단부 두 번째 원은 30으로 조정)
   recalc all click

8. algorithm sub panel 선택
9. meshing algorithm을 autodecide로 선택 후 set all click
   smoothing algorithm을 autodecide로 선택 후 set all click

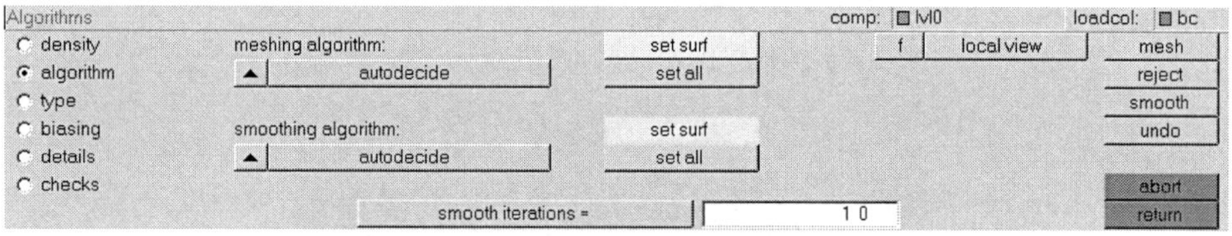

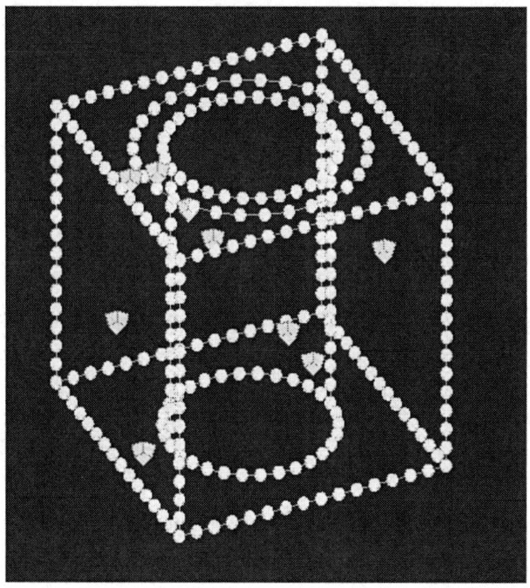

10. type sub panel 선택
11. element type을 trias
    set all click

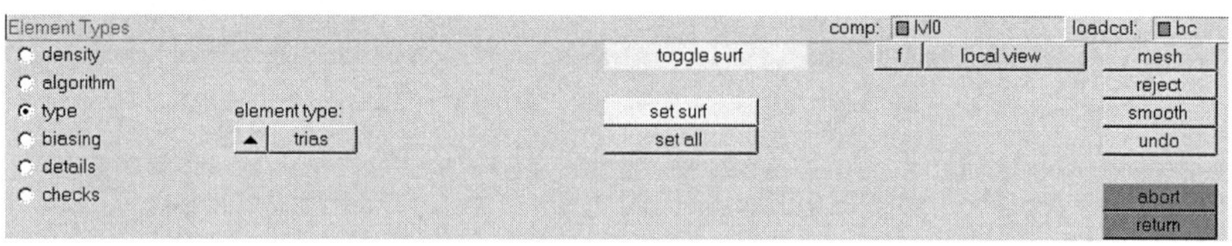

12. biasing sub panel은 다음 그림과 같이 설정

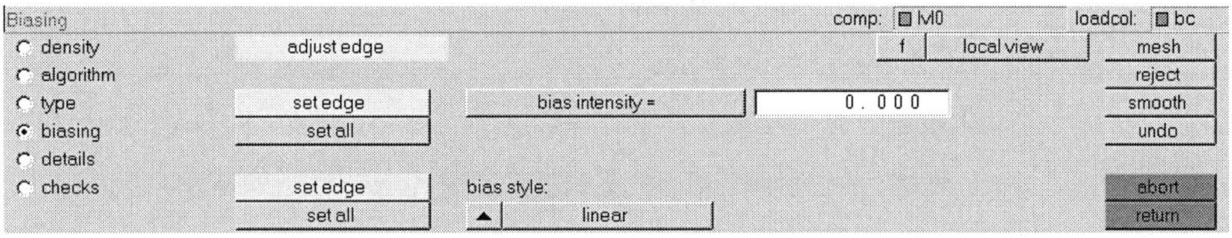

13. details sub pannel은 아래 그림과 같이 설정
skew control 설정 해제 해줌

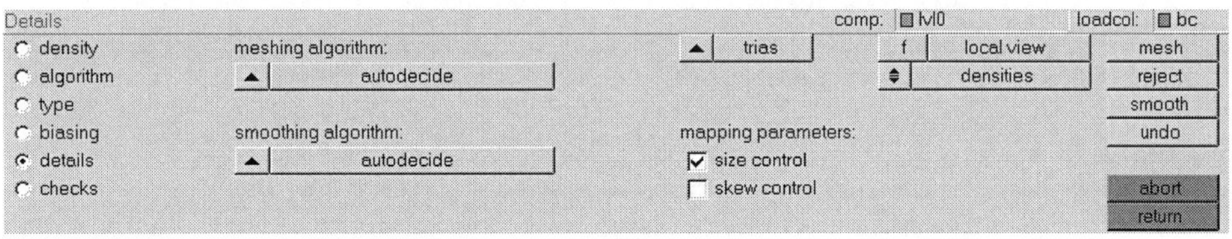

14. mesh click
15. return click
※ display에서 gfx를 per로 설정

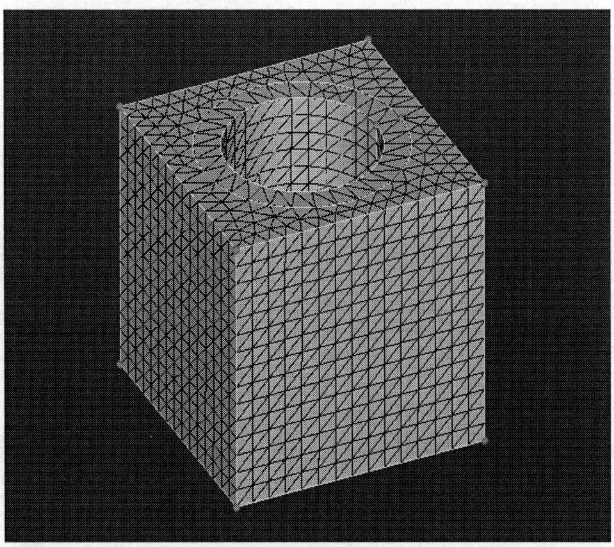

16. return

Tetramesh

1. 3D page에서 tetramesh 선택
2. tetra mesh sub panel 선택
3. floatable trias elems click 후 선택 옵션을 all로 선택(element 흰색으로 바뀜)
4. fixed trias elems click 후 선택 옵션을 all로 선택
5. tetmes click

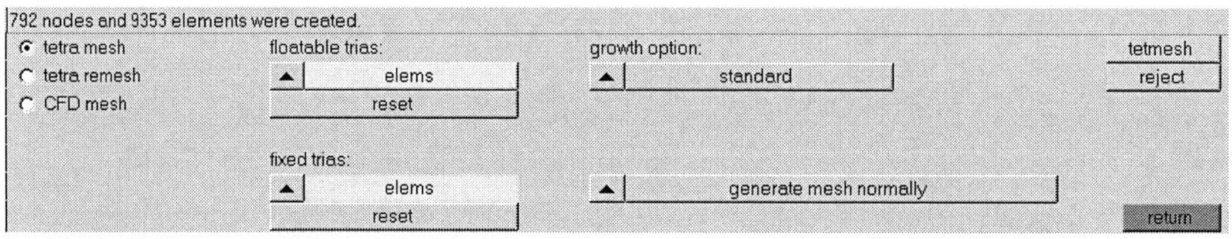

5. return

Automesh element 삭제

내부에 채워진 tetra mesh는 Automesh 통해 생성된 바깥쪽 element를 근거로 만들어지므로 tetra mesh 생성 후 겹치게 되는 Automesh element를 삭제해 주어야 한다.

1. 선택의 편의를 위해 Display에서 geom은 on하고 elems는 off한다.

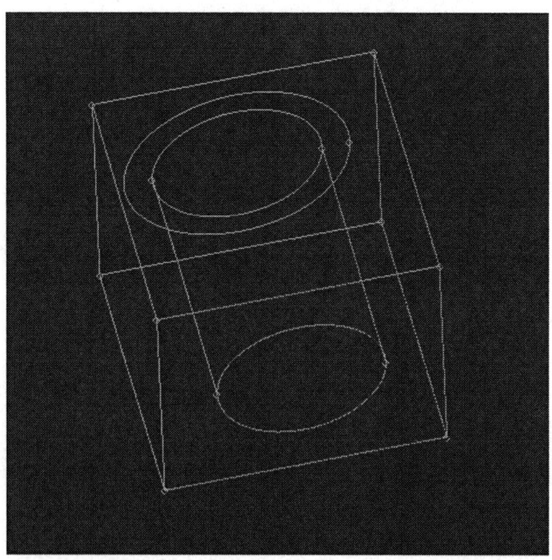

2. F2 Delete
3. elems 선택
4. 선택 옵션을 by surface로 선택
   (모든 면 선택하여 흰색으로 활성화시킴)

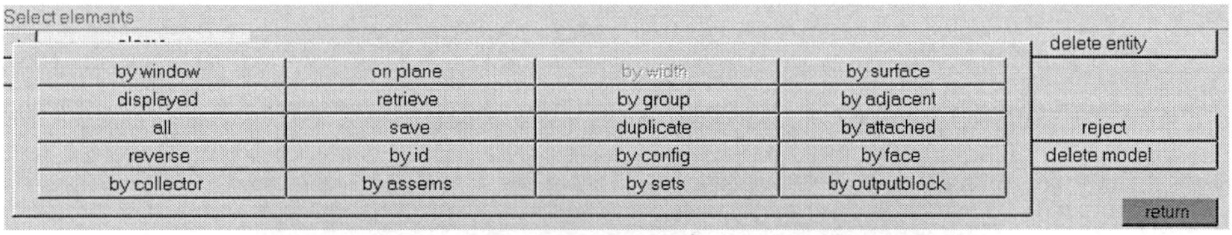

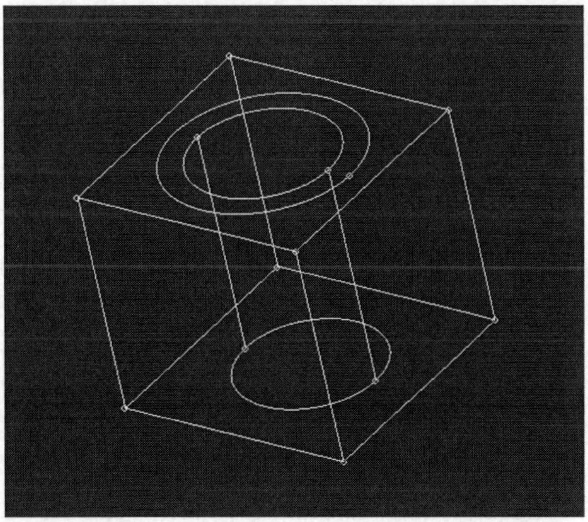

5. select click
6. delete entity click

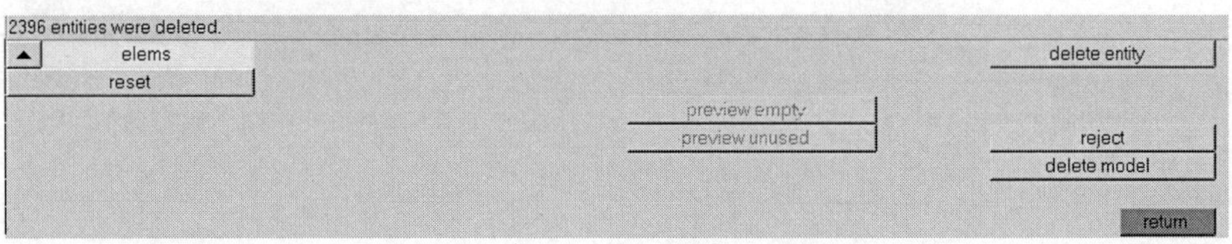

7. return

경계 조건 지정

[참고]

x	dof1	y	dof2	z	dof3
x 회전	dof4	y 회전	dof4	z 회전	dof4

[바닥부]

1. global에서 loadcol의 bc를 선택 return
2. BCs page에서 constraints 선택
3. create sub panel 선택
4. 하단부 nodes를 by window에 의해 선택 select entities click

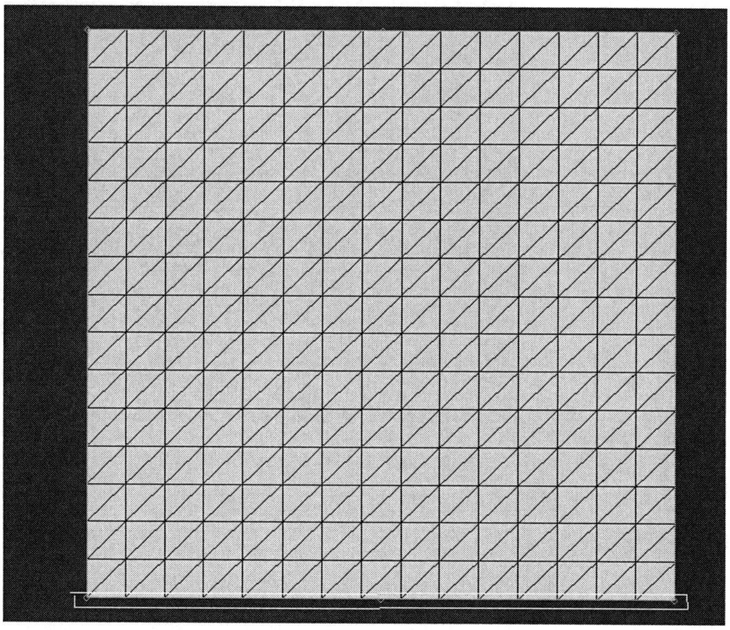

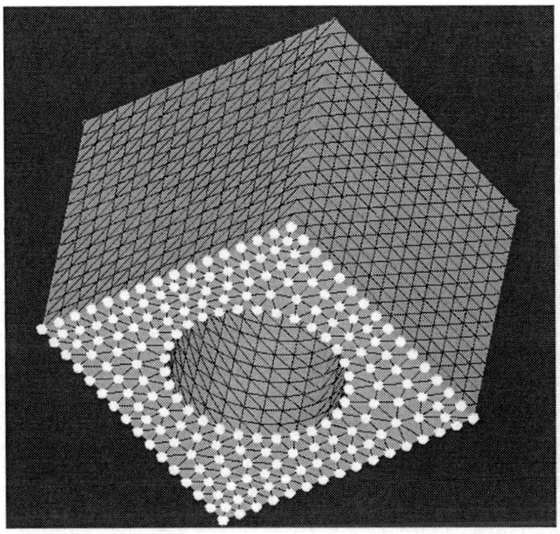

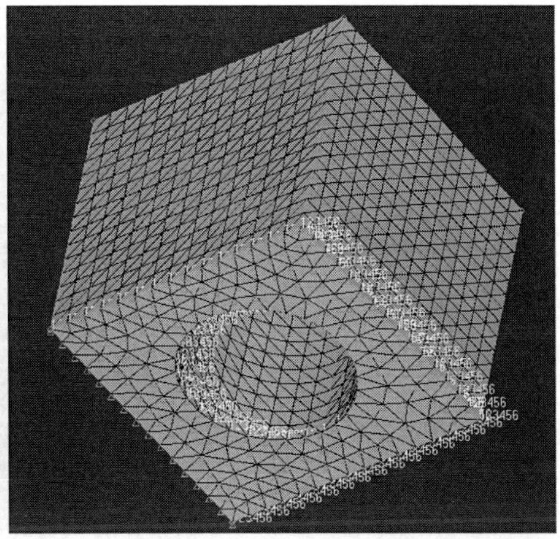

5. size 1 입력
6. dof 1~6 선택
7. create

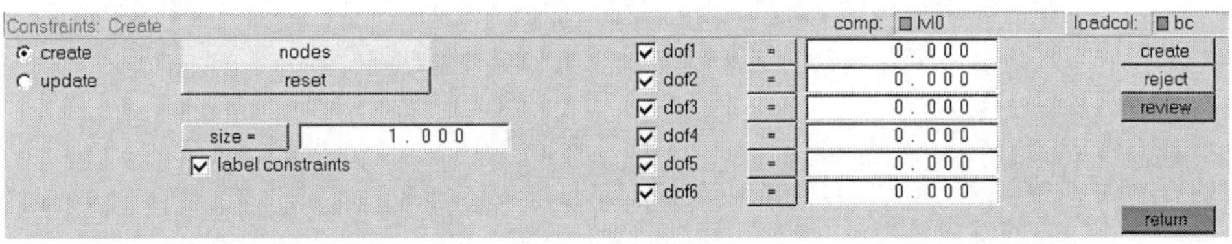

8. return

● 하중 조건 지정

1. BCs page에서 forces 선택
2. create sub panel 선택
3. element를 by surface에 의해 선택

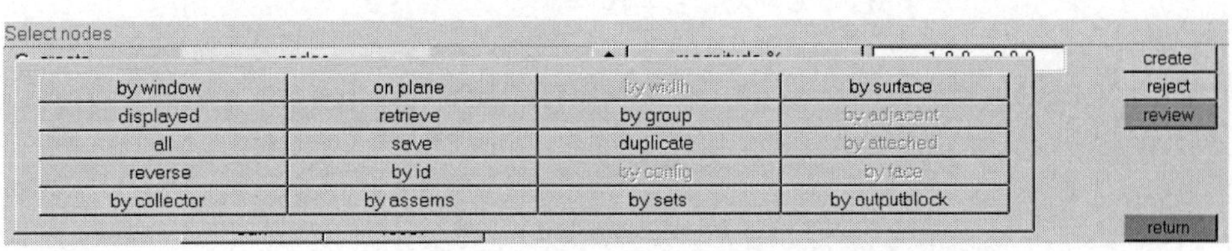

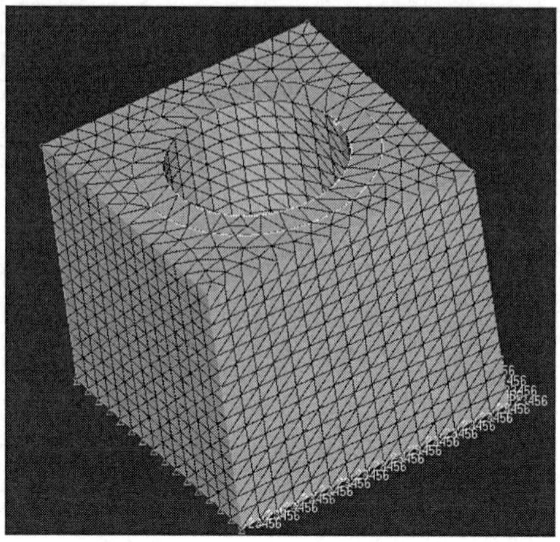

4. select click

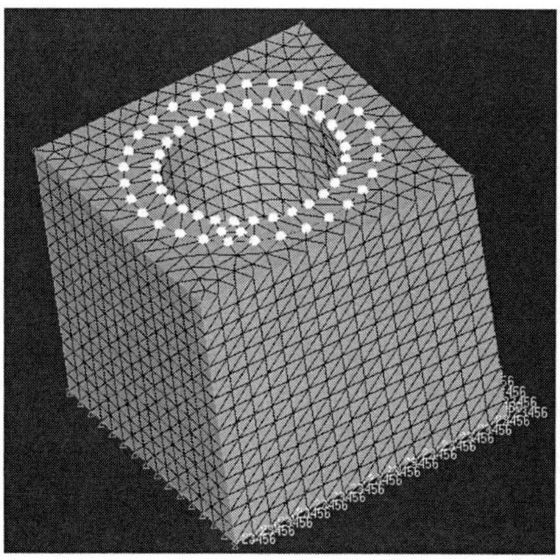

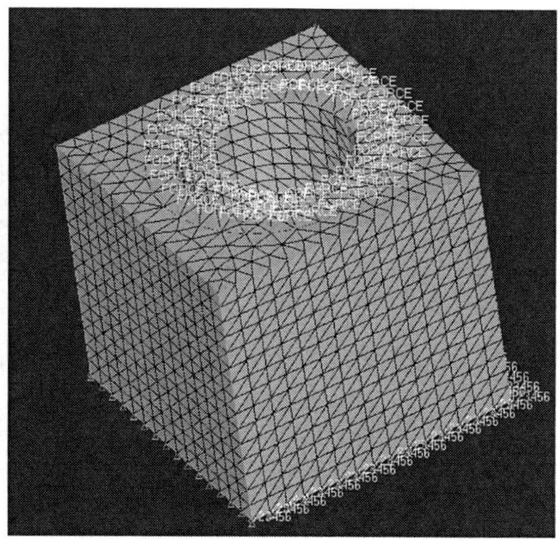

5. magnitude에 −10 입력
6. 축을 z−axis로 선택
7. magnitude%를 30로 입력

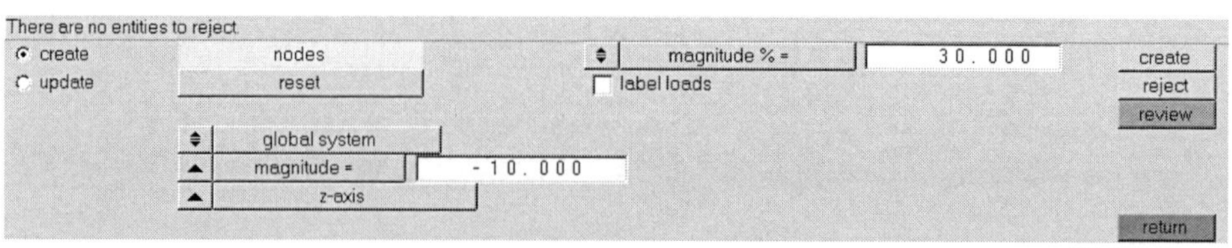

8. return click

Save

1. files 선택
2. hm file 선택
3. 경로 및 file = name 지정

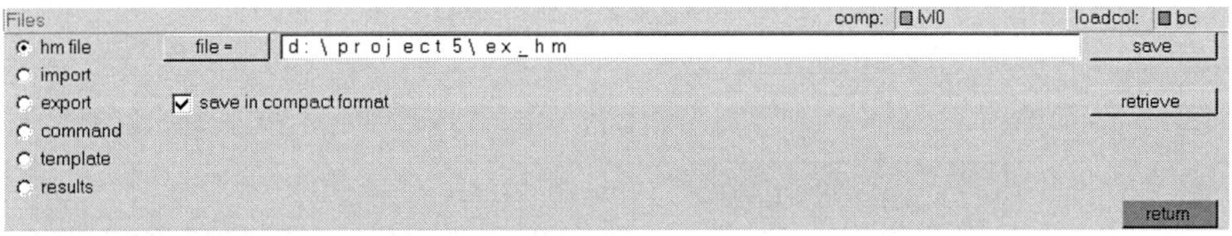

3\. save

4\. return

Exprot

1. files 선택
2. cxprot 선택
3. 경로 및 filename = 지정(확장자 ans로)

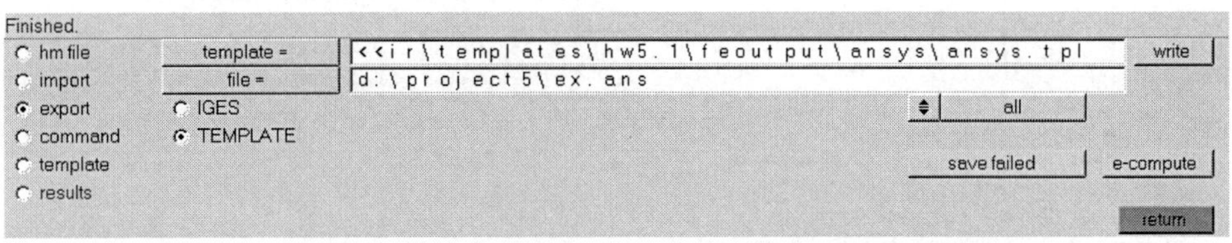

4\. write

5\. return

ANSYS 해석

● File input & Display

1. file menu에서 Read Input form.. 선택
2. HyperMesh에서 저장했던 ex.ans 선택
3. OK

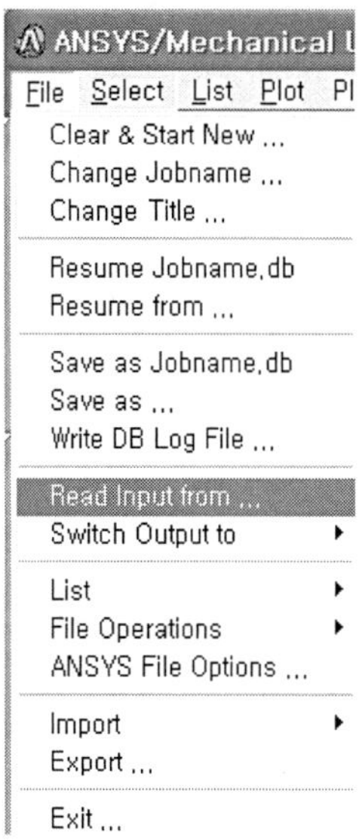

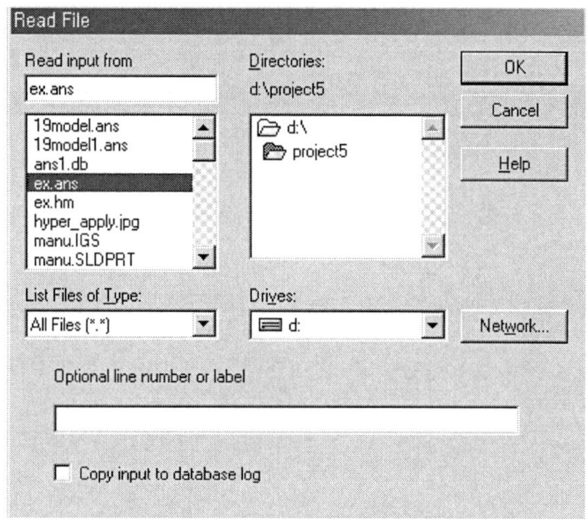

※ 파일을 불러들이고 plot menu의 element 선택
plotCtrls menu의 Symbols를 아래 그림과 같이 선택

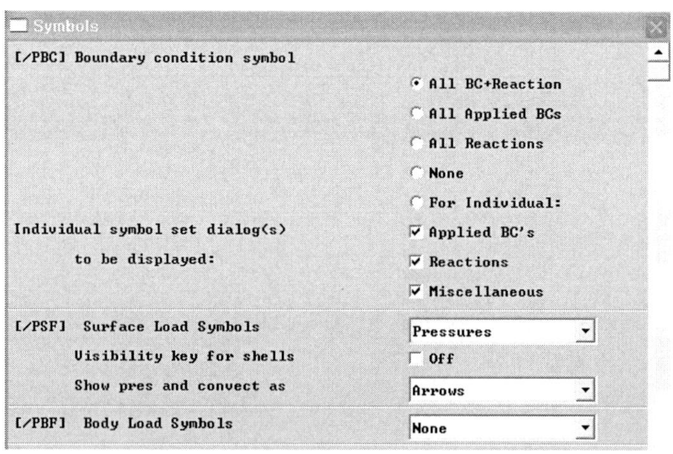

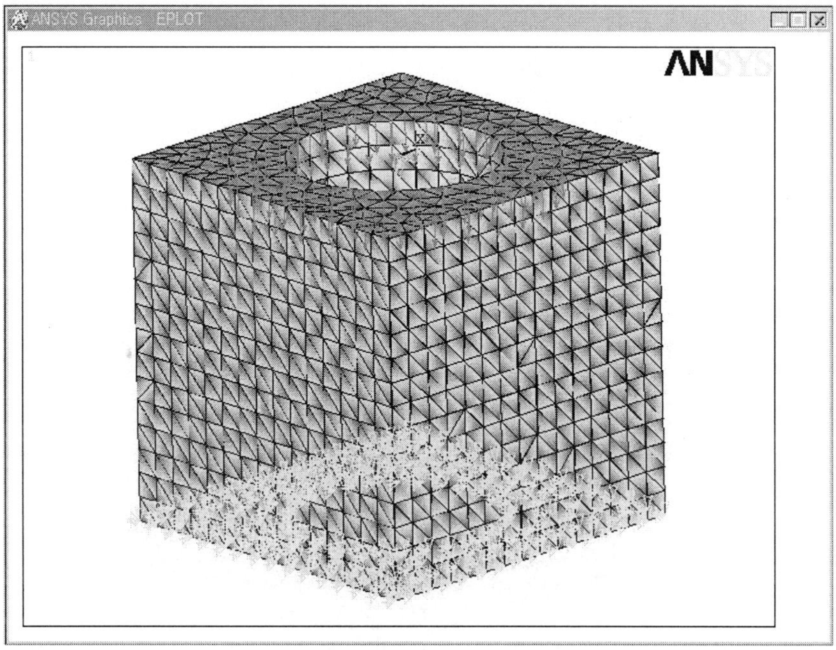

● Solution

1. solution
2. Current LS

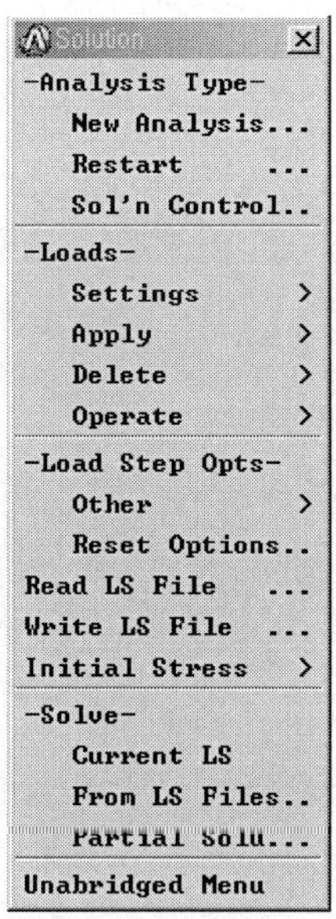

해석 결과

1. Translation USUM

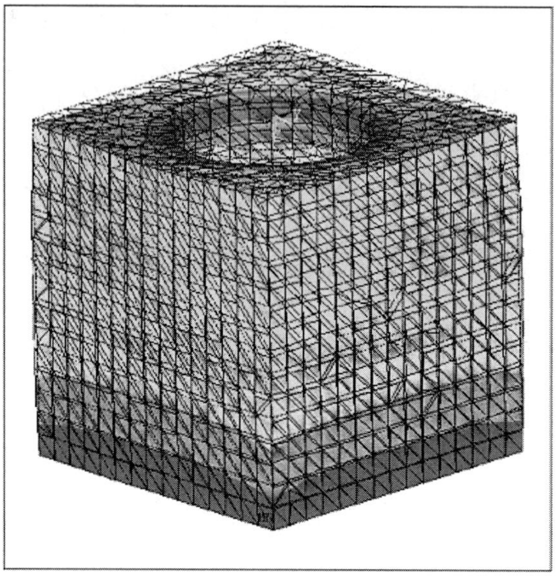

2. von Mises stress

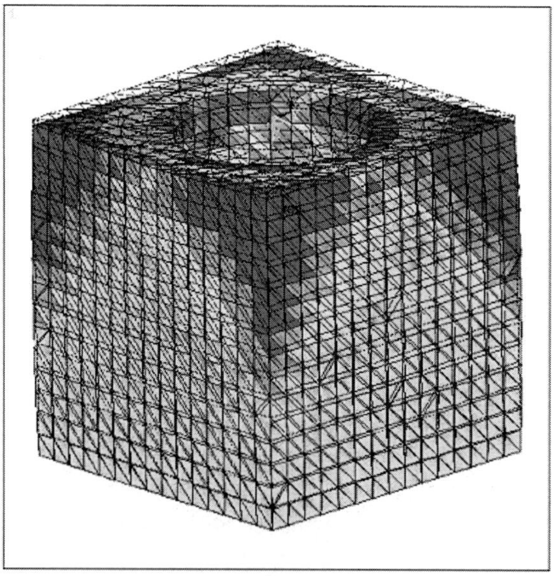

부록

A

유한요소 응력 해석 과정에 대한 이론적 배경

유한요소법은 다음과 같은 장점을 지니고 있다.

- 여러 가지 형상의 구조물에 대한 해석 모델링 과정이 쉽다.
- 다양한 종류의 하중 조건을 다룰 수 있다.
- 경계 조건의 종류에 대해 제한이 없다.
- 특정 부위의 유한요소 크기를 자유롭게 조절할 수 있다.
- 상용 솔리드 모델러의 기하 모델링 결과가 사용될 수 있다.

일반적으로, 유한요소법을 적용하여 응력 해석을 하는 과정은 다음과 같이 8단계로 나눌 수 있다.

제1단계 : 유한요소 분할과 요소 형태의 결정
제2단계 : 변위 함수의 선택
제3단계 : 변형률-변위, 응력-변형률 관계의 정의
제4단계 : 요소 강성 행렬과 방정식의 유도
제5단계 : 요소 방정식의 조합을 통한 전체 행렬 구성
제6단계 : 경계 조건 적용을 적용하여
미지의 자유도(변위)에 대해 풀기
제7단계 : 요소 변형률과 응력 계산
제8단계 : 결과 해석하기

재료가 균질성(homogeneous)이고 등방성(isotropic)인 경우, 선형 탄성 문제에 대한 지배방정식은 다음과 같이 기술할 수 있다.

평형 방정식(equilibrium equations)은 다음과 같이 주어진다.

$$\sigma_{ij,j} + f_i = 0 \text{in } \Omega \tag{A.1}$$

식 (A.1)에서 σ_{ij}는 응력 텐서를 가리키고, f_i는 단위 부피당 체력(body force)을 나타낸다. Ω는 방정식이 표현되는 영역을 나타낸다.

선형 탄성 문제에 대한 응력-변형률 관계는 다음과 같다.

$$\sigma_{ij} = 2\mu\epsilon_{ij} + \delta_{ij}\lambda\epsilon_{kk} \tag{A.2}$$

식 (A.2)에서, λ와 μ는 Lame 상수를 나타내고, δ_{ij}는 크로넥커 델타(Kronecker's delta)를 가리킨다.

변위가 매우 작다면, 변형률 ϵ_{ij}과 변위 u_i 사이에는 다음과 같은 관계가 존재한다.

$$\epsilon_{ij} = \frac{1}{2}(u_{i,j} + u_{j,i}) \tag{A.3}$$

식 (A.2)와 식 (A.3)을 식 (A.1)에 대입한 후 정리하면, 다음과 같은 Navier 방정식이 구해진다.

$$\mu u_{i,kk} + (\lambda + \mu)u_{k,ik} + f_i = 0 \tag{A.4}$$

식 (A.4)에 대한 경계 조건은 다음과 같이 주어진다.

$$\begin{aligned} u_i &= U_i^* \text{ on } S_u \\ t_i &= \sigma_{ij}n_j = T_i^* \text{ on } S_t \end{aligned} \tag{A.5}$$

식 (A.5)에서, S는 Ω를 둘러싼 경계면을 나타내고, $S = S_u \bigcup S_t$이다. U_i^*는 경계면의 일부분인 S_u에 주어진 변위를 가리키고, T_i^*는 나머지 경계 부분 S_t에 주어진 표면력을 나타낸다.

유한요소법을 통해서 해를 구하고자 할 때, 응력과 변형률을 다음과 같이 표현한다.

$$\{\sigma\} = \begin{Bmatrix} \sigma_x \\ \sigma_y \\ \sigma_z \\ \tau_{xy} \\ \tau_{yz} \\ \tau_{zx} \end{Bmatrix} \tag{A.6}$$

$$\{\epsilon\} = \begin{Bmatrix} \epsilon_x \\ \epsilon_y \\ \epsilon_z \\ \gamma_{xy} \\ \gamma_{yz} \\ \gamma_{zx} \end{Bmatrix} \tag{A.7}$$

등방성 재료의 응력-변형률 관계는 다음과 같이 주어진다.

$$\{\sigma\} = [D]\{\epsilon\} \tag{A.8}$$

재료 구성 행렬 $[D]$ 는 다음과 같이 구해진다.

$$[D] = \frac{E}{(1+\nu)(1-2\nu)} \begin{bmatrix} 1-\nu & \nu & \nu & 0 & 0 & 0 \\ \nu & 1-\nu & \nu & 0 & 0 & 0 \\ \nu & \nu & 1-\nu & 0 & 0 & 0 \\ 0 & 0 & 0 & \dfrac{1-2\nu}{2} & 0 & 0 \\ 0 & 0 & 0 & 0 & \dfrac{1-2\nu}{2} & 0 \\ 0 & 0 & 0 & 0 & 0 & \dfrac{1-2\nu}{2} \end{bmatrix} \tag{A.9}$$

다음에, 3차원 유한요소 중 사용 빈도가 많은 4면체 응력요소에 대해서 유한요소 정식화에 대해 기술한다.

제1단계 : 요소 형태의 결정

그림 A.1에 보인 절점 1, 2, 3, 4를 가진 사면체를 살펴본다. 이 요소는 네 절점을 가진 고체이다.

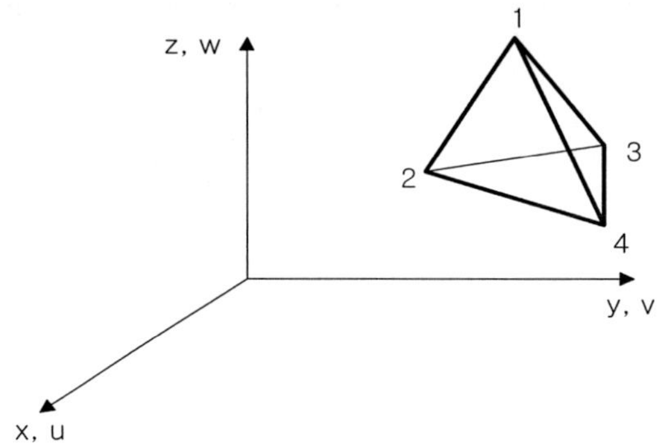

그림 A.1 4면체 고체요소

미지의 절점의 변위는 다음과 같이 주어진다.

$$\{d\}=\begin{Bmatrix} u_1 \\ v_1 \\ w_1 \\ \cdot \\ \cdot \\ \cdot \\ u_4 \\ v_4 \\ w_4 \end{Bmatrix} \tag{A.10}$$

절점마다 3 자유도(degree of freedom)있으므로, 4면체 요소에는 12개의 자유도가 있다.

제2단계 : 변위 함수의 선택

적합한 변위의 장을 형성하기 위해서, 각 모서리에 2개의 절점만 존재하기 때문에 요소 변위 함수의 변위는 선형이어야 하고, 또한 사면체의 각각의 평면에서도 선형이어야 한다. 따라서 다음과 같은 변위 함수를 선택할 수 있다.

$$\begin{aligned} u(x,y,z) &= a_1 + a_2x + a_3y + a_4z \\ v(x,y,z) &= b_1 + b_2x + b_3y + b_4z \\ w(x,y,z) &= c_1 + c_2x + c_3y + c_4z \end{aligned} \tag{A.11}$$

주어진 절점좌표값(x_1, y_1, z_1, ... ,z_4)과 미지의 절점 변위의 함수로 식 (A.11)의 상수들을 구한 후 정리하면, 다음과 같은 식이 얻어진다.

$$u(x,y,z) = \frac{1}{6V}\{(\alpha_1 + \beta_1 x + \gamma_1 y + \delta_1 z)u_1 + (\alpha_2 + \beta_2 x + \gamma_2 y + \delta_2 z)u_2 + (\alpha_3 + \beta_3 x + \gamma_3 y + \delta_3 z)u_3 + (\alpha_4 + \beta_4 x + \gamma_4 y + \delta_4 z)u_4\} \tag{A.12}$$

식 (A.12)에서 $6V$는 다음의 행렬식을 계산하여 얻는다.

$$6V = \begin{vmatrix} 1 & x_1 & y_1 & z_1 \\ 1 & x_2 & y_2 & z_2 \\ 1 & x_3 & y_3 & z_3 \\ 1 & x_4 & y_4 & z_4 \end{vmatrix} \tag{A.13}$$

그리고 V는 사면체의 부피를 나타낸다. 식 (A.12)에서 계수 α_i, β_i, γ_i, δ_i $(i = 1,\ 2,\ 3,\ 4)$는 다음 식에 의해 주어진다.

$$\alpha_1 = \begin{vmatrix} x_2 & y_2 & z_2 \\ x_3 & y_3 & z_3 \\ x_4 & y_4 & z_4 \end{vmatrix} \qquad \beta_1 = -\begin{vmatrix} 1 & y_2 & z_2 \\ 1 & y_3 & z_3 \\ 1 & y_4 & z_4 \end{vmatrix} \tag{A.14}$$

$$\gamma_1 = \begin{vmatrix} 1 & x_2 & z_2 \\ 1 & x_3 & z_3 \\ 1 & x_4 & z_4 \end{vmatrix} \qquad \delta_1 = -\begin{vmatrix} 1 & x_2 & y_2 \\ 1 & x_3 & y_3 \\ 1 & x_4 & y_4 \end{vmatrix}$$

$$\alpha_2 = -\begin{vmatrix} x_1 & y_1 & z_1 \\ x_3 & y_3 & z_3 \\ x_4 & y_4 & z_4 \end{vmatrix} \qquad \beta_2 = \begin{vmatrix} 1 & y_1 & z_1 \\ 1 & y_3 & z_3 \\ 1 & y_4 & z_4 \end{vmatrix} \tag{A.15}$$

$$\gamma_2 = -\begin{vmatrix} 1 & x_1 & z_1 \\ 1 & x_3 & z_3 \\ 1 & x_4 & z_4 \end{vmatrix} \qquad \delta_2 = \begin{vmatrix} 1 & x_1 & y_1 \\ 1 & x_3 & y_3 \\ 1 & x_4 & y_4 \end{vmatrix}$$

$$\alpha_3 = \begin{vmatrix} x_1 & y_1 & z_1 \\ x_2 & y_2 & z_2 \\ x_4 & y_4 & z_4 \end{vmatrix} \qquad \beta_3 = -\begin{vmatrix} 1 & y_1 & z_1 \\ 1 & y_2 & z_2 \\ 1 & y_4 & z_4 \end{vmatrix} \tag{A.16}$$

$$\gamma_3 = \begin{vmatrix} 1 & x_1 & z_1 \\ 1 & x_2 & z_2 \\ 1 & x_4 & z_4 \end{vmatrix} \qquad \delta_3 = -\begin{vmatrix} 1 & x_1 & y_1 \\ 1 & x_2 & y_2 \\ 1 & x_4 & y_4 \end{vmatrix}$$

$$\alpha_4 = -\begin{vmatrix} x_1 & y_1 & z_1 \\ x_2 & y_2 & z_2 \\ x_3 & y_3 & z_3 \end{vmatrix} \qquad \beta_4 = \begin{vmatrix} 1 & y_1 & z_1 \\ 1 & y_2 & z_2 \\ 1 & y_3 & z_3 \end{vmatrix}$$

$$\gamma_4 = -\begin{vmatrix} 1 & x_1 & z_1 \\ 1 & x_2 & z_2 \\ 1 & x_3 & z_3 \end{vmatrix} \qquad \delta_4 = -\begin{vmatrix} 1 & x_1 & y_1 \\ 1 & x_2 & y_2 \\ 1 & x_3 & y_3 \end{vmatrix} \tag{A.17}$$

$\boldsymbol{v}$와 $\boldsymbol{w}$에 대한 표현은 식 (A.12)에서 u_i를 v_i로 대체하거나, u_i를 w_i로 대치하여 얻는다.

식 (A.12)에 의해 주어진 $\boldsymbol{u}$에 대한 변위의 표현과 같은 형태의 $\boldsymbol{v}$나 $\boldsymbol{w}$에 대한 표현은 형상 함수와 미지의 절점 변위의 항으로 다음과 같이 확장된 형태로 쓰여질 수 있다.

$$\{\psi\} = \begin{Bmatrix} u(x,y,z) \\ v(x,y,z) \\ w(x,y,z) \end{Bmatrix}$$

$$= \begin{bmatrix} N_1 & 0 & 0 & N_2 & 0 & 0 & N_3 & 0 & 0 & N_4 & 0 & 0 \\ 0 & N_1 & 0 & 0 & N_2 & 0 & 0 & N_3 & 0 & 0 & N_4 & 0 \\ 0 & 0 & N_1 & 0 & 0 & N_2 & 0 & 0 & N_3 & 0 & 0 & N_4 \end{bmatrix} \begin{Bmatrix} u_1 \\ v_1 \\ w_1 \\ \cdot \\ \cdot \\ \cdot \\ u_4 \\ v_4 \\ w_4 \end{Bmatrix} \tag{A.18}$$

여기에서 형상 함수는 다음과 같다.

$$N_1 = \frac{(\alpha_1 + \beta_1 x + \gamma_1 y + \delta_1 z)}{6V}$$

$$N_2 = \frac{(\alpha_2 + \beta_2 x + \gamma_2 y + \delta_2 z)}{6V}$$

$$N_3 = \frac{(\alpha_3 + \beta_3 x + \gamma_3 y + \delta_3 z)}{6V}$$

$$N_4 = \frac{(\alpha_4 + \beta_4 x + \gamma_4 y + \delta_4 z)}{6V} \tag{A.19}$$

식 (A.18)을 간략한 행렬 형태로 표현하면 다음과 같다.

$$\{\psi\} = [N]\{d\} \tag{A.20}$$

식 (A.20)에서

$$[N] = \begin{bmatrix} N_1 & 0 & 0 & N_2 & 0 & 0 & N_3 & 0 & 0 & N_4 & 0 & 0 \\ 0 & N_1 & 0 & 0 & N_2 & 0 & 0 & N_3 & 0 & 0 & N_4 & 0 \\ 0 & 0 & N_1 & 0 & 0 & N_2 & 0 & 0 & N_3 & 0 & 0 & N_4 \end{bmatrix} \tag{A.21}$$

이고,

$$\{d\} = \begin{Bmatrix} u_1 \\ v_1 \\ w_1 \\ \cdot \\ \cdot \\ \cdot \\ u_4 \\ v_4 \\ w_4 \end{Bmatrix} \tag{A.22}$$

이다.

제3단계 : 변형률-변위와 응력-변형률 관계식의 정의

3차원 응력 상태에 대한 요소 변형률은 다음과 같이 쓸 수 있다.

$$\{\epsilon\} = \begin{Bmatrix} \epsilon_x \\ \epsilon_y \\ \epsilon_z \\ \gamma_{xy} \\ \gamma_{yz} \\ \gamma_{zx} \end{Bmatrix} = \begin{Bmatrix} \dfrac{\partial u}{\partial x} \\ \dfrac{\partial v}{\partial y} \\ \dfrac{\partial w}{\partial z} \\ \dfrac{\partial u}{\partial y} + \dfrac{\partial v}{\partial x} \\ \dfrac{\partial v}{\partial z} + \dfrac{\partial w}{\partial y} \\ \dfrac{\partial w}{\partial x} + \dfrac{\partial u}{\partial z} \end{Bmatrix} \tag{A.23}$$

식 (A.18)을 식 (A.23)에 대입한 후, 정리하면 다음 식을 얻는다.

$$\{\epsilon\} = [B]\{d\} \tag{A.24}$$

여기에서

$$[B] = \left[\underline{B_1}\ \underline{B_2}\ \underline{B_3}\ \underline{B_4}\right] \tag{A.25}$$

이다. 식 (A.25)에서 부분 행렬 $\underline{B_1}$은 다음과 같이 정의된다.

$$\underline{B_1} = \begin{bmatrix} N_{1,x} & 0 & 0 \\ 0 & N_{1,y} & 0 \\ 0 & 0 & N_{1,z} \\ N_{1,y} & N_{1,x} & 0 \\ 0 & N_{1,z} & N_{1,y} \\ N_{1,z} & 0 & N_{1,x} \end{bmatrix} \tag{A.26}$$

여기에서

$$N_{1,x} = \frac{\partial N_1}{\partial x},\ N_{1,y} = \frac{\partial N_1}{\partial y},\ N_{1,z} = \frac{\partial N_1}{\partial z} \tag{A.27}$$

이다. 형상 함수 식 (A.19)를 식 (A.26)에 대입하면 $\underline{B_1}$은 다음과 같이 된다.

$$\underline{B_1} = \begin{bmatrix} \beta_1 & 0 & 0 \\ 0 & \gamma_1 & 0 \\ 0 & 0 & \delta_1 \\ \gamma_1 & \beta_1 & 0 \\ 0 & \delta_1 & \gamma_1 \\ \delta_1 & 0 & \beta_1 \end{bmatrix} \tag{A.28}$$

$\underline{B_2}$, $\underline{B_3}$, $\underline{B_4}$에 대해서도 유사한 표현을 얻을 수 있다. 요소 응력은 다음 식에 의해 요소 변형률과 연관된다.

$$\{\sigma\} = [D]\{\epsilon\} \tag{A.29}$$

제4단계 : 요소 강성 행렬과 방정식의 유도

최소 포텐셜 에너지 원리를 사용하여 사면체 요소에 대한 방정식을 유도할 수 있다. 총 포텐셜 에너지는 다음과 같이 주어진다.

$$\Pi_p = U + \Omega_b + \Omega_p + \Omega_s \tag{A.30}$$

여기서, 변형에너지는 다음과 같다.

$$U = \frac{1}{2}\int_V \{\epsilon\}^T \{\sigma\} dV \tag{A.31}$$

식 (A.29)를 이용하면 다음과 같은 식을 얻는다.

$$U = \frac{1}{2}\int_V \{\epsilon\}^T [D]\{\epsilon\} dV \tag{A.32}$$

식 (A.32)에서 $[D]^T = [D]$의 관계를 이용한다.

체적력(body force)의 포텐셜 에너지는 다음과 같다.

$$\Omega_b = -\int_V \{\psi\}^T \{X\} dV \tag{A.33}$$

여기서 $\{\psi\}$는 변위 함수이고 $\{X\}$는 단위 체적당 중량, 즉 중량 밀도이다.

집중 하중의 포텐셜 에너지는 다음과 같다.

$$\Omega_p = -\{d\}^T \{P\} \tag{A.34}$$

여기서 $\{d\}$는 절점 변위를 나타내고, $\{P\}$는 외부 집중 하중을 나타낸다. 분포 하중(또는 표면력)의 포텐셜 에너지는 다음 식과 같다.

$$\Omega_s = -\int_S \{\psi\}^T \{T\} dS \tag{A.35}$$

여기서, $\{T\}$는 표면력을 나타내고, S는 표면력 $\{T\}$가 작용하는 면적을 나타낸다.

$\{\psi\}$에 대한 식 (A.20)과 변형률에 대한 식 (A.24)를 이용하면, 식 (A.32)에서 식 (A.35)에 이르는 식들은 다음과 같이 된다.

$$\begin{aligned}\Pi_p &= \frac{1}{2}\int_V \{d\}^T [B]^T [D][B]\{d\} dV - \int_V \{d\}^T [N]^T \{X\} dV \\ &\quad - \{d\}^T \{P\} - \int_S \{d\}^T [N]^T \{T\} dS\end{aligned} \tag{A.36}$$

절점 변위 $\{d\}$는 좌표계에 무관하므로 적분 밖으로 끌어낼 수 있다. 따라서 식 (A.36)은 다음과 같이 쓸 수 있다.

$$\begin{aligned}\Pi_p &= \frac{1}{2}\{d\}^T \int_V [B]^T [D][B] dV \{d\} - \{d\}^T \int_V [N]^T \{X\} dV \\ &\quad - \{d\}^T \{P\} - \{d\}^T \int_S [N]^T \{T\} dS\end{aligned} \tag{A.37}$$

식 (A.33)에서 (A.35)에 이르는 식들로부터, 식 (A.37)의 마지막 3개의 항이

요소에 작용하는 총 하중 $\{f\}$를 나타낸다는 것을 알 수 있다. 즉,

$$\{f\}=\int_V [N]^T\{X\}dV+\{P\}+\int_S [N]^T\{T\}dS \tag{A.38}$$

여기서, 식 (A.38)의 오른쪽 항에서 첫 번째, 두 번째, 그리고 세 번째 항은 각각 체적력, 집중 절점 하중, 그리고 표면력을 나타낸다. 식 (A.37)에 식 (A.38)을 대입하면 다음 식을 얻는다.

$$\Pi_p=\frac{1}{2}\{d\}^T\int_V [B]^T[D][B]\,dV\{d\}-\{d\}^T\{f\} \tag{A.39}$$

1차 변분, 즉 절점 변위에 대하여Π_p의 편미분을 취하면 다음 식을 얻는다.

$$\frac{\partial \Pi_p}{\partial\{d\}}=\left[\int_V [B]^T[D][B]\,dV\right]\{d\}-\{f\}=0 \tag{A.40}$$

식 (A.40)을 정리하면 다음과 같다.

$$\left[\int_V [B]^T[D][B]\,dV\right]\{d\}=\{f\}$$

또는

$$[k]\{d\}=\{f\} \tag{A.41}$$

식 (A.41)에서

$$[k]=\int_V [B]^T[D][B]\,dV \tag{A.42}$$

이며, 요소의 강성 행렬을 나타낸다. 사면체 요소에 대한 요소 강성 행렬은 12×12이다. 식 (A.41)은 요소의 방정식을 나타낸다.

제5단계 : 요소 방정식의 조합을 통한 전체 행렬 구성

직접 강성법을 이용하여 전체 구조 강성 행렬과 방정식을 얻을 수 있다. 즉,

$$[K]=\sum_{e=1}^{N}\left[k^{(e)}\right] \tag{A.43}$$

$$\{F\}=\sum_{e=1}^{N}\left\{f^{(e)}\right\} \tag{A.44}$$

따라서 전체 구조에 대한 방정식은 다음과 같이 주어진다.

$$[K]\{d\}=\{F\} \tag{A.45}$$

제6단계 : 미지의 자유도에 대해 풀기

식 (A.45)는 다음과 같이 쓸 수 있다.

$$\begin{bmatrix} K_{11} & K_{12} & . & . & . & K_{1n} \\ K_{21} & K_{22} & . & . & . & K_{2n} \\ . & & & & & \\ . & & & & & \\ . & & & & & \\ K_{n1} & K_{n2} & . & . & . & K_{nn} \end{bmatrix} \begin{Bmatrix} d_1 \\ d_2 \\ . \\ . \\ . \\ d_n \end{Bmatrix} = \begin{Bmatrix} F_1 \\ F_2 \\ . \\ . \\ . \\ F_n \end{Bmatrix} \tag{A.46}$$

여기서 n은 구조물의 전체 자유도의 수이다. 식 (A.46)에 경계조건을 적용하여 식을 수정한 후, 가우스 소거법이나 가우스-시델법 등을 사용하여 $\{d\}$를 얻는다.

제7단계 : 요소 변형률과 응력 계산

변위를 구한 후, 식 (A.24)를 사용하면 변형률이 얻어진다. 구해진 변형률을 식 (A.29)에 적용하면 응력이 계산된다.

제8단계 : 결과 해석하기

설계에 응용하기 위해 응력 및 변위에 대한 해석 결과를 이해하고 분석한다.

그래픽 형태로 출력된 결과를 분석하여, 설계하고자 하는 구조물 형상의 건전성 여부를 판단한다.

부록

B 진동학 복습

1.1 1 자유도계의 자유 운동 - 비감쇠 병진계의 자유 진동

1.1.1 뉴톤의 운동 제2법칙을 이용한 운동 방정식

▸ 수평으로 놓인 스프링-질량계

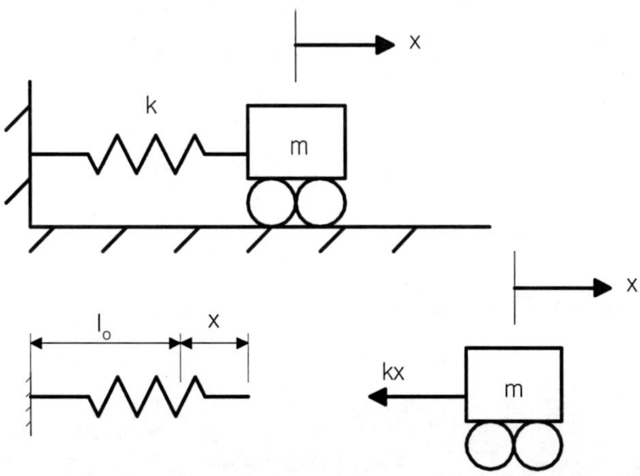

그림 B.1

뉴톤의 2법칙

$$ma = \sum F$$

$$\Rightarrow \quad m\ddot{x} = -kx$$

$$\Rightarrow \quad m\ddot{x} + kx = 0 \qquad \text{(B.1)}$$

▸ **수직으로 놓인 스프링-질량계**

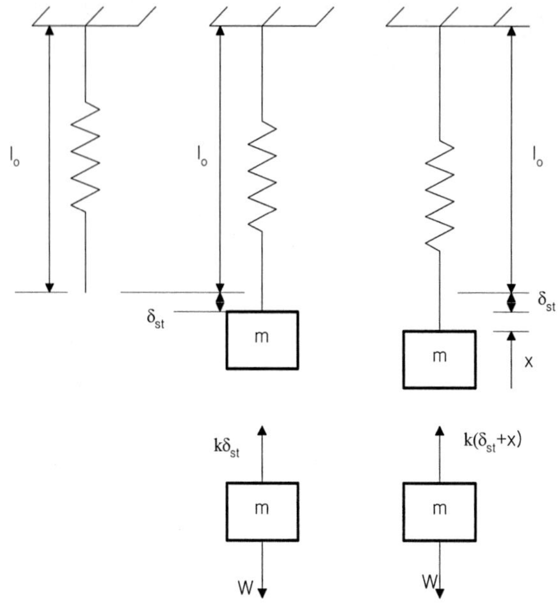

그림 B.2

정적 평형 상태

$$W = mg$$

정적 평형 상태에서 x만큼 움직였을 때,
뉴톤의 제2 법칙으로부터

$$m\ddot{x} = -k(\delta_{st} + x) + W = -W - kx + W$$
$$= -kx$$
$$\Rightarrow \quad m\ddot{x} + kx = 0 \qquad \text{(B.1')}$$

1.1.2 에너지 보존 법칙을 이용한 운동 방정식

보존계 : $T + U$ = constant.

$$\frac{1}{2}m\dot{x}^2 + \frac{1}{2}kx = \text{constant}$$

$$\frac{d(T+U)}{dt} = 0$$

$$\frac{d}{dt}\left(\frac{1}{2}m\dot{x}^2+\frac{1}{2}kx\right)=0$$

$$\Rightarrow \quad m\ddot{x}+kx=0 \qquad \text{(B.1")}$$

1.1.3 풀이

$$m\ddot{x}+kx=0$$

$x=Ce^{st}$로 가정

$$\ddot{x}=Cs^2e^{st}$$

$$C(ms^2+k)=0$$

$$ms^2+k=0$$

$$s^2=-\frac{k}{m}$$

$$s=\pm\sqrt{-\frac{k}{m}}=\pm i\sqrt{\frac{k}{m}}=\pm i\omega_n$$

$$\left(\omega_n=\sqrt{\frac{k}{m}}\right) \Leftarrow \text{Circular Natural Frequency}$$

$$x=e^{i\omega_n t},\quad e^{-i\omega_n t}$$

$$x(t)=C_1e^{i\omega_n t}+C_2e^{-i\omega_n t} \qquad \text{(B.2)}$$

Euler 공식

$$e^{i\omega_n t}=\cos\omega_n t+i\sin\omega_n t$$

$$e^{-i\omega_n t}=\cos(-\omega_n t)+i\sin(-\omega_n t)$$

$$=\cos\omega_n t-i\sin\omega_n t$$

$$x(t)=C_1(\cos\omega_n t+i\sin\omega_n t)+C_2(\cos\omega_n t-i\sin\omega_n t)$$

$$=(C_1+C_2)\cos\omega_n t+i(C_1-C_2)\sin\omega_n t$$

$$=A_1\cos\omega_n t+A_2\sin\omega_n t \qquad \text{(B.3)}$$

초기 조건

$$x(0)=x_o$$

$$\dot{x}(0)=\dot{x}_o$$

$$x(0) = x_o = A_1 \quad \rightarrow \quad A_0 = x_o$$

$$\dot{x}(0) = \dot{x}_o = \omega_n A_2 \quad \rightarrow \quad A_2 = \frac{\dot{x}_o}{\omega_n}$$

$$x(t) = x_o \cos\omega_n t + \frac{\dot{x}_o}{\omega_n} sin\omega_n t \tag{B.4}$$

$$A_1 = A\cos\phi$$
$$A_2 = A\sin\phi$$

$$A = (A_1^2 + A_2^2)^{1/2} = [x_o^2 + (\frac{\dot{x}_o}{\omega_n})^2]^{1/2} \tag{B.5}$$

$$\phi = \tan^{-1}\left(\frac{A_2}{A_1}\right) = \tan^{-1}\left(\frac{\dot{x}_o}{x_o\omega_n}\right) \tag{B.6}$$

$$\begin{aligned} x(t) &= A_1\cos\omega_n t + A_2\sin\omega_n t \\ &= A\cos\phi\cos\omega_n t + A\sin\phi\sin\omega_n t \\ &= A\left[\cos\omega_n t\cos\phi + \sin\omega_n t\sin\phi\right] \\ &= A\cos(\omega_n t - \phi) \end{aligned} \tag{B.7}$$

$A_1 = A_o \sin\phi_o$

$A_2 = A_o \cos\phi_o$로 놓으면,

$$A_o = (A_1^2 + A_2^2)^{1/2} = [x_o^2 + (\frac{\dot{x}_o}{\omega_n})^2]^{1/2} \tag{B.8}$$

$$\phi_o = \tan^{-1}\left(\frac{A_1}{A_2}\right) = \tan^{-1}\left(\frac{x_o\omega_n}{\dot{x}_o}\right) \tag{B.9}$$

$$\begin{aligned} x(t) &= A_1\cos\omega_n t + A_2\sin\omega_n t \\ &= A_o\sin\phi_o\cos\omega_n t + A_o\cos\phi_o\sin\omega_n t \\ &= A_o\left[\cos\omega_n t\sin\phi_o + \sin\omega_n t\cos\phi_o\right] \\ &= A_o\sin(\omega_n t + \phi_o) \end{aligned} \tag{B.10}$$

진폭 : A(평형 위치로부터 최대 변위)
사이클 : 벡터 OP의 한 회전(2π radian의 각 변위)
고유 주기 : τ_n(벡터 OP가 한 회전하는데 걸리는 시간)

$$\tau_n = 2\pi / w_n \tag{B.11}$$

고유 진동수 : 단위 시간당의 사이클의 수

$$f_n = \frac{1}{\tau_n} \tag{B.12}$$

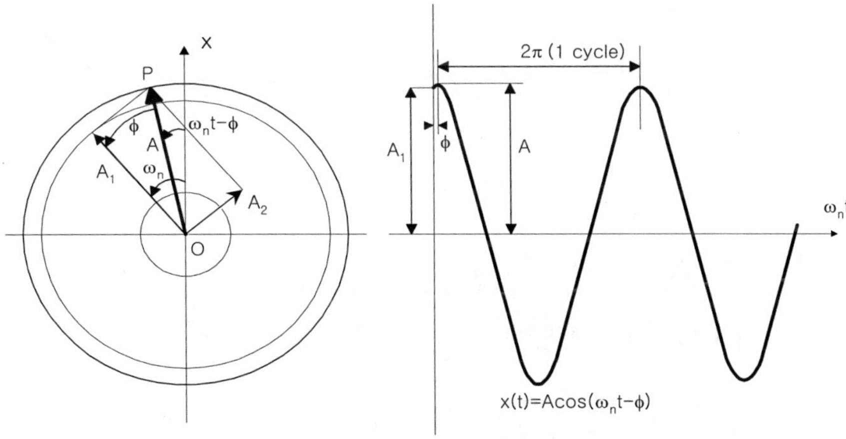

그림 B.3

1.1.4 각 고유 진동수(circular natural frequency)

$$\omega_n = \sqrt{\frac{k}{m}} \text{ (rad/sec)} \tag{B.13}$$

$$\left(k = \frac{W}{\delta_{st}} = \frac{mg}{\delta_{st}}\right)$$

$$\omega_n = \sqrt{\frac{g}{\delta_{st}}} \tag{B.14}$$

▸ **고유 진동수(natural frequency)**

$$w_n = 2\pi f \tag{B.15}$$

$$f_n = \frac{\omega_n}{2\pi} = \frac{1}{2\pi}\left(\frac{g}{\delta_{st}}\right)^{1/2} \text{(cycles/sec, Hz)} \tag{B.16}$$

▸ 고유 주기

$$\tau_n = \frac{1}{f_n} = \frac{2\pi}{\omega_n} = 2\pi\left(\frac{\delta_{st}}{g}\right)^{1/2} \tag{B.17}$$

▸ 질량의 속도와 가속도

$$\dot{x}(t) = \frac{dx(t)}{dt} = \omega_n A \sin(\omega_n t - \phi)$$

$$= \omega_n A \cos\left(\omega_n t - \phi + \frac{\pi}{2}\right)$$

$$\ddot{x}(t) = \frac{d^2x(t)}{dt^2} = -\omega_n^2 A \cos(\omega_n t - \phi)$$

$$= \omega_n^2 \cos(\omega_n t - \phi + \pi)$$

▸ 초기 변위 $x_o = 0$이면,

$$x(t) = \frac{\dot{x}_o}{\omega_n}\cos\left(\omega_n t - \frac{\pi}{2}\right) = \frac{\dot{x}_o}{\omega_n}\sin\omega_n t \tag{B.18}$$

▸ 초기 속도 $\dot{x}_o = 0$이면,

$$x(t) = x_o \cos\omega_n t \tag{B.19}$$

1.2 2 자유도계(Two Degree of Freedom Systems)

1.2.1 서론

2 자유도계

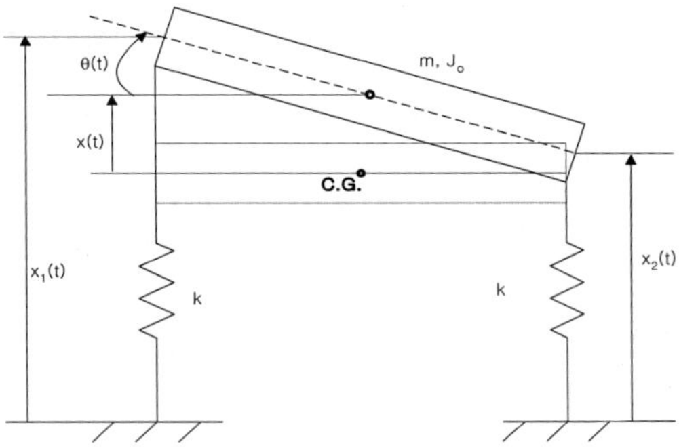

그림 B.4

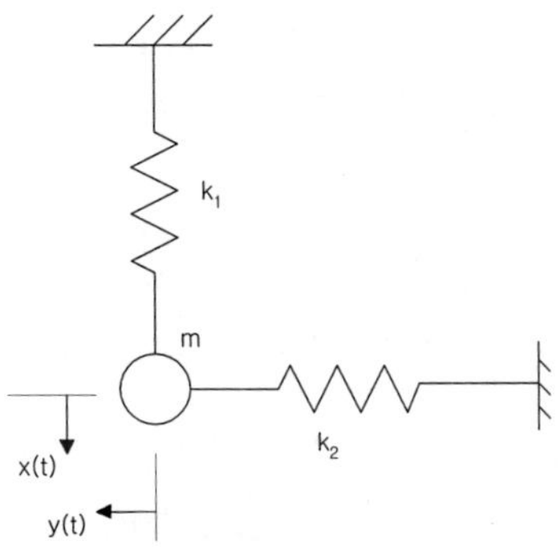

그림 B.5

계의 자유도 = 계의 질량수 × 각 질량의 가능한 운동 형태의 수

▸ **2 자유도계**

- 2개의 운동 방정식
- 2개의 고유 진동수
- 2개의 정규 모드(normal mode)

1.2.2 강제 진동의 운동 방정식

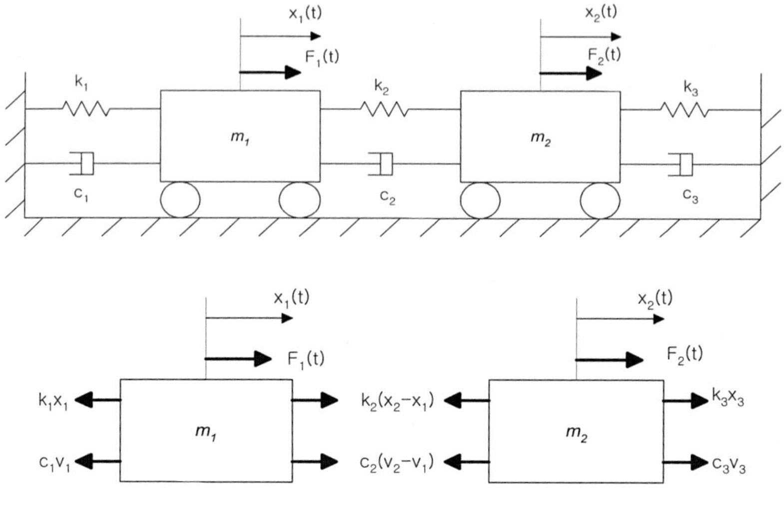

그림 B.6

$$m_1\ddot{x}_1 = -k_1x_1 - c_1\dot{x}_1 + k_2(x_2 - x_1) + c_2(\dot{x}_2 - \dot{x}_1) + F_1$$
$$m_2\ddot{x}_2 = -k_3x_2 - c_3\dot{x}_2 - k_2(x_2 - x_1) - c_2(\dot{x}_2 - \dot{x}_1) + F_2$$

$$m_1\ddot{x}_1 + (c_1 + c_2)\dot{x}_1 - c_2\dot{x}_2 + (k_1 + k_2)x_1 - k_2x_2 = F_1 \quad \text{(B.20)}$$
$$m_2\ddot{x}_2 - c_2\dot{x}_1 + (c_2 + c_3)\dot{x}_2 - k_2x_1 + (k_1 + k_2)x_2 = F_2 \quad \text{(B.21)}$$

행렬 방정식 :

$$[m]\{\ddot{x}\} + [c]\{\dot{x}\} + [k]\{x\} = \{F\} \quad \text{(B.22)}$$

$$[m] = \begin{bmatrix} m_1 & 0 \\ 0 & m_2 \end{bmatrix} \quad \text{(B.23)}$$

$$[c] = \begin{bmatrix} c_1 + c_2 & -c_2 \\ -c_2 & c_2 + c_3 \end{bmatrix} \quad \text{(B.24)}$$

$$[k] = \begin{bmatrix} k_1 + k_2 & -k_2 \\ -k_2 & k_2 + k_3 \end{bmatrix} \Leftarrow \text{대칭} \quad \text{(B.25)}$$

$$\{x\} = \begin{pmatrix} x_1(t) \\ x_2(t) \end{pmatrix} \quad \text{(B.26)}$$

$$\{F\} = \begin{pmatrix} F_1(t) \\ F_2(t) \end{pmatrix} \tag{B.27}$$

$$F_1 = F_2 = 0$$

$c_1 = c_2 = c_3 = 0$ 이면

$$m_1 \ddot{x}_1 + (k_1 + k_2)x_1 - k_2 x_2 = 0$$

$$m_2 \ddot{x}_2 - k_2 x_1 + (k_1 + k_2)x_2 = 0$$

$$x_1(t) = X_1 \cos(\omega t + \phi)$$

$$x_2(t) = X_2 \cos(\omega t + \phi)$$

$$\ddot{x}_1(t) = -\omega^2 X_1 \cos(\omega t + \phi)$$

$$\ddot{x}_2(t) = -\omega^2 X_2 \cos(\omega t + \phi)$$

$$\left\{\left[-m_1\omega^2 + (k_1 + k_2)\right]X_1 - k_2 X_2\right\}\cos(\omega t + \phi) = 0$$

$$\left\{-k_2 X_1 + \left[-m_2\omega^2 + (k_2 + k_3)\right]X_2\right\}\cos(\omega t + \phi) = 0$$

$\Rightarrow$

$$\left[-m_1\omega^2 + (k_1 + k_2)\right]X_1 - k_2 X_2 = 0$$

$$-k_2 X_1 + \left[-m_2\omega^2 + (k_2 + k_3)\right]X_2 = 0$$

$$\begin{bmatrix} -m_1\omega^2 + (k_1 + k_2) & -k_2 \\ -k_2 & -m_2\omega^2 + (k_2 + k_3) \end{bmatrix} \begin{pmatrix} X_1 \\ X_2 \end{pmatrix} = 0$$

$$\begin{vmatrix} -m_1\omega^2 + (k_1 + k_2) & -k_2 \\ -k_2 & -m_2\omega^2 + (k_2 + k_3) \end{vmatrix} = 0$$

$$(m_1 m_2)\omega^4 - \left[(k_1 + k_2)m_2 + (k_2 + k_3)m_1\right]\omega^2 + \left[(k_1 + k_2)(k_2 + k_3) - k_2^2\right] = 0$$

$$\omega_1^2, \omega_2^2 = \frac{1}{2}\left[\frac{(k_1 + k_2)m_2 + (k_2 + k_3)m_1}{m_1 m_2}\right]$$

$$\mp\sqrt{\left[\frac{(k_1+k_2)m_2+(k_2+k_3)m_1}{m_1m_2}\right]^2-4\left[\frac{(k_1+k_2)(k_2+k_3)-k_2^2}{m_1m_2}\right]} \tag{B.28}$$

i) $\omega=\omega_1$

$$\left[-m_1\omega_1^2+(k_1+k_2)\right]X_1^{(1)}-k_2X_2^{(1)}=0$$

$$-k_2X_1^{(1)}+\left[-m_2\omega_1^2+(k_2+k_3)\right]X_2^{(1)}=0$$

$$r_1=\frac{X_2^{(1)}}{X_1^{(1)}}=\frac{-m_1\omega_1^2+(k_1+k_2)}{k_2}=\frac{k_2}{-m_2\omega_1^2+(k_2+k_3)} \tag{B.29}$$

ii) $\omega=\omega_2$

$$\left[-m_1\omega_2^2+(k_1+k_2)\right]X_1^{(2)}-k_2X_2^{(2)}=0$$

$$-k_2X_1^{(2)}+\left[-m_2\omega_2^2+(k_2+k_3)\right]X_2^{(2)}=0$$

$$r_2=\frac{X_2^{(2)}}{X_1^{(2)}}=\frac{-m_1\omega_2^2+(k_1+k_2)}{k_2}=\frac{k_2}{-m_2\omega_2^2+(k_2+k_3)} \tag{B.30}$$

정규 모드

$$\{X^{(1)}\}=\begin{pmatrix}X_1^{(1)}\\X_2^{(1)}\end{pmatrix}=\begin{pmatrix}X_1^{(1)}\\r_1X_1^{(1)}\end{pmatrix}$$

$$\{X^{(2)}\}=\begin{pmatrix}X_1^{(2)}\\X_2^{(2)}\end{pmatrix}=\begin{pmatrix}X_1^{(2)}\\r_1X_1^{(2)}\end{pmatrix}$$

해

$$\{x^{(1)}(t)\}=\begin{pmatrix}x_1^{(1)}(t)\\x_2^{(1)}(t)\end{pmatrix}=\begin{pmatrix}X_1^{(1)}\cos(\omega_1t+\phi_1)\\r_1X_1^{(1)}\cos(\omega_1t+\phi_1)\end{pmatrix} \tag{B.31}$$

$\Leftarrow$ 1차 모드

$$\{x^{(2)}(t)\}=\begin{pmatrix}x_1^{(2)}(t)\\x_2^{(2)}(t)\end{pmatrix}=\begin{pmatrix}X_1^{(2)}\cos(\omega_2t+\phi_2)\\r_2X_1^{(2)}\cos(\omega_2t+\phi_2)\end{pmatrix} \tag{B.32}$$

$\Leftarrow$ 2차 모드

초기 조건 :

2개의 초기 조건

$$x_1(t=0)=x_1(0), \quad \dot{x}_1(t=0)=\dot{x}_1(0)$$

$$x_2(t=0)=x_2(0), \quad \dot{x}_2(t=0)=\dot{x}_2(0)$$

$$\{\boldsymbol{x}\}=\{\boldsymbol{x}^{(1)}\}+\{\boldsymbol{x}^{(2)}\}$$

$\Rightarrow$

$$x_1(t)=x_1^{(1)}(t)+x_1^{(2)}(t)$$
$$=X_1^{(1)}\cos(\omega_1 t+\phi_1)+X_1^{(2)}\cos(\omega_2 t+\phi_2) \tag{B.33}$$
$$x_2(t)=x_2^{(1)}(t)+x_2^{(2)}(t)$$
$$=r_1X_1^{(1)}\cos(\omega_1 t+\phi_1)+r_2X_1^{(2)}\cos(\omega_2 t+\phi_2) \tag{B.34}$$

$$x_1(0)=X_1^{(1)}\cos\phi_1+X_1^{(2)}\cos\phi_2$$
$$\dot{x}_1(0)=-\omega_1X_1^{(1)}\sin\phi_1-\omega_2X_1^{(2)}\sin\phi_2$$

$$x_2(0)=r_1X_1^{(1)}\cos\phi_1+r_2X_1^{(2)}\cos\phi_2$$
$$\dot{x}_2(0)=-\omega_1r_1X_1^{(1)}\sin\phi_1-\omega_2r_2X_1^{(2)}\sin\phi_2$$

$$X_1^{(1)}\cos\phi_1=\left[\frac{r_2x_1(0)-x_2(0)}{r_2-r_1}\right]$$
$$X_1^{(2)}\cos\phi_2=\left[\frac{-r_1x_1(0)+x_2(0)}{r_2-r_1}\right]$$
$$X_1^{(1)}\sin\phi_1=\left[\frac{-r_2\dot{x}_1(0)+\dot{x}_2(0)}{\omega_1(r_2-r_1)}\right]$$
$$X_1^{(2)}\sin\phi_2=\left[\frac{r_1\dot{x}_1(0)-\dot{x}_2(0)}{\omega_2(r_2-r_1)}\right]$$

$$X_1^{(1)}=\sqrt{\left[X_1^{(1)}\cos\phi_1\right]^2+\left[X_1^{(1)}\sin\phi_1\right]^2}$$
$$=\frac{1}{(r_2-r_1)}\sqrt{\left[r_2x_1(0)-x_2(0)\right]^2+\frac{\left[-r_2\dot{x}_1(0)+\dot{x}_2(0)\right]^2}{\omega_1^2}} \tag{B.35}$$

$$X_1^{(2)} = \sqrt{\left[X_1^{(2)}\cos\phi_2\right]^2 + \left[X_1^{(2)}\sin\phi_2\right]^2}$$

$$= \frac{1}{(r_2 - r_1)}\sqrt{\left[-r_1 x_1(0) + x_2(0)\right]^2 + \frac{\left[r_1 \dot{x}_1(0) - \dot{x}_2(0)\right]^2}{\omega_2^2}} \tag{B.36}$$

$$\phi_1 = \tan^{-1}\left[\frac{X_1^{(1)}\sin\phi_1}{X_1^{(1)}\cos\phi_1}\right]$$

$$= \tan^{-1}\left\{\frac{-r_2\dot{x}_1(0) + \dot{x}_2(0)}{\omega_1\left[r_2 x_1(0) - x_2(0)\right]}\right\} \tag{B.37}$$

$$\phi_2 = \tan^{-1}\left[\frac{X_1^{(2)}\sin\phi_2}{X_1^{(2)}\cos\phi_2}\right]$$

$$= \tan^{-1}\left\{\frac{r_1\dot{x}_1(0) - \dot{x}_2(0)}{\omega_2\left[-r_1 x_1(0) + x_2(0)\right]}\right\} \tag{B.38}$$

예) 고유 진동수와 모드

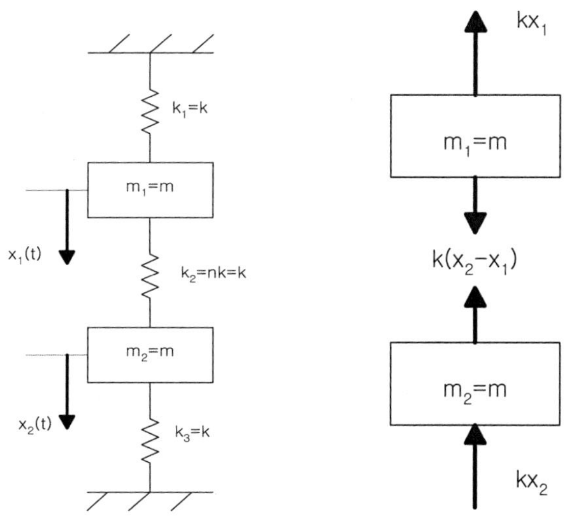

그림 B.7

$$m\ddot{x}_1 = -kx_1 + k(x_2 - x_1)$$

$$m\ddot{x}_2 = -kx_2 - k(x_2 - x_1)$$

$$m\ddot{x}_1 + 2kx_1 - kx_2 = 0$$

$$m\ddot{x}_2 - kx_1 + 2kx_2 = 0$$

$x_1(t) = X_1 \cos(\omega t + \phi)$

$x_2(t) = X_2 \cos(\omega t + \phi)$라 가정

$$\ddot{x}_1(t) = -\omega^2 X_1 \cos(\omega t + \phi)$$

$$\ddot{x}_2(t) = -\omega^2 X_2 \cos(\omega t + \phi)$$

$$\{[-m\omega^2 + 2k]X_1 - kX_2\}\cos(\omega t + \phi) = 0$$

$$\{-kX_1 + [-m\omega^2 + 2k]X_2\}\cos(\omega t + \phi) = 0$$

$$[-m\omega^2 + 2k]X_1 - kX_2 = 0$$

$$-kX_1 + [-m\omega^2 + 2k]X_2 = 0$$

$$\begin{vmatrix} (-m\omega^2 + 2k) & -k \\ -k & (-m\omega^2 + 2k) \end{vmatrix} = 0$$

$$m^2\omega^4 - 4km\omega^2 + 3k^2 = 0$$

$$\omega_1 = \sqrt{\frac{4km - \sqrt{16k^2m^2 - 12m^2k^2}}{2m^2}} = \sqrt{\frac{k}{m}}$$

$$\omega_2 = \sqrt{\frac{4km + \sqrt{16k^2m^2 - 12m^2k^2}}{2m^2}} = \sqrt{\frac{3k}{m}}$$

$$[-m\omega_1^2 + 2k]X_1^{(1)} - kX_2^{(1)} = 0$$

$$-kX_1^{(1)} + [-m\omega_1^2 + 2k]X_2^{(1)} = 0$$

$$r_1 = \frac{X_2^{(1)}}{X_1^{(1)}} = \frac{-m\omega_1^2 + 2k}{k} = \frac{k}{-m\omega_1^2 + 2k} = 1$$

$$r_2 = \frac{X_2^{(2)}}{X_1^{(2)}} = \frac{-m\omega_2^2 + 2k}{k} = \frac{k}{-m\omega_2^2 + 2k} = -1$$

$$1\text{차 모드}=\{\boldsymbol{x}^{(1)}\}=\begin{pmatrix} X_1^{(1)}\cos\left(\sqrt{\dfrac{k}{m}}\,t+\phi_1\right) \\ X_1^{(1)}\cos\left(\sqrt{\dfrac{k}{m}}\,t+\phi_1\right) \end{pmatrix}$$

$$2\text{차 모드}=\{\boldsymbol{x}^{(2)}\}=\begin{pmatrix} X_1^{(2)}\cos\left(\sqrt{\dfrac{3k}{m}}\,t+\phi_2\right) \\ -X_1^{(2)}\cos\left(\sqrt{\dfrac{3k}{m}}\,t+\phi_2\right) \end{pmatrix}$$

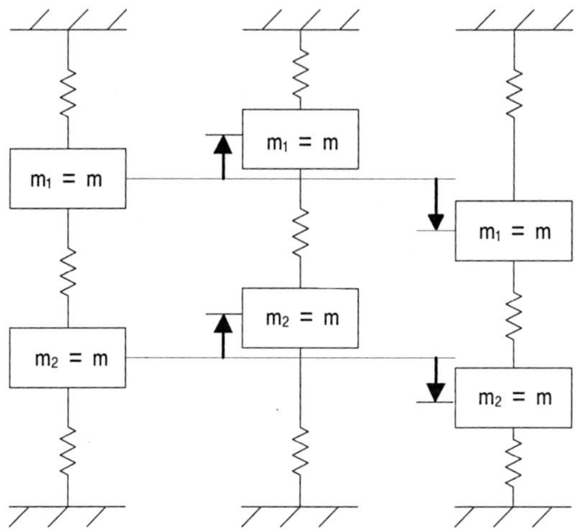

그림 B.8 1차 모드

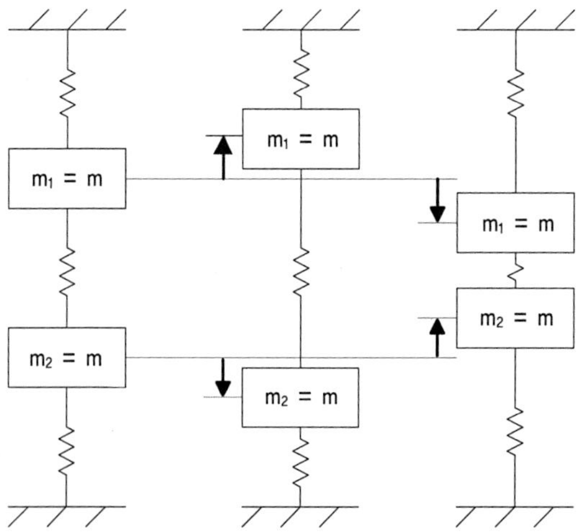

그림 B.9 2차 모드

$$x_1(t) = X_1^{(1)}\cos\left(\sqrt{\frac{k}{m}}\,t + \phi_1\right) + X_1^{(2)}\cos\left(\sqrt{\frac{3k}{m}}\,t + \phi_2\right)$$

$$x_2(t) = X_1^{(1)}\cos\left(\sqrt{\frac{k}{m}}\,t + \phi_1\right) - X_1^{(2)}\cos\left(\sqrt{\frac{3k}{m}}\,t + \phi_2\right)$$

예)

1차 정규 모드

2차 정규 모드만의 진동

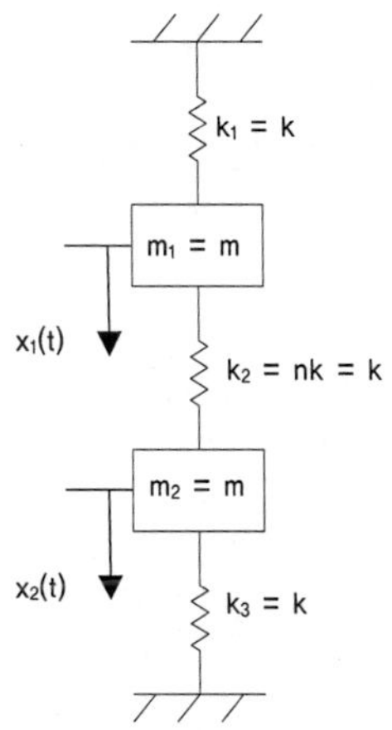

그림 B.10

$$x_1(t) = X_1^{(1)}\cos\left(\sqrt{\frac{k}{m}}\,t + \phi_1\right) + X_1^{(2)}\cos\left(\sqrt{\frac{3k}{m}}\,t + \phi_2\right)$$

$$x_2(t) = X_1^{(1)}\cos\left(\sqrt{\frac{k}{m}}\,t + \phi_1\right) - X_1^{(2)}\cos\left(\sqrt{\frac{3k}{m}}\,t + \phi_2\right)$$

2개의 초기 조건 :

$$x_1(t=0) = x_1(0), \quad \dot{x}_1(t=0) = \dot{x}_1(0)$$
$$x_2(t=0) = x_2(0), \quad \dot{x}_2(t=0) = \dot{x}_2(0)$$

$$x_1(0) = X_1^{(1)}\cos\phi_1 + X_1^{(2)}\cos\phi_2$$
$$\dot{x}_1(0) = -\omega_1 X_1^{(1)}\sin\phi_1 - \omega_2 X_1^{(2)}\sin\phi_2$$

$$x_2(0) = X_1^{(1)}\cos\phi_1 - X_1^{(2)}\cos\phi_2$$
$$\dot{x}_2(0) = -\omega_1 X_1^{(1)}\sin\phi_1 + \omega_2 X_1^{(2)}\sin\phi_2$$

$$X_1^{(1)}\cos\phi_1 = \left[\frac{x_1(0)+x_2(0)}{2}\right]$$
$$X_1^{(2)}\cos\phi_2 = \left[\frac{x_1(0)-x_2(0)}{2}\right]$$
$$X_1^{(1)}\sin\phi_1 = -\left[\frac{\dot{x}_1(0)+\dot{x}_2(0)}{2\omega_1}\right]$$
$$X_1^{(2)}\sin\phi_2 = -\left[\frac{\dot{x}_1(0)-\dot{x}_2(0)}{2\omega_2}\right]$$

$$X_1^{(1)} = \sqrt{\left[X_1^{(1)}\cos\phi_1\right]^2 + \left[X_1^{(1)}\sin\phi_1\right]^2}$$
$$= \frac{1}{2}\sqrt{\left[x_1(0)+x_2(0)\right]^2 + \frac{\left[\dot{x}_1(0)+\dot{x}_2(0)\right]^2}{\omega_1^2}}$$

$$X_1^{(2)} = \sqrt{\left[X_1^{(2)}\cos\phi_2\right]^2 + \left[X_1^{(2)}\sin\phi_2\right]^2}$$
$$= \frac{1}{2}\sqrt{\left[-x_1(0)+x_2(0)\right]^2 + \frac{\left[\dot{x}_1(0)-\dot{x}_2(0)\right]^2}{\omega_2^2}}$$

$$\phi_1 = \tan^{-1}\left[\frac{X_1^{(1)}\sin\phi_1}{X_1^{(1)}\cos\phi_1}\right]$$
$$= \tan^{-1}\left\{-\frac{\dot{x}_1(0)+\dot{x}_2(0)}{\omega_1\left[x_1(0)+x_2(0)\right]}\right\}$$

$$\phi_2 = \tan^{-1}\left[\frac{X_1^{(2)}\sin\phi_2}{X_1^{(2)}\cos\phi_2}\right]$$
$$= \tan^{-1}\left\{\frac{\dot{x}_1(0)-\dot{x}_2(0)}{\omega_2\left[-x_1(0)+x_2(0)\right]}\right\}$$

1) 1차 정규 모드만의 진동

$$1\text{차 모드} = \{\boldsymbol{x}^{(1)}\} = \begin{Bmatrix} X_1^{(1)}\cos\left(\sqrt{\dfrac{k}{m}}\,t+\phi_1\right) \\ X_1^{(1)}\cos\left(\sqrt{\dfrac{k}{m}}\,t+\phi_1\right) \end{Bmatrix}$$

따라서,

$$X_1^{(2)} = 0$$

$$\Rightarrow \quad x_1(0) = x_2(0), \quad \dot{x}_1(0) = \dot{x}_2(0)$$

2) 2차 정규 모드만의 진동

$$2\text{차 모드} = \{\boldsymbol{x}^{(2)}\} = \begin{Bmatrix} X_1^{(2)}\cos\left(\sqrt{\dfrac{3k}{m}}\,t+\phi_2\right) \\ -X_1^{(2)}\cos\left(\sqrt{\dfrac{3k}{m}}\,t+\phi_2\right) \end{Bmatrix}$$

따라서,

$$X_1^{(1)} = 0$$

$$\Rightarrow \quad x_1(0) = -x_2(0), \quad \dot{x}_1(0) = -\dot{x}_2(0)$$

1.3 보의 고유 진동 해석

1.3.1 보의 횡 진동

먼저, 보(Euler 보)의 횡 진동에 대한 이론적인 내용을 살펴본다. 그림 B.11은 Euler 보의 요소를 나타낸다. 그림에서 V와 M은 각각 전단력(shear force)과 굽힘 모멘트(bending moment)를 나타내고, $q(x)$는 단위 길이당 분포 하중이다.

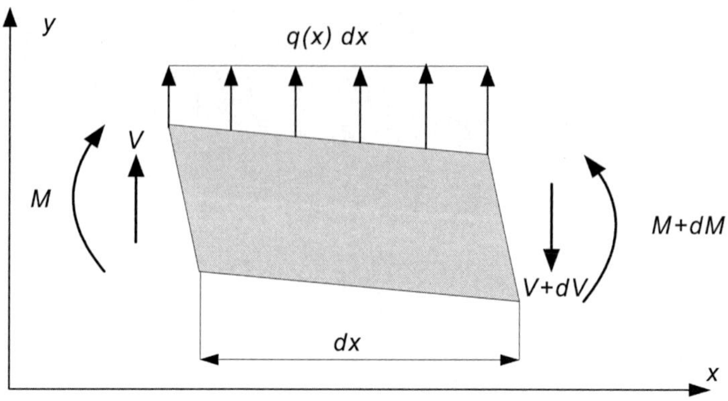

【그림 B.11】 보의 요소에 작용하는 하중, 전단력, 그리고 굽힘 모멘트

보 요소에 작용하는 힘들의 y 방향 평형 방정식은 다음과 같다.

$$dV - q(x)dx = 0 \tag{B.39}$$

모멘트 평형 방정식은 다음과 같다.

$$dM - Vdx - \frac{1}{2}q(x)(dx)^2 = 0 \tag{B.40}$$

$dx \ll 1$이므로, $(dx)^2$은 무시할 수 있다. 따라서

$$dM - Vdx = 0 \tag{B.41}$$

식 (B.39)와 식 (B.41)로부터,

$$\frac{dV}{dx} = q(x) \tag{B.42}$$

$$\frac{dM}{dx} = V \tag{B.43}$$

식 (B.42)와 식 (B.43)으로부터

$$\frac{d^2M}{dx^2} = \frac{dV}{dx} = q(x) \tag{B.44}$$

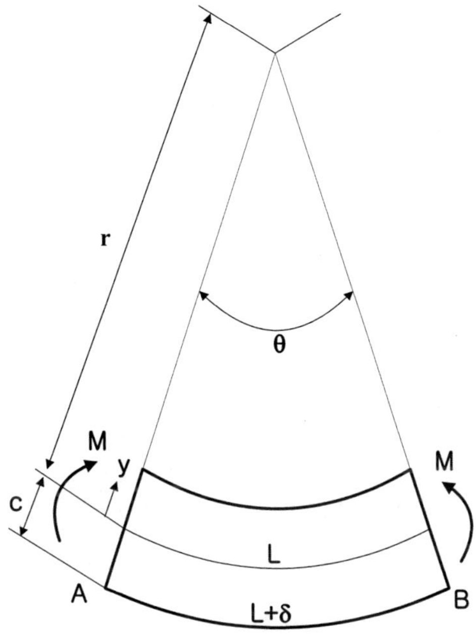

그림 B.12 보의 탄성 곡선

직선 보가 하중을 받고 보의 거동이 탄성적일 때, 보의 도심 축은 곡선이 되는데 이 곡선을 탄성 곡선이라 한다. 그림 B.12는 보의 탄성 곡선을 나타낸다. 탄성 곡선은 반경이 r인 원호이다. 보의 AB 부분은 우력만을 받고 있기 때문에 평면 단면 A와 B는 평면을 유지하며 보의 변형은 길이가 변하지 않는 중립 면(neutral surface)으로부터의 거리에 비례한다. 그림 B.12로부터,

$$L = r\theta,\ L + \delta = (r + c)\theta \tag{B.45}$$

식 (B.45)를 정리하면,

$$\theta = \frac{L}{r} = \frac{L+\delta}{r+c} \tag{B.46}$$

여기서,

$$\frac{c}{r} = \frac{\delta}{L} = \epsilon = \frac{\sigma}{E} = \frac{Mc}{EI} \tag{B.47}$$

따라서,

$$\frac{1}{r} = \frac{M}{EI} \tag{B.48}$$

즉, 보의 중립 면의 곡률 반경 r는 굽힘 모멘트 M, 보의 탄성계수 E, 그리고 2차 면적 모멘트 I와 관계된다.

미적분학으로부터 곡률은

$$\frac{1}{r}=\frac{d^2y/dx^2}{\left[1+(dy/dx)^2\right]^{3/2}} \tag{B.49}$$

대부분의 보에서 기울기 dy/dx는 매우 작기 때문에 기울기의 제곱은 1에 비해서 무시할 수 있다. 즉,

$$\frac{dy}{dx}\ll 1,\quad \left(\frac{dy}{dx}\right)^2\approx 0 \tag{B.50}$$

이러한 근사법을 적용하면,

$$\frac{1}{r}=\frac{d^2y}{dx^2} \tag{B.51}$$

식 (B.48)과 식 (B.51)로부터,

$$EI\frac{d^2y}{dx^2}=M \tag{B.52}$$

식 (B.52)을 식 (B.44)에 대입한 후 정리하면,

$$EI\frac{d^4y}{dx^4}-q(x)=0 \tag{B.53}$$

자중하에서 정적 평형 위치에 관해 진동하는 보에서는 단위 길이당 힘은 단위 길이당 질량과 가속도를 곱한 관성력과 같다. 따라서 외력 $q(x,\,t)$는,

$$q(x,\,t)=-\rho A\frac{\partial^2 y}{\partial t^2} \tag{B.54}$$

식 (B.54)에서, ρ는 보의 밀도이고, A는 보의 단면적을 나타낸다. 따라서

$$EI\frac{\partial^4 y}{\partial x^4}+\rho A\frac{\partial^2 y}{\partial t^2}=0 \tag{B.55}$$

정규모드 해는 다음과 같이 가정할 수 있다.

$$y(x,\, t) = X(x)e^{j\omega t} \tag{B.56}$$

식 (B.55)와 식 (B.56)으로부터

$$\frac{d^4 X}{dx^4} - \Lambda^4 X = 0 \tag{B.57}$$

식 (B.57)에서

$$\Lambda = \left(\frac{\rho A}{EI}\omega^2\right)^{\frac{1}{4}} \tag{B.58}$$

식 (B.58)에서 ω는 보의 고유 진동수를 나타낸다. 식 (B.57)의 해는 다음과 같이 구해진다.

$$X(x) = C_1 \cos \Lambda x + C_2 \sin \Lambda x + C_3 \sin h\, \Lambda x + C_1 \cos h \Lambda x \tag{B.59}$$

상수 C_i는 경계 조건에서 구할 수 있다.

보의 고유 진동수는 식 (B.58)로부터 다음과 같이 표현된다.

$$\omega = \Lambda^2 \sqrt{\frac{EI}{\rho A}} = (\Lambda L)^2 \sqrt{\frac{EI}{\rho A L^4}} \tag{B.60}$$

식 (B.60)에서 Λ의 값은 경계 조건에 의존한다.

1.3.2 보의 고유 진동에 대한 유한요소법

보의 형상과 경계조건이 단순할 때에는 1.3.1에서 기술한 방법을 적용하여 고유 진동수를 구할 수 있다. 그러나 형상과 경계 조건이 복잡한 경우에는 유한요소법을 적용하여 고유 진동수와 모드 형태를 구하는 접근이 효율적이다.

유한요소법을 적용하는 경우, 먼저 진동을 해석하고자 하는 보를 절점(node)에서 서로 연결된 유한한 수의 요소로 분할한다. 요소로의 분할은 절점의 위치를 정하고 각 요소별 절점 간의 연결을 구성하므로써 이루어진다. 요소 내에서의 변위는 각 절점에서의 변위로 나타낸다. 즉, 요소 내의 임의의 점에서의 변위를 형상 함수에 의하여 절점 변위로 나타낸다.

보의 한 요소의 길이를 l이라고 가정하고, 요소에 대하여 국소좌표계 $\xi(0 \le \xi \le l)$를 설정한다. $u(\xi,\, t)$를 요소의 변위라고 가정한다. $u_1,\, u_2,\, \cdots,\, u_k$를 요소에 대한 자유도라고 하면, 다음 식이 얻어진다.

$$u(\xi,t) = \sum_{i=1}^{k} \phi_i(\xi) u_i(t) \tag{B.61}$$

식 (B.61)에서 ϕ_i는 형상 함수(shape function)라고 부른다. 요소에 대한 포텐셜 에너지는 식 (B.61)을 사용하여 다음과 같이 구해진다.

$$V = \frac{1}{2}\boldsymbol{u}^T\boldsymbol{k}\boldsymbol{u} \tag{B.62}$$

여기서, $\boldsymbol{u} = [u_1\ u_2 \ldots\ldots u_k]^T$이고, $\boldsymbol{k}$는 요소 강성 행렬이다.

요소에 대한 운동에너지는 다음과 같이 구해진다.

$$T = \frac{1}{2}\dot{\boldsymbol{u}}^T\boldsymbol{m}\dot{\boldsymbol{u}} \tag{B.63}$$

여기서 $\boldsymbol{m}$은 요소 질량 행렬을 나타낸다.

전체시스템 변위 벡터를 $\boldsymbol{U} = [U_1\ U_2 \ldots\ldots U_n]^T$라고 정의한다. 여기서, n은 전체 시스템의 총 자유도의 수를 나타내며, U_1, U_2, ... ,U_n은 전체좌표계에서의 변위를 나타낸다. 전체 포텐셜 에너지는 다음과 같이 표현된다.

$$V = \frac{1}{2}\boldsymbol{U}^T\boldsymbol{K}\boldsymbol{U} \tag{B.64}$$

여기서, $\boldsymbol{K}$는 전체 강성 행렬을 나타내는데, 요소 강성 행렬을 조합하여 얻어진다. 시스템의 총 운동에너지는 다음과 같이 표현된다.

$$T = \frac{1}{2}\dot{\boldsymbol{U}}^T\boldsymbol{M}\dot{\boldsymbol{U}} \tag{B.65}$$

여기서, $\boldsymbol{M}$은 전체 질량 행렬을 나타내는데, 요소 질량 행렬을 조합하여 얻어진다.

보의 자유 진동을 근사적으로 표현하는 미분방정식은 다음과 같다.

$$\boldsymbol{M}\ddot{\boldsymbol{U}} + \boldsymbol{K}\boldsymbol{U} = 0 \tag{B.66}$$

이 식의 일반 해를 다음과 같은 조화 운동으로 가정한다.

$$\boldsymbol{U} = \boldsymbol{\Phi}\, e^{i\omega t} \tag{B.67}$$

식 (B.67)를 시간 t 에 대해서 두 번 미분한 후 식 (B.66)에 대입하면 표준적인 고유치 문제의 형태인 다음의 식을 얻는다.

$$[-\omega^2 \boldsymbol{M} + \boldsymbol{K}]\boldsymbol{\Phi} = \mathbf{0} \tag{B.68}$$

여기서 ω^2은 고유치이고, $\boldsymbol{\Phi}$는 고유 벡터이다. 식 (B.68)에서 벡터 $\boldsymbol{\Phi}$가 0이 아닌 해를 갖기 위해서는 행렬의 행렬식이 0이 되어야 한다. 여기서 $\omega^2 = \lambda$로 두면,

$$|\boldsymbol{K} - \lambda \boldsymbol{M}| = 0 \tag{B.69}$$

식 (B.69)를 전개하면 λ에 대한 n차 다항식이 되고, n개의 λ값을 얻는다. 다항식을 계산하여 구한 $\lambda_i (i = 1, 2, \ldots, n)$를 식 (B.68)에 대입하면

$$[\boldsymbol{K} - \lambda_i \boldsymbol{M}]\boldsymbol{\Phi}_i = \mathbf{0} \tag{B.70}$$

이 된다. 식 (B.70)에서 $\boldsymbol{\Phi_i}$는 고유치 λ_i 에 대응하는 고유 벡터이다.

부록

C

선형 대수

1.1 행렬과 벡터

$$\begin{bmatrix} a_{11} & a_{12} & \dots & a_{1n} \\ a_{21} & a_{22} & \dots & a_{2n} \\ \cdot & \cdot & \cdot & \cdot \\ \cdot & \cdot & \cdot & \cdot \\ a_{n1} & a_{n2} & \dots & a_{nn} \end{bmatrix} \Leftarrow \quad (n \times n) \text{ 행렬}$$

$$\begin{bmatrix} a_{11} & a_{12} & \dots & a_{1n} \\ a_{21} & a_{22} & \dots & a_{2n} \\ \cdot & \cdot & \cdot & \cdot \\ \cdot & \cdot & \cdot & \cdot \\ a_{m1} & a_{m2} & \dots & a_{mn} \end{bmatrix} \Leftarrow \quad (m \times n) \text{ 행렬}$$

$$\begin{bmatrix} y_1 \\ y_2 \\ \cdot \\ \cdot \\ y_n \end{bmatrix} \quad \text{(column vector)}$$

$$\begin{bmatrix} y_1 & y_2 & \dots. & y_n \end{bmatrix} \quad \text{(row vector)}$$

$$\boldsymbol{A} = \begin{bmatrix} a_{11} & a_{12} \\ a_{21} & a_{22} \end{bmatrix}, \quad \boldsymbol{B} = \begin{bmatrix} b_{11} & b_{12} \\ b_{21} & b_{22} \end{bmatrix}$$

$$\boldsymbol{u} = \begin{bmatrix} u_1 \\ u_2 \end{bmatrix}, \qquad \boldsymbol{v} = \begin{bmatrix} v_1 \\ v_2 \end{bmatrix}$$

$\boldsymbol{A}=\boldsymbol{B}$

$$a_{11}=b_{11} \quad a_{12}=b_{12}$$

$$a_{21}=b_{21} \quad a_{22}=b_{22}$$

$\boldsymbol{u}=\boldsymbol{v}$

$$u_1=v_1 \quad u_2=v_2$$

$$\boldsymbol{A}+\boldsymbol{B}=\begin{bmatrix} a_{11}+b_{11} & a_{12}+b_{12} \\ a_{21}+b_{21} & a_{22}+b_{22} \end{bmatrix}$$

$$\boldsymbol{u}+\boldsymbol{v}=\begin{bmatrix} u_1+v_1 \\ u_2+v_2 \end{bmatrix}$$

$$-7\boldsymbol{A}=\begin{bmatrix} -7a_{11} & -7a_{12} \\ -7a_{21} & -7a_{22} \end{bmatrix}, \qquad \boldsymbol{B}/5=\begin{bmatrix} b_{11}/5 & b_{12}/5 \\ b_{21}/5 & b_{22}/5 \end{bmatrix}$$

$$10\boldsymbol{u}=\begin{bmatrix} 10u_1 \\ 10u_2 \end{bmatrix}$$

$$\boldsymbol{AB}=\begin{bmatrix} a_{11} & a_{12} \\ a_{21} & a_{22} \end{bmatrix}\begin{bmatrix} b_{11} & b_{12} \\ b_{21} & b_{22} \end{bmatrix}$$
$$=\begin{bmatrix} a_{11}b_{11}+a_{12}b_{21} & a_{11}b_{12}+a_{12}b_{22} \\ a_{21}b_{11}+a_{22}b_{21} & a_{21}b_{12}+a_{22}b_{22} \end{bmatrix}$$

예 1)

$$\begin{bmatrix} 9 & 3 \\ -2 & 0 \end{bmatrix}\begin{bmatrix} 1 & -4 \\ 2 & 5 \end{bmatrix}=\begin{bmatrix} 9+6 & -36+15 \\ -2 & 8 \end{bmatrix}=\begin{bmatrix} 15 & -21 \\ -2 & 8 \end{bmatrix}$$

$$\begin{bmatrix} 1 & -4 \\ 2 & 5 \end{bmatrix}\begin{bmatrix} 9 & 3 \\ -2 & 0 \end{bmatrix}=\begin{bmatrix} 9+8 & 3 \\ 18-10 & 6 \end{bmatrix}=\begin{bmatrix} 17 & 3 \\ 8 & 6 \end{bmatrix}$$

$$\boldsymbol{AB} \neq \boldsymbol{BA}$$

$$\boldsymbol{A}^{\boldsymbol{T}}=\begin{bmatrix} a_{11} & a_{12} \\ a_{21} & a_{22} \end{bmatrix}=\begin{bmatrix} a_{11} & a_{21} \\ a_{12} & a_{22} \end{bmatrix}$$

$$\boldsymbol{u}^{\boldsymbol{T}}=\begin{bmatrix} u_1 \\ u_2 \end{bmatrix}=\begin{bmatrix} u_1 & u_2 \end{bmatrix}$$

역 행렬

$$\boldsymbol{A}\boldsymbol{A}^{-1} = \boldsymbol{A}^{-1}\boldsymbol{A} = \boldsymbol{I}$$

$$\boldsymbol{I} = \begin{bmatrix} 1 & 0 \\ 0 & 1 \end{bmatrix}$$

$$\boldsymbol{A} = \begin{bmatrix} a_{11} & a_{12} \\ a_{21} & a_{22} \end{bmatrix}$$

$$\boldsymbol{A}^{-1} = \frac{1}{\det(\boldsymbol{A})}\begin{bmatrix} a_{22} & -a_{12} \\ -a_{21} & a_{11} \end{bmatrix}$$

$$\det(\boldsymbol{A}) = \begin{vmatrix} a_{11} & a_{12} \\ a_{21} & a_{22} \end{vmatrix} \neq 0$$

고유치(eigenvalue)

$$\boldsymbol{A}\boldsymbol{x} = \lambda \boldsymbol{x}$$

$$\boldsymbol{x} \neq 0$$

λ : eigenvalue

$\boldsymbol{x}$: eigenvector

$$(\boldsymbol{A} - \lambda \boldsymbol{I})\boldsymbol{x} = 0$$

$$\boldsymbol{A} - \lambda \boldsymbol{I} = \begin{bmatrix} a_{11} & a_{12} \\ a_{21} & a_{22} \end{bmatrix} - \lambda \begin{bmatrix} 1 & 0 \\ 0 & 1 \end{bmatrix}$$

$$= \begin{bmatrix} a_{11} & a_{12} \\ a_{21} & a_{22} \end{bmatrix} - \begin{bmatrix} \lambda & 0 \\ 0 & \lambda \end{bmatrix}$$

$$= \begin{bmatrix} a_{11} - \lambda & a_{12} \\ a_{21} & a_{22} - \lambda \end{bmatrix}$$

$$\begin{bmatrix} a_{11} - \lambda & a_{12} \\ a_{21} & a_{22} - \lambda \end{bmatrix}\begin{bmatrix} x_1 \\ x_2 \end{bmatrix} = \begin{bmatrix} 0 \\ 0 \end{bmatrix}$$

$$\begin{vmatrix} a_{11} - \lambda & a_{12} \\ a_{21} & a_{22} - \lambda \end{vmatrix} = 0$$

1.2 Gauss 소거법

선형 방정식

$$a_{11}x_1 + a_{12}x_2 + ... + a_{1n}x_n = b_1$$

$$a_{21}x_1 + a_{22}x_2 + ... + a_{2n}x_n = b_2$$

$$.$$

$$.$$

$$a_{n1}x_1 + a_{n2}x_2 + ... + a_{nn}x_n = b_n$$

$$\begin{bmatrix} a_{11} & a_{12} & ... & a_{1n} \\ a_{21} & a_{22} & ... & a_{2n} \\ . & . & . & . \\ . & . & . & . \\ a_{n1} & a_{n2} & ... & a_{nn} \end{bmatrix} \begin{bmatrix} x_1 \\ x_2 \\ . \\ . \\ x_n \end{bmatrix} = \begin{bmatrix} b_1 \\ b_2 \\ . \\ . \\ b_n \end{bmatrix}$$

$$\boldsymbol{Ax} = \boldsymbol{b}$$

Augmented Matrix

$$\begin{bmatrix} a_{11} & a_{12} & ... & a_{1n} & b_1 \\ a_{21} & a_{22} & ... & a_{2n} & b_2 \\ . & . & . & . & . \\ . & . & . & . & . \\ a_{n1} & a_{n2} & ... & a_{nn} & b_n \end{bmatrix}$$

예 2)

$$-x_1 + x_2 + 2x_3 = 2$$

$$3x_1 - x_2 + x_3 = 6 \qquad \begin{bmatrix} -1 & 1 & 2 & 2 \\ 3 & -1 & 1 & 6 \\ -1 & 3 & 4 & 4 \end{bmatrix}$$

$$-x_1 + 3x_2 + 4x_3 = 4$$

$$-x_1+x_2+2x_3=2$$

$$2x_2+7x_3=12 \qquad \begin{bmatrix} -1 & 1 & 2 & 2 \\ 0 & 2 & 7 & 12 \\ 0 & 2 & 2 & 2 \end{bmatrix}$$

$$2x_2+2x_3=2$$

$$-x_1+x_2+2x_3=2$$

$$2x_2+7x_3=12 \qquad \begin{bmatrix} -1 & 1 & 2 & 2 \\ 0 & 2 & 7 & 12 \\ 0 & 0 & -5 & -10 \end{bmatrix}$$

$$-5x_3=-10$$

$$x_3=2$$

$$2x_2=-2 \quad \Rightarrow \quad x_2=-1$$

$$-x_1=2+1-4=-1$$

$$\Rightarrow \quad x_1=1$$

예 3)

$$\begin{bmatrix} 30 & -20 & -10 & 0 \\ -20 & 55 & -10 & 0 \\ -10 & -10 & 50 & 200 \end{bmatrix}$$

step 1

pivot $a_{11}=30$

(2nd row) + (1st row) ×(20/30)

$$a_{21}=0$$

$$a_{22}=55+(2/3)\times(-20)=\frac{125}{3}$$

$$a_{23}=-10+(2/3)\times(-10)=-\frac{50}{3}$$

$$b_2=0+(2/3)\times 0=0$$

(3rd row) + (1st row) ×(10/30)

$$a_{31} = 0$$

$$a_{32} = -10 + (1/3)\times(-20) = -\frac{50}{3}$$

$$a_{33} = 50 + (1/3)\times(-10) = \frac{140}{3}$$

$$b_3 = 200 + (1/3)\times 0 = 200$$

$$\begin{bmatrix} 30 & -20 & -10 & 0 \\ 0 & 125/3 & -50/3 & 0 \\ 0 & -50/3 & 140/3 & 200 \end{bmatrix}$$

step 2

pivot $a_{22} = 125/3$

(3rd row) + (2nd row) ×(2/5)

$$a_{31} = 0$$

$$a_{32} = 0$$

$$a_{33} = 140/3 + (2/5)(-50/3) = 40$$

$$b_3 = 200 + (2/5)\times 0 = 200$$

$$\begin{bmatrix} 30 & -20 & -10 & 0 \\ 0 & 125/3 & -50/3 & 0 \\ 0 & 0 & 40 & 200 \end{bmatrix}$$

$$x_3 = \frac{b_3}{a_{33}} = 200/40 = 5$$

$$x_2 = \frac{b_2 - a_{23}x_3}{a_{22}} = [0 + (-50/3)(5)]/[125/3] = 2$$

$$x_1 = \frac{b_1 - a_{12}x_2 - a_{13}x_3}{a_{11}}$$

$$= [0 - (-20)(2) - (-10)(5)]/30 = 3$$

컴퓨터 프로그램 – Gauss Elimination Process

$$\begin{bmatrix} a_{11} & a_{12} & a_{13} & a_{14} & b_1 \\ a_{21} & a_{22} & a_{23} & a_{24} & b_2 \\ a_{31} & a_{32} & a_{33} & a_{34} & b_3 \\ a_{41} & a_{42} & a_{43} & a_{44} & b_4 \end{bmatrix}$$

Step 1

pivot a_{11}

$m_{21} =- a_{21}/a_{11}$

(2nd row) + (m_{21})(1st row)

$a_{21} \Leftarrow 0$ $a_{22} \Leftarrow a_{22} + m_{21}a_{12}$

$a_{23} \Leftarrow a_{23} + m_{21}a_{13}$ $a_{24} \Leftarrow a_{24} + m_{21}a_{14}$

$b_2 \Leftarrow b_2 + m_{21}b_1$

$m_{31} -- a_{31}/a_{11}$

(3rd row) + (m_{31})(1st row)

$a_{31} \Leftarrow 0$ $a_{32} \Leftarrow a_{32} + m_{31}a_{12}$

$a_{33} \Leftarrow a_{33} + m_{31}a_{13}$ $a_{34} \Leftarrow a_{34} + m_{31}a_{14}$

$b_3 \Leftarrow b_3 + m_{31}b_1$

$m_{41} =- a_{41}/a_{11}$

(4th row) + (m_{41})(1st row)

$a_{41} \Leftarrow 0$ $a_{42} \Leftarrow a_{42} + m_{41}a_{12}$

$a_{43} \Leftarrow a_{43} + m_{41}a_{13}$ $a_{44} \Leftarrow a_{44} + m_{41}a_{14}$

$b_4 \Leftarrow b_4 + m_{41}b_1$

Step 2

pivot a_{22}

$m_{32} = -a_{32}/a_{22}$

(3rd row) + (m_{32})(2nd row)

$a_{31} \Leftarrow 0$ $a_{32} \Leftarrow 0$

$a_{33} \Leftarrow a_{33} + m_{32}a_{23}$ $a_{34} \Leftarrow a_{34} + m_{32}a_{24}$

$b_3 \Leftarrow b_3 + m_{32}b_2$

$m_{42} = -a_{42}/a_{22}$

(4th row) + (m_{42})(2nd row)

$a_{41} \Leftarrow 0$ $a_{42} \Leftarrow 0$

$a_{43} \Leftarrow a_{43} + m_{42}a_{23}$ $a_{44} \Leftarrow a_{44} + m_{42}a_{24}$

$b_4 \Leftarrow b_4 + m_{42}b_2$

Step 3

pivot a_{33}

$m_{43} = -a_{43}/a_{33}$

(4th row) + (m_{43})(3rd row)

$a_{41} \Leftarrow 0$ $a_{42} \Leftarrow 0$

$a_{43} \Leftarrow 0$ $a_{44} \Leftarrow a_{44} + m_{43}a_{34}$

$b_4 \Leftarrow b_4 + m_{43}b_3$

Back Substitution

$x_4 = b_4/a_{44}$

$x_3 = (b_3 - a_{34}x_4)/a_{33}$

$x_2 = (b_2 - a_{23}x_3 - a_{24}x_4)/a_{22}$

$x_1 = (b_1 - a_{12}x_2 - a_{13}x_3 - a_{14}x_4)/a_{11}$

1.3 LU 분해

$Ax = b$

$A = LU$

L: lower triangular matrix

U: upper triangular matrix

$\Rightarrow LUx = b$

$Ly = b$

$Ux = y$

LU factorization from Gaussian elimination

예 4)

$$A = \begin{bmatrix} 1 & 2 & 3 \\ 2 & 6 & 10 \\ 3 & 14 & 28 \end{bmatrix}$$

$$L = \begin{bmatrix} 1 & 0 & 0 \\ 0 & 1 & 0 \\ 0 & 0 & 1 \end{bmatrix}, \quad U = \begin{bmatrix} 1 & 2 & 3 \\ 2 & 6 & 10 \\ 3 & 14 & 28 \end{bmatrix}$$

Step 1

$l_{21} = a_{21}/a_{11} = 2$

$l_{31} = a_{31}/a_{11} = 3$

$$L = \begin{bmatrix} 1 & 0 & 0 \\ 2 & 1 & 0 \\ 3 & 0 & 1 \end{bmatrix}, \quad U = \begin{bmatrix} 1 & 2 & 3 \\ 0 & 2 & 4 \\ 0 & 8 & 19 \end{bmatrix}$$

Step 2

$l_{32} = a_{32}/a_{22} = 4$

$$L = \begin{bmatrix} 1 & 0 & 0 \\ 2 & 1 & 0 \\ 3 & 4 & 1 \end{bmatrix}, \quad U = \begin{bmatrix} 1 & 2 & 3 \\ 0 & 2 & 4 \\ 0 & 0 & 3 \end{bmatrix}$$

예 5)

$$A = \begin{bmatrix} 4 & 12 & 8 & 4 \\ 1 & 7 & 18 & 9 \\ 2 & 9 & 20 & 20 \\ 3 & 11 & 15 & 14 \end{bmatrix}$$

$$L = \begin{bmatrix} 1 & 0 & 0 & 0 \\ 0 & 1 & 0 & 0 \\ 0 & 0 & 1 & 0 \\ 0 & 0 & 0 & 1 \end{bmatrix}, \quad U = \begin{bmatrix} 4 & 12 & 8 & 4 \\ 1 & 7 & 18 & 9 \\ 2 & 9 & 20 & 20 \\ 3 & 11 & 15 & 14 \end{bmatrix}$$

Step 1

$$l_{21} = \frac{a_{21}}{a_{11}} = \frac{1}{4}, l_{31} = \frac{a_{31}}{a_{11}} = \frac{1}{2}$$

$$l_{41} = \frac{a_{41}}{a_{11}} = \frac{3}{4}$$

$$L = \begin{bmatrix} 1 & 0 & 0 & 0 \\ 1/4 & 1 & 0 & 0 \\ 1/2 & 0 & 1 & 0 \\ 3/4 & 0 & 0 & 1 \end{bmatrix}, \quad U = \begin{bmatrix} 4 & 12 & 8 & 4 \\ 0 & 4 & 16 & 8 \\ 0 & 3 & 16 & 18 \\ 0 & 2 & 9 & 11 \end{bmatrix}$$

Step 2

$$l_{32} = \frac{a_{32}}{a_{22}} = \frac{3}{4}, \ l_{42} = \frac{a_{42}}{a_{22}} = \frac{1}{2}$$

$$L = \begin{bmatrix} 1 & 0 & 0 & 0 \\ 1/4 & 1 & 0 & 0 \\ 1/2 & 3/4 & 1 & 0 \\ 3/4 & 1/2 & 0 & 1 \end{bmatrix}, \quad U = \begin{bmatrix} 4 & 12 & 8 & 4 \\ 0 & 4 & 16 & 8 \\ 0 & 0 & 4 & 12 \\ 0 & 0 & 1 & 7 \end{bmatrix}$$

Step 3

$$l_{43} = \frac{a_{43}}{a_{33}} = \frac{1}{4}$$

$$L = \begin{bmatrix} 1 & 0 & 0 & 0 \\ 1/4 & 1 & 0 & 0 \\ 1/2 & 3/4 & 1 & 0 \\ 3/4 & 1/2 & 1/4 & 1 \end{bmatrix}, \quad U = \begin{bmatrix} 4 & 12 & 8 & 4 \\ 0 & 4 & 16 & 8 \\ 0 & 0 & 4 & 12 \\ 0 & 0 & 0 & 4 \end{bmatrix}$$

LU factorization with pivoting

$$A = \begin{bmatrix} 2 & 6 & 10 \\ 1 & 3 & 3 \\ 3 & 14 & 28 \end{bmatrix}$$

$$L = \begin{bmatrix} 1 & 0 & 0 \\ 0 & 1 & 0 \\ 0 & 0 & 1 \end{bmatrix}, \quad U = \begin{bmatrix} 2 & 6 & 10 \\ 1 & 3 & 3 \\ 3 & 14 & 28 \end{bmatrix}$$

Step 1

$$l_{21} = a_{21}/a_{11} = 1/2$$

$$l_{31} = a_{31}/a_{11} = 3/2$$

$$L = \begin{bmatrix} 1 & 0 & 0 \\ 1/2 & 1 & 0 \\ 3/2 & 0 & 1 \end{bmatrix}, \quad U = \begin{bmatrix} 2 & 6 & 10 \\ 0 & 0 & -2 \\ 0 & 5 & 13 \end{bmatrix}$$

$$L = \begin{bmatrix} 1 & 0 & 0 \\ 3/2 & 1 & 0 \\ 1/2 & 0 & 1 \end{bmatrix}, \quad U = \begin{bmatrix} 2 & 6 & 10 \\ 0 & 5 & 13 \\ 0 & 0 & -2 \end{bmatrix}$$

1.4 반복 해(Iterative methods)

1.4.1 Jacobi Method

예 6)

$$2x_1 - x_2 + x_3 = -1$$

$$x_1 + 2x_2 - x_3 = 6$$

$$x_1 - x_2 + 2x_3 = -3$$

$$x_1 = 0.5x_2 - 0.5x_3 - 0.5$$

$$x_2 = -0.5x_1 + 0.5x_3 + 3.0$$

$$x_3 = -0.5x_1 + 0.5x_2 - 1.5$$

$$\begin{bmatrix} x_1^{(k)} \\ x_2^{(k)} \\ x_3^{(k)} \end{bmatrix} = \begin{bmatrix} 0.0 & 0.5 & -0.5 \\ -0.5 & 0.0 & 0.5 \\ -0.5 & 0.5 & 0.0 \end{bmatrix} \begin{bmatrix} x_1^{(k-1)} \\ x_2^{(k-1)} \\ x_3^{(k-1)} \end{bmatrix} + \begin{bmatrix} -0.5 \\ 3.0 \\ -1.5 \end{bmatrix}$$

$$\begin{bmatrix} x_1^{(0)} \\ x_2^{(0)} \\ x_3^{(0)} \end{bmatrix} = \begin{bmatrix} 0 \\ 0 \\ 0 \end{bmatrix}$$

$$\begin{bmatrix} x_1^{(1)} \\ x_2^{(1)} \\ x_3^{(1)} \end{bmatrix} = \begin{bmatrix} 0.0 & 0.5 & -0.5 \\ -0.5 & 0.0 & 0.5 \\ -0.5 & 0.5 & 0.0 \end{bmatrix} \begin{bmatrix} 0 \\ 0 \\ 0 \end{bmatrix} + \begin{bmatrix} -0.5 \\ 3.0 \\ -1.5 \end{bmatrix} = \begin{bmatrix} -0.5 \\ 3.0 \\ -1.5 \end{bmatrix}$$

$$\begin{bmatrix} x_1^{(2)} \\ x_2^{(2)} \\ x_3^{(2)} \end{bmatrix} = \begin{bmatrix} 0.0 & 0.5 & -0.5 \\ -0.5 & 0.0 & 0.5 \\ -0.5 & 0.5 & 0.0 \end{bmatrix} \begin{bmatrix} -0.5 \\ 3.0 \\ -1.5 \end{bmatrix} + \begin{bmatrix} -0.5 \\ 3.0 \\ -1.5 \end{bmatrix} = \begin{bmatrix} 1.75 \\ 2.5 \\ 0.25 \end{bmatrix}$$

iteration....

norm(xnew − xold) <= tol (=0.001)

1.4.2 Gauss-Seidel Method

$$2x_1 - x_2 + x_3 = -1$$
$$x_1 + 2x_2 - x_3 = 6$$
$$x_1 - x_2 + 2x_3 = -3$$

$$x_1^{(new)} = 0.5x_2^{(old)} - 0.5x_3^{(old)} - 0.5$$
$$x_2^{(new)} = -0.5x_1^{(new)} + 0.5x_3^{(old)} + 3.0$$
$$x_3^{(new)} = -0.5x_1^{(new)} + 0.5x_2^{(new)} - 1.5$$

$$\begin{bmatrix} x_1^{(0)} \\ x_2^{(0)} \\ x_3^{(0)} \end{bmatrix} = \begin{bmatrix} 0 \\ 0 \\ 0 \end{bmatrix}$$

$$x_1 = 0.5(0) - 0.5(0) - 0.5 = -0.5$$
$$x_2 = -0.5(-0.5) + 0.5(0) + 3.0 = 3.25$$
$$x_3 = -0.5(-0.5) + 0.5(3.25) - 1.5 = 0.375$$

$$x_1 = 0.5(3.25) - 0.5(0.375) - 0.5 = 0.9375$$
$$x_2 = -0.5(0.9375) + 0.5(0.375) + 3.0 = 2.7188$$
$$x_3 = -0.5(0.9375) + 0.5(2.7188) - 1.5 = -0.6094$$

iterations....

norm(xold − x) 〈= tol (=0.001)

1.4.3 Successive Over Relaxation(SOR)

$$A = \begin{bmatrix} 4 & -2 & 0 \\ -2 & 6 & -5 \\ 0 & -5 & 11 \end{bmatrix} \qquad b = \begin{bmatrix} 8 \\ -29 \\ 43 \end{bmatrix}$$

$$x_1 = (1-\omega)x_1^{(old)} + \omega(0.5x_2^{(old)} + 2)$$
$$x_2 = (1-\omega)x_2^{(old)} + \omega(\frac{1}{3}x_1^{(new)} + \frac{5}{6}x_3^{(old)} - \frac{29}{6})$$
$$x_3 = (1-\omega)x_3^{(old)} + \omega(\frac{5}{11}x_2^{(new)} + \frac{43}{11})$$

$$\omega = 1.2$$

$$\begin{bmatrix} x_1^{(0)} \\ x_2^{(0)} \\ x_3^{(0)} \end{bmatrix} = \begin{bmatrix} 0 \\ 0 \\ 0 \end{bmatrix}$$

$$x_1 = (1-\omega)x_1^{(old)} + \omega(0.5x_2^{(old)} + 2)$$
$$x_2 = (1-\omega)x_2^{(old)} + \omega(\frac{1}{3}x_1^{(new)} + \frac{5}{6}x_3^{(old)} - \frac{29}{6})$$
$$x_3 = (1-\omega)x_3^{(old)} + \omega(\frac{5}{11}x_2^{(new)} + \frac{43}{11})$$

참고문헌

[1] D. V. Hutton, 유한요소 해석의 기초, 인터비젼, 2006.

[2] 최창근, 유한요소법, 테크노 프레스, 2002.

[3] S. Moaveni, ANSYS를 이용한 유한요소 해석, 제3판, ITC, 2008.

[4] D.L. Logan(신종계 외 2 공역), 유한요소법 첫걸음, 시그마 프레스, 1998.

[5] O.C. Zienkeiwicz, R.L. Taylor, and J.Z. Zhu, The Finite Element Method, 6th ed., Elsevier, 2000.

[6] T.R. Chandrupatla and A.D. Belegundu, Int. Finite Elements in Engineering, 3rd. ed., Prentice Hall, 2002.

[7] HyperMesh , User's Manuals, Altair Computing, Inc.

[8] ANSYS ver.10 & 11, User's Manuals, ANSYS, Inc.

[9] S.S. Rao, Mechanical Vibrations, 3rd ed., Addison-Wesley, 1995.

찾아보기

숫자

10절점 사면체 요소 ······ 138
1 자유도계의 자유 운동 ······ 333
1차 모드 ······ 346
1차 변분 ······ 330
1차 정규 모드 ······ 347, 349
1차원 열전도 방정식 ······ 165

2 자유도계 ······ 339
2차 면적 모멘트 ······ 48, 352
2차 모드 ······ 346
2차 사변형 요소 ······ 113
2차 삼각형 요소 ······ 113
2차 정규 모드 ······ 347, 349
2차원 고체역학 문제 ······ 108
2차원 모델 ······ 284
2차원 복합 실린더 ······ 126
2차원 응력 상태 ······ 108
2회선 사각 송전탑 ······ 38

3D CAD ······ 205
3차원 모델 ······ 284
3차원 복합 압력 용기 ······ 151
3차원 압력 용기 ······ 245
3차원 열전도 문제 ······ 171
3차원 응력 상태 ······ 108, 327
3차원 트러스 요소 ······ 44
3차원 프레임 모델 ······ 105

4면체 고체요소 ······ 324
4면체 응력요소 ······ 323
4절점 사면체 요소 ······ 138

8절점 육면체 요소 ······ 138

A

ANSYS ······ 5, 19
Augmented Matrix ······ 360

B

Back Substitution ······ 364

C

Circular Natural Frequency ······ 335
column vector ······ 357
CPC형 집열기 ······ 210

D

Dish형 태양열 발전시스템 ······ 46
Dish형 태양열 발전시스템의 구조물 ······ 105

Dish형 태양열 발전시스템의 집열판 ··········· 241

E

eigenvalue ··········· 359
eigenvector ··········· 359
Euler 공식 ··········· 335
Euler 보 ··········· 349

G

Gauss Elimination Process ··········· 363
Gauss 소거법 ··········· 360
Gauss-Seidel Method ··········· 368
Graphic Window ··········· 7

H

H 적응요소 ··········· 9
HyperMesh ··········· 19, 245

I

Input Window ··········· 6

J

Jacobi Method ··········· 367

L

Lame 상수 ··········· 322
LINK 32 ··········· 171
LINK 33 ··········· 171
lower triangular matrix ··········· 365
LU factorization ··········· 365
LU factorization with pivoting ··········· 367
LU 분해 ··········· 365

M

Main Menu ··········· 6

N

Navier 방정식 ··········· 322

O

Output Window ··········· 7

P

P 적응요소 ··········· 10
Plane 2 ··········· 114, 153
PLANE 35 ··········· 169
Plane 42 ··········· 113, 153
PLANE 55 ··········· 169
PLANE 77 ··········· 170
Plane 82 ··········· 114, 153
PTC형 태양열 발전시스템의 구조물 ··········· 106
PTC형 태양열 발전시스템의 집열판 ··········· 240

R

row vector ··········· 357

S

SOLID 45 ··········· 138
SOLID 65 ··········· 138
SOLID 70 ··········· 170
SOLID 72 ··········· 138
SOLID 73 ··········· 139

SOLID 87 ······ 171
SOLID 90 ······ 171
SOLID 92 ······ 139
Successive Over Relaxation ······ 369

T

T-express 구조물 ······ 36, 44
Toolbar ······ 6

U

upper triangular matrix ······ 365
Utility Menu ······ 6

V

von Mises 응력 ······ 113

ㄱ

가우스 소거법 ······ 331
가우스-시델법 ······ 331
각 고유 진동수 ······ 337
강성 행렬 ······ 354
강제 진동의 운동 방정식 ······ 340
경계 조건 ······ 322
경계면 ······ 322
계의 자유도 ······ 339
고유 모드 ······ 344
고유 벡터 ······ 355
고유 주기 ······ 337, 338
고유 진동수 ······ 177, 337, 344
고유치 ······ 355, 359
고장력 볼트 ······ 243
고정-단순보 ······ 48
곡률 ······ 352
곡률 반경 ······ 352
관성력 ······ 352
구조 진동 문제 ······ 177
구조용 강 ······ 38
국소좌표계 ······ 353
굽힘 모멘트 ······ 48, 349, 352
균열이 발생한 실린더 ······ 135
균질성 ······ 321
기구 동력학 해석 ······ 11

ㄴ

내부 열원 ······ 168, 170
농구 림 ······ 226

ㄷ

다리형 크레인 ······ 104
다보탑 ······ 244
단면법 ······ 20
단순지지보 ······ 47
단열 ······ 169
단위 길이당 분포 하중 ······ 349
단위 부피당 체력 ······ 322
대류 열전달 ······ 166
대류 열전달계수 ······ 166
대류 조건 ······ 168
대리석 ······ 222
대칭 경계 조건 ······ 169
돌출된 단순지지보 ······ 47
동적 해석 ······ 10
등방성 ······ 321
등방성 재료의 응력-변형률 ······ 323

ㄹ

라미네이트 우드 ······ 36

루브르 박물관의 피라미드 ··· 243

ㅁ

모멘트 평형 조건 ··· 109
모멘트 평형 방정식 ··· 350

ㅂ

반도체 웨이퍼 ··· 211
반복 해 ··· 367
방사형 사장교 ··· 98
벡터 ··· 357
변위 ··· 322
변위 함수 ··· 324, 329
변형률 ··· 109, 322
변형에너지 ··· 328
변형체 ··· 20
보(beam) ··· 47
보의 고유 진동 ··· 349
보의 고유 진동수 ··· 353
보의 도심 축 ··· 351
보의 탄성 곡선 ··· 351
보의 탄성계수 ··· 352
보의 횡 진동 ··· 349
보존계 ··· 334
복합 실린더 ··· 284
복합재료 문제 ··· 133
부재의 굽힘 ··· 48
부정정 문제 ··· 20
분포 하중의 포텐셜 에너지 ··· 329
붉은 사암 ··· 231
비감쇠 ··· 333
비선형 해석 ··· 11
비열 ··· 165

ㅅ

사이클 ··· 337
석굴암 ··· 237
석회암 ··· 228
선 요소 ··· 108
선형 방정식 ··· 360
선형 사변형 요소 ··· 113
선형 탄성 문제 ··· 321, 322
솔리드 모델링 ··· 9
솔리드 모델링 기법 ··· 205
수직 변형률 ··· 109
수직 응력 ··· 108
스프링-질량계 ··· 333
스프링이 연결된 보 ··· 74
실리콘 보트 ··· 211

ㅇ

알 카즈네 ··· 231
양단고정보 ··· 48
에펠탑 ··· 46
역 행렬 ··· 359
연속보 ··· 47
열유속 ··· 165, 168
열응력 ··· 19
열전달 ··· 19
열전달 해석 ··· 11
열전달계수 ··· 168
열전달률 ··· 165, 167
열전도계수 ··· 165
온도 ··· 165
온도 조건 ··· 167
외팔보 ··· 48
요소 강성 행렬 ··· 328, 354
요소 방정식 ··· 330
요소 질량 행렬 ··· 354
요소망 생성 ··· 9

응력 ········ 108
응력 텐서 ········ 322
응력-변형률 관계 ········ 322
이종재료 평판 ········ 134
일반화된 후크의 법칙 ········ 109

ㅈ

자유도 ········ 353
자장 해석 ········ 11
전단 변형률 ········ 109
전단력 ········ 349
전도 열전달 ········ 165
전처리기 과정 ········ 8
절점 ········ 353
절점 변위 ········ 324
절점법 ········ 20
절점좌표값 ········ 324
정규 모드 ········ 342
정상 상태 ········ 166
정적 평형 상태 ········ 334
정적 해석 ········ 10
정정 문제 ········ 20
좌굴 해석 ········ 10
주응력 ········ 111
주평면 ········ 112
중량 밀도 ········ 329
중립 면 ········ 351
중립 축 ········ 48
지지 구조물 ········ 19
직접 강성법 ········ 330
진공관형 집열기 ········ 210
진동해석 ········ 19
진폭 ········ 337
집광판 ········ 19
집중 하중의 포텐셜 에너지 ········ 329

ㅊ

천장 크레인 ········ 104
체적력의 포텐셜 에너지 ········ 329
총 포텐셜 에너지 ········ 328
최대 수직 응력 ········ 111
최대 전단 응력 ········ 111, 112
최대 전단 응력 평면 ········ 112
최소 수직 응력 ········ 111
최소 포텐셜 에너지 원리 ········ 328
축 대칭 모델 ········ 153, 284
축 대칭 문제 ········ 153

ㅋ

크로넥커 델타 ········ 322

ㅌ

타워 크레인 ········ 242
탑형 크레인 ········ 104
태양광 발전 ········ 1
트러스 ········ 20

ㅍ

파일 형태 ········ 12
판테온(Pantheon) 신전 ········ 13
평면 내 최대 전단 응력 ········ 112
평면 변형률 ········ 108
평면 응력 ········ 108
평판형 집광판 ········ 137
평판형 집열판 ········ 206
평판형 집열판의 구조 ········ 207
평판형 태양광 발전시스템의 지지 구조물 ········ 106
평형 방정식 ········ 322
포텐셜 에너지 ········ 354

표면력 ········· 329
프레임 ········· 76
피라미드 ········· 228
피사의 사탑 ········· 222
핀 휠 ········· 205
핀 휠에 대한 유한요소 모델 ········· 206

ㅎ

항복 응력 ········· 113
해를 구하는 과정 ········· 10
행렬 ········· 357
행렬 방정식 ········· 340
행렬식 ········· 355
형상 함수 ········· 326, 328, 354
화강암 ········· 237

본 과제(결과물)는 교육과학기술부의 재원으로 한국연구재단의 지원을 받아 수행된 광역경제권 선도산업 인재양성사업의 연구결과입니다.

Following are results of a study on the "Human Resource Development Center for Economic Region Leading Industry" Project, supported by the Ministry of Education, Science & Tehnology(MEST) and the National Research Foundation of Korea(NRF).

정가 20,000원

실리콘 솔라시스템 구조 해석을 위한 유한요소법

2010년 5월 24일 초판 인쇄
2010년 5월 31일 초판 발행

저 자 : 이 상 순
발행자 : 우 명 찬 · 송 준
발행처 : 홍릉과학출판사
주 소 : ㉾ 142-885 서울시 강북구 인수동 455-60
등 록 : 1976년 10월 21일 제5-66호
전 화 : 999－2274~5, 996－8341, 903－7037
팩 스 : 905-6729
ISBN : 978-89-7283-870-8

hongpub@hongpub.co.kr
www.hongpub.co.kr

저자와의 협의하에 인지생략